全 球 环 境 基 金

“中国污染场地管理项目”项目评估总结与推广活动

中国POPs污染场地修复管理及典型案例

Industrial Sites Contaminated by Persistent Organic Pollutants (POPs) in China:
Remediation, Management, and Case Studies

彭 政　侯德义　王 坚　主编

化学工业出版社

·北京·

内容简介

本书共 14 章，梳理了中国污染场地管理现行政策法规与标准体系，归纳了持久性有机污染物（POPs）污染场地环境调查与风险评估方法，介绍了 POPs 污染场地修复和风险管控技术筛选与设计方法、污染场地修复和风险管控工程实践、污染场地修复效果评估与后期管理、污染场地修复环境和社会影响评价、污染场地管理过程中的公众参与、污染土壤修复资金筹措机制、在产企业土壤地下水隐患排查与自行监测方法、典型工业园区土壤和地下水污染预防预警方法，以农药、电镀和铜铅锌行业为例，介绍了污染场地的识别与防治。

本书具有全面性、专业性、先进性的特点，反映了全球环境基金“中国污染场地管理项目”的成果要点和经验教训，可供从事污染场地风险控制与修复工作的工程技术人员、科研人员和管理人员，场地业主及相关人员参考，也可供高等学校环境科学与工程、生态工程及相关专业师生参阅。

图书在版编目(CIP)数据

中国 POPs 污染场地修复管理及典型案例/彭政，侯德义，王坚主编．—北京：化学工业出版社，2024.4

ISBN 978-7-122-45339-6

Ⅰ.①中…　Ⅱ.①彭…②侯…③王…　Ⅲ.①场地-环境污染-污染防治-中国　Ⅳ.①X5

中国国家版本馆 CIP 数据核字（2024）第 065653 号

责任编辑：刘　婧　刘兴春　　　装帧设计：王晓宇
责任校对：李雨函

出版发行：化学工业出版社
（北京市东城区青年湖南街 13 号　邮政编码 100011）
印　　装：北京建宏印刷有限公司
787mm×1092mm　1/16　印张 23½　彩插 5　字数 578 千字
2024 年 6 月北京第 1 版第 1 次印刷

购书咨询：010-64518888　　　售后服务：010-64518899
网　　址：http://www.cip.com.cn
凡购买本书，如有缺损质量问题，本社销售中心负责调换。

定　　价：198.00 元

《中国 POPs 污染场地修复管理及典型案例》

编 委 会

顾问：　田成川　丁　丁　陈　明　肖学智　谷庆宝　孙阳昭

主编：　彭　政　侯德义　王　坚

编委：　彭　政（生态环境部对外合作与交流中心）

侯德义（清华大学环境学院）

王　坚（沈阳环境科学研究院）

赖劲宇（生态环境部对外合作与交流中心）

王海蓉（生态环境部对外合作与交流中心）

张　扬（生态环境部对外合作与交流中心）

李　剑（重庆市生态环境局）

罗程钟（重庆市固体废物管理中心）

苏　毅（重庆市生态环境科学研究院）

尹　华（重庆市生态环境科学研究院）

方晓牧（辽宁省生态环境事务服务中心）

邓佳玉（清华大学环境学院）

苏　燕（沈阳环境科学研究院）

程卫国（沈阳环境科学研究院）

王　鑫（沈阳环境科学研究院）

魏文侠（北京市科学技术研究院资源环境研究所）

李培中（北京市科学技术研究院资源环境研究所）

王海见（北京市科学技术研究院资源环境研究所）

吴乃瑾（北京市科学技术研究院资源环境研究所）

李　翔（北京市科学技术研究院资源环境研究所）

郑天文（北京市科学技术研究院资源环境研究所）

马　骏（宝航环境修复有限公司）

曲　丹（宝航环境修复有限公司）

柯　超（宝航环境修复有限公司）

张丽娜（北京市生态环境保护科学研究院）

姜　林（北京市生态环境保护科学研究院）

朱笑盈（北京市生态环境保护科学研究院）

李恩贵（北京市生态环境保护科学研究院）

张　峰（上海格林曼环境技术有限公司）
张芝兰（上海格林曼环境技术有限公司）
张艳君（上海格林曼环境技术有限公司）
宗汶静（清华大学环境学院）
陈文静（生态环境部对外合作与交流中心）
邓艳玲（生态环境部土壤与农业农村生态环境监管技术中心）
任志远（生态环境部对外合作与交流中心）
宋易南（清华大学环境学院）
王世杰（北京市生态环境保护科学研究院）
张　元（北京市生态环境保护科学研究院）
张文毓（北京市生态环境保护科学研究院）
张　丹（北京市生态环境保护科学研究院）
杨小东（清华大学环境学院）
张凯凯（清华大学环境学院）
王刘炜（清华大学环境学院）

前言 Preface

持久性有机污染物（persistent organic pollutants，POPs）是具有生物毒性、环境持久性、生物累积性等特征的有毒有害化学物质，对生态环境和人体健康存在较大风险，可通过空气、水和迁徙物种及产品传输并沉积在远离其排放地点的地区，可长期在生态系统中累积。即使是低剂量的POPs也有可能引发癌症、损害中枢和外围神经系统、引发免疫系统疾病、生殖紊乱以及干扰婴幼儿的正常发育，直接威胁人类生存繁衍和可持续发展。国际社会缔结了《关于持久性有机污染物的斯德哥尔摩公约》（以下简称《公约》），旨在减少、消除和预防POPs污染，保护人类健康和环境。我国于2001年5月23日作为首批签约国签署了《公约》。《公约》中强调，各缔约国要制订适当战略以便查明在《公约》附件A（消除）、附件B（限制）和附件C（意外生产）中列出的POPs库存和废物，酌情以安全、有效和环境无害化的方式管理库存，采取适当措施以确保此类废物，包括即将成为废物的产品和物品，以环境无害化的方式予以处置、收集、运输和储存，逐步减少或消除库存和废物的排放。综合考虑《公约》和我国环境保护的要求，防止和消除POPs污染对我国社会经济发展和人民群众生产生活的影响，以及对全球环境和人类健康的危害，根据国情和POPs问题的特征，我国政府于2007年发布了《中华人民共和国履行〈关于持久性有机污染物的斯德哥尔摩公约〉国家实施计划》（NIP）。

为落实《公约》和NIP有关要求，控制并逐步消除POPs污染地块环境安全隐患，保护生态环境和人体健康，环境保护部环境保护对外合作中心（现生态环境部对外合作与交流中心）于2013年与世界银行合作开发了全球环境基金（global environment fund，GEF）“中国污染场地管理项目”，旨在提高我国管理污染场地的能力，并对POPs和其他危险化学品污染场所进行无害环境的识别和清理。GEF“中国污染场地管理项目”主要在污染场地管理能力提升、POPs场地清理和示范方面开展的系列工作如下。

（1）开展了一系列污染场地清理的标准、技术导则、政策建议和融资建议的研究工作。标准方面主要包括示范省市的筛选值制订。技术导则涵盖隐患排查、POPs场地采样、修复可行性研究、修复工程或风险管控的设计、场地清理后长期风险管理、场地修复过程中的环境与社会管理等方面。政策建议包括公众参与程序和机制探索，新POPs污染场地的管理建议等。此外，探索了绿色金融等融资选择和市场激励措施，并总结和梳理了发达国家的经验。

（2）对从业人员（政府等环境管理者、场地业主、场地治理从业者）开展了系列培训。

（3）开发了多个污染场地管理工具，包括支撑国家建立 POPs 场地数据库、在工业园区及化工企业开展土壤和地下水污染预防预警研究和示范、支持地方建立信息化管理平台等。

（4）在重庆市、辽宁省以及广东省开展了 POPs 场地的修复或风险管控示范工作。

在此背景下，参与了 GEF“中国污染场地管理项目”的清华大学侯德义团队和沈阳环境科学研究院王坚团队受生态环境部对外合作与交流中心委托，对“中国污染场地管理项目”的实施过程和主要产出进行了系统梳理，提炼总结了成果要点和经验教训，以期推动项目成果得到更广泛的应用，促进行业发展和相关人员能力提升，提高我国污染场地环境无害化管理能力。

本书涵盖了污染场地管理的法规标准、技术方法、工程实践、效果评估、后期管理、公众参与、资金筹措以及典型行业案例等相关内容，各章作者均来自 GEF“中国污染场地管理项目”的参与单位，具体编写分工如下：第 1 章由侯德义、王坚编写，第 2 章由邓艳玲、张扬、邓佳玉编写，第 3 章由王坚、赖劲宇、苏燕、程卫国、王鑫编写，第 4 章由魏文侠、李培中、王海见、吴乃瑾、李翔、郑天文编写，第 5 章由马骏、曲丹、柯超编写，第 6 章由张丽娜、姜林、朱笑盈、李恩贵编写，第 7 章由张峰、张芝兰、张艳君编写，第 8 章由宗汶静、陈文静编写，第 9 章由邓佳玉、任志远编写，第 10 章由宋易南、张扬编写，第 11 章由王世杰、张元、张文毓、张丹、杨小东编写，第 12 章由张凯凯、赖劲宇编写，第 13 章由王刘炜、陈文静编写，第 14 章由杨小东、任志远编写。王海蓉、李剑、罗程钟、苏毅、尹华、方晓牧参与了本书大纲的拟定全书最后由彭政、侯德义、王坚统稿并定稿。

本书内容涉及面广，限于编者水平及编著时间，书中不足与疏漏之处在所难免，敬请读者批评指正。

侯德义

2023 年 11 月

目录 Contents

第 5 章
污染场地修复和风险管控工程实践
089～129

第 6 章
污染场地修复效果评估与后期管理
130～167

第14章 铜铅锌行业污染场地识别与防治 335~361

第1章 绪论❶

❶ 本章作者为侯德义，王坚。

我国高度重视土壤和地下水污染治理工作，环境保护部和国土资源部于 2014 年 4 月发布的《全国土壤污染状况调查公报》表明，我国部分地区土壤污染较重，耕地土壤环境质量堪忧，工矿业废弃地土壤环境问题突出，而人类活动是造成土壤污染的主要原因。为了解决土壤污染问题，国家环境保护总局于 2004 年下发了针对老工业遗留土壤污染问题的《关于做好工业企业搬迁环境污染防治工作的通知》；环境保护部于 2008 年发布了《关于加强土壤污染防治的通知》；国务院于 2011 年印发了《关于加强环境保护重点工作的意见》，要求对受污染场地进行环境评价和环境无害化管理，方可进行改造；环境保护部、国土资源部、工业和信息化部、住房城乡建设部于 2012 年联合发布了《关于保障工业企业场地再开发利用环境安全的通知》；国务院于 2013 年进一步印发了《近期土壤环境保护和综合治理工作安排》，该文件确定了土壤保护工作的目标，要求“到 2015 年，初步控制被污染土地开发利用的环境风险，有序推进典型地区土壤污染治理与修复试点示范，逐步建立土壤环境保护政策、法规和标准体系。力争到 2020 年，建成国家土壤环境保护体系，使全国土壤环境质量得到明显改善”。此外，《中共中央关于制定国民经济和社会发展第十二个五年规划的建议》提出，重点解决饮用水不安全、空气和土壤污染等对公众健康造成负面影响的突出环境问题，加强综合治理，环境质量明显改善。根据该规划，原环境保护部制定并发布了《国家环境保护“十二五”规划》《全国主要行业持久性有机污染物防治“十二五”规划》，规划中均强调要建立健全土壤污染防治相关法律法规和标准。在 2016 年国务院印发的《“十三五”生态环境保护规划》中，明确了“十三五”期间水环境质量、土壤环境质量等应达到的主要指标值，并指出提高环境质量、加强生态环境综合治理、加快补齐生态环境短板是当前核心任务。2018 年第十三届全国人民代表大会常务委员会第五次会议通过了《中华人民共和国土壤污染防治法》，自 2019 年 1 月 1 日起施行。进一步地，科技部、生态环境部、住房和城乡建设部、气象局和林草局联合印发了《“十四五”生态环境保护规划》，指出了“十四五”期间我国生态环境领域科技创新面临新的挑战。2022 年，生态环境部编制并印发了《“十四五”生态保护监管规划》（环生态〔2022〕15 号），指出“十四五”时期生态保护监管任务依然艰巨，该规划的部分目标在于，到 2025 年，建立较为完善的生态保护监管政策制度和法规标准体系，基本形成与生态保护修复监管相匹配的指导、协调和监督体系，生态系统质量和稳定性得到提升，生态文明示范建设在引领区域生态环境保护和高质量发展中发挥更大作用。

在上述背景下，新污染物因具有生物毒性、环境持久性、生物累积性，且来源较广、危害较严重、环境风险较隐蔽、治理难度较大等特点引起国际社会的重视。国务院办公厅于 2022 年 5 月印发《新污染物治理行动方案》，对新污染物治理工作进行了全面部署，并明确到 2025 年，完成高关注、高产（用）量的化学物质环境风险筛查，完成一批化学物质环境风险评估；对重点管控新污染物实施禁止、限制、限排等环境风险管控措施；新污染物治理能力明显增强。为贯彻落实《新污染物治理行动方案》，生态环境部、国家疾病预防控制局于 2022 年 12 月印发了《第一批化学物质环境风险优先评估计划》。2022 年 11 月生态环境部第五次部务会议审议通过《重点管控新污染物清单（2023 年版）》，并经工业和信息化部、农业农村部、商务部、海关总署、国家市场监督管理总局同意，自 2023 年 3 月起施行。其中，国际上广泛关注的一类新污染物——持久性有机污染物（persistent organic pollutants，POPs），其作为重要的土壤污染物受到了国际上许多国家的关注。国际社会缔结了关于 POPs 管控的国际环境公约——《关于持久性有机污染物的斯德哥尔摩公约》（以下简称

《公约》）。我国作为首批签约国，于 2001 年签署了该《公约》。《公约》中强调，各缔约国要制订适当战略以便查明在《公约》附件 A（消除）、附件 B（限制）和附件 C（意外生产）中列出的化学物质污染的场地；如果要对这些场地进行修复，应当以对环境无害的方式进行。为解决该问题，我国于 2007 年发布了《中华人民共和国履行〈关于持久性有机污染物的斯德哥尔摩公约〉国家实施计划》（NIP），其重点任务之一是 POPs 污染场地的清理。

为落实《公约》和 NIP 有关要求，控制并逐步消除 POPs 污染场地环境安全隐患，保护生态环境和人体健康，我国政府与世界银行合作向全球环境基金申请赠款，通过引入国际经验，支持我国开展基于风险管理的政策、标准、指南的制定，知识管理和公众意识提高，以及污染场地管理工具建设等活动，旨在提升相关管理部门、从业人员的能力；开展 POPs 场地的清理示范活动，总结相关场地治理经验并进行推广等活动，进而提高我国污染场地管理能力。具体地，环保部环境保护对外合作中心（现生态环境部对外合作与交流中心）于 2013 年与世界银行合作开发了全球环境基金（Global Environment Facility，GEF）“中国污染场地管理项目”。在项目评估阶段，初步识别了当时我国污染场地管理方面存在的问题，包括：

① 政策和法规方面相对薄弱。在项目开发阶段，我国尚无关于土壤污染防治方面的国家级法律，分散存在于其他法律法规中的条款也不具有统一性，缺乏可操作的细节。

② 管理部门分散。管理能力稍显不足。管理工业和农业污染场地或土地的责任分散在原环境保护部、国土资源部、住房和城乡建设部、农业部和国家发展和改革委员会等机构。虽然规定了每个部门的职责，但仍存在职责重叠，而且由于缺乏国家级专门的法律，对于污染场地管理而言，尚需完善一致统一的、精简的管理和协调程序。

③ 技术方面存在不足。经济高效的修复技术仍然欠缺，基于风险的管理方式仍未得到广泛的接受和认可；大多数管理人员欠缺污染场地管理的技术背景；场地修复从业者的专业知识也存在一定欠缺。

④ 融资约束。场地治理成本较高，融资往往是主要障碍之一。我国在国家或地方层面均未有污染场地清理相关的专用基金（例如，美国超级基金或棕地修复基金）。在各关键利益相关者之间（即政府、上一任或现任土地使用权人）欠缺明确的融资渠道。

⑤ 信息公开和信息化管理等方面存在不足。虽然全国土壤调查提供了土壤污染的概况，特别是农业土地的概况，但特定位置的污染程度和其他风险尚不明确。至于与运输、治理、存储和处置危险废物的设施有关的事件和活动，我国欠缺相应的危险物品跟踪和信息报告体系。土壤污染的隐蔽性和信息披露不足也导致公众缺乏对潜在危害的意识。

基于以上情况，GEF“中国污染场地管理项目”（以下简称“项目”）开展的活动主要包括场地污染防治能力建设、场地清理示范和项目管理三项。

（1）公众意识提升

项目与北京城市副中心投资建设集团有限公司共建的土壤环境保护宣教馆（北京市通州区城市绿心森林公园内）已于 2023 年 6 月 5 日正式开馆，旨在向公众推广和提高土壤生态保护意识，改善土壤健康；项目还针对儿童、普通民众及从业者等不同受众群体，制作了科普漫画《土壤的秘密》《土壤讲学记》、科普片、项目场地清理示范总结片、项目宣传片和宣传折页等材料。

（2）开发用于场地污染防治的管理工具

① 项目梳理了发达国家污染场地数据库建设经验及我国污染场地全过程管理需求，并据此设置了数据库功能及结构设计方案等。2017 年，生态环境部开始筹备建设全国污染地

块土壤环境管理信息系统（以下简称国家信息系统），拟将污染地块的信息上传至系统中，并进行动态更新。为避免资金的浪费，本项目未继续开展项目 POPs 污染场地数据库的建设，而是将项目中数据库的设计方案和结构等分享给生态环境部，相关内容已被国家信息系统借鉴和采纳。目前国家信息系统涵盖了查明的 POPs 污染地块信息。

② 项目开发阶段，湖南省农田土壤重金属污染和农产品重金属超标问题被广泛关注。项目委托湖南省土壤肥料研究所研究了农田土壤环境安全预测预警方法以及湖南省耕地土壤污染健康风险评估方法，分析了相关案例。该报告内容被湖南省采纳，并为湖南省申报的“世界银行-湖南省污染农田综合管理项目贷款项目”的设计和实施提供了支撑。

③ 项目开展了重庆市污染场地知识和修复中心建设的可行性研究，提出了修复中心商业计划及选址建议。重庆市生态环境局已与相关区县进行了沟通，为后续土壤修复中心的建设提供支撑。

④ 项目以北京市通州区为示范区域，帮助其建立了土壤污染调查及污染场地管理信息化平台，可以实现土壤污染防治一张图与国土空间规划、相关单位污染地块风险管控平台数据对接，建立起基于一张图的风险地块管控全要素、全流程、可视化的管控系统。

（3）场地清理示范

项目的示范场地主要分布于辽宁省、重庆市以及广东省，实现了项目实施的目标，即阻止和控制遗留固废及污染土壤中的污染物释放进入环境，阻断污染物对受体的暴露途径，避免周围土壤、地表水体和地下水体进一步受到污染，使遗留固废污染源对暴露人群的健康风险控制在可接受水平之内；或直接移除污染介质，达到去除污染源的目的。通过移除污染源和阻隔管控措施可以使重大污染源得到有效控制，恢复场地土壤的生态功能，确保周围居民的身体健康，全面提升周边土地利用价值，保护下游地下水和地表水的环境安全。

表 1-1～表 1-3 列出了项目开发的技术导则、政策建议、培训情况。此外，项目支持建立了针对政府管理人员、在产企业人员及调查修复从业人员的完整的课程体系，课程可以在项目开发的土壤污染防治在线培训课程网站上学习，该课程也被生态环境部纳入了其培训体系中。

表 1-1　项目开发的技术导则

类别	序号	技术文件名称	编制单位	完成时间
国家层面				
污染预防	1	在产企业用地有毒有害物质泄漏预防技术方法	北京石油化工学院	2018 年完成
	2	在产企业用地土壤及地下水污染隐患排查技术方法	北京石油化工学院	2018 年完成
	3	在生产企业环境和社会管理体系技术导则	北京市生态环境保护科学研究院	2018 年完成
	4	在生产企业环境和社会管理体系技术导则	北京市生态环境保护科学研究院	2018 年完成
	5	在生产企业环境和社会管理体系技术导则	上海格林曼环境科技有限公司	2018 年完成
场地调查	6	POPs 污染场地采样技术导则	北京市科学技术研究院资源环境研究所	2017 年完成
	7	基于报告基因法的土壤中二噁英类筛查标准方法	中国科学院生态环境研究中心	2023 年完成

续表

类别	序号	技术文件名称	编制单位	完成时间
风险评估	8	污染地块氯化石蜡(CPs)调查、监测与风险评估技术指南	中国科学院生态环境研究中心	2023 年完成
修复方案	9	污染地块修复技术可行性测试技术指南	北京市科学技术研究院资源环境研究所	2017 年完成
实施	10	污染地块修复工程设计技术指南	北京市科学技术研究院资源环境研究所	2019 年完成
	11	污染地块修复环境社会管理技术指南	清华大学	2018 年完成
	12	我国典型常用 POPs 污染场地土壤和地下水修复技术设计报告	清华大学及北京市科学技术研究院资源环境研究所联合体	2023 年完成
	13	典型 POPs 污染场地风险管控技术指南	北京环丁环保大数据研究院、吉林大学、北京工商大学组成的联合体	2023 年完成
修复后管理	14	污染地块修复后长期管理技术指南	清华大学	2018 年完成
	15	适用于风险管控场地的地下水后期管理的模型比选指南	北京环丁环保大数据研究院、吉林大学、北京工商大学组成的联合体	2023 年完成
地方层面				
重庆市	16	重庆市场地风险评估技术导则	中国环境科学研究院	2016 年完成
	17	重庆市场地土壤环境风险评估筛选值	中国环境科学研究院	2016 年完成
	18	重庆市污染场地治理修复工程环境监理技术导则	重庆理工大学、中国环境科学研究院、重庆市固体废物管理中心组成的联合体	2015 年完成
	19	重庆市污染场地治理修复验收评估技术导则	中国环境科学研究院、重庆市固体废物管理中心组成的联合体	2016 年完成
辽宁省	20	辽宁省建设用地土壤污染风险管控和修复管理办法	沈阳环境科学研究院	2019 年完成
	21	辽宁省污染场地风险评估筛选值	中国环境科学研究院	2020 年完成
	22	辽宁省污染地块风险管控与修复效果评估技术导则	北京市生态环境保护科学研究院	2020 年完成
	23	辽宁省工业企业搬迁退场土壤污染防治技术导则	北京市生态环境保护科学研究院	2020 年完成
山东省	24	山东省土壤污染重点监管单位污染调查、风险评估与风险管控技术指南(10 个行业)	山东省环境保护科学研究设计院有限公司	2023 年完成
	25	山东省土壤污染重点监管单位隐患排查技术指南(10 个行业)	山东省生态环境规划研究院与山东大学组成的联合体	2023 年完成

表 1-2　项目完成的政策建议

类别	序号	政策建议内容	实施单位	完成时间
责任追踪	1	污染场地责任追踪体系研究	环境保护部环境规划院	2016 年完成

续表

类别	序号	政策建议内容	实施单位	完成时间
风险管理	2	基于风险的污染场地管理政策标准体系政策建议	中国环境科学研究院	2016 年完成
重点行业土壤地下水污染防治	3	电镀行业在产企业土壤防治对策研究	北京表面工程学会	2021 年完成
	4	农药行业在产企业土壤污染防治对策研究	中国农药工业协会	2021 年完成
	5	铜铅锌行业在产企业土壤污染防治对策研究	矿冶科技集团有限公司	2021 年完成
新 POPs 管理	6	新 POPs 污染场地管理对策建议	清华大学	2021 年完成
其他	7	基于密云区污染场地(受污染耕地)溯源的耕地管理和保护利用研究	中国科学院地理科学与资源研究所	2023 年完成
	8	建设用地复垦过程风险管控研究及典型区域复垦行动方案	北京市科学技术研究院资源环境研究所与北京化工大学组成的联合体	2023 年完成
	9	污染场地异味识别、治理管控与全过程管理	北京建工修复有限公司、北京市科学技术研究院资源环境研究所与北京化工大学组成的联合体	2023 年完成

表 1-3　项目培训情况

序号	日期	培训内容	培训对象	地点
国家项目办				
1	2018 年 7 月	2018 年土壤环境管理培训班：系统介绍了土壤污染防治行动计划工作进展、计划及考核规定，并围绕污染地块、农用地以及工矿用地三大环境管理办法，建设用地以及农用地风险管控标准，重金属污染防控意见、排放量考核以及重点企业排查要求，建设用地调查评估技术要点，土壤污染治理与修复成效技术评估指南，污染地块管理国际经验等专题进行了解读和研讨	国家及地方管理部门、技术支撑单位等	北京
2	2018 年 12 月	土壤污染风险管控与修复技术培训班：解读了《土壤污染防治法》，介绍了《土壤污染防治行动计划》(简称"土十条")的最新进展及考核规定，分享了 8 个地级市在落实土壤污染防治行动方面积累的优秀经验，同时对建设用地以及农用地风险管控标准、污染地块修复效果评估技术指南、建设用地调查评估技术要点、污染地块责任人认定、环境社会管理、风险交流、安全与健康防护等专题进行了培训与研讨	国家及地方管理部门、技术支撑单位等	北京
3	2019 年 6 月	土壤生态环境管理与修复培训班：系统解读了《土壤污染防治法》，介绍了美国、英国和意大利土壤污染防治法律法规、政策标准、修复技术等方面的国际经验。并围绕土壤污染责任人认定办法及建设用地土壤污染状况调查、风险评估、风险管控及修复效果评估报告评审指南进行了交流和研讨	国家及地方管理部门、技术支撑单位等	河北北戴河
4	2019 年 10 月	土壤生态环境管理与修复培训班：系统地介绍了我国土壤污染防治工作思路，解读了《土壤污染防治法》，污染地块风险评估或修复相关的 3 项技术导则，并对土壤污染防治项目储备库、试点示范项目管理、专项资金管理等相关要求以及土壤污染防治相关问题进行了解答	国家及地方管理部门、技术支撑单位等	河北北戴河

续表

序号	日期	培训内容	培训对象	地点
5	2019 年 11 月	污染场地绿色可持续修复国际研讨会	国家及地方管理部门、技术支撑单位等	北京
6	2020 年 9 月	全国土壤污染风险管控与修复培训班：解读了土壤污染防治法、隐患排查技术指南、建设用地土壤污染状况调查等报告评审指南、土壤污染防治项目管理等政策标准文件，介绍了土壤污染治理与修复技术应用试点项目经验，同时就土壤修复＋、“十四五”土壤污染防治规划、报告评审经验等专题进行了深入研讨。介绍了土壤污染防治专项资金项目监督检查发现的主要问题，并分享了土壤项目管理经验	国家及地方管理部门、技术支撑单位等	浙江湖州
7	2020 年 11 月	全国土壤污染防治管理培训班	国家及地方管理部门、技术支撑单位等	广东韶关
8	2021 年 4 月	土壤污染防治专项资金项目管理培训班：详细介绍了土壤污染防治中央项目储备库入库评审要求和相关项目审计要点，建设用地土壤污染状况调查、风险评估、修复效果评估报告评审等重点关注事项。同时，分享了台州、河池等 7 个省市土壤污染防治项目管理经验。分享了土壤污染防治国际赠款项目管理经验	国家及地方管理部门、技术支撑单位等	湖南长山
9	2021 年 11 月	土壤污染重点监管单位培训班（山东）：对《土壤污染防治法》重点条款进行了解读，并介绍了执法要点和典型案例。还介绍了山东省和青岛市土壤污染重点监管单位管理要求，解读了《重点监管单位土壤污染隐患排查指南（试行）》，分享了跨国公司土壤和地下水污染预防经验以及济南、青岛等 5 个地市的土壤污染隐患排查优秀案例	山东省 16 个地市生态环境局及土壤污染重点监管单位代表	线上
10	2021 年 12 月	2021 年度土壤污染防治管理培训班：解读了深入打好净土保卫战的有关要求，介绍了土壤污染防治专项资金管理要求和典型案例，讲解了农用地土壤污染源头防治、成因排查有关实施方案和技术文件以及建设用地土壤污染状况调查质控管理要求，介绍了从业单位和个人信用记录管理办法等政策和技术文件，请相关省市分享了优秀案例和经验	国家及地方管理部门、技术支撑单位等	线上
11	2022 年 9 月	2022 年度全国土壤污染防治管理培训班（第 1 期）：解读了土壤污染防治资金使用管理的有关要求，介绍了土壤污染防治资金绩效评价和土壤污染防治资金审计监督有关情况，讲解了建设用地类、农用地类、在产企业类及周边监测类项目方案编制及审核要求，分享了土壤污染防治国际赠款项目管理经验	国家及地方管理部门、技术支撑单位等	线上
12	2022 年 9 月	2022 年度全国土壤污染防治管理培训班（第 2 期）：聚焦建设用地土壤污染调查质量控制，解读了建设用地土壤污染状况初步调查监督检查工作相关指南和质量控制技术规定，介绍了建设用地土壤污染状况调查实验室质量管理要求，讲解了调查质控 APP 与系统应用功能和操作方法，四川省、广州市、重庆市、青岛市土壤生态环境管理部门的代表分享了土壤污染状况调查质量管理的工作情况和经验，以及 POPs 场地调查相关情况和问题	国家及地方管理部门、技术支撑单位等	线上
13	2023 年 6 月	2023 年度全国土壤污染防治管理培训班（第 1 期）：建设用地土壤污染防治相关政策法规、重点工作，广东、江苏等相关省份就土壤污染防治工作经验进行了交流汇报	国家及地方管理部门、技术支撑单位等	广东佛山＋线上

续表

序号	日期	培训内容	培训对象	地点
14	2023 年 9 月	2023 年度全国土壤污染防治管理培训班(第 2 期)	国家及地方管理部门、技术支撑单位等	辽宁大连
15	2023 年 8 月	中国污染场地挑战性难题暨中国污染场地管理项目成果推广交流研讨会	科研单位、从业人员等	四川成都
16	2023 年 11 月	POPs 污染地块土壤及地下水风险管控与修复技术研讨会暨全球环境基金“中国污染场地管理项目”成果交流与推广会:政策标准制定、在产企业污染预防、POPs 污染地块管理、已发现 POPs 污染地块清理和修复	科研单位、从业人员等	线上
辽宁项目办				
17	2017 年 10 月	辽宁省 POPs 污染场地调查评估及治理修复:介绍了辽宁省土壤污染管理思路及要求,开展了 POPs 污染场地调查评估培训以及 POPs 污染场地治理与修复培训	辽宁各市管理人员、第三方从业单位	辽宁沈阳
18	2019 年 6 月	重点行业企业用地调查及信息采集质控强化培训:介绍了中国土壤环境管理体系框架与辽宁省重点行业企业用地调查信息采集线上质控情况,解读了《辽宁省建设用地土壤污染风险管控和修复管理办法(试行)》,营口市重点行业企业用地调查工作总结以及铁岭市重点行业企业用地调查信息采集及质量控制工作汇报	辽宁各市局土壤管理人员、从事土壤污染调查、风险评估的专业技术人员	辽宁沈阳
19	2020 年 12 月	土壤污染状况调查、风险评估、治理与修复培训:介绍了土壤污染状况调查组织及报告编写,土壤污染风险评估,污染地块风险管控与修复效果评估等内容	辽宁各市局土壤管理人员、从事土壤污染调查、风险评估的专业技术人员	辽宁沈阳
20	2021 年 8 月	土壤、地下水污染防治培训:介绍了化工园区地下水环境状况评估,地下水污染防治中央项目申报要求以及土壤污染重点监管单位环境管理要求	辽宁各市局土壤管理人员、从事土壤污染调查、风险评估的专业技术人员	辽宁沈阳
重庆项目办				
21	2015 年 7 月	污染场地土壤环境管理相关法规政策	重庆市各区县土壤环境管理人员	重庆
22	2015 年 12 月	污染场地土壤环境管理相关法规政策	重庆市各区县土壤环境管理人员	重庆
23	2015 年 5 月	污染场地土壤环境管理相关法规政策、全国污染地块土壤环境管理系统使用	重庆市各区县土壤环境管理人员	重庆
24	2017 年 11 月	污染场地土壤环境管理相关技术标准、重庆市污染场地管理地方标准、全国污染地块土壤环境管理系统使用	第三方从业单位	重庆
25	2018 年 5 月	污染场地土壤环境管理相关法规政策、土壤污染防治资金申请	重庆市各区县土壤环境管理人员	重庆
26	2018 年 12 月	土壤污染防治相关法律法规、政策标准、技术指南,全国污染地块土壤环境管理系统、重庆市土壤环境管理信息系统使用,土壤污染防治资金申请	重庆市各区县土壤环境管理人员、第三方从业单位、土地使用权人	重庆
27	2019 年 4 月	土壤污染防治法等相关土壤污染防治法律法规宣贯培训,中央土壤污染防治资金申报	重庆市各区县土壤环境管理人员	—

续表

序号	日期	培训内容	培训对象	地点
28	2020 年 3 月	建设用地土壤污染防治相关法律法规、政策标准，全国污染地块土壤环境管理系统	第三方从业单位	线上
29	2021 年 9 月	土壤污染相关法律法规、技术标准，及全国污染地块土壤环境管理系统、信用记录系统使用等内容	重庆市各区县土壤环境管理人员、第三方队业单位、土地使用权人	—

第2章 中国污染场地管理政策法规与标准体系[1]

❶ 本章作者为邓艳玲，张扬，邓佳玉。

近年来，土地再开发过程中因土壤污染而引发的事故频繁出现在媒体报道中，且随着时间的推移呈现多发趋势，污染场地问题已经吸引了公众的极大关注。例如，2004年某地铁站施工过程中发现该地点原是农药厂厂址，搬离多年后仍有部分有毒有害气体遗留在地下，对人体健康造成伤害，该事件成为我国重视污染场地的开端和催化剂；2016年常州外国语学校土壤污染事件成为唤醒全民污染场地意识的一个重要事件，在新闻对“常外事件”报道后不到2天的时间里引发超过2亿民众的关注。在这种情况下，社会各界对于污染场地环境管理相关政策法规的需要也越来越迫切。目前，我国已经制定了专项法律法规，并发布了多项重要政策文件，相关部门的规章制度也处于制定或应用阶段，部分地区已经结合当地实际情况率先制定相关法规，目前我国污染场地环境管理的政策法规已逐步趋于完善。

2.1 污染场地基本概况

2.1.1 污染场地基本概念

对于场地污染防治工作而言，“污染场地”的基本概念是必不可少的工作基础，是科学理论与管理方法重要的结合点，更是相关管理制度、标准体系制定、公共宣传教育的根本前提。无论是政府管理部门、土地使用权人、造成场地污染的责任人、社会公众还是相关利益责任方，其对“污染场地”基本概念的正确理解，都有助于对污染场地的管理。

2.1.1.1 国外污染场地定义

（1）美国对污染场地的定义

美国法律中“污染场地”的概念，最早源于1980年第96次美国国会通过颁布的《综合环境反应、赔偿和责任法》（Comprehensive Environmental Response，Compensation，and Liability Act）（编号：公共法96-510）[1]。在当时版本的Section 101（9）中，对“设施”（facility）给出了法律定义，定义的一部分“因堆积、储存、处理、处置或其他方式（如迁移）承载了危害物质的任何区域或空间”被美国环保署引申成为“污染场地”（contaminated site）的概念，在该法中再没有对“污染场地”进行单独的定义。自此之后，直到该法律2002年修订，“污染场地”的定义仍然没有以法律条文的形式出现。但是在《超级基金法框架下的场地调查技术指南》等一系列由美国环保署制定的技术类文件中，均采取上述方式对“污染场地”进行了定义。

“棕地”（brownfield site）一词第一次正式使用，是在1992年6月28日美国东北与中西部国会联盟听证会上。同年，俄亥俄州凯霍加县提出了一份关于棕地详细政策的分析报告。翌年9月，美国环保署将凯霍加县作为其第一个棕地试点项目，对棕地的支持援助工作也逐渐成为了美国环保署的工作内容。

2002年1月11日，乔治·布什总统签署了《小规模企业责任减轻和棕地振兴法》，对《综合环境反应、赔偿和责任法》进行了修改。《小规模企业责任减轻和棕地振兴法》在Section 211（a）中对“棕地”给出了明确的定义：一般是指房地产开发、扩建、再开发或再利用过程中存在或可能存在有害物质、污染物、致污物的土地。需要强调的是，考虑到与

《固体废物处置法》《联邦水污染控制法》等其他相关法律的衔接，该条文在定义“棕地”的过程中，还包含非常详细而复杂的排除、附加条件。修订后的《综合环境反应、赔偿和责任法》在 Section 101 中的（39）也加入了该定义。

由于污染场地管理开展的时间比较早，美国环保署对“污染场地”进行了相关的解释和分类，例如超级基金场地、棕地、RCRA 场地、地下储罐场地等。但要注意的是，这种解释不等同于法律条文，而只是根据美国当前相关法律的要求和管理的需要所做出的。

（2）英国对污染场地的定义

英国在法律条文中对“污染地块”（contaminated land）进行了定义，同时，各种政府文件或报告中均使用“污染场地”这一名词。英国于 1990 年颁布了《环境保护法》，英国国会于 1995 年对《环境保护法》进行了修订补充，其中对“污染场地”进行了明确定义：“位于场地地上或地下的物质引起土地明显的损害或可能产生明显的损害，或对受控制下的水资源造成或可能造成损害”，又分别对“损害”“明显”等词语的具体含义给出了解释和判断依据。

英国主管环境保护的环境、食品及农村事务部于 2008 年发布了《污染土地法律定义导则》（Guidance on the Legal Definition of Contaminated Land）[2]，专门用来指导《环境保护法ⅡA》中“污染地块”定义的运用。关于“污染地块”的法律定义从何而来，该导则的解释是：“由于土地污染的复杂性，任何一种定义都不可避免地会出现问题。有 3 种方式可以定义污染地块：①无论污染物含量如何，只要存在于土壤中就认为是污染地块；②土壤中的污染物高于一定的浓度；③污染物具有一定的风险。由于《环境保护法ⅡA》关注的重点是问题地块，尽量避免触及非必要的无问题地块，所以基于两个原因将前两种定义方式排除掉：一是英国大部分污染物含量较低的土壤环境风险可以忽略；二是污染物含量并非良好的风险指示标准，风险高低受污染物所处位置的影响非常大。”

为了便于操作，《环境保护法ⅡA》中还规定部门国务大臣应颁布相关导则，具体指导地方政府对污染场地进行判断等工作。例如 2012 年 4 月，英国环境、食品及农村事务部根据该法律 78YA 的相关规定，出台了《污染土地法定导则》（Contaminated Land Statutory Guidance）[3]，对地方政府如何执行政策进行了解释和指导。英国通过一系列法定导则，对污染地块的定义和判断进行补充和完善，并指导地方政府在污染场地环境管理中的具体工作。但是环境部门很少使用“棕地”这一术语。“棕地”在英国通常指的是曾经开发过的土地，在 2012 年英国社区和地方发展部出台的一项文件中，“棕地”与“曾开发土地”交替使用。英国环境相关的法律条文中没有“棕地”的定义。

（3）加拿大对污染场地的定义

根据加拿大政府接受的定义，“污染场地”（contaminated site）指的是：场地上某物质的浓度①超过背景值并对人体健康或环境造成或可能造成短期或长期危害，或②超过特定政策规定的标准。加拿大政府从 2005 年开始实施的《联邦污染场地行动计划》（Federal Contaminated Site Action Plan）[4] 将该定义作为场地能否得以纳入资金支持的判断条件之一。

加拿大标准协会（CSA）对污染场地的定义为：“因危害物质存在于土壤、水体（包括地下水）、空气等环境介质中，可能对人类健康或自然环境（如土壤、水体、土地、建筑物）产生负面影响的区域。”

(4) 其他国家

澳大利亚及新西兰环境保护委员会(ANZECC)对“污染场地”的定义为:“危险物质的浓度高于背景值的场地,且环境评价显示其已经或可能对人类健康或环境造成即时的或长期的危害。”

荷兰在其《土壤保护法》中定义“污染场地”为:“已被有害物质污染或可能被污染,并对人类、植物或动物的功能属性已经或正在产生影响的场地。”

西班牙将“污染场地”定义为:“因人为活动产生的有毒有害物质污染,使土壤的功能失去平衡的区域。”

比利时在《土壤修复法令》中对“污染场地”作出的定义是:“因人类的活动产生的污染物质赋存于土壤环境,并对土壤环境质量造成直接或间接的负面影响,或可能产生潜在负面影响的区域。”

由此可以看出,在各国的相关法律中用“污染场地”(contaminated site)、“污染地块”(contaminated land)、“棕地”(brownfield)等名词来表述污染场地的概念。从字面上看,不同国家“污染场地”的差异体现在所包含的空间或区域的范围以及环境介质。例如,地块的含义是未被海洋或其他水体覆盖的陆地,通常是二维空间上的概念;场地除了陆地以外,还包括附着在空间上的任何东西,也就是三维空间上的概念。字面上的差异并不影响对其环境管理所采取的原则,针对各国的“污染场地”,风险管理的策略还是被普遍接受的。

虽然欧美各国对于污染场地定义的表述各有不同,但都直接或间接包含了两层含义:其一是污染场地指一个特定的空间或区域,具体包括土壤、地下水、地表水等;其二是特定的空间或区域已被有害物质污染,并已对空间或区域内的人类或自然环境产生了负面影响或者存在潜在的负面影响。不管如何表述,污染场地的概念都是为更好的环境管理提供服务的。

2.1.1.2 我国污染场地定义

我国目前对于污染场地尚无明确的法律定义。2009年12月环境保护部发布了《污染场地土壤环境管理暂行办法(征求意见稿)》[5],当中所称污染场地是指因从事生产、经营、使用、贮存有毒有害物质,堆放或处理处置有害废弃物,以及从事矿山开采等活动,使土壤受到污染的土地。根据《土壤污染防治行动计划》(简称“土十条”),在2016年11月发布的《污染地块土壤环境管理办法(征求意见稿)》[6]中,对污染地块的定义为“因生产、经营、使用、贮存危险化学品或者其他有毒有害物质,堆放或者处理、处置生活垃圾、危险废物等固体废物或者其他有害废物,以及从事矿山开采等活动,土壤及地下水中污染物含量超过国家相关标准、存在人体健康或者生态环境风险的建设用地”。在该办法中,污染地块以国家相关标准来判断。

另外,2014年发布的《污染场地术语》(HJ 682—2014)[7](现行为HJ 682—2019)中给出了“潜在污染场地”和“污染场地”的概念。“潜在污染场地”指因从事生产、经营、处理、贮存有毒有害物质,堆放或处理处置潜在危险废物,以及从事矿山开采等活动造成污染,且对人体健康或生态环境构成潜在风险的场地。“污染场地”指的是对潜在污染场地进行调查和风险评估后,确认污染危害超过人体健康或生态环境可接受风险水平的场地,又称污染地块。在该标准中,污染场地强调的是风险不可接受,需要通过调查和风险评估确定。

地方法律法规中,《湖北省土壤污染防治条例》[8]第三十一条规定:县级以上人民政府生态环境主管部门应当将土壤污染物含量达到或者超过限值的地块纳入污染地块名单。因此该规定是以土壤污染物含量作为地块的判断标准。《福建省土壤污染防治办法》[9] 也采用类似形式确定“污染地块名单”。《广东省土壤污染防治条例（草案送审稿）》[10] 将调查和风险评估结果作为污染地块判断的依据。

污染地块的定义本质上是从管理的角度出发的。对污染场地等关键词语进行内容详尽、逻辑严密的定义，是美国和其他发达国家现行法律中非常受重视的组成部分，也是其突出特点。这可以使管理部门的实际工作拥有更好的操作性，避免或降低在污染场地定性的工作中出现偏差的可能；然而，由于部分定义的条款内容详细和复杂，若要求管理部门做到灵活运用，还需管理人员深入研究和亲身实践，不断加强自身能力建设，积累经验，通过规范的方法判断某场地是否为污染场地。

2.1.2 污染场地问题的由来

污染场地与工业企业的发展密不可分。我国污染场地类型多且复杂，与不同行业类型及其建设时间、生产历史等有关。

从时间上看，我国污染场地主要来自 20 世纪 80 年代改革开放发展起来的多种所有制经济工业企业、50 年代成立的大中型国有工业企业，以及部分新中国成立前就已经存在的工业企业。可以说工业发展较早较快的地区，其污染场地问题更加突出。由于当时环保意识十分薄弱，这些生产历史悠久、工艺设备相对落后的企业，经营管理比较粗放，环保设施缺少或很不完善。因此，造成的土地污染状况十分严重。近年来，伴随着经济的高速发展，城市规模的扩大，矿产资源开发加工，工业“三废”的不合理处置或任意排放，工业生产过程中的“跑、冒、滴、漏”和突发事故等，是造成我国区域或局部场地污染的重要原因。

从空间分布上来看，早期大多数工厂建立的位置，随着民众不断的聚集，已经逐渐发展成了建城区。导致了当前被发现的污染场地主要分布在城区，包括居住、商业和公共娱乐活动用地相邻或附近的乡镇，以及生态敏感区等。矿业活动和不同行业生产过程是造成场地污染的主要途径。因此，矿区和污染相关行业往往是污染场地的集中分布地，例如有色金属、黑色金属矿区和化工、石化、冶炼及电镀、制药、机械制造、印染等行业。其他的污染场地包括填埋场、金属矿渣堆场、加油站、废旧物资回收加工区或电子垃圾处置场地等。

随着我国城市化进程和产业转移步伐的加快，国家“退二进三”“退城进园”“产业转移”等政策的实施，经济发达或快速发展地区的工业企业搬迁呈现出普遍的趋势，特别是污染企业的搬迁成为快速改善城市环境和促进企业升级改造，以及调整经济结构和转变经济增长方式的有效举措。与此同时，随着工业企业的搬迁或停产、倒闭，遗留了大量、多种多样、复杂的污染场地，涉及土壤污染、地下水污染、墙体与设备污染及废弃物污染等诸多突出的问题，成为工业变革与城市扩张的伴随产物。如何有效监管、安全处理处置或可持续开发利用受污染的场地，确保城乡人居环境安全和公众健康，已成为国家和地方政府予以高度重视的监管问题，也是我国科技界开展科技创新研究与应用实践的重要问题。

2.1.3 污染场地的风险与危害

2.1.3.1 污染场地对环境的影响及生态风险

城镇工业企业搬迁地土壤往往受到有机污染物、重金属等多种污染物的污染，污染程度重、污染分布相对集中；特征污染物因地而异，通常有农药、苯系物、卤代烃、多环芳烃、石油、重金属等；污染土层深度可达数米至数十米，有时地下水也同时受到污染。矿产资源的开采、冶炼和加工也造成了较为严重的生态破坏和环境污染。此外，油田区土壤易长期受到原油、油泥和石油废水等的污染。这些污染可导致土壤结构与性质改变、植被破坏、微生物群落变化、土壤酶活性降低、水体污染等，严重影响了土地的使用功能，带来环境风险和生态健康问题。欧洲大部分国家都将土壤视作不可再生资源，因此一旦受到污染，场地的可持续利用和土壤的功能也就受到了威胁。

2.1.3.2　污染场地对人体的影响及健康风险

随着越来越多的城市工业用地转变为绿化、娱乐等公共用地或居住用地，潜在的土壤污染问题逐渐暴露出来，影响了城市生活质量，对人居环境质量和居民健康造成损害或潜在的危害。污染场地对人体健康的影响途径主要包括：a. 摄食污染土壤（包括摄食飞散土壤颗粒）；b. 因接触污染土壤而造成皮肤吸收；c. 饮用因污染土壤浸出有害物质而被污染的地下水等；d. 吸入污染土壤挥发至大气的有害物质；e. 含有害物质的土壤颗粒流进公共水域→蓄积于鱼、贝类→人类摄食；f. 生长于土壤污染地的农作物、家畜蓄积有害物质→人类摄食。

20 世纪 70 年代末期震惊世界的美国拉夫运河事件是典型的化学毒性物质污染土地事件。美国尼亚加拉瀑布城近郊有一条废弃的运河——拉夫运河，1942 年胡克化学公司取得这块地皮后，将 8t 有毒废渣堆于河道，1953 年该公司填平河道，一部分转卖给教育部门用来建校舍和教师住宅，另一部分卖给垦荒者耕作。20 世纪 60 年代这里居住的 2500 人，开始发现生育异常现象，新生儿多有癫痫、溃疡、直肠出血等先天性病症，幼儿易出皮疹，一些地方地塌屋裂。1978 年，许多房屋过早朽败，明显出现异味。1987 年，这里的地面开始渗出一种黑色液体，引起了人们的恐慌。经环保部门检测，查出六六六、氯苯、氯仿、苯、三氯酚、二溴甲烷等 82 种有毒物质，其中 11 种有致癌危险。胡克化学公司自报填化学废渣 2 万吨，实际是 8 万吨，仅尼亚加拉大学附近的填地就含有大量致命的灭蚊剂，因此污染了附近一条河流和河边的饮水井，对人体健康产生了极大的危害。直到 20 世纪 80 年代，环境对策补偿责任法在美国议院通过后，这一事件才被盖棺定论，原胡克化学公司和纽约市政府被认定为加害方，共赔偿受害居民经济损失和健康损失费达 30 亿美元。

近年来，我国污染场地伴随的人体健康损害事件也时有发生。例如，2015 年 2 月，一商人周某在不知情的情况下盘下了已经改建好的养殖场，进驻养殖场后，周某 20 多年前得的牛皮癣病复发，诊治医生认为主要诱因是生活环境中存在化工污染源刺激。经调查发现该养殖场厂区内地面下 3～4m 的部分区域填埋疑似危险废物，特征污染物为 1,4-二氯苯、甲苯、三氯甲烷、四氯化碳、氯苯等。疑似危险废物主要来自某化工股份有限公司，截至 2016 年 3 月已挖出疑似危险废物 5900 多吨，而该厂址原使用者、某石油化工厂老板患有 9 年鼻癌，其生前长期居住在工厂厂区里。

2.1.4　污染场地环境管理的必要性

我国污染场地总体数量很大。随着我国工业化进程以及国家化解产能过剩矛盾、调整优化产业结构及老工业区整体搬迁改造等工作的部署实施，大量工业场地被废弃或用于商业开发。据不完全统计，2001～2014年，全国有十多万家企业关停或搬迁，遗留大量存在污染的搬迁企业场地，相当一部分属于污染场地。有学者认为，在搬迁的污染企业中有20%～30%可能存在不同程度的土壤和地下水污染。在美国，受到污染的地块有30万～45万个，有专家根据中美两国制造业历史对照，估计我国的污染场地总量应该至少与美国相当甚至数量更大。2014年4月《全国土壤污染状况调查公报》发布，结果显示工矿业废弃地土壤环境问题突出，在调查的81块工业废弃地的775个土壤点位中，超标点位占34.9%，主要污染物为锌、汞、铅、铬、砷和多环芳烃。

此外，污染物在土壤中不同于在大气和水体中那样易扩散和稀释，场地污染很难自行消除，且具有累积性和不可逆性。若不及时采取风险防控或治理修复行动，随着时间推移，存在场地污染范围和深度扩大、变深的风险，将对生态环境和人民生命财产构成巨大威胁，未来的治理成本也将逐年增加。根据欧美等发达国家的经验，污染预防、风险管控、治理与修复的投入比例约为1∶10∶100。无论是尚未污染、正在污染，还是已经污染的场地，都迫切需要采取相应的措施进行管理。

我国在污染场地环境管理方面曾存在一系列问题，其中比较突出的问题包括工作基础薄弱、法规制度滞后、管理标准缺失、责任难以落实等。虽然目前已经受到足够的重视并加以改善，但相关主管部门仍有必要进一步加强管理，减少或消除污染场地所带来的危害与风险。

2.2 污染场地管理模式分析

目前国际上污染场地管理模式一般可以分为基于标准的管理模式和基于风险的管理模式两种。我国的环境管理主要依据强制性的环境质量标准。其优点是对管理人员的专业要求和管理成本较低，易于地方环保部门接受和实施，但由于土壤的差异性较大，制定统一合理的土壤环境质量标准较为复杂，且容易带来不必要的修复成本。

从国际上的趋势来看，发达国家和地区目前多采用基于风险的污染场地管理模式。国外往往淡化强制性的相关土壤环境质量标准在污染场地管理中的作用，大多数国家不存在全国统一的强制性的土壤环境质量标准限值，而是根据土壤或者用地功能制定针对性的参考值，即筛选值，其管理模式主要基于风险管理。尽管不同国家对筛选值的命名方式不同，如土壤筛选值、土壤指导值、土壤质量指导值、初步修复目标、修复基准等，各国甚至一个国家的不同州或区域确定的筛选值也会相差数倍甚至数万倍，但其管理理念都是基于风险的管理，有较多的共通之处，也取得了很多很好的实践经验，值得借鉴和效仿。

2.2.1 基于标准和基于风险的污染场地管理模式

2.2.1.1 基于标准的污染场地管理模式

20世纪90年代之前，较早制定土壤环境质量标准的发达国家多是采用土壤中污染物最大允许含量的全国通用标准。如美国的通用标准，加拿大1991年颁布的污染场地临时性环境质量标准，荷兰1983年颁布的土壤修复临时法和土壤修复导则中包含的全国统一的A、B、C-土壤质量标准，英国在1983年颁布土地触发浓度值、低限浓度值（threshold concentration，低于此值可认为无污染危害，高于此值有可能要修复）和行动浓度值（action concentration，高于此值要采取修复行动或变更用地方式）。在此时期，土壤环境质量评价的方法是把更早开始的（20 世纪 60 年代）大气和水质量评价的方法引入土壤环境质量评价领域，采用的评价方法包括单因子指数法、多因子指数法、模糊数学评判法等，核心方法就是实测值与标准值相比的方法，得出的结论为：不超标即安全，超标即污染，应采取修复等相应措施，这是当时的评价标准内涵。

随着对土壤区域性和复杂性的认识，具体到特定的土壤类型和特定的利用方式，保障土壤安全利用的土壤污染物含量限值往往是比较确切的值。但对全国或大的区域来讲，包括了多种土壤类型和多种土壤利用方式，土壤污染物含量限值不尽一致，若仍用一个含量限值进行“一刀切”的管理方式，该标准值的确定就有了人为因素的影响，即管理的选择是从严还是适度放宽，因此用该标准值来评判土壤环境质量时，就很难给出类似“适宜”还是“不适宜”，或者“污染”还是“不污染”等确切的定论。

2.2.1.2　基于风险的污染场地管理模式

自 20 世纪 90 年代至今，各国相继接受和采纳了风险评估的理念，依保守原则确定一个筛选浓度，低于此浓度，认为土壤基本是可以安全利用的，无需进行详查；超过筛选浓度值，需进行详细调查和风险评估，取得该地的污染浓度阈值。

在美国，标准由一系列促进污染场地评估和修复的标准化指南组成，为场地管理者提供了分层次的管理框架，用来确定基于风险管理和场地的土壤筛选水平或指导值。其将土壤污染物浓度从低到高划分为背景浓度值（“zero” concentration）、筛选浓度值（screening level）和响应浓度值（response level）3 个区间。若地土壤污染物浓度处于背景浓度值和筛选浓度值之间，污染风险可以忽略，无需进一步详细调研；若超过筛选浓度值，需进行场地风险评估，取得该场地有污染危害的响应浓度值；当污染物浓度超过响应浓度值时，则必须采取响应（整治）措施。美国于 1996 年出台了土壤的健康筛选值（SSLs），并根据不同的暴露途径（皮肤接触、挥发物吸入、空气颗粒吸入）和暴露情景（住宅用地暴露情景、室外作业工人在工业和商业用地暴露情景和室内作业工人在工业和商业用地暴露情景）制定了相应的指导值。通过健康筛选水平可以识别需要进一步评价的区域和排除不需要进一步评价的区域，但健康筛选标准不是修复标准，也不适用于对放射性污染物的筛查。除此以外，美国还针对不同的生态受体类型，即植物、土壤无脊椎动物和野生动物（鸟类和哺乳动物），分别制定了相应的生态土壤筛选值（Eco-SSLs）。基于生态的土壤筛选值是指污染物的某种浓度值，保持污染物低于此水平时，则可保护与土壤有直接或间接接触的受体，若土壤中污染物的浓度超过生态土壤筛选值，则表明环境已经受到了不利的影响，基于生态风险考虑可能需要做出进一步的调查与评价。

在荷兰，住房、空间规划和环境部（Ministry of Housing，Spatial Planning and Environment，VROM）应用基于风险的方法建立了标准土壤（有机质和黏粒含量分别为 10% 和 25%）中污染物的目标值（target values）和干预值（intervention values），以及部分污染物造成土壤严重污染的指示值（indicative levels for serious contamination）。其中，目标值主要用于指示土壤与地下水是否受到污染，代表了国家最终的土壤质量目标，也是实现土地可持续发展的目标；干预值即意味着对超过此值的土壤需要采取修复、清洁治理行动或进行评价。

随着风险评估理念的引入，我国也在基于风险的标准方面开展了许多工作，2014 年发布的场地调查、监测、风险评估和修复系列技术导则（HJ 25.1～HJ 25.4—2014）（现已废止），建立了针对建设用地的健康风险评估方法，导则于 2019 年由 HJ 25.1～HJ 25.4—2019 所代替。

2.2.2　我国基于风险的污染场地管理模式的内涵分析

从理念、形式、取值、灵活性、治理成本和可操作性方面对基于标准的污染场地管理模式与基于风险的污染场地管理模式进行比较，如表 2-1 所列，对比了两种管理模式的特点。

表 2-1　两种管理模式的特点比较

类型	模式	
	基于标准的管理模式	基于风险的管理模式
理念	治理到清洁水平	治理到适合土地未来用途
形式	环境介质中的污染物浓度值	可以是污染物浓度值，也可以是切断暴露途径和土地利用限制等
取值	考虑一般情况或最不利情况，取值偏于保守	个性化取值
灵活性	固定取值	灵活制定
治理成本	有时可能偏高	更加符合实际需要
可操作性	简单	需要较高的技术水平

目前，我国已经建立了基于风险的污染场地管理的政策标准体系。从本质上讲，污染场地的管理是一种风险管理，在现有的经济技术条件下，能实现污染场地风险的最小化是污染场地管理的根本目标。基于风险的管理理念是发达国家正在践行的先进理念，符合国际上污染场地管理发展的趋势，在我国已经得到广泛接受，我国近年来发布的通知或技术导则已经充分体现了基于风险的管理理念，例如在《土壤污染防治行动计划》中就明确地体现了我国实施基于风险的污染场地管理的要求。

基于风险的污染场地管理理念应贯穿污染场地管理的全过程。污染场地全过程管理的主要环节包括：风险预警与预防、场地发现及建立场地基础信息数据库、场地治理修复的优先排序、场地调查与风险评估、风险交流与公众参与、场地治理修复技术或风险管控措施的选择、修复目标的确定、场地修复过程中的风险控制、场地修复验收标准等，目前我国已经基本实现了基于风险的管理。

2.2.3　发达国家和地区污染场地政策法规调研

2.2.3.1　各国政策法规的发展历程、发展趋势

出于对人体健康和生态环境保护、城市土地资源再开发、土地可持续发展等问题的考虑，许多国家制定了专门的土壤（场地）环境保护法，以有效控制土壤和地下水的污染，恢复受污染土壤的本原功能和市场活力。

在诸多针对土壤（场地）环境保护的立法中，受到极大关注的是美国的《综合环境反应、赔偿和责任法》（简称超级基金法）。在该法案的授权下，美国建立了超级基金场地管理

制度，从环境监测、风险评价到场地修复都形成了标准的管理体系，为美国污染场地的管理提供了最直接有力的支持。

澳大利亚对污染场地的环境管理也十分重视，澳大利亚国家环境保护委员会（NEPC）早在 1999 年就拟定了一系列的场地污染评价技术指南。然而，澳大利亚联邦未制定全国性的土壤保护法，其下属的部分行政区（州）制定有专门的土壤污染防治法规，如新南威尔士州的《污染土地管理法》(1997)，以及其他的州更多依据一般的环境保护法规来管理污染场地，或在相关的法律中补充了有关污染场地的条款，如塔西马尼亚州在其《环境管理与污染控制法》(1994) 中补充了与污染场地相关的法令 [Environmental management and pollution control amendment (Contaminated sites) Act，2007]。

欧洲的许多国家，如德国、意大利、丹麦、荷兰等在 20 世纪 80 或 90 年代已制定了土壤保护法，英国在其《环境保护法》中专门设立了污染土地的章节和条款。韩国是亚洲最早制定《土壤环境保护法》的国家，日本也在 2002 年公布了《土壤污染对策法》。然而，一些污染场地环境管理体系建设较为完善的国家，如加拿大、法国、新西兰等，则由一般的污染法令来规定土壤保护的相关议题，没有专门的土壤（场地）保护法规，只是在国家层面上制定了污染场地的管理政策。部分国家或地区制定的与污染土壤（场地）相关的法律法规或政策归纳于表 2-2。

表 2-2　与污染场地环境管理相关的法律法规和政策

国家或地区	法规名称	实施年份
美国	《综合环境反应、赔偿和责任法》(超级基金法)	1980
丹麦	《土壤污染法》	1983
荷兰	《土壤保护法》	1987
意大利	《土壤保护法》	1989
英国	《环境保护法ⅡA》(污染土地)	1990
捷克	《土壤保护法》	1992(2004 修订)
法国	《国家土壤修复与清洁政策》	1993
韩国	《土壤环境保护法》	1995
德国	《联邦土壤保护法》	1998
瑞士	《土壤相关法令》	1998
日本	《土壤污染对策法》	2002
加拿大	《污染场地联邦管理办法》	2002
西班牙	《皇家法令 9》	2005
澳大利亚 新南威尔士州	《污染土地管理法》	1997

2.2.3.2　各国政策法规管理体系建设

(1) 污染场地责任认定

美国在其超级基金法中设立了严厉的污染场地责任条款，规定任何个人或企业，如污染设备或污染设施当前或以前的主人或经营者，将危险物质倾入场地的生产者或将买来的危险物质运入场地的运营商，一旦造成场地污染则必须追究责任。责任者必须对以下费用承担责任：

① 政府对污染场地进行移除或处理的一切费用；

② 其他人采取必要的应对措施的费用；

③ 对自然资源造成的损害和损失，包括合理的评估费用；

④ 依照超级基金法开展健康评估与研究的花费。

超级基金法的责任认定严厉，即使是企业依法按照常规倾倒废物造成的场地过失污染，一律要求承担责任（即无过错责任）。此外，超级基金法的责任认定还具有连带性、累加性和追溯性等特点，只要造成场地污染的责任者之一被认定，其就有义务承担场地修复所需的全部费用，若场地污染由多方责任者造成，则由所有责任者来分摊修复费用（这往往会迫使最先被认定的责任者努力去寻找其他涉嫌场地污染的责任者来分担修复责任），即使污染是在超级基金法实施之前造成的，也要追究修复责任。事实证明，超级基金法制定的严厉的责任认定与追究制度在污染场地的治理与修复中发挥了重大的作用，美国 70％以上国家优先污染场地都是由责任者（往往是场地当前或以前的主人或经营者）来负责修复的。

加拿大、澳大利亚、新西兰以及几乎所有的欧洲国家也都是实行污染者付费的原则（polluter pays principle），如果责任人无力承担责任，则往往由政府斥资来修复。在挪威，如果原污染者无法被认定或无力承担责任，则由当前的土地主人来承担场地调查与修复费用。加拿大的《举荐的污染场地责任原则》中列举了 14 条关键的污染场地责任原则，其中重点强调了 5 条必备的原则，即污染者付费原则、政策和法规的公平原则、场地修复过程“公开、可访问、可参与”原则、受益者付费原则、政策和法规建设体现可持续发展原则，这些原则体现了大多数国家污染场地责任认定与管理制度的共性。

（2）场地发现与登记

在美国，污染场地的发现主要由市民举报、州环保署检查发现或国家环保署地区办事处提出。澳大利亚西澳大利亚州的《污染场地管理系列：已知和疑似污染场地的举报》为公民如何按照《污染场地法 2003》的要求进行污染场地的举报和登记提供了技术指导，澳大利亚新南威尔士州也有类似的污染场地举报指南《污染土地危害的重大风险和举报责任指南》。新西兰也制定有类似的《污染土地管理指南 1：新西兰污染场地的举报》。

（3）污染场地数据库与信息管理

污染场地是世界性的环境问题，随着场地普查、筛查和调查的深入，成千上万的污染场地呈现在了世人面前，甚至一些国土面积很小的工业国家，如丹麦、瑞士、芬兰、瑞典、挪威等，其已确认的污染场地数量也数以千计，且每年仍有大量的污染场地被发现。

为了便于对种类繁多、数量巨大的污染场地进行有效的管理，许多国家建立了污染场地信息管理系统或数据库（国家污染场地档案），如美国的超级基金信息系统（Superfund Information System）收录的场地数量有 10000 多个，公众可以通过场地名称、场地编号、场地所在的街道地址、城市、县、州、地区、邮政区等多种检索方式在线获取场地的基本信息。加拿大秘书处财产委员会（Treasure Board of Canada Secretariat）建立的联邦污染场地名录（Federal Contaminated Sites Inventory）从 2002 年 7 月开始对公众开放，公众可以通过输入场地名称、场地所在的省份或地区、人口普查大都市区（census metropolitan area）、联邦选举区、场地污染物、联邦污染场地行动计划日程安排、场地管理计划等多种检索方式来获取场地信息，包括场地的位置、污染程度、污染介质、污染物性质、当前在识别和阐明污染问题上取得的进展、已处理的液体和固体介质的数量等，这些信息可以以表格和图形两种方式输出。荷兰、澳大利亚等国家（或其下辖的行政区）也都建有类似的污染场地信息系统，如荷兰的“国家土壤信息系统”（GLOBIS），澳大利亚联邦下属的西澳大利亚州、新南威尔士州的污染场地数据库（contaminated sites database）。为了统一污染场地的信息管理标准与要求，有的国家还颁布了专门的技术指南，如新西兰的坎特伯雷地区委员会（Canterbury Regional Council）发布的《污染场地信息管理策略》，新西兰环保局制定的《污染土地管理指南4：分类和信息管理草案》；加拿大哥伦比亚省的《污染场地行政管理指南：场地信息请求过程》。

（4）污染场地分类管理与优先名录

不同场地的污染类型、污染属性、污染面积和污染程度往往有很大的不同，加之场地及其周边的受体构成、暴露途径、地下水埋深与流向、污染物迁移方式等存在差异，这就导致不同场地对人体和环境的潜在风险和影响是不同的，因此有必要对污染性质和危害程度不同的场地实行分类管理和区别对待，许多国家为此建立了污染场地的分类管理制度，并为一些污染严重、对人体和环境威胁大、需要优先整治的污染场地建立了国家优先污染场地名录（national priority list，NPL）。

目前对污染场地的分类管理多采用的是按风险大小进行分级管理的模式。美国环保署采用危险排序系统（hazard ranking system，HRS）对污染场地进行风险分级和排序，通过对影响风险的各种因素，如污染物的毒性和迁移特性、污染物对食物链的威胁、对空气和土壤的威胁、对地下水的威胁等实行赋分制和数值化，以评分的方式对场地进行危险等级划分。

加拿大环境部长委员会（Canada Council of Ministers of Environment，CCME）于1992年在“国家污染场地修复计划”中制定了《污染场地国家分类系统》，根据风险分数将场地分为五类：一类（分数70～100分）为需要采取行动的场地；二类（分数50～69.9分）为很有可能采取行动的场地；三类（分数37～49.9分）为也许需要采取行动的场地；N类（分数＜37分）为不太可能采取行动的场地；Ⅰ类（分数≥15分）为没有足够信息的场地。又于2003年在“联邦污染场地行动计划”中将这一分类系统修订为《土壤质量索引》（Soil Quality Index，SoQI），使其成为适用于联邦污染场地的分类系统。其他国家和地区也制定有类似的污染场地风险管理制度，如西澳大利亚州制定了《污染场地管理系列：场地分类制度》，新西兰制定了《污染土地管理指南4：分类和信息管理草案》。

在美国，当危险排序系统评出的危险等级分数超过28.5分时，环保署将会对场地进行公示，在听取了社会公众的意见、取得了州政府的支持并在超级基金经费预算允许等条件下，决定是否将场地列入国家优先污染场地名录。能够进入国家优先污染场地名录的场地，往往都是国家认为风险最大、威胁最严重、需要优先考虑修复与治理的场地。至今，美国优先污染场地名录收录的场地数量已达数千块，但这仅占其全国污染场地数量的一小部分。美国国家优先污染场地名录是动态的开放性信息管理系统（每月更新一次），公众可以通过登录其网站了解到当前优先污染场地的数量及每块场地的具体信息，以及正在实施修复的场地、已经完成修复并从国家优先污染场地名录中删除的场地、拟于将来录入国家优先污染场地名录的场地等信息。

加拿大污染场地管理工作组（Contaminated Sites Management Working Group）在其起草的

《污染场地联邦管理办法》中，推荐使用《污染场地国家分类系统》和十步法来识别和管理第一类的优先污染场地，这一方法已经在加拿大的许多省份和相关部门得到了实施应用。

国家优先污染场地名录为国家从全国层面上对污染场地进行科学的管理提供了很好的机制，使国家能够根据场地污染的轻重、风险的大小、问题的缓急做出合理的安排与决策，使污染场地的管理更加科学化和合理化。

（5）资金筹措机制

美国通过向石油产品和化学品征税建立了巨额的信托基金（trust fund），是超级基金的主要来源和重要组成部分，其他经费来源还包括对全体企业征收的环境税、常规的财政拨款、从污染责任者追讨的修复管理费用、罚款、利息和其他投资收入等。由于信托基金的征收至1995年已经结束，目前美国超级基金更多依赖于财政拨款和其他收费渠道来维持。

美国超级基金计划一般对场地采取两类行动和反应，一是短期的移除行动（remove action），二是长期的修复行动（remedial action）。美国超级基金约有2/3的经费用于污染场地的移除和修复，其中场地修复支出约占总支出的1/2，为场地移除支出的3倍，其他较大的支出项目还有执行（enforcement）、运行（operation）和管理（administration）。超级基金法授权美国环保署对全国的污染场地进行管理，环保署有权责令责任者对污染严重的场地进行修复，对找不到责任者的污染场地或责任者没有修复能力（一般是经济原因）的污染场地，由超级基金中的信托基金来支付修复费用。信托基金既可用于优先污染场地的移除，也可用于非优先污染场地的移除，但只能用于对优先污染场地的修复，且不能用于对联邦设施场地（大多是国防场地）的清除，因为这些场地主要由引起污染的国防部和能源部来负责清除，不过联邦设施场地的修复过程还是由环保署负责监管。尽管美国并不认为石油污染场地属于危险场地，但其2002年颁布的《棕色土地法》也允许将信托基金应用于石油污染场地的清洁治理。

尽管几乎所有的国家都要求“污染者付费”来负责场地的修复，但在实际执行过程中遇到了许多诸如责任者无法追认或无力承担高额修复费用等问题。因此，有的国家也通过收取废物税、贷款、与企业协商融资等方式，建立公共预算基金（public budget）来资助场地的修复，如法国的《畜厩法》（1995）规定向特定的危险工业废物征税来资助遗弃场地（orphan sites）的修复。在比利时，加油站场地污染是一个严重的问题，虽然比利时也实行“谁污染，谁负责”的责任认定制度，但由于许多加油站的运营商、土地主人或使用人无力支付巨额的场地修复费用，政府与石油企业经反复谈判后，于2003年达成了协议，即通过在一定时期内向石油产品收取一定的附加费用（由石油企业和机动车使用者按1∶1的比率分摊），来成立一个民间基金用于加油站污染场地的修复。与此类似，丹麦石油公司协会从石油公司征收资金，每公升的石油征收0.4美元用于修复石油加油站以及在过去十年里受到污染的加油站。

（6）公众参与和风险交流

许多国家都建立了污染场地环境管理公众参与和风险交流制度，鼓励利益相关者参与到场地的调查与管理中来，有权发表自己的观点和看法。此外，在基于风险的土地管理目标和污染者付费的责任原则下，场地修复责任人或利益相关者越来越关心风险评价的公平性和可信性，渴望评价程序和过程能够做到公开、透明和统一，这也推动了风险交流活动的发展。

美国环保署通过发放教育材料、提供咨询服务、举办技术推广活动、翻译法规信息、举办作业培训、提供技术援助等多种形式带动公众参与场地的管理，并出版了鼓励公众参与超级基金风险评价的《超级基金风险评价指南第 1 卷-第 A 部分人体健康评价手册的补充：公众参与超级基金风险评价》和其他指南。美国超级基金法本身也充分体现了公众参与的原则，主要表现在以下两个方面：一是公众咨询，二是公民诉讼。从最初发现污染场地到将其列入“国家优先污染场地名录”，从制定清洁治理方案到确定治理完成并将场地从“国家优先污染场地名录”中删除，每个环节和步骤都向社会公开，并赋予公众进行评议和表达意见的机会，法律更要求环保署在作出行政决定之前充分考虑公众的意见并对公众作出回应。而《超级基金修订和再授权法》更为公众就政府、公司或个人的违法行为进行环境诉讼提供了支持，美国环保署的技术援助资金（technical assistance grants，TAGs）甚至可以资助高达 5 万美元的费用给公众团体，用于聘请专业人士帮助公众了解环境诉讼中的技术性问题。自 1988 年提供第一笔资助至今，技术援助资金向各类参与风险交流的社会团体发放援助资金，促进了公众对场地管理决策过程的参与。

澳大利亚也注重污染场地环境管理中的公众参与与风险交流制度建设，澳大利亚环境保护委员会制定了《国家环境保护措施 B（8）：社会咨询与风险交流指南》，西澳大利亚州环保局也发布有相应的《污染场地管理系统：社会咨询指南》，英国环境署（EA）也以会议报告的形式出版了《了解公众的风险意识：环境署研讨会报告》。在加拿大，为了帮助和指导场地管理人员开展社会参与和风险交流工作，加拿大卫生部制定了《通过能力建设阐明心理因素：污染场地管理人员指南》和《改善利益相关者的关系：公众参与和联邦污染场地行动计划：场地管理人员指南》。

2.3 我国污染场地相关政策法规

2.3.1 污染场地相关法律法规

（1）国家层面

1）《中华人民共和国土壤污染防治法》

2018 年 8 月，十三届全国人大常委会第五次会议表决通过了《中华人民共和国土壤污染防治法》[11]（下简称《土壤污染防治法》），这是我国首次制定专门的法律来规范防治土壤污染，包含了土壤污染防治规划、土壤污染状况普查和监测、土壤污染预防、保护、风险管控和修复等方面的基本制度和规则。《土壤污染防治法》对农用地与建设用地两种不同类型土地涉及的土壤污染风险管控和修复制度分别进行了规定，并提出构建设立中央土壤污染防治专项资金和省级土壤污染防治基金，主要用于农用地土壤污染防治和土壤污染责任人或者土地使用权人无法认定的土壤污染风险管控和修复以及政府规定的其他事项。《土壤污染防治法》以我国实际情况为基础，以土壤污染问题为导向，在借鉴国外相关法律的同时，与我国已有的相关法律法规做好了衔接，成为了我国污染场地环境管理最为根本的法律依据。

2）《污染地块土壤环境管理办法（试行）》（环境保护部令〔2016〕第 42 号，下简称《管理办法》）

2009 年环境保护部（现生态环境部）发布的《污染场地土壤环境管理暂行办法（征求

意见稿）》是专门针对污染场地的一项重要部门规章，但是正式的版本短期内未颁布，直至2016年5月随着《土壤污染防治行动计划》的出台，该《管理办法》被提上了日程。最新的《污染地块土壤环境管理办法》[6] 于2016年11月公开征求意见，《污染地块土壤环境管理办法（试行）》自2017年7月1日起施行，该《管理办法》涵盖了污染场地环境管理中的主要管理框架和内容：明确了污染场地责任人的义务，规定了环境调查与风险评估、风险管控、治理与修复、监督管理工作等关键节点的管理要求。

3）《农用地土壤环境管理办法（试行）》（环境保护部 农业部令2017年第46号）

为了加强农用地土壤环境保护监督管理，保护农用地土壤环境，管控农用地土壤环境风险，保障农产品质量安全，制定了该办法。该办法适用于农用地土壤污染防治相关活动及其监督管理，对土壤污染预防、调查与监测、分类管理、监督管理做了规定。

4）《工矿用地土壤环境管理办法（试行）》（生态环境部令2018年第3号）

为了加强工矿用地土壤和地下水环境保护监督管理，防治工矿用地土壤和地下水污染，制定了该办法，该办法适用于从事工业、矿业生产经营活动的土壤环境污染重点监管单位用地土壤和地下水的环境现状调查、环境影响评价、污染防治设施的建设和运行管理、污染隐患排查、环境监测和风险评估、污染应急、风险管控和治理与修复等活动，以及相关环境保护监督管理，主要涵盖了污染防控和监督管理。

5）《生态环境标准管理办法》（生态环境部令2020年第17号）

为加强生态环境标准管理工作，制定了该办法。该办法将生态环境标准分为国家生态环境标准和地方生态环境标准，并对生态环境质量标准、生态环境风险管控标准、污染物排放标准、生态环境监测标准、生态环境基础标准、生态环境管理技术规范、地方生态环境标准、标准实施评估等做了相关规定。

6）《地下水管理条例》（国务院令2021年第748号）

2021年10月发布的《地下水管理条例》为加强地下水管理，防治地下水超采和污染，保障地下水质量和可持续利用，推进生态文明建设奠定了法律基础。该条例适用于地下水调查与规划、节约与保护、超采治理、污染防治、监督管理等活动，作为我国第一部地下水管理的专门行政法规，对强化地下水管理、防治地下水超采和污染起到重要作用。

7）《乡村振兴责任制实施办法》（2022年中共中央办公厅、国务院办公厅发布）

为了全面落实乡村振兴责任制，该办法强调了地方责任，要求加强农村生态文明建设，牢固树立和践行绿水青山就是金山银山的理念，加强乡村生态保护和环境治理修复，坚持山水林田湖草沙一体化保护和系统治理，持续抓好农业面源污染防治，加强土壤污染源头防控以及受污染耕地安全利用。

8）《环境监管重点单位名录管理办法》（生态环境部令2022年第27号）

为了加强对环境监管重点单位的监督管理，强化精准治污，2022年8月审议通过该办法，该办法对依法确定的水环境重点排污单位、地下水污染防治重点排污单位、大气环境重点排污单位、噪声重点排污单位、土壤污染重点监管单位，以及环境风险重点管控单位做出了规定。

9）《生态保护红线生态环境监督办法（试行）》（国环规生态〔2022〕2号）

为加强生态保护红线生态环境监督，严守生态保护红线，保障国家生态安全，2022年12月印发该办法。该办法适用于生态环境部门开展的生态保护红线生态环境监督工作，并指出：生态环境部制定完善生态保护修复生态环境监督标准规范，组织开展生态保护红线内生态保护修复工程实施生态环境成效评估，加强生态保护修复工程中形式主义问题的监督检查。

（2）地方层面

1）《福建省土壤污染防治办法》

《福建省土壤污染防治办法》[9] 经福建省人民政府常务会议通过，2015 年 12 月福建省人民政府令第 172 号公布。该办法明确了各级人民政府责任，并且重视工作协调机制。第五条详细规定了环保、农业、国土、住建、林业、经信和其他部门的具体职责。

福建省污染地块名单、修复名单都需要经过市级人民政府同意，并且污染地块名单需要报省级人民政府备案，对于调查评估、管控计划和修复方案等文件报市级环保部门备案，修复效果评估等文件需要由县级环保部门备案和发布完工公告。福建省没有采取审批制度，验收环节的监测也都要求责任人委托第三方机构承担。

2）《湖北省土壤污染防治条例》

湖北省于 2016 年 2 月通过了《湖北省土壤污染防治条例》[8]，这也是全国首个土壤污染防治地方法规，为土壤环境管理提供了有力的法律支撑。该条例要求建立实行行政首长土壤污染防治责任制和土壤污染防治综合协调机制，环保部门的职责也被逐条详细地明确下来。湖北省污染地块信息会被录入土地登记文件档案中。对于污染地块控制计划和治理方案，湖北省要求县级以上环保部门执行较为严格的审批制度；验收环节也由县级以上环保部门负责组织，但是否需要审批管理没有明确。另外，县级以上人民政府及其环境保护主管部门还需要根据污染地块的具体情况，划定、公告土壤污染控制区，并采取管控措施。此外，该条例还设立了“信息公开与社会参与”专章，强化了社会公众在监管主体方面的地位。

自 2019 年 1 月《土壤污染防治法》正式施行以来，17 个省（自治区、直辖市）相继出台了土壤污染防治条例（表 2-3），进一步加强了地方土壤环境保护和土壤安全。

表 2-3　土壤污染防治条例情况

省(自治区,直辖市)	名称	颁布时间	颁布机构
上海市	上海市土壤污染防治条例	2023-07-25	上海市人大常委会
浙江省	浙江省土壤污染防治条例	2023-06-28	浙江省生态环境厅
四川省	四川省土壤污染防治条例	2023-04-06	四川省农业农村厅
北京市	北京市土壤污染防治条例	2022-10-11	北京市人大常委会
江西省	江西省土壤污染防治条例	2022-09-19	江西省自然资源厅
福建省	福建省土壤污染防治条例	2022-05-27	福建省人大常委会
江苏省	江苏省土壤污染防治条例	2022-04-06	江苏省人大常委会
云南省	云南省土壤污染防治条例	2022-01-23	云南省人大常委会
河北省	河北省土壤污染防治条例	2021-11-23	河北省人大常委会
宁夏回族自治区	宁夏回族自治区土壤污染防治条例	2021-11-03	宁夏回族自治区人大常委会
广西壮族自治区	广西壮族自治区土壤污染防治条例	2021-08-02	广西壮族自治区人大常委会
河南省	河南省土壤污染防治条例	2021-07-27	河南省人大常委会
甘肃省	甘肃省土壤污染防治条例	2021-03-31	甘肃省人大常委会
内蒙古自治区	内蒙古自治区土壤污染防治条例	2021-01-07	内蒙古自治区生态环境厅
天津市	天津市土壤污染防治条例	2019-12-11	天津市人大常委会

续表

省(自治区,直辖市)	名称	颁布时间	颁布机构
山东省	山东省土壤污染防治条例	2019-12-03	山东省人大常委会
山西省	山西省土壤污染防治条例	2019-11-29	山西省人大常委会
湖北省	湖北省土壤污染防治条例	2016-02-01	湖北省人大常委会

2.3.2 污染场地相关政策文件

在我国尚未出台土壤污染防治法的时期，国务院、环境主管部门等印发的相关政策文件成为了全国各地环保部门开展污染场地工作的主要依据，这些政策文件发布时间较早，在实际污染场地管理中发挥了重要作用，也为后续相关法律法规的制定提供了支撑。

（1）《关于切实做好企业搬迁过程中环境污染防治工作的通知》（环办〔2004〕47 号）

2004 年国家环保总局发布了《关于切实做好企业搬迁过程中环境污染防治工作的通知》，并首次对搬迁企业提出了污染防治方面的要求：所有产生危险废物的工业企业、实验室和生产经营危险废物的单位，在结束原有生产经营活动、改变原土地使用性质时，必须经具有省级以上质量认证资格的环境监测部门对原址土地进行监测分析，报送省级以上环境保护部门审查，并依据监测评价报告确定土壤功能修复实施方案。当地政府环境保护部门负责土壤功能修复工作的监督管理；对遗留污染物造成的环境污染问题，由原生产经营单位负责治理并恢复土壤使用功能。

（2）《国务院关于落实科学发展观加强环境保护的决定》（国发〔2005〕39 号）

该决定指出当时环境形势依然十分严峻，环境保护的法规、制度、工作与任务要求不相适应，把环境保护摆上更加重要的战略位置，必须用科学发展观统领环境保护工作，痛下决心解决环境问题。同时提出到 2020 年环境质量和生态状况明显改善的目标，切实解决突出的环境问题，包括以饮水安全和重点流域治理为重点，加强水污染防治；以强化污染防治为重点，加强城市环境保护；以防治土壤污染为重点，加强农村环境保护；以实施国家环保工程为重点，推动解决当前突出的环境问题等内容。此外还需建立和完善环境保护的长效机制。

（3）《国家环境保护“十一五”规划》（国发〔2007〕37 号）

“十一五”规划指出我国环境保护虽然取得积极进展，但环境形势依然严峻，其中提出整治农村环境，促进社会主义新农村建设，主要任务需要重点防治土壤污染、开展农村环境综合整治、防治农村面源污染。在重点防治土壤污染中强调开展全国土壤污染现状调查，建立土壤环境质量评价和监测制度，开展污染土壤修复示范。搬迁企业必须做好原厂址土壤修复工作，对持久性有机污染物和重金属污染超标耕地实行综合治理；污染严重且难以修复的耕地应依法调整用途。严格控制主要粮食产地和菜篮子基地的污水灌溉，加大对菜篮子基地的环境管理。

（4）《关于加强土壤污染防治工作的意见》（环发〔2008〕48 号）（已废止）

2008 年环境保护部发布了该意见，该意见首次从土壤污染防治的层面，较为全面地就相关工作给予了要求和意见。其中，值得注意的是该意见明确提出要开展污染场地风险评估机制和修复机制，强调应对住宅用地的评估，企业搬迁后的修复以及掌握污染场地资料、建立网络监管等事项。

(5)《关于开展全国地下水基础环境状况调查评估工作的通知》(环办〔2011〕102 号)

该文件明确了地下水饮用水源地、危废堆存场、垃圾填埋场、矿山开采区、石油化工生产及销售区、再生水灌溉及工业园区作为全国地下水环境调查的对象，提出了主要任务与工作安排。

(6)《国务院关于加强环境保护重点工作的意见》(国发〔2011〕35 号)

由于产业结构和布局不尽合理、污染防治水平较低、环境监管制度尚不完善等原因，环境保护形势依然十分严峻。为深入贯彻落实科学发展观，加快推动经济发展方式转变，提高生态文明建设水平，该意见指出：全面提高环境保护监督管理水平、着力解决影响科学发展和损害群众健康的突出环境问题、改革创新环境保护体制机制。同时该意见明确提出“被污染场地再次进行开发利用的，应进行环境评估和无害化治理”。

(7)《国家环境保护“十二五”规划》(国发〔2011〕42 号)

该规划从完善制度建设、强化监管、推进重点地区污染场地和土壤修复等方面明确提出加强土壤环境保护。重点强调要加强法规体系建设，针对污染场地应开展调查与风险评估，采取污染治理措施，防止污染的扩大，降低人体健康风险；有的污染场地经过评估和无害化修复之后方可投入流通领域，有危害的场地严禁流转和开发利用。根据“十二五”规划，我国的污染场地修复试点项目为以后大范围的推广场地修复做了铺垫。

(8)《关于保障工业企业场地再开发利用环境安全的通知》(环发〔2012〕140 号)

该通知中明确要求：各地要合理规划被污染场地的土地用途；土地使用权等相关责任人要开展场地排查和治理修复工作，未进行场地调查评估和未明确治理修复责任主体的禁止进行土地流转；新建的建设项目要对土壤和地下水污染情况进行调查评估，并采取防渗、监测等场地措施。此外，该通知提出加强组织领导，从完善标准规范、加大技术研发、开展试点示范、加大资金投入、加强宣传教育等方面强化保障工作。

(9)《关于印发近期土壤环境保护和综合治理工作安排的通知》(国办发〔2013〕7 号)

该文件明确了以“强化污染土壤风险控制，未开展风评或土壤环境质量不能满足建设用地要求的，有关部门不得核发土地使用证和施工许可证，经认定存在污染的，治理达标前不得用于住宅开发”以及“提升监管能力，建立土壤环境质量定期监测制度和信息发布制度”等为主要任务，并从“加强组织领导；健全投入机制；完善法规政策；强化科技支撑；公众参与；严格目标考核”等方面提出相应保障措施。

(10)《关于推进城区老工业区搬迁改造的指导意见》(国办发〔2014〕9 号)

该文件对老工业区搬迁改造提出了总体要求，并且在治理修复生态环境方面提出了具体任务和明确的要求，指出了管理部门对相关责任方落实调查评估、废物清理、污染治理修复等义务的管理责任。此外，该文件要求加大对土壤污染防治的资金支持。

(11)《关于加强工业企业关停、搬迁及原址场地再开发利用过程中污染防治工作的通知》(环发〔2014〕66 号)

该文件要求各级环保部门重视场地再开发利用过程中污染防治工作的重要性，加强监管；督促相关责任人严格按照已经发布的环保标准和规范开展污染防治、场地环境调查，并公开相关信息；积极配合国土、建设部门严控污染场地流转和开发建设审批，防治仍存在风险的场地直接进入规划、使用环节。该文件已成为继《关于保障工业企业场地再开发利用环境安全的通知》之后，全国各地环保部门开展场地环境管理工作的又一个重要依据，27 个省份积极采取措施，其中 20 个省（自治区、直辖市）制定了工作方案，5 个省出台了相关管理文件。

(12)《土壤污染防治行动计划》(国办发〔2016〕31 号)

2016 年 5 月国务院印发的该计划（以下简称“土十条”）是党中央、国务院推进生态文明建设，坚决向污染宣战的一项重大举措，是系统开展污染治理的重要战略部署，对确保生态环境质量得到改善、各类自然生态系统安全稳定具有积极作用。“土十条”提出到 2030 年，全国土壤环境质量稳中向好，农用地和建设用地土壤环境安全得到有效保障，土壤环境风险得到全面管控。到 21 世纪中叶，土壤环境质量全面改善，生态系统实现良性循环。“土十条”坚持问题导向、底线思维，坚持突出重点、有限目标，坚持分类管控、综合施策，确定了十个方面的措施。在开展污染治理与修复方面，“土十条”规定了“谁污染，谁治理”原则，必须要明确治理与修复主体，强调各省（区、市）要以影响农产品质量和人居环境安全的突出土壤污染问题为重点，制定土壤污染治理与修复规划。

(13)《农业农村污染治理攻坚战行动计划》(环土壤〔2018〕143 号)

为加快解决农业农村突出环境问题，打好农业农村污染治理攻坚战，制定了该行动计划。其中规定了加强农村饮用水水源保护、加快推进农村生活垃圾污水治理、着力解决养殖业污染、有效防控种植业污染、提升农业农村环境监管能力等方面的主要任务。

(14)《固定污染源排污许可分类管理名录（2019 年版）》(生态环境部令 第 11 号)

为实施排污许可分类管理制定该名录。其中规定：对污染物产生量、排放量或者对环境的影响程度较大的排污单位，实行排污许可重点管理；对污染物产生量、排放量和对环境的影响程度较小的排污单位，实行排污许可简化管理。对污染物产生量、排放量和对环境的影响程度很小的排污单位，实行排污登记管理。

(15)《国务院办公厅关于印发新污染物治理行动方案的通知》(国办发〔2022〕15 号)

有毒有害化学物质的生产和使用是新污染物的主要来源。目前，国内外广泛关注的新污染物主要包括国际公约管控的持久性有机污染物、内分泌干扰物、抗生素等。为加强新污染物治理，切实保障生态环境安全和人民健康，制定了该行动方案。其中包含了完善法规制度，建立健全新污染物治理体系；开展调查监测，评估新污染物环境风险状况；严格源头管控，防范新污染物产生；强化过程控制，减少新污染物排放；深化末端治理，降低新污染物环境风险；加强能力建设，夯实新污染物治理基础的行动举措。

(16)《重点管控新污染物清单（2023 年版）》(工业和信息化部、农业农村部、商务部、海关总署、国家市场监督管理总局〔2022〕28 号)

该清单指出，对列入清单的新污染物，应当按照国家有关规定采取禁止、限制、限排等环境风险管控措施，并要求各级生态环境、工业和信息化、农业农村、商务、市场监督管理等部门以及海关，应当按照职责分工依法加强对新污染物的管控、治理。

2.4 我国污染场地环境管理标准

我国编制的专门性标准规范在污染场地实际管理过程中发挥了非常重要的作用。规范是政策文件的重要补充，标准将原则性的规定进一步明确，对定性的要求进行了量化。由于涉及多个管理环节，标准和规范的用途也有明显区别。

2.4.1 国家标准

(1)《地下水质量标准》(GB/T 14848—2017)[12]

GB/T 14848—1993 标准（已废止）是我国地下水污染防治的基础，也是污染场地地下水环境管理的重要依据，规定了地下水的质量分类及指标、质量调查与监测、质量评价和质量保护。该标准将地下水质量划分为五类，对 39 个项目指标进行了标准值的界定。GB/T 14848—2017 的指标由 GB/T 14848—1993 的 39 项增加至 93 项，增加了 54 项；调整了 20 项指标分类限值，直按采用了 19 项指标分类限值；减少了综合评价规定，使该标准具有更广泛的应用性。

(2)《土壤质量　城市及工业场地土壤污染调查方法指南》(GB/T 36200—2018)

该标准为已知有土壤污染存在或疑似有土壤污染存在的城市及工业场地的调查程序提供了指南，也适用于需要确定场地污染状况，或者由于其他用途需要确定场地环境质量的情况。该标准为收集用于评估风险和/或制定修复计划的必要信息（如是否需要修复及建议最优化的修复方案）提供了指导，然而，仅对普遍需要的信息提供指南。需强调的是，对于具体的修复方法，可能需要附加信息。该标准也适用于认为不存在污染，但需要测定土壤质量的场地（如需要确定无污染存在）。尽管该标准考虑的场地已经被定义为城市及工业场地，但同样适用于需要确定污染程度和范围的其他任何场地。

(3)《生态环境损害鉴定评估技术指南　环境要素　第 1 部分：土壤和地下水》(GB/T 39792.1—2020)

该指南适用于在中华人民共和国领域内因环境污染或生态破坏导致的涉及土壤与地下水的生态环境损害鉴定评估，规定了涉及土壤与地下水的生态环境损害鉴定评估的工作程序，以及各个工作环节的主要技术要点，包括鉴定评估准备、损害调查确认、因果关系分析、损害实物量化、损害恢复、恢复效果评估等。凡是涉及土壤与地下水的生态环境损害鉴定评估，包括农用地、建设用地和未利用地，无论引起损害的是突发环境事件、历史遗留工业污染、废弃物废水长期累积排放，还是生态破坏事件，均适用。该指南是生态环境损害鉴定评估技术方法在土壤与地下水及其生态服务领域的具体化。

(4)《土壤环境质量　建设用地土壤污染风险管控标准（试行）》(GB 36600—2018)

为加强建设用地土壤环境监管，管控污染地块对人体健康的风险，保障人居环境安全，制定了该标准。该标准规定了保护人体健康的建设用地土壤污染风险筛选值和管制值，以及监测、实施与监督要求。

（5）《土壤环境质量　农业用地土壤污染风险管控标准（试行）》（GB 15618—2018）[13]

为保护农用地土壤环境，管控农用地土壤污染风险，保障农产品质量安全、农作物正常生长和土壤生态环境，制定了该标准。该标准是对 GB 15618—1995（已废止）的修订，规定了农用地土壤污染风险筛选值和管制值，以及监测、实施和监督要求，适用于耕地土壤污染风险筛查和分类，园地和牧草地可参照执行。

2.4.2 行业标准

（1）《土壤环境监测技术规范》（HJ/T 166—2004）[14]

该规范为环境保护行业的推荐性标准，规定了土壤环境监测的布点采样、样品制备、分析方法、结果表征、资料统计和质量评价等技术内容，适用于全国区域土壤背景、农田土壤环境、建设项目土壤环境评价和土壤污染事故等类型的监测。

（2）《环境影响评价技术导则　地下水环境》（HJ 610—2016）

为规范和指导地下水环境影响评价工作，保护环境，防止地下水污染，制定了该标准。该标准规定了地下水环境影响评价的一般性原则、内容、工作程序、方法和要求，是对 HJ/T 610—2011（已废止）的第一次修订，适用于对地下水环境可能产生影响的建设项目的环境影响评价，规划环境影响评价中的地下水环境影响评价可参照执行。

（3）《环境影响评价技术导则　土壤环境（试行）》（HJ 964—2018）

为规范和指导土壤环境影响评价工作，防止或减缓土壤环境退化，保护土壤环境，制定了该标准。该标准规定了土壤环境影响评价的一般性原则、工作程序、内容、方法和要求，适用于化工、冶金、矿山采掘、农林、水利等可能对土壤环境产生影响的建设项目土壤环境影响评价，不适用于核与辐射建设项目的土壤环境影响评价。

（4）《污染地块风险管控与土壤修复效果评估技术导则》（HJ 25.5—2018）

为保护生态环境，保障人体健康，加强污染地块环境监督管理，规范污染地块风险管控与土壤修复效果评估工作，制定了该标准。该标准规定了建设用地污染地块风险管控与土壤修复效果评估的内容、程序、方法和技术要求，适用于建设用地污染地块风险管控与土壤修复效果的评估，不适用于含有放射性物质与致病性生物污染地块治理与修复效果的评估。

（5）《污染地块地下水修复和风险管控技术导则》（HJ 25.6—2019）

为保护生态环境，保障人体健康，加强污染地块环境监督管理，规范污染地块地下水修复和风险管控工作，制定了该标准。该标准规定了污染地块地下水修复和风险管控的基本原则、工作程序和技术要求，适用于污染地块地下水修复和风险管控的技术方案制定、工程设计及施工、工程运行及监测、效果评估和后期环境监管，不适用于放射性污染和致病性生物污染地块的地下水修复和风险管控。

（6）《建设用地土壤污染状况调查技术导则》（HJ 25.1—2019）、《建设用地土壤污染风险管控和修复监测技术导则》（HJ 25.2—2019）、《建设用地土壤污染风险评估技术导则》（HJ 25.3—2019）、《建设用地土壤修复技术导则》（HJ 25.4—2019）四项环境保护标准

2019 年 12 月生态环境部发布了五项环境保护标准，HJ 25.1—2019～HJ 25.4—2019 四项标准分别是针对 HJ 25.1—2014～HJ 25.4—2014 的修订。这四项标准针对建设用地调查、评估、修复以及各个过程中的监测等工作的原则、程序、方法与技术要求做出了详细规定，是建设用地场地调查与修复全过程管理环节的重要指导，是各地环保部门判断污染场地相关工作流程及其报告内容规范性、科学性与合理性的主要依据。

(7)《地块土壤和地下水中挥发性有机物采样技术导则》(HJ 1019—2019)

为保护生态环境，保障人体健康，加强地块环境保护监督管理，规范地块土壤和地下水中挥发性有机物采样技术，制定了该标准。该标准规定了地块土壤和地下水中挥发性有机物采样的技术要求，适用于地块土壤和地下水环境调查和监测中挥发性有机物的现场采样。

(8)《地下水环境监测技术规范》(HJ 164—2020)[15]

该标准是对 HJ/T 164—2004 的第一次修订，规定了地下水环境监测点布设、环境监测井建设与管理、样品采集与保存、监测项目和分析方法、监测数据处理、质量保证和质量控制以及资料整编等方面的要求，适用于区域层面、饮用水源保护区和补给区、污染源及周边等区域的地下水环境的长期监测，其他形式的地下水环境监测可参照执行。

(9)《工业企业土壤和地下水自行监测　技术指南（试行）》(HJ 1209—2021)

为防控工业企业土壤和地下水污染，改善生态环境质量，指导和规范工业企业土壤和地下水自行监测工作，制定了该标准。该标准规定了工业企业土壤和地下水自行监测的一般要求，监测方案制定，样品采集、保存、流转、制备与分析，监测结果分析，质量保证与质量控制，监测报告编制，监测管理的基本内容和要求，适用于土壤污染重点监管单位中在产工业企业内部的土壤和地下水自行监测。其他工业企业的土壤和地下水自行监测可参照标准执行。土壤污染重点监管单位中贮存场和填埋场的监测，国家已发布相应技术规定的，从其规定。

2.5 我国污染场地管理体系现状与差距分析

2.5.1　我国污染场地政策要求现状及中长期发展趋势

《土壤污染防治行动计划》(下简称《行动计划》) 是我国土壤环境保护领域的专门指导文件，其中明确地提出了我国实施基于风险的污染场地管理的要求及中长期目标。

(1) 我国土壤污染防治的总体要求

《行动计划》指出，我国土壤污染防治要“以改善土壤环境质量为核心，以保障农产品质量和人居环境安全为出发点，坚持预防为主、保护优先、风险管控，突出重点区域、行业和污染物，实施分类别、分用途、分阶段治理，严控新增污染、逐步减少存量，形成政府主导、企业担责、公众参与、社会监督的土壤污染防治体系”。

(2) 中期目标

《行动计划》指出了我国土壤污染防治的工作目标：“到 2020 年，全国土壤污染加重趋势得到初步遏制，土壤环境质量总体保持稳定，农用地和建设用地土壤环境安全得到基本保障，土壤环境风险得到基本管控。到 2030 年，全国土壤环境质量稳中向好，农用地和建设用地土壤环境安全得到有效保障，土壤环境风险得到全面管控。到本世纪中叶❶，土壤环境质量全面改善，生态系统实现良性循环。”

（3）主要指标

到 2020 年，受污染耕地安全利用率达到 90％左右，污染地块安全利用率达到 90％以上。到 2030 年，受污染耕地安全利用率达到 95％以上，污染地块安全利用率达到 95％以上。

（4）法律法规完善

将加快推进土壤污染防治的立法进程，配合完成土壤污染防治法的起草工作。适时修订污染防治、城乡规划、土地管理、农产品质量安全相关法律法规，增加土壤污染防治有关内容。

（5）法规发布进程

2016 年底前，发布污染地块土壤环境管理办法。2017 年底前，出台工矿用地土壤环境管理部门规章。到 2020 年，土壤污染防治法律法规体系基本建立。

（6）国家和地方法规的关系

各地可结合实际，研究制定土壤污染防治地方性法规。

完善我国基于风险的污染场地管理的政策标准体系，有利于大幅度提升我国污染场地管理水平。目前，我国已经实现了以上时间节点的目标，长期目标也在推进中。

2.5.2　我国污染场地管理政策标准体系差距分析及完善建议

基于风险的污染场地管理理念已被发达国家采用并实施多年，目前已经逐渐趋于完善。发达国家的经验表明，基于风险的污染场地管理是污染场地管理的必由之路。我国污染场地的管理起步晚、发展快，在部分已发布的通知或技术导则中已体现基于风险的管理理念，但是政策法规体系、标准体系仍处于完善阶段，基于风险的污染场地管理理念尚未贯穿于场地管理的全过程。与国外污染场地管理相比，我国基于风险的污染场地管理的差距主要表现在如下方面。

（1）法律法规政策体系差距分析

《行动计划》为污染场地环境管理提供了切实的政策指导，《土壤污染防治法》[11] 则提供了更强有力的上位法保障。其中，《行动计划》作为纲领性文件，其中各项工作的落实还需要更多的具体细化的操作层面的法规来指导，需要在政策法规中进一步明确和强调要点。例如，经过多年的实践，发达国家污染场地环境管理程序已逐渐臻于完善。相比之下，我国污染场地环境管理程序仍需完善，环保系统内部的管理流程与其他管理部门的衔接和协调有必要更紧密。

（2）若干关键技术环节尚缺乏标准支持

针对场地环境管理的主要技术环节的场地调查、监测、风险评估和修复技术，已经

❶ 指 21 世纪。

有了明确的标准可以遵循，除此之外，对于场地修复过程的环境监理和修复验收以及场地后期风险管理等技术环节，仍需进一步规范。例如，现行场地调查等关键技术环节标准大多为原则性和程序性的基础核心标准，需要更多在操作层面的技术标准来支持其实施。多个重要术语标准也亟待统一，对于引进概念，人们很容易先入为主，因此，如果不能及时进行统一和规范，再进行调整难度较大。比较突出的概念有“污染场地”和“污染地块”，还有工程控制、制度控制、阻隔技术、监测自然衰减等的交叉使用争议较多。

（3）能力建设等其他支撑体系差距分析

建立基于风险的污染场地管理模式，需要建立相应的保障机制。监管机制和能力建设还需要完善和提升，主要包括进一步提高科技支撑水平；促进公众参与和风险交流机制；完善机构设置和队伍建设，提高专业人员的环境管理水平；加大执法力度，全面强化监管执法等。

2.5.3　法规政策和标准体系完善建议

基于风险的污染场地的环境管理必须走制度化、法规化、标准化的道路，借鉴国外污染场地环境管理有关经验，结合我国的国情，提出以下法规政策和标准体系完善建议。

（1）完善土壤污染防治的法规政策

从管理中的具体问题出发，包括明确主体责任、管理程序、管理理念、监管重点、资料信息管理、管理机制体制、资质管理、资金机制等，逐步完善相关管理要求和管理方法，这些法规政策可以有力地指导污染场地管理的实际工作。建议鼓励地方先行先试，积极研究和适时发布相关地方性法规。

（2）系统构建土壤污染防治标准体系

健全土壤污染防治的相关标准和技术规范。主要包括：针对场地调查评价和修复等关键技术环节中的重要操作性问题，制定下一层次更加细化的技术规定；制定或完善监理验收、环境影响评价、后期管理等环节的技术规范；补充和完善多种场地高风险有机污染物的分析测试方法、毒理学数据和相关标准等；加强术语标准的规范化研究等。

参考文献

[1] Congress. Comprehensive Environmental Response，Compensation，and Liability Act [Z]. US. 1980.

[2] Department for Environment F A R A. Guidance on the Legal Definition of Contaminated Land [Z]. 2008.

[3] Department for Environment F A R A. Contaminated Land Statutory Guidance [Z]. 2012.

[4] Canada G O. Federal Contaminated Site Action Plan [Z]. 2005.

[5] 环境保护部．污染场地土壤环境管理暂行办法（征求意见稿）[Z]. 2009.

[6] 环境保护部．污染地块土壤环境管理办法（征求意见稿）[Z]. 2016.

[7] HJ 682—2014 [Z].

[8] 湖北省土壤污染防治条例 [Z]. 2016.

[9] 福建省土壤污染防治办法 [Z]. 2015.

[10] 广东省土壤污染防治条例（草案送审稿）[Z]. 2016.

[11] 中华人民共和国土壤污染防治法 [Z]. 2018.
[12] GB/T 14848—2017 [Z].
[13] GB 15618—2018 [Z].
[14] HJ/T 166—2004 [Z].
[15] HJ 164—2020 [Z].

第3章 POPs污染场地环境调查与风险评估方法[1]

❶ 本章作者为王坚，赖劲宇，苏燕，程卫国，王鑫。

持久性有机污染物（POPs）指人类合成的、能持久存在于环境、通过生物食物链（网）累积，并对人类健康造成有害影响的有机污染物。它具备高毒性、持久性、生物积累性、远距离迁移性四种特性。2001 年《关于持久性有机污染物的斯德哥尔摩公约》（下简称公约）正式通过，旨在减少、消除和预防 POPs 污染，保护人类健康和环境。我国是公约的首批签署国之一，《中华人民共和国履行〈关于持久性有机污染物的斯德哥尔摩公约〉[1] 国家实施计划》识别了满足公约和我国环境保护要求、关系减少、消除和预防 POPs 危害的关键问题，提出了履行公约的战略和行动方案，指导履约工作，保护我国和全球的生态环境与人类健康；其中也提出了 POPs 污染场地的识别和环境无害化管理战略，包括建立有关 POPs 污染场地环境无害化管理的法规体系，开展 POPs 污染场地的识别和风险评价，制定 POPs 污染场地环境无害化管理战略等。

3.1 公约受控 POPs

截至 2023 年 1 月，公约受控 POPs 已达 31 种（表 3-1）。第一批列入公约受控名单的 POPs 共计 12 种，已于 2004 年对我国生效，包括滴滴涕、氯丹、灭蚁灵、艾氏剂、狄氏剂、异狄氏剂、七氯、毒杀酚、六氯苯、多氯联苯、二噁英（多氯二苯并-*p*-二噁英）及呋喃（多氯二苯并呋喃）。2012 年 8 月，我国第十二届全国人大常委会第四次会议决定批准《〈关于持久性有机污染物的斯德哥尔摩公约〉新增列九种持久性有机污染物修正案》及《〈关于持久性有机污染物的斯德哥尔摩公约〉新增列硫丹修正案》，第二批增列（缔约方大会第四次会议）9 种 POPs，即 α-六六六、β-六六六、六溴二苯醚和七溴二苯醚、四溴二苯醚和五溴二苯醚、十氯酮、六溴联苯、林丹、五氯苯、全氟辛磺酸（PFOS）及全氟辛磺酸盐和全氟辛基磺酰氟，以及第三批增列（缔约方大会第五次会议）1 种硫丹受控在我国生效。2016 年 7 月，第十二届全国人大常委会第二十一次会议审议批准《〈关于持久性有机污染物的斯德哥尔摩公约〉新增列六溴环十二烷修正案》，第四批（缔约方大会第六次会议）增列 1 种六溴环十二烷受控在我国生效。2022 年 12 月，第十三届全国人民代表大会常务委员会第三十八次会议批准《〈关于持久性有机污染物的斯德哥尔摩公约〉列入多氯萘等三种类持久性有机污染物修正案》和《〈关于持久性有机污染物的斯德哥尔摩公约〉列入短链氯化石蜡等三种类持久性有机污染物修正案》，第五批和第六批增列（缔约方大会第七次会议和第八次会议）多氯萘、六氯丁二烯、五氯酚/五氯酚盐/五氯酚酯、短链氯化石蜡、十溴联苯醚受控在我国生效。此外，缔约方大会第九次会议通过的三氯杀螨醇、全氟辛酸（PFOA）及其盐类，以及缔约方大会第十次会议通过的全氟己烷磺酸（PFHxS）及其盐类和相关化合物等 3 类 POPs 污染物已增列入公约，但我国人民代表大会尚未批准生效。

列入公约的 POPs 可分为几类（一种 POPs 可能有多种类别）：杀虫剂类，包括滴滴涕、氯丹、灭蚁灵、艾氏剂、狄氏剂、异狄氏剂、七氯、毒杀酚、硫丹、五氯苯、六氯苯、α-六六六、β-六六六、林丹、十氯酮、五氯酚/五氯酚盐/五氯酚酯、三氯杀螨醇；工业化学品，包括六氯苯、多氯联苯、五氯苯、六溴联苯、多溴联苯醚、PFOS 类、六溴环十二烷、多氯萘、短链氯化石蜡、六氯丁二烯、PFOA、PFHxS；无意产生 POPs，包括二噁英、多氯二苯并呋喃、六氯苯、五氯苯、多氯联苯、六氯丁二烯[2]。

表 3-1 现有公约受控 POPs 相关信息

序号	名称	公约附件类别	分类	备注
1	滴滴涕	B	农药	首批，人大已批准
2	氯丹	A	农药	首批，人大已批准
3	灭蚁灵	A	农药	首批，人大已批准
4	艾氏剂	A	农药	首批，人大已批准
5	狄氏剂	A	农药	首批，人大已批准
6	异狄氏剂	A	农药	首批，人大已批准
7	七氯	A	农药	首批，人大已批准
8	毒杀酚	A	农药	首批，人大已批准
9	六氯苯	A、C	农药、工业化学品、无意产生	首批，人大已批准
10	多氯联苯	A、C	工业化学品、无意产生	首批，人大已批准
11	多氯二苯并二噁英	A、C	无意产生	首批，人大已批准
12	多氯二苯并呋喃	A、C	无意产生	首批，人大已批准
13	α-六六六	A	农药	第一次增列，人大已批准
14	β-六六六	A	农药	第一次增列，人大已批准
15	六溴二苯醚和七溴二苯醚	A	工业化学品	第一次增列，人大已批准
16	四溴二苯醚和五溴二苯醚	A	工业化学品	第一次增列，人大已批准
17	十氯酮	A	工业化学品	第一次增列，人大已批准
18	六溴联苯	A	工业化学品	第一次增列，人大已批准
19	林丹	A	农药	第一次增列，人大已批准
20	五氯苯	A、C	农药、工业化学品、无意产生	第一次增列，人大已批准
21	全氟辛磺酸、全氟辛磺酸盐和全氟辛基磺酰氟	B	农药、工业化学品	第一次增列，人大已批准
22	硫丹	A	农药	第二次增列，人大已批准
23	六溴环十二烷	A	工业化学品	第三次增列，人大已批准
24	多氯萘	A、C	工业化学品	第四次增列，人大已批准
25	五氯酚/五氯酚盐/五氯酚酯	A	工业化学品	第四次增列，人大已批准
26	六氯丁二烯	A、C	工业化学品、无意产生	第四/五次增列，人大已批准
27	短链氯化石蜡	A	工业化学品	第五次增列，人大已批准
28	十溴联苯醚	A	工业化学品	第五次增列，人大已批准
29	三氯杀螨醇	A	农药	第六次增列，人大未批准
30	全氟辛酸及其盐类和相关化合物	A	工业化学品	第六次增列，人大未批准
31	全氟己烷磺酸及其盐类和相关化合物	A	工业化学品	第七次增列，人大未批准

注：列入附录 A 物质应禁止和消除，列入附录 B 物质应限制生产和使用，列入附录 C 物质应减少无意产生。

3.2 污染场地土壤 POPs 筛选值

3.2.1 国家筛选值

《建设用地土壤污染风险评估技术导则》(HJ 25.3—2019) 列出了 17 种 (类) POPs 的风险评估毒性参数和理化参数，包括艾氏剂、狄氏剂、异狄氏剂、氯丹、DDTs (DDT、DDE、DDD)、七氯、α-六六六、β-六六六、γ-六六六、六氯苯、灭蚁灵、毒杀芬、PCBs、二噁英、多溴联苯、五氯酚、硫丹。2018 年发布的《土壤环境质量 建设用地土壤污染风险管控标准 (试行)》(GB 36600—2018)[3] 列出了 DDTs (DDT、DDE、DDD)、α-六六六、β-六六六、γ-六六六、六氯苯、二噁英、PCBs、五氯酚、氯丹、七氯、硫丹、灭蚁灵、多溴联苯共 13 种 (类) POPs 的筛选值和管制值，如表 3-2 所列。

表 3-2　国家标准中涉及 POPs 的筛选值及管制值

序号	中文名	CAS 号	筛选值/(mg/kg)		管制值/(mg/kg)	
			第一类用地	第二类用地	第一类用地	第二类用地
1	滴滴滴	72-54-8	2.5	7.1	25	71
2	滴滴伊	72-55-9	2	7	20	70
3	滴滴涕	50-29-3	2	6.7	21	67
4	α-六六六	319-84-6	0.09	0.3	0.9	3
5	β-六六六	319-85-7	0.32	0.92	3.2	9.2
6	γ-六六六	58-89-9	0.62	1.9	6.2	19
7	六氯苯	118-74-1	0.33	1	3.3	10
8	二噁英(总毒性当量)		0.00001	0.00004	0.0001	0.0004
9	五氯苯酚	87-86-5	1.1	2.7	12	27
10	多氯联苯(总量)		0.14	0.38	1.4	3.8
11	氯丹	12789-03-6	2	6.2	20	62
12	七氯	76-44-8	0.13	0.37	1.3	3.7
13	灭蚁灵	2385-85-5	0.03	0.09	0.3	0.9
14	多溴联苯(总量)	59536-65-1	0.02	0.06	0.2	0.6
15	硫丹	115-29-7	234	1687	470	3400
16	多氯联苯 169	32774-16-6	0.0001	0.0004	0.001	0.004
17	多氯联苯 126	57465-28-8	0.00004	0.0001	0.0004	0.001

3.2.2 地方发布的其他 POPs 筛选值

土壤污染物种类众多，多个省市在国家筛选值的基础上制定了地方筛选值，除北京筛选值制定时间较早外，其他省市（河北、辽宁、江西、浙江、深圳）制定筛选值的思路总体一致：一是用地情景与国家筛选值一致，即第一类用地、第二类用地；二是国家筛选值涉及的 85 项在省级筛选值中不再列出，或与国家筛选值取值完全一致；三是根据地方行业特点、地块中污染物检出频次、管理要求等增补了一些参数；四是基于 HJ 25.3 风险评估方法推导，并适当调整。表 3-3 列出了北京、河北、辽宁、浙江、深圳 5 地筛选值中补充的其他 POPs 筛选值，同一污染物不同地方筛选值不同的原因：一是推导时选取了各地的人群暴露参数；二是不同污染物毒性参数更新、不同制定时间引用的毒性参数不同[4]。其中，艾氏剂、狄氏剂、异狄氏剂、毒杀芬的筛选值推导所需的风险评估参数在 HJ 25.3 中已列出；六氯丁二烯、五氯苯、4 种多溴联苯醚的筛选值推导所需的风险评估参数可在美国 EPA RSL 表格中查询；浙江筛选值增补了指示性 PCBs，弥补了 GB 36600—2018 仅关注共平面 PCBs 可能导致历史电力设备存放场地 PCBs 风险低估的问题。

表 3-3 各地方补充的 POPs 筛选值 单位：mg/kg

序号	中文名	CAS 号	北京			浙江		河北		辽宁		深圳	
			住宅用地	公园绿地	工业用地	住宅用地	工业用地	第一类	第二类	第一类	第二类	住宅用地	工业用地
1	艾氏剂	309-00-2	0.02	0.03	0.2	0.05	0.1	0.04	0.1				
2	狄氏剂	60-57-1	0.02	0.03	0.2	0.05	0.11	0.04	0.1				
3	异狄氏剂	72-20-8	4	5	11	12	84	11.7	89				
4	毒杀芬	8001-35-2						0.5	1.6				
5	六氯丁二烯	87-68-3						2	7.6	1.76	5.4	1.6	5.3
6	五氯苯	608-93-5								7.13	72.6		
7	2,2′,4,4′-四溴联苯醚(BDE-47)	5436-43-1								0.7	6.6		
8	2,2′,4,4′,5-五溴联苯醚(BDE-99)	60348-60-9								0.7	6.6		
9	2,2′,4,4′,5,5′-六溴二苯醚(BDE-153)	68631-49-2								1.4	13.1		
10	321-十溴二苯醚(BDE-209)	1163-19-5								49.3	460		
11	指示性多氯联苯					0.24	0.71						

3.2.3 新 POPs 筛选值

除了上述 POPs，美国环保署和部分州发布了公约受控的十氯酮、全氟辛磺酸、全氟辛酸、全氟己烷磺酸、三氯杀螨醇的筛选值及其风险评估参数（表 3-4），也满足按照 HJ 25.3 推导我国筛选值的参数需求。其中美国环保署区域筛选值（RSL）包括十氯酮、全氟辛磺酸、全氟辛酸、全氟己烷磺酸的筛选值及风评参数，美国得克萨斯州风险降低计划中的浓度保护限值（TRRP Protective Concentration Levels）发布了三氯杀螨醇的筛选值及风评参数；

此外正在公约审查委员会审查的甲氧滴滴涕，也可在美国环保署 RSL 找到筛选值和风险评估参数。但是，七溴二苯醚、六溴环十二烷、多氯萘、短链氯化石蜡以及正在公约审查委员会审查的其他物质的基于人体健康的污染场地土壤筛选值及风评参数还有待研究。

表 3-4　美国环保署 RSL 中涉及 POPs 筛选值　　单位：mg/kg

序号	中文名	英文名	CAS 号	居住用地	工业用地
1	十氯酮	chlordecone(Kepone)	143-50-0	0.054	0.23
2	全氟己烷磺酸	perfluorohexanesulfonic acid(PFHxS)	355-46-4	1.3	16
3	全氟辛磺酸	perfluorooctanesulfonic acid(PFOS)	1763-23-1	0.13	1.6
4	全氟辛酸	perfluorooctanoic acid(PFOA)	335-67-1	0.19	2.5
5	三氯杀螨醇	dicofol	115-32-2	270	4100

3.3 典型 POPs 污染场地土壤污染状况调查重点及污染特征

POPs 污染场地按照形成过程，可以分为如下类型。

（1）生产和使用型

指生产或使用 POPs 的工业企业地块，这类场地可能生产历史长、局部污染程度高、多种污染复合存在。

（2）POPs 废物存放或填埋型

指合规或不合规的存放或埋藏了 POPs 废物的地块，如含 PCBs 电力设施地上或地下储存点，这类场地分散，与生产和使用型场地相比面积较小，长期存放可能发生泄漏和扩散。

（3）接纳 POPs 污染型

指受 POPs 生产或使用影响，接纳了 POPs 污染物，特别是二噁英等无意产生 POPs（UP-POPs）污染物的地块，这类场地位于 POPs 生产或使用源头周边，或者与 POPs 生产或使用源头重叠，污染物浓度与接纳时间有关，由于多为 UP-POPs，调查和监测时容易遗漏。

本节以农药（六六六、滴滴涕）和 PCBs 场地为例，结合我国现行的调查技术导则，归纳了典型 POPs 污染场地土壤污染状况调查重点，并对 POPs 污染场地的污染特征进行分析。

3.3.1 POPs 污染场地调查重点

（1）我国现行污染场地土壤污染状况调查技术导则

我国现行场地调查技术导则首次发布于 2014 年，为《场地环境调查技术导则》（HJ 25.1—2014），2019 年修订版发布，名称改为《建设用地土壤污染状况调查技术导则》（HJ 25.1—2019）[5]。确定了污染场地土壤污染状况调查的三阶段调查程序（图 3-1）。

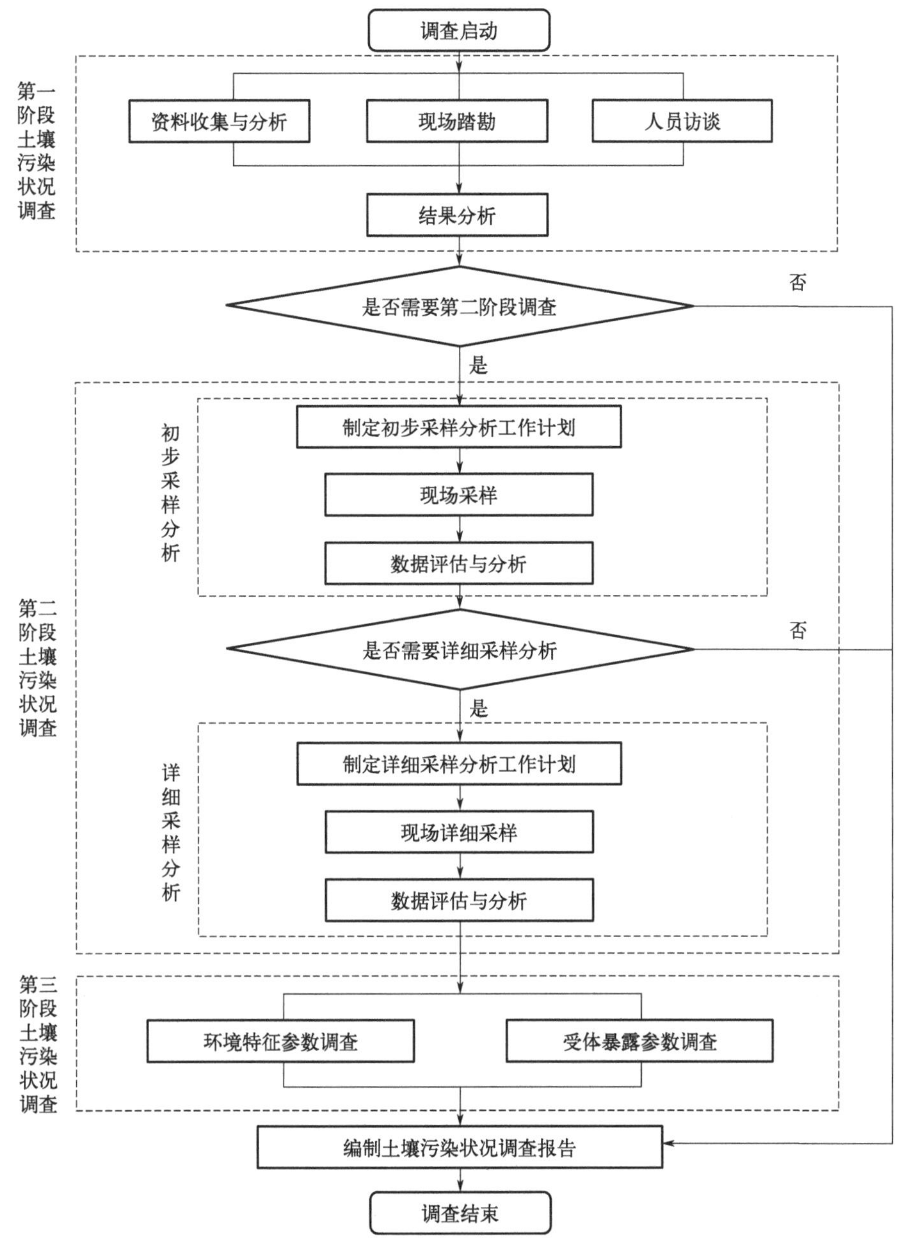

图 3-1 土壤污染状况调查的工作内容与程序

1）第一阶段土壤污染状况调查

第一阶段土壤污染状况调查是以资料收集与分析、现场踏勘和人员访谈为主的污染识别阶段，原则上不进行现场采样分析。若第一阶段调查确认地块内及周围区域当前和历史上均无可能的污染源，则认为地块的环境状况可以接受，调查活动可以结束。

2）第二阶段土壤污染状况调查

第二阶段土壤污染状况调查是以采样与分析为主的污染证实阶段。若第一阶段土壤污染状况调查表明地块内或周围区域存在可能的污染源，如化工厂、农药厂、冶炼厂、加油站、化学品储罐、固体废物处理等可能产生有毒有害物质的设施或活动；以及由于资料缺失等原因造成无法排除地块内外存在污染源时，进行第二阶段土壤污染状况调查，确定污染物种类、浓度（程度）和空间分布。

第二阶段土壤污染状况调查通常可以分为初步采样分析和详细采样分析两步进行，每步均包括制定工作计划、现场采样、数据评估和结果分析等步骤。初步采样分析和详细采样分析均可根据实际情况分批次实施，逐步减少调查的不确定性。

根据初步采样分析结果，如果污染物浓度均未超过 GB 36600 等国家和地方相关标准以及清洁对照点浓度（有土壤环境背景的无机物），并且经过不确定性分析确认不需要进一步调查后，第二阶段土壤污染状况调查工作可以结束；否则认为可能存在环境风险，需进行详细调查。标准中没有涉及的污染物，可根据专业知识和经验综合判断。详细采样分析是在初步采样分析的基础上进一步采样和分析，确定地块污染程度和范围。

3）第三阶段土壤污染状况调查

第三阶段土壤污染状况调查以补充采样和测试为主，获得满足风险评估及土壤和地下水修复所需的参数。本阶段的调查工作可单独进行，也可在第二阶段调查过程中同时开展，而相应的监测技术导则，也由《场地环境监测技术导则》（HJ 25.2—2014）修改为《建设用地土壤污染风险管控和修复监测技术导则》（HJ 25.2—2019）[6]，规定了建设用地土壤污染风险管控和修复监测的基本原则、程序、工作内容和技术要求，如监测介质可以包括土壤、地下水、环境空气、固体废物等，水平布点详细调查不少于 1600m^2 一个点位，垂直方向上区分表层和下层、下层间隔根据土层确定且不大于 2m 等。

（2）POPs 污染场地调查技术特点

HJ25.1 和 HJ 25.2 是针对污染场地调查的普适性技术导则，提出了调查的框架性和原则性要求，而基于 POPs 污染场地的污染特点，调查工作更为复杂。因而开展 POPs 污染场地调查应重点开展如下方面的工作。

1）构建地块精细化概念模型

基于用地历史的详细调查、地块和区域水文地质资料的全面收集，构建地块污染风险概念模型，并在调查全过程中不断更新完善，利用概念模型指引调查工作。

2）更有针对性的点位布设

应根据地块污染区域识别结果、污染源可能的面积，进行更有针对性的点位布设。初步调查阶段以捕捉和确认为目标，详细调查和补充调查阶段应以精准刻画污染范围和动态为目标。传统的 40m×40m、20m×20m 的网格式布点方法可能不适用于复杂 POPs 污染场地。

3）深度和测试指标应进行保守考虑

如前所述，POPs 污染场地中 POPs 污染物单体多且与多种污染物（重金属、VOCs、SVOCs）伴生，污染深度大，且受地块地层条件影响明显。因而为了精准刻画 POPs 地块各类污染物的污染特点，在监测深度上应在概念模型的基础上进行设计，确保“兜底”。在分析测试上，可采用 EPA 8260、EPA 8270 等广谱筛查的方法，避免监测因子遗漏。

4）多介质协同监测

POPs 地块除土壤外，多伴有地下水、环境空气的污染，因而在调查监测过程中，应注重多介质的协同监测。同时，新兴精细化调查手段，如地球物理探测、原位测试（如 MIP 等）能够较快地提供半定量筛查结果，对于污染源、污染羽的精准刻画，较传统实验室分析来说，具有重要的补充和佐证作用。

3.3.2 六六六污染场地污染特征

典型六六六（HCHs）污染场地污染特征如图 3-2～图 3-8 所示。可以发现如下特点。

① 六六六作为第一批公约 POPs 代表，生产历史较长。尽管停产停用已久，但因其持久性持续在土壤中存在，也因为生产历史长、生产粗放，导致土壤污染非常严重。多个地块土壤六六六浓度超过 10000mg/kg（图 3-2）。

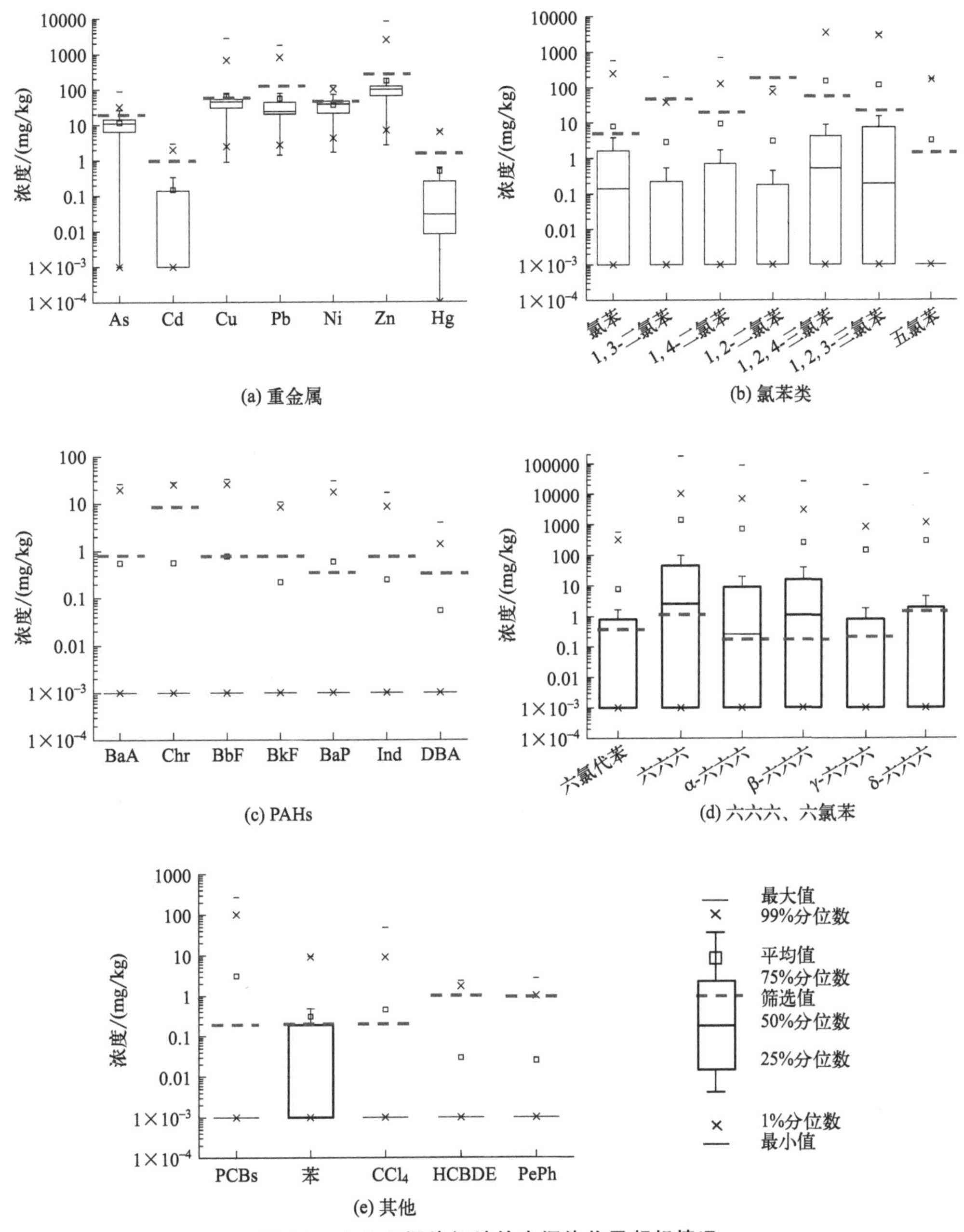

图 3-2 六六六污染场地检出污染物及超标情况

② 由于六六六生产多为氯碱化工企业，因生产工艺原因，除六六六之外，还伴随着氯苯类、苯、氯仿、二氯乙烷、三氯乙烯等一系列 VOCs 污染物（图 3-2）。

③ 六六六污染场地污染深度一般均较深，且与地块地层条件、地下水埋藏条件密切相关。污染物达到含水层后随地下水迁移，可能导致表层不污染的区域的下层土壤发生污染（图 3-3～图 3-6）。

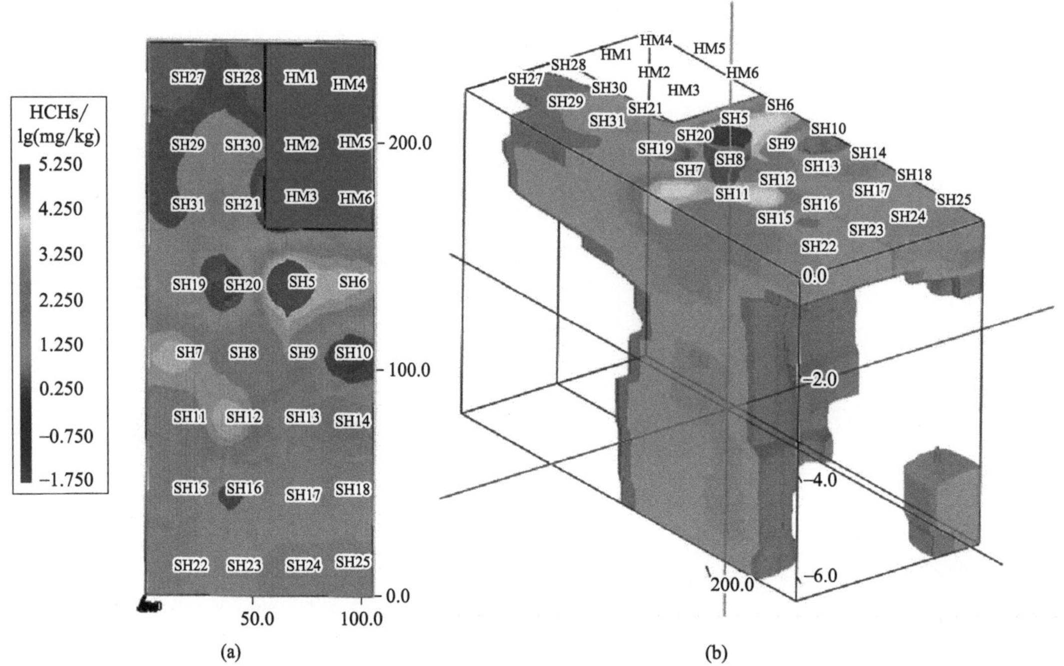

图 3-3　污染场地六六六污染分布（图中 SH 指监测点位，坐标单位为 m，书后另见彩图）

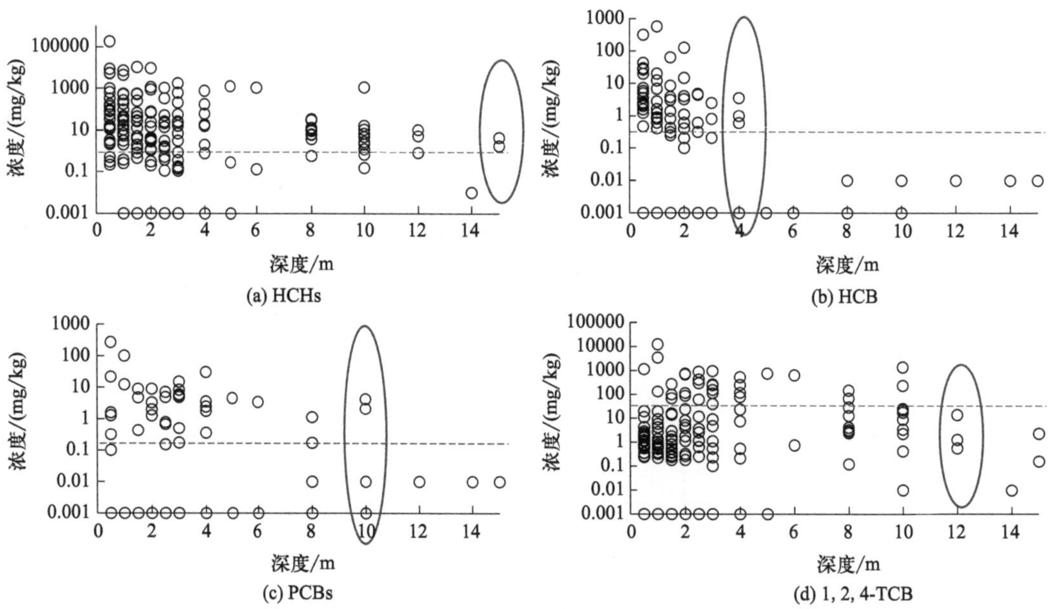

图 3-4　六六六污染场地中 POPs 及氯代有机物随深度变化

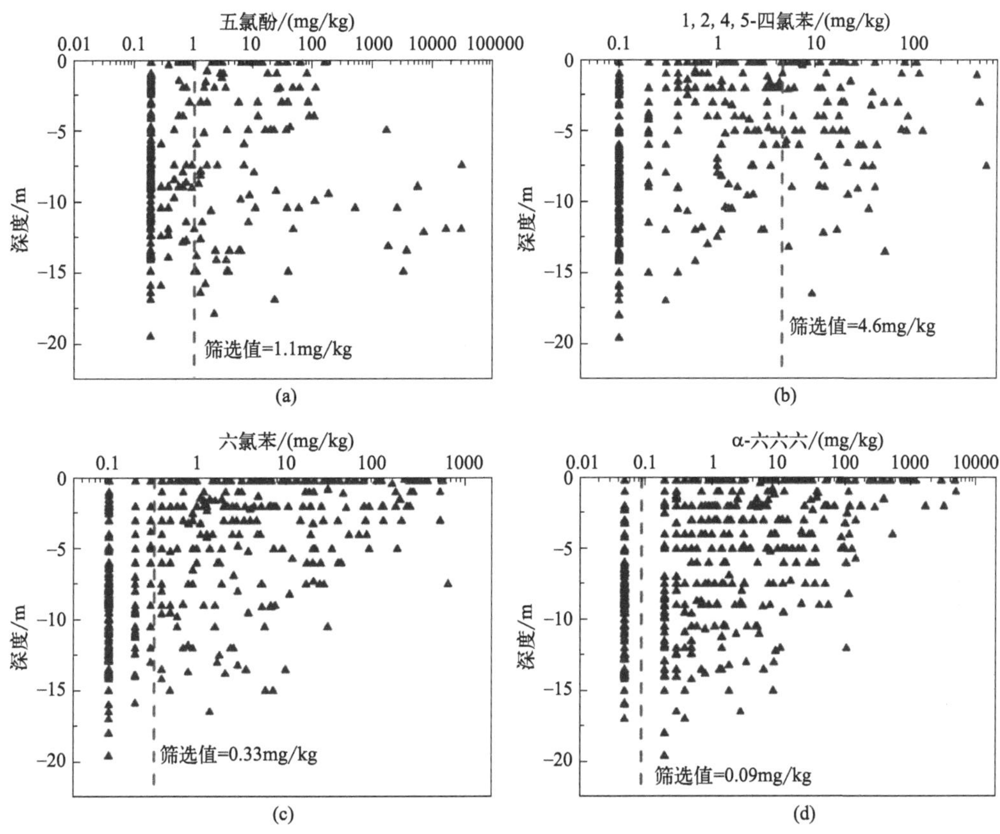

图 3-5　六六六污染场地中 POPs 及氯代有机物含量随深度变化

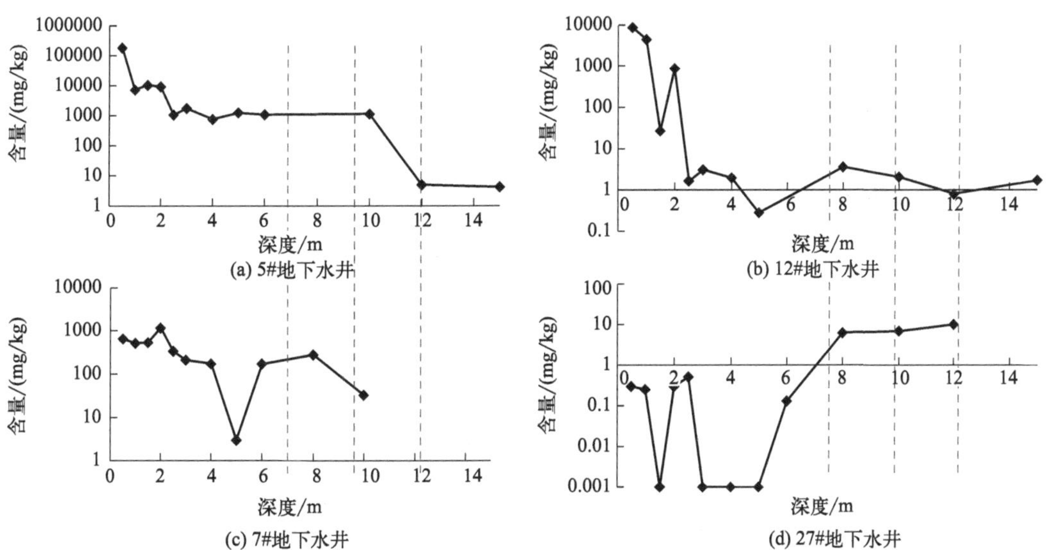

图 3-6　六六六污染场地中六六六与土层关系（图中虚线从左至右分别为第一层含水层水位线、黏土层位置、第二层含水层水位线）

④ 六六六污染场地的污染介质复杂，呈现土壤和地下水复合污染，环境空气和土壤气中 VOCs 和异味问题非常明显（图 3-7、图 3-8）。

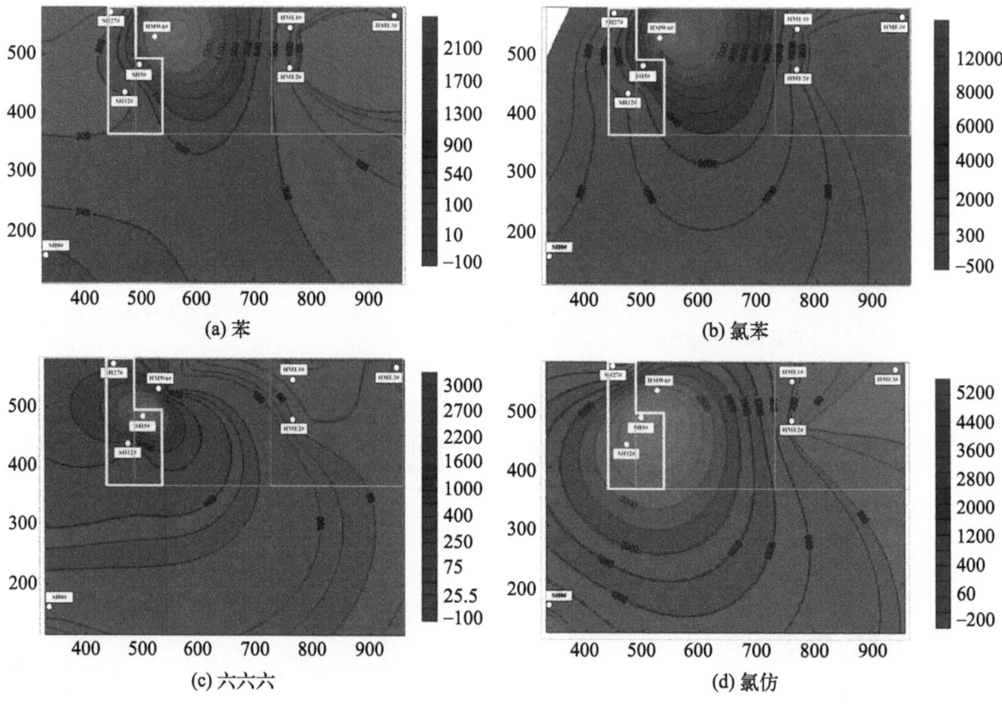

图 3-7　六六六污染场地中地下水中污染物浓度（单位：μg/L）（书后另见彩图）

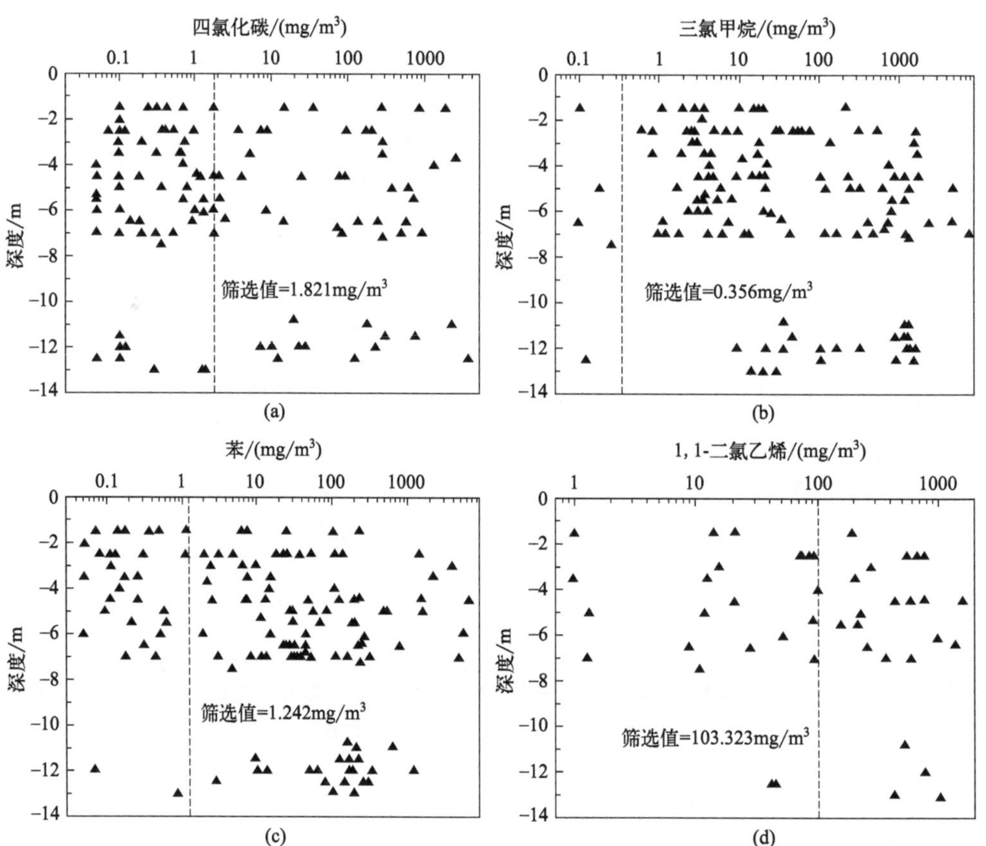

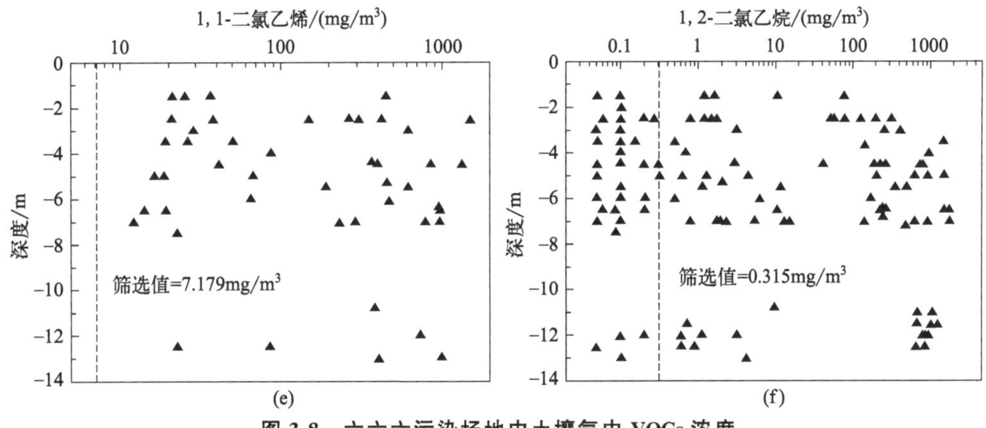

图 3-8　六六六污染场地中土壤气中 VOCs 浓度

3.3.3　滴滴涕污染场地污染特征

典型滴滴涕污染场地污染特征如图 3-9～图 3-18 所示（图 3-9～图 3-11 中虚线为 GB 36600—2018 中对应的第一类用地筛选值）。可以发现如下特点。

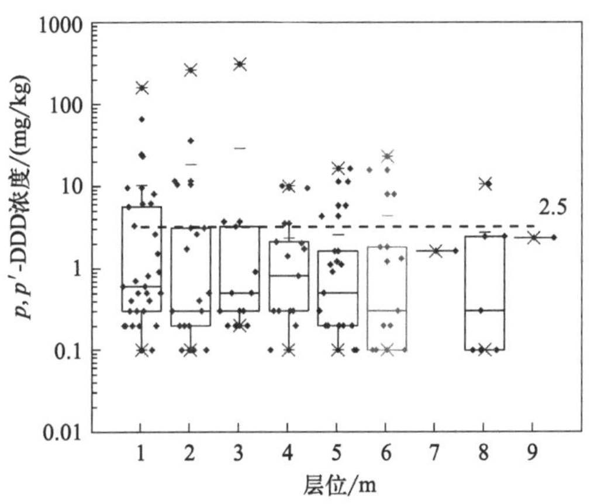

图 3-9　*p*, *p*′-滴滴滴含量随土壤深度变化

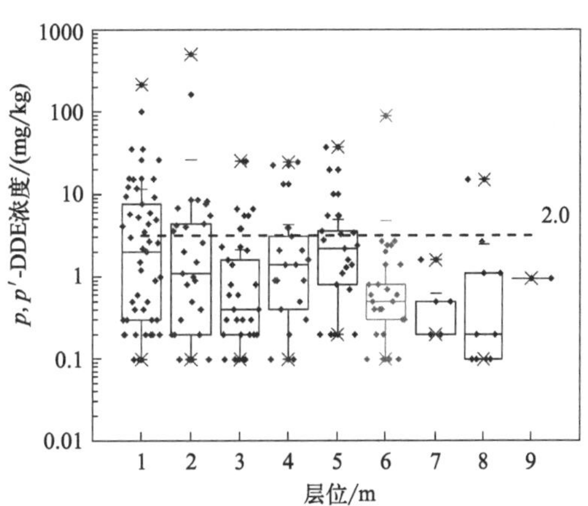

图 3-10　*p*, *p*′-滴滴伊含量随土壤深度变化

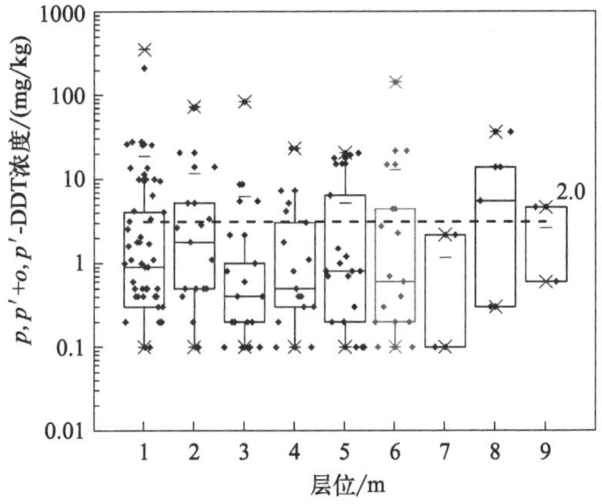

图 3-11　*p*, *p*′-滴滴涕含量随土壤深度变化

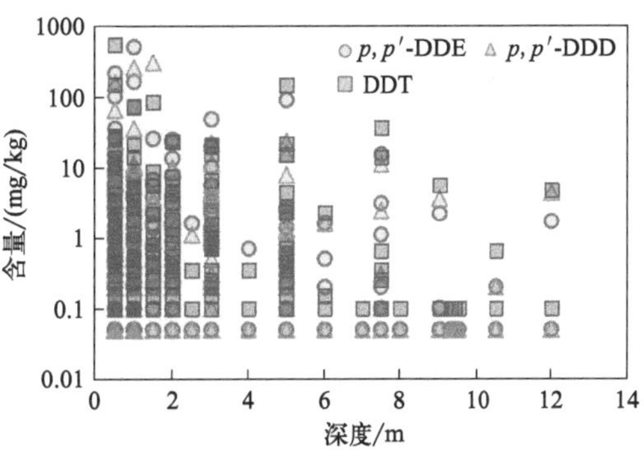

图 3-12　土壤 DDT、DDD、DDE 含量随深度变化（书后另见彩图）

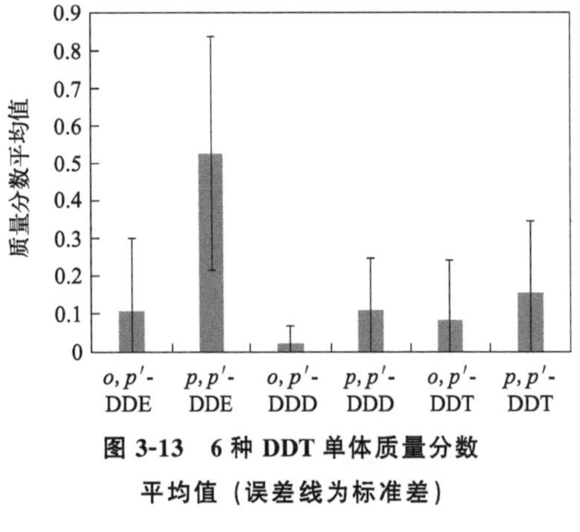

图 3-13　6 种 DDT 单体质量分数平均值（误差线为标准差）

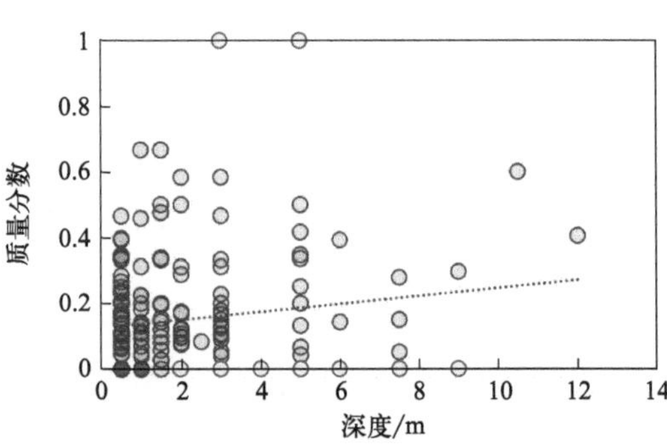

图 3-14　p,p'-DDT 质量分数随深度变化

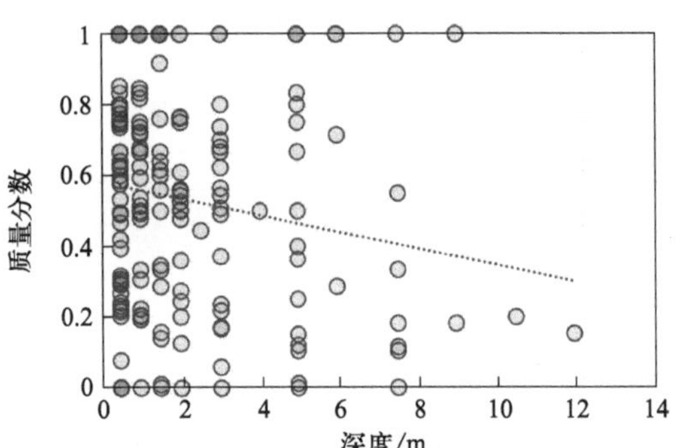

图 3-15　p,p'-DDE 质量分数随深度变化

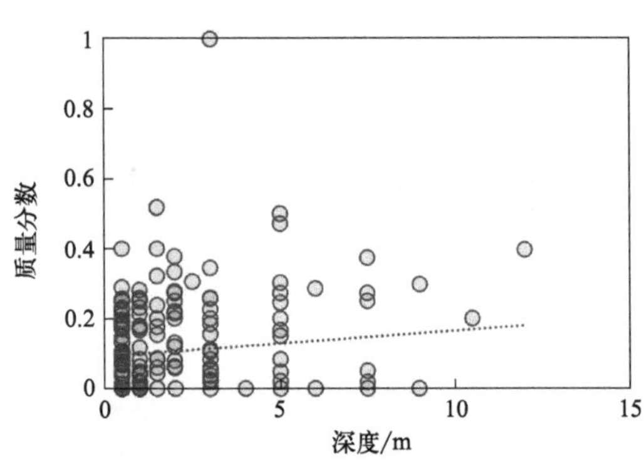

图 3-16　p,p'-DDD 质量分数随深度变化

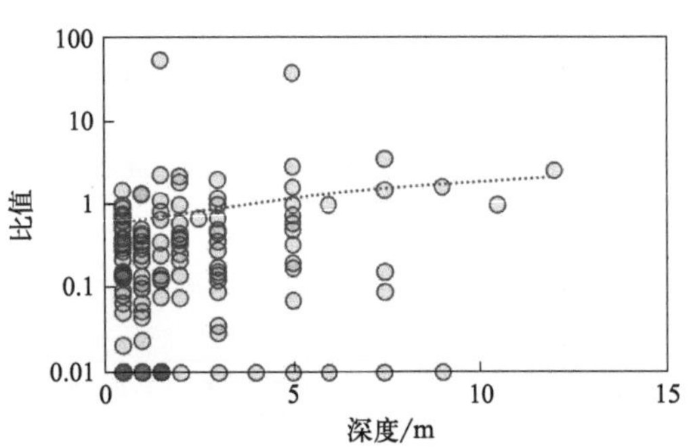

图 3-17　p,p'-DDD/p,p'-DDE 随深度变化

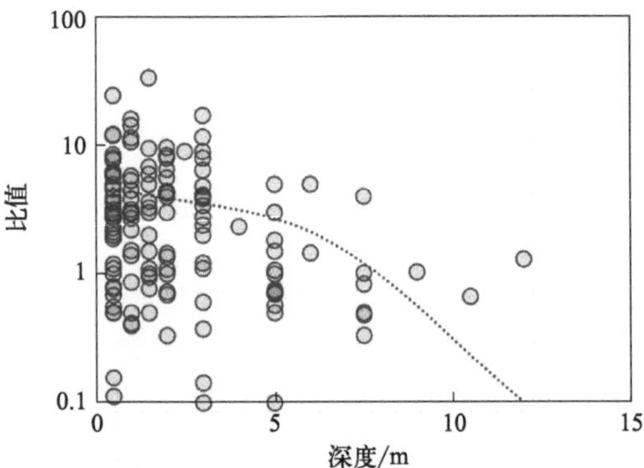

图 3-18　(p,p'-DDD+p,p'-DDE)/(p,p'-DDT+o,p'-DDT) 随深度变化

① 滴滴涕存在 6 种单体，标准中关注的是 DDT（$p,p'+o,p'$，下同）、p,p'-DDE、p,p'-DDD；场地中土壤 DDTs 可高达 1000mg/kg。

② 从污染深度来看，超标样品主要集中在 3.0m 以上，但局部最大污染深度达到了 12.0m 以下。

③ 典型的商业产品 DDT 中，p,p'-DDT 约占 77%、o,p'-DDT 约占 15%、其他为 DDD

和 DDE。但场地土壤中 6 种 DDT 单体可能发生显著变化。以案例场地为例，场地 DDE>DDT>DDD。DDE、DDD 分别是 DDT 在好氧和厌氧条件下的降解产物，表明场地中 DDT 发生了较为明显的降解；好氧过程更为明显；随着深度增加，降解变慢。

3.3.4 PCBs 污染场地污染特征

汇总 7 个发生泄漏的含 PCBs 电容器地下封存点的土壤中 PCBs 污染特征，如图 3-19～图 3-21 所示。可以发现如下特点。

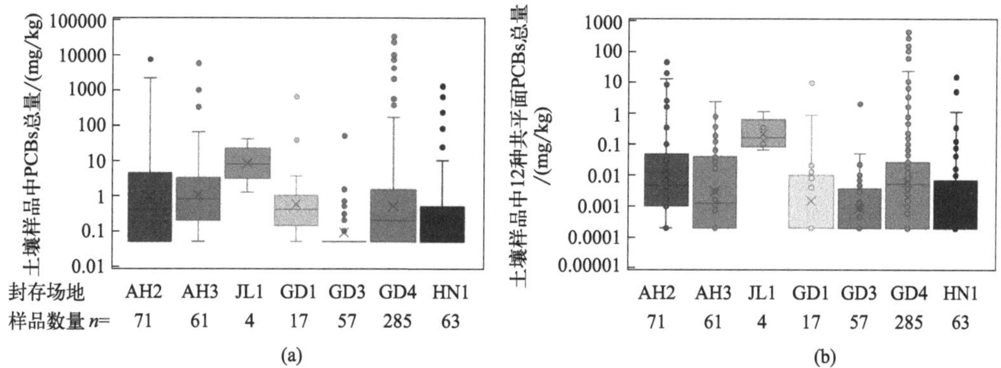

图 3-19 PCBs 地下封存点场地土壤中 PCBs 总量（一至十氯多氯联苯同系物总量）与 12 种共平面 PCBs 总量比较

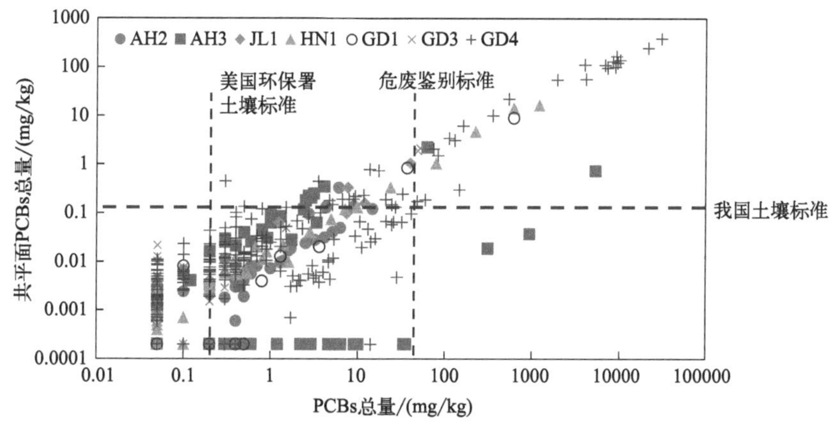

图 3-20 PCBs 地下封存点场地土壤中 PCBs 总量、12 种共平面 PCBs 总量及相关标准的比较（书后另见彩图）

① 含 PCBs 电容器地下封存点一般面积在 $50m^2$ 以内，泄漏后一般也不造成大面积的 PCBs 污染（$<100m^2$），但发生泄漏后土壤样品 PCBs 总量最高可达 30000mg/kg。

② PCBs 电容器中 PCBs 混合物成分含量最接近 Aroclor 1242，12 种共平面 PCBs 仅占 1.5%，PCBs 总量（一至十氯多氯联苯同系物总量）较 12 种共平面 PCBs 可高 2 个数量级，因而仅关注 12 种共平面 PCBs 可能严重低估这类场地风险，GB 36600 规定的 12 种共平面 PCBs 限值也不适用于 PCBs 电容器污染场地的评估。

③ PCBs 在土壤中污染的空间变异可在米级尺度上表现，加上 PCBs 地下封存点污染范围较小的因素，对其调查监测应采用更密的采样密度。

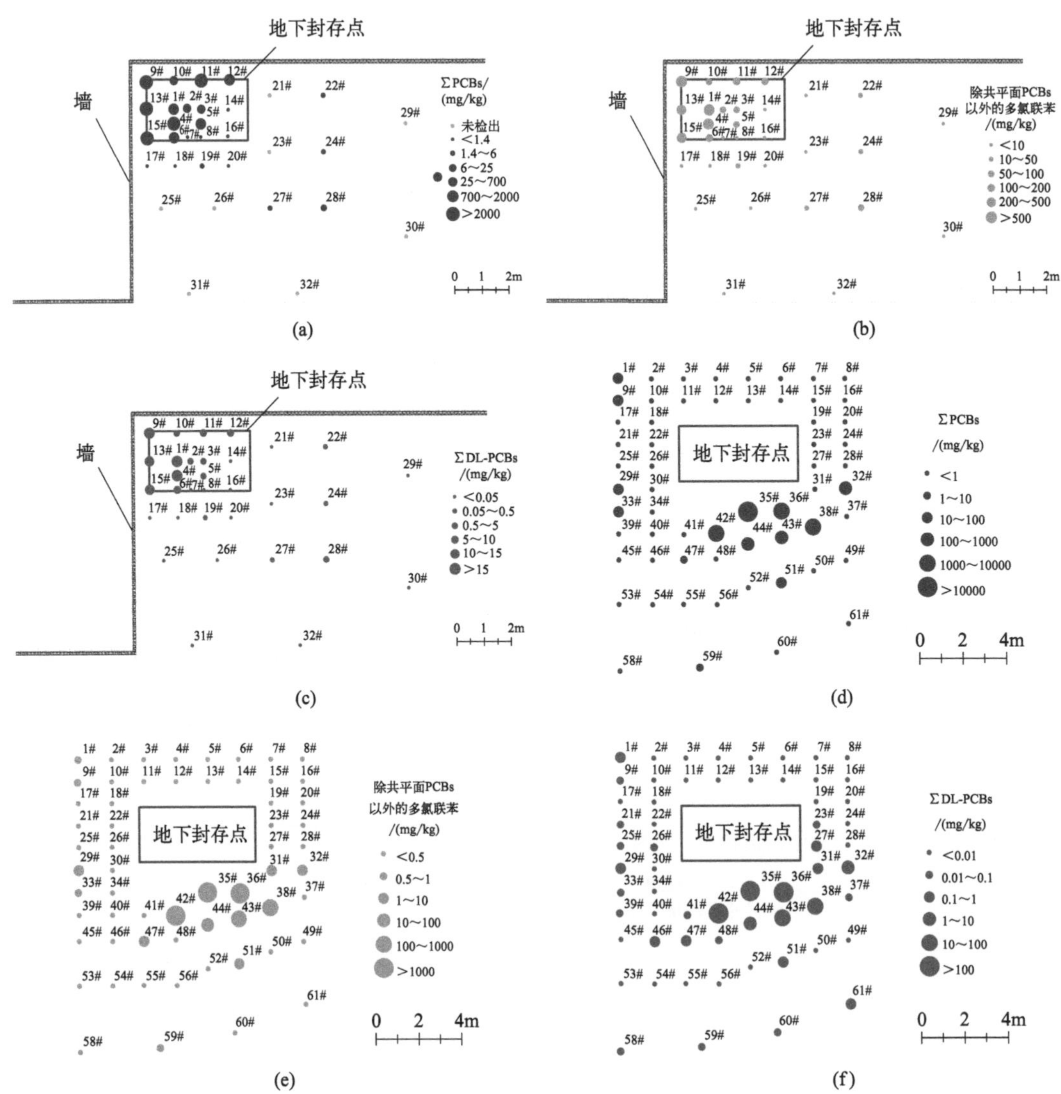

图 3-21 PCBs 地下封存点场地土壤 PCBs 含量空间变异性

3.4 POPs 场地层次化风险评估方法研究

3.4.1 我国现行污染场地风险评估框架

我国现行《建设用地土壤污染风险评估技术导则》(HJ 25.3—2019)[7] 规定，地块风险评估工作内容包括危害识别、暴露评估、毒性评估、风险表征以及土壤和地下水风险控制值的计算，如图 3-22 所示。

《土壤污染防治法》规定，土壤污染风险管控和修复包括土壤污染状况调查和土壤污染风险评估、风险管控、修复、风险管控效果评估、修复效果评估、后期管理等活动。实施土

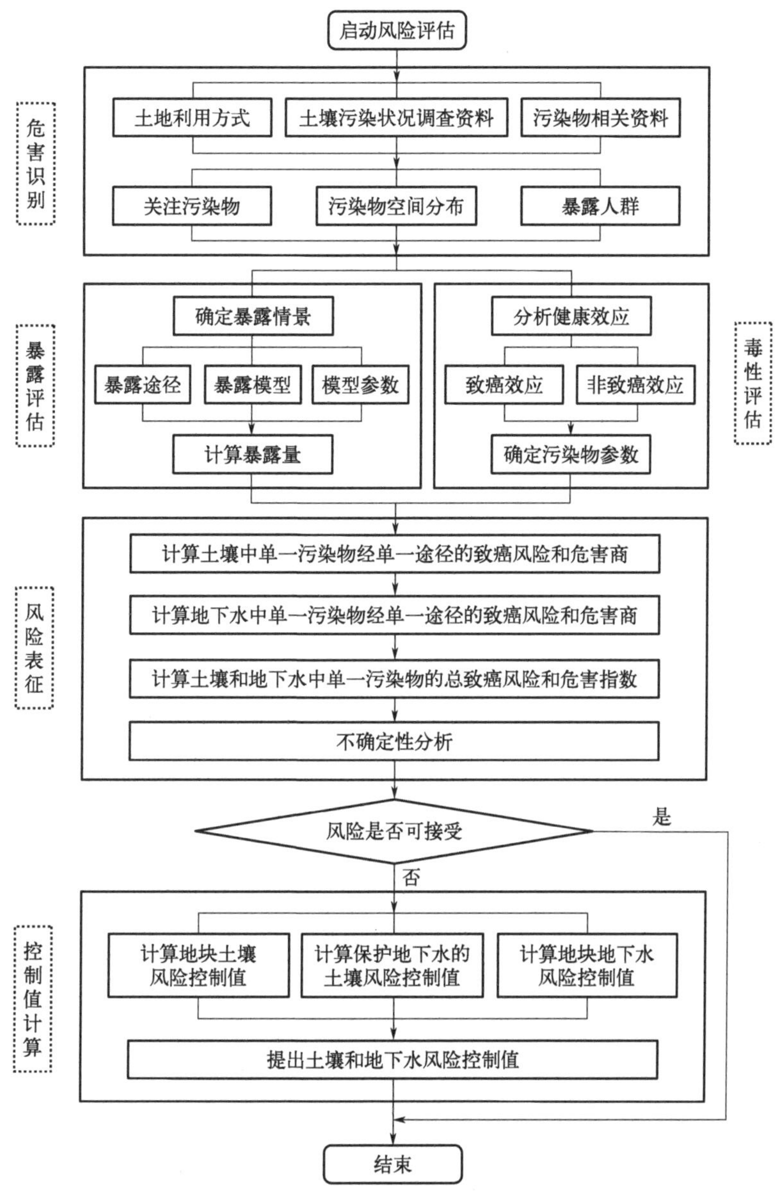

图 3-22　HJ 25.3—2019 中规定的风险评估工作内容及程序

壤污染风险评估活动，应当编制土壤污染风险评估报告。该报告结论是地块是否列入“建设用地土壤污染风险管控和修复名录”的重要依据。

我国风险评估采用的模型类似于美国环保署的 RBCA（基于风险的矫正行动，Risk Based Corrective Action）模型，风险水平与毒性、暴露量、暴露途径等参数相关。模型考虑 9 种主要暴露途径和暴露评估模型，包括经口摄入土壤、皮肤接触土壤、吸入土壤颗粒物、吸入室外空气中来自表层土壤的气态污染物、吸入室外空气中来自下层土壤的气态污染物、吸入室内空气中来自下层土壤的气态污染物共 6 种土壤污染物暴露途径和吸入室外空气中来自地下水的气态污染物、吸入室内空气中来自地下水的气态污染物、饮用地下水共 3 种地下水污染物暴露途径。该模型不是健康诊断工具，而是风险预测工具，一般以概率或可能性来表示。特别是在我国国情下，该模型被广泛应用于预测未来用地条件下，潜在暴露人群的健康风险可能，这也决定了我国风险评估模型及参数的保守性。

3.4.2 层次化风险评估框架建立

为了提高针对性、节约成本，国际上广泛采用层次化风险评估框架（图 3-23）。

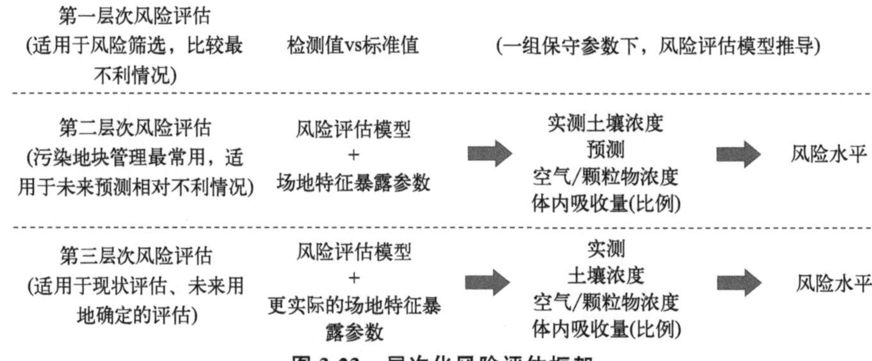

图 3-23　层次化风险评估框架

第一层次中，利用风险评估模型和保守参数推导风险筛选值，即污染物含量低于风险筛选值时，可认为风险可接受。第一层次风险评估的工作主要是比较筛选值（标准值）和检测值。

第二层次中，通过风险评估模型，预测未来的最不利情况，计算可能的风险水平。在这个阶段中，可能根据地块实际的土质、环境、受体等情况，修改部分参数。HJ 25.3 即在这个层次中。

第三层次中，地块使用情况更加确定，可以通过测试、资料查阅等方式确定更多的实际地块的参数，再利用风险评估模型预测现状或未来风险水平。

三个层次中，层次越低，通用性越强，工作繁琐程度越低，参数保守性越大，得到的风险水平高、风险范围大；反之层次越高，针对性越强，工作繁琐程度越高，参数更接近实际情况，得到的风险水平低、风险范围小。

对于 POPs 场地来说，由于污染复杂、深度较大，开展高层次的风险评估有利于识别主要矛盾，避免过度修复。

3.4.3 POPs 污染场地层次化风险评估工作策略

针对 POPs 污染场地，需要在现有风险评估导则的基础上，针对地块特征进行进一步的补充和优化。

对于第一层次风险评估，应针对性地补充 POPs 污染场地的关注污染物指标，构建毒性数据库，通过通用模型和通用参数补充制定国家标准未涉及的污染物的风险筛选值。

对于第二层次风险评估，一般开展如下针对性工作：

① 通过检测地块土质参数，修正土壤含水率、有机质、容重、颗粒密度等参数（影响 VOCs 向上迁移）；

② 通过相关手册，修正人体特征参数（如身高、体重）、暴露强度和频率参数（摄入土

壤量、呼吸量、暴露时间等)；

③ 通过环境公报，修正环境空气（如 PM_{10}）参数。

对于第三层次评估，未来利用进一步明确或利用实测代替模型的预测参数，可进一步开展如下工作：

① 根据实际利用情况，识别筛选暴露途径，如未来不扰动的下层土壤去掉直接暴露途径、未来没有建筑物时去掉室内空气途径、地下水不饮用时去掉饮用途径等；

② 根据实际利用情况，进一步修改暴露参数，如修改面积、底板厚度、混合高度、通风强度等建筑物参数，基于受体的行为模式修改室内外活动时间等参数；

③ 基于实际测定代替模型参数，如测试生物可给性代替默认吸收系数；

④ 在现有模型中耦合其他修正模型，如在现有污染物迁移模拟模型中耦合吸附、降解等模型；

⑤ 基于实际测定代替模型预测，如通过实际测定室内外空气质量、测定土壤气污染物含量代替暴露量的理论计算。

3.5 辽宁省示范场地调查与风险评估案例

3.5.1 地块概况

东北某制药集团场地平面图如图 3-24 所示（书后另见彩图），是国有大型综合性制药企业集团。在历史上，其主要生产抗生素类、维生素类、心脑血管类、消化系统类、抗病毒类、天然药物类、解热镇痛类、抗艾滋病类、麻醉精神药品类、计划生育药品类、保健品类、诊断试剂类 12 大系列 400 多种化学原料药、医药中间体和制剂产品。其北厂区生产区位于沈阳市铁西区。根据铁西区整体规划，该场地将作为居住用地（二类居住）和市政用地

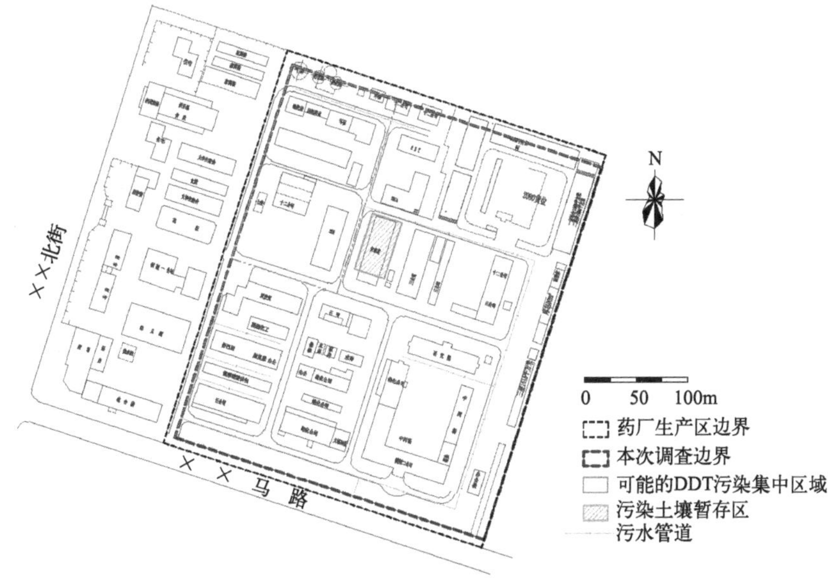

图 3-24　东北某制药集团 POPs 场地平面图

进行再次开发利用。该场地原东西宽约 326m，南北长约 370m，2016 年根据铁西区政府市政建设需要，在场区的北侧和西侧分别修建了一条 11m 宽和 6m 宽的市政道路，目前场地的东西宽约 320m，南北长约 359m，面积约 11.4 万平方米。

3.5.2 场地调查

该场地一共进行过 4 次土壤监测和 2 次地下水监测，分别如下。

① 2014 年场地 DDT 疑似生产区域的土壤监测。该监测在原 DDT 疑似生产区域布设了 10 个点位，涉及 6600m^2 的区域，最大监测深度为 1.5m。从监测结果上看，该区域内存在重金属、PAH 和 DDT 污染，且在 1.5m 处仍然存在污染。其中，DDT 的最高浓度达到了 6956mg/kg，该结果显示场地该区域内的 DDT 污染十分严重，且存在向下和向周围区域内扩散的可能性。

② 2016 年场地整体初步监测。该监测共布设了 6 个土壤点位和 1 个地下水监测点位，每个土壤点位的最大监测深度为 6m，地下水取得一组样品。土壤监测结果显示，场地各区域内不同程度地存在重金属、DDT 和 PAH 污染，但是对于 DDT，该监测的最大浓度为 1840mg/kg，且只有一个样品超过 1000mg/kg，其他样品的浓度基本在 100mg/kg 以内，与 2014 年的检测结果有较大差异。地下水监测结果显示，个别常规指标超过了我国颁布的地下水质量标准中的四类水标准，污染并不严重。

③ 2017 年 6 月在场地内进行了土壤和地下水详细监测。该监测共布设土壤点位 113 个，最大采样深度为 6m；共布设地下水监测点位 5 个，每个点位取得一组地下水样品。土壤监测结果显示，在全场区域内均存在不同程度的重金属、DDT 和 PAH 污染，总体上来看，重金属污染较轻，DDT 和 PAH 污染较重，DDT 的最大浓度为 539mg/kg，与 2014 年的监测结果也有较大差异，与 2016 年初步监测结果相对比较一致；苯并［*a*］芘的最大浓度为 45.4mg/kg，且 PAH 污染的区域比较广泛，超标的点位和层位较大，是该场地内污染面积最大、污染土方量最多的一类污染物。地下水监测结果显示，整体污染并不严重，一些监测点位的常规指标超过地下水质量标准中的四类水标准，其他指标的浓度在地下水不作为饮用水开采的情况下可以接受。

④ 在详细监测的过程中，有个别点位最下一层仍然有污染物超标现象，另外在一般关注区域也出现了浓度较高的污染，因此在详细监测基础上，2017 年 7 月底对该场地进行了补充监测，包括加深和加密监测，数据显示仍然有个别点位加深后存在污染的情况，加密监测点位大部分不存在污染物超标现象，加密监测期间进行了第二轮地下水采样。

考虑到拆迁发生在 2016 年 2～8 月，对场地扰动明显，前期已有监测数据基本失效，因而后续的分析、风险评估和修复范围均基于 2017 年开展的详细监测和补充监测数据。

（1）土壤污染物风险筛选

利用详细监测数据（不含补充监测数据）进行土壤污染物风险筛选，将所有检出污染物最大值与筛选值进行比较，超过风险筛选值的作为后续关注污染物，其中重金属、VOCs、农药类、TPH 采用《场地土壤环境风险评价筛选值》（DB11/T 811—2011，北京市地方标准）住宅用地筛选值，半挥发性有机物采用《展览会用地土壤环境质量评价标准（暂行）》（现已废止）（HJ 350—2007）A 值，上述标准没有的检出指标分别参考《上海市场地土壤环境健康风险评估筛选值（试行）》敏感用地和《美国 EPA 区域土壤筛选值》（Regional

Screening Levels，2017 年 6 月更新版）住宅用地。风险筛选情况见表 3-5，共计 79 个指标被检出，经过筛选，重金属 7 项、β-六六六、滴滴涕单体、高环 PAHs、苯胺、苯、氯仿和 TPH 是场地关注污染物。

表 3-5　土壤污染物风险筛选

指标	最大值 /(mg/kg)	检测样品数 /个	检出样品数 /个	检出率 /%	筛选值 /(mg/kg)	筛选值来源	超过筛选值样品数/个
As	143.0	867	867	100.0	20	A	21
Cu	10550.0	867	867	100.0	600	A	9
Zn	5820.0	867	867	100.0	3500	A	4
Ni	879.0	867	867	100.0	50	A	45
Cd	5.1	867	510	58.8	8	A	0
Pb	1985.0	867	867	100.0	400	A	6
Cr	589.0	867	867	100.0	250	A	4
汞	38.5	867	246	28.4	10	A	6
苯胺	64.5	867	19	2.2	5.8	B	5
4-硝基苯胺	0.2	867	2	0.2	27	D	0
4-氯苯胺	0.7	867	2	0.2	2.7	D	0
二苯呋喃	5.8	867	61	7.0	73	D	0
咔唑	5.4	867	51	5.9	32	B	0
1,3-二氯苯	1.2	867	1	0.1	27	B①	0
1,4-二氯苯	8.7	867	4	0.5	27	B	0
1,2-二氯苯	3.4	867	2	0.2	150	B	0
1,2,4-三氯苯	0.2	867	1	0.1	68	B	0
五氯苯	0.1	867	1	0.1	0.2	A②	0
双(2-氯乙基)醚	0.1	867	1	0.1	2300	B	0
二氯异丙基醚	0.1	867	1	0.1	3100	D	0
硝基苯	0.2	867	1	0.1	3.9	B	0
1,3,5-三硝基苯	0.2	867	2	0.2	2200	D	0
偶氮苯	4.6	867	21	2.4	20	C	0
乙酰苯(苯乙酮)	8.3	867	42	4.8	7800	D	0
噻吡二胺③	2.3	867	3	0.3	—	—	—
β-六六六	4.6	867	20	2.3	0.2	A	11
γ-六六六	0.1	867	1	0.1	0.3	A	0
4,4′-DDD	121.0	867	169	19.5	2	A	40
4,4′-DDE	33.5	867	147	17.0	1	A	52
4,4′-DDT	143.0	867	77	8.9	1	A④	33
2,4′-DDT	35.1	867	40	4.6	1	A④	15

续表

指标	最大值/(mg/kg)	检测样品数/个	检出样品数/个	检出率/%	筛选值/(mg/kg)	筛选值来源	超过筛选值样品数/个
三硫磷③	0.2	867	1	0.1	—	—	—
苯酚	0.3	867	5	0.6	80	A	0
2-甲基酚	15.2	867	8	0.9	1298	C⑤	0
3-甲酚和4-甲酚	68.8	867	27	3.1	1298	C⑤	0
2-硝基酚	0.2	867	1	0.1	63	B	0
2-氯酚	4.1	867	5	0.6	39	B	0
2,4-二氯酚	1.4	867	2	0.2	23	B	0
邻苯二甲酸二乙酯	53.7	867	4	0.5	10000	C	0
邻苯二甲酸二正丁酯	0.2	867	7	0.8	100	B	0
邻苯二甲酸丁苄酯	0.7	867	2	0.2	300	C	0
邻苯二甲酸二正辛酯	0.1	867	2	0.2	135	C	0
邻苯二甲酸双(2-乙基己基)酯	10.3	867	4	0.5	46	B	0
萘	6.4	867	73	8.4	54	B	0
二氢苊	15.2	867	74	8.5	3600	D	0
苊③	1.3	867	58	6.7	—	—	—
芴	15.6	867	83	9.6	210	B	0
菲	84.3	867	196	22.6	2300	B	0
蒽	22.9	867	124	14.3	2300	B	0
荧蒽	136.0	867	235	27.1	310	B	0
芘	121.0	867	240	27.7	230	B	0
苯并[*a*]蒽	57.2	867	181	20.9	0.9	B	67
䓛	57.7	867	194	22.4	9	B	14
苯并[*b*]荧蒽	63.5	867	201	23.2	0.9	B	74
苯并[*k*]荧蒽	26.1	867	150	17.3	0.9	B	51
苯并[*a*]芘	45.4	867	179	20.6	0.3	B	113
茚并[1,2,3-*cd*]芘	32.4	867	125	14.4	0.9	B	44
二苯并[*a*,*h*]蒽	11.4	867	108	12.5	0.33	B	39
苯并[*ghi*]芘	31.4	867	131	15.1	230	B	0
TPH($<C_{16}$)	2820.0	146	48	32.9	230	A	17
TPH($>C_{16}$)	5400.0	146	30	20.5	10000	A	0
氯甲烷	1.5	115	1	0.9	12	A	0
1,1-二氯乙烷	0.1	115	1	0.9	43	A	0
1,3-二氯丙烷	0.1	115	1	0.9	5	A⑥	0
氯苯	0.5	115	6	5.2	41	A	0

续表

指标	最大值/(mg/kg)	检测样品数/个	检出样品数/个	检出率/%	筛选值/(mg/kg)	筛选值来源	超过筛选值样品数/个
苯	5.8	115	25	21.7	0.64	A	8
甲苯	122.0	115	25	21.7	850	A	0
乙苯	0.3	115	4	3.5	450	A	0
苯乙烯	0.1	115	1	0.9	1200	A	0
间二甲苯和对二甲苯	0.4	115	6	5.2	74	A⑦	0
邻二甲苯	0.1	115	1	0.9	74	A⑦	0
正丙苯	0.1	115	3	2.6	3800	D	0
仲丁苯	0.2	115	5	4.3	7800	D	0
对异丙基甲苯③	0.4	115	5	4.3	—	—	—
1,3,5-三甲苯	1.1	115	7	6.1	19	B	0
1,2,4-三甲苯	1.8	115	11	9.6	22	B	0
4-甲基-2-戊酮	2.2	115	3	2.6	33000	D	0
二硫化碳	3.4	115	25	21.7	94	C	0
三氯甲烷	26.2	115	16	13.9	0.22	A	6

注：筛选值来源：A—《场地土壤环境风险评价筛选值》（DB11/T 811—2011，北京市地方标准）住宅用地；B—《展览会用地土壤环境质量评价标准（暂行）》（已废止）（HJ 350—2007）A 值；C—《上海市场地土壤环境健康风险评估筛选值（试行）》敏感用地；D—《美国 EPA 区域土壤筛选值》（Regional Screening Levels，2017 年 6 月更新版，https：//www. epa. gov/risk/regional-screening-levels-rsls-generic-tables-june-2017）住宅用地。

①参照 1,2-二氯苯；②参照六氯苯；③无筛选值，但含量和检出率较低，整体风险较低；④标准为 4,4′-DDT+2,4′-DDT；⑤参考 4-甲基酚；⑥参考 1,2-二氯丙烷；⑦二甲苯总量。

需要说明，部分指标（对异丙基甲苯、苊、三硫磷、噻吡二胺）在多个标准中均无风险筛选值，考虑到这些污染物检出率不高，污染含量不高，因而也将其筛选掉。

（2）重要土壤污染物分布特点及来源分析

1）POPs 污染物

场地涉及的 POPs 污染物除 DDT 外，还涉及 β-六六六，可能与历史上短暂生产过六六六有关。六六六和 DDT 含量总体分布见图 3-25。β-六六六最高达到 4.6mg/kg，超过筛选值 0.2mg/kg 的共有 11 个样品，总体上污染不严重。

β-六六六随深度变化如图 3-26 所示，β-六六六检出的样品集中在地表（0m）～地下 4m，β-六六六超过筛选值的样品主要集中在地表（0m）～地下 1.5m。β-六六六在场地中的空间分布如图 3-27 所示（书后另见彩图）。β-六六六分布比较分散，包括场地西北角的原污水处理区域、库房区域、质控大楼、研究楼，可能是受到拆迁扰动所致。

DDT 总量（6 种单体之和）最高达到 539mg/kg，超过 50mg/kg 的共有 17 个样品，远低于 2014 年初步调查监测结果，最大值低于 2016 年监测结果，但与 2016 年结果总体相近。分析 DDT 单体组成，见图 3-28 和图 3-29，总体上，4,4′-单体含量高于 2,4′-单体，DDD 含量＞DDE＞DDT。典型滴滴涕产品中 4,4′-DDT 与 2,4′-DDT 比例可达 5∶1，而 DDD 和 DDE 作为 DDT 的主要降解产物，在 50～60 年的残留过程中，含量超过了其母体。

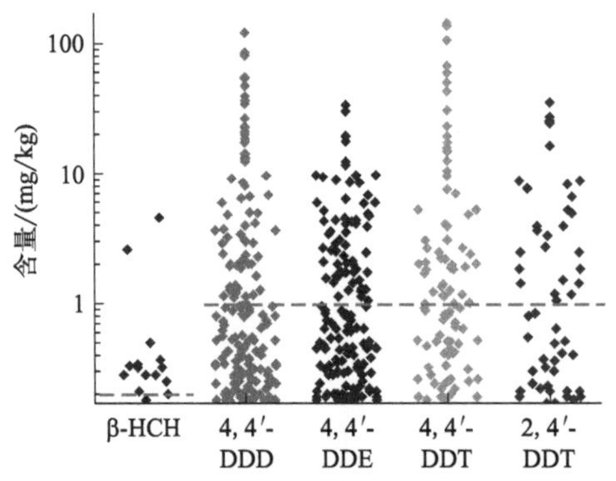

图 3-25 各 POPs 污染物含量总体分布（虚线为筛选值）

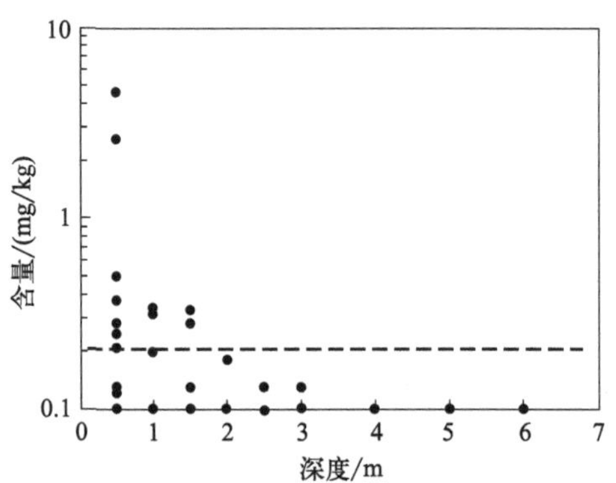

图 3-26 β-六六六含量随深度变化（虚线为筛选值）

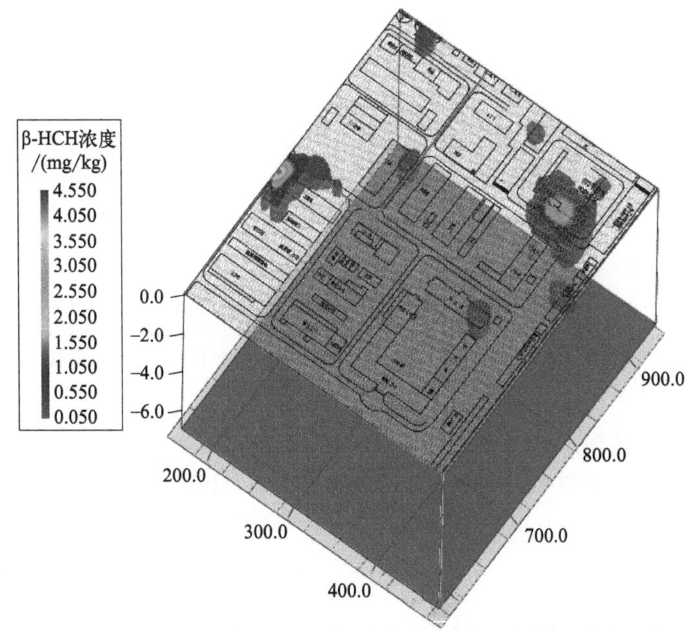

图 3-27 β-六六六在场地中的分布（图中仅显示＞0.2mg/kg 的浓度）

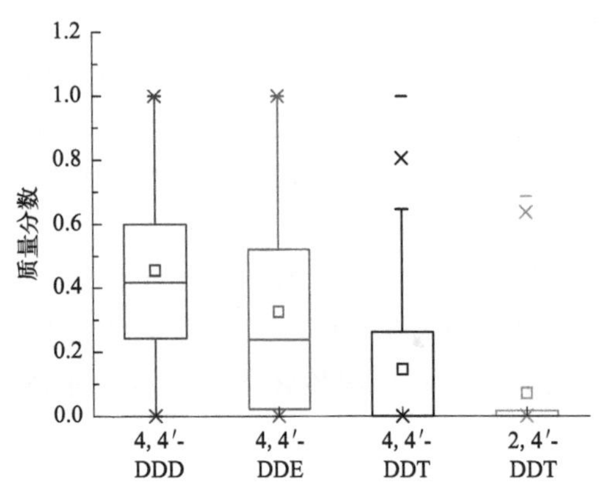

图 3-28 4 种 DDT 单体质量分数统计

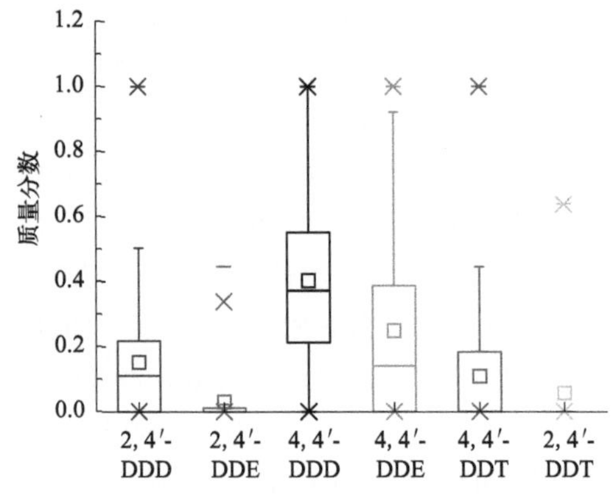

图 3-29 6 种 DDT 单体质量分数统计

DDT 随深度的变化如图 3-30～图 3-33 所示。总体上，随深度增加，DDT 含量下降趋势明显；但个别点位在 5～6m 仍有检出，且含量较高。

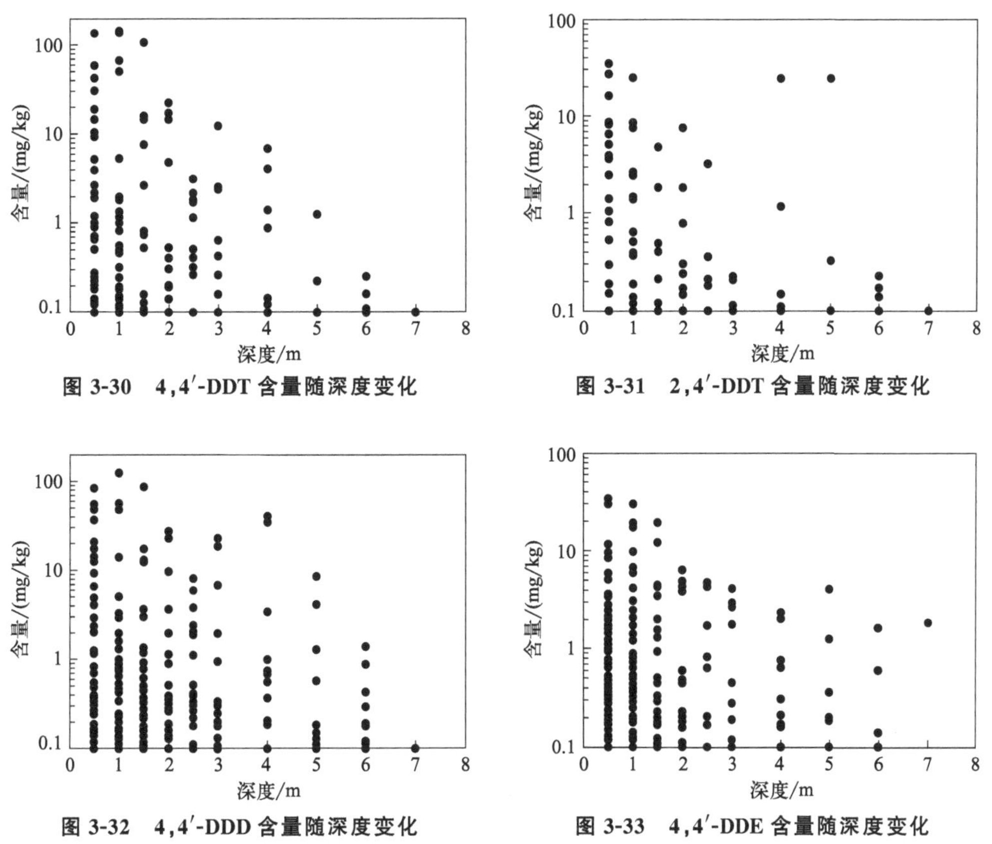

图 3-30　4,4′-DDT 含量随深度变化

图 3-31　2,4′-DDT 含量随深度变化

图 3-32　4,4′-DDD 含量随深度变化

图 3-33　4,4′-DDE 含量随深度变化

DDT、DDD、DDE 在场地中的空间分布如图 3-34～图 3-36 所示（书后另见彩图）。

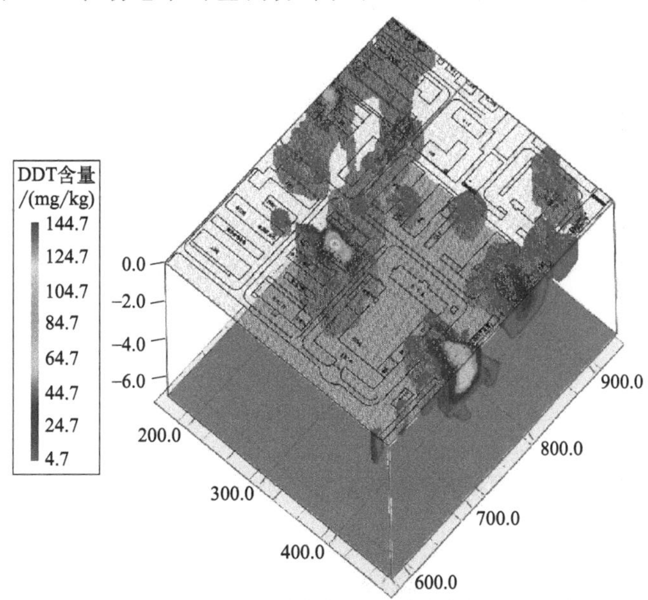

图 3-34　DDT (4,4′-DDT+2,4′-DDT) 在场地中的分布（图中仅显示＞1.7mg/kg 的含量）

DDT、DDD、DDE 在场地中的空间分布基本一致：一是主要集中在原 DDT 生产区域中，向外扩散可达近 2 万平方米，深度最深可达 7m；二是集中在场地西侧靠近边界，可能是历史上货运洒落所致，深度最深达到 3m；三是集中在维化公司、东北角仓库，但深度最深约为 2m，可能是受拆迁扰动所致。

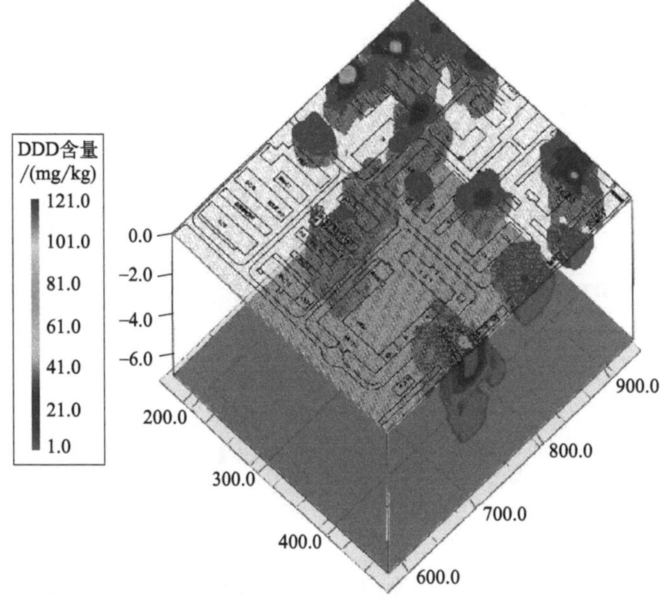

图 3-35　DDD 在场地中的分布（图中仅显示＞2mg/kg 的含量）

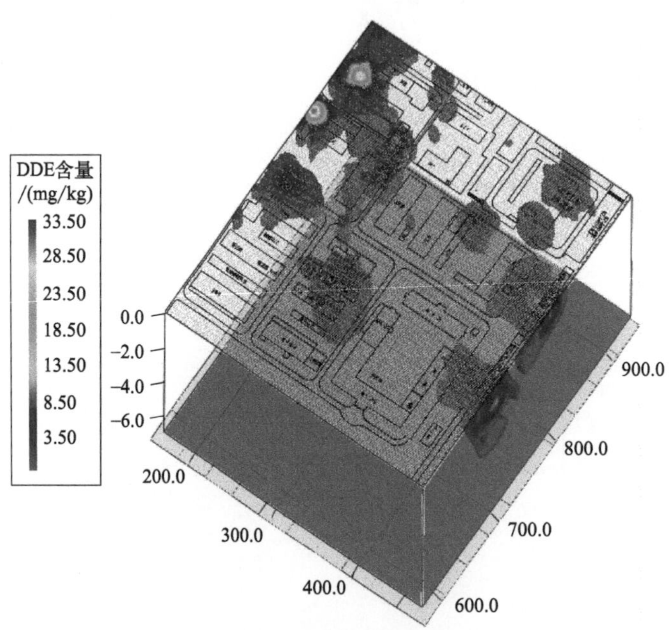

图 3-36　DDE 在场地中的分布（图中仅显示＞1.4mg/kg 的含量）

2）重金属

重金属含量的数值统计箱图如图 3-37 所示（书后另见彩图）。总体上，场地土壤重金属超标不普遍，As、Ni 的筛选值约为总体样品的 95％分位数，而 Zn、Pb、Cu、Cr、Hg 筛选值约为总体样品的 99%分位数。

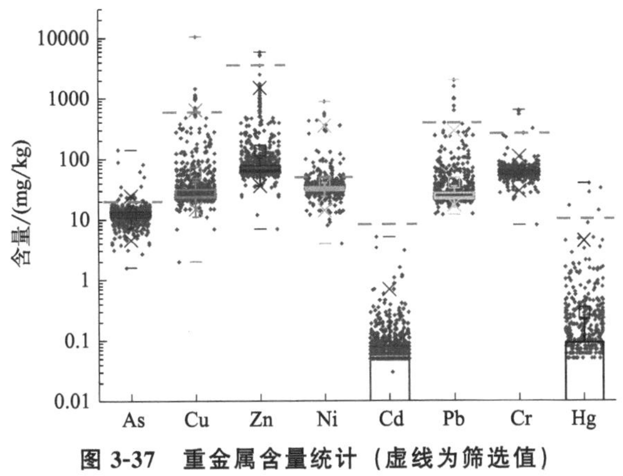

图 3-37　重金属含量统计（虚线为筛选值）

3）PAHs

北方多个无 PAHs 使用和生产历史的场地中的 PAHs 的分布均呈现以高环 PAHs 为主、苯并［*a*］芘（BaP）与其他 PAHs 相关性较好、BaP 不超标的土壤其他 PAHs 也不超标的特征，主要是因为 PAHs 来自化石燃料不完全燃烧后沉降。该场地 PAHs 也呈现这种特征。BaP 与其他典型 PAHs（苯并［*a*］蒽、苯并［*b*］荧蒽、二苯并［*a*,*h*］蒽、茚并［1,2,3-*cd*］芘）的关系如图 3-38 所示。可见 BaP 与其他 PAHs 线性相关性很好，而由于 BaP 标准较低而其他 PAHs 标准相对较高，因而在 BaP 标准值为 0.2～0.5mg/kg 范围内，BaP 不超标的样品其他 PAHs 也不超标，进而可以关注 BaP 的分布来表征 PAHs 的分布特征。

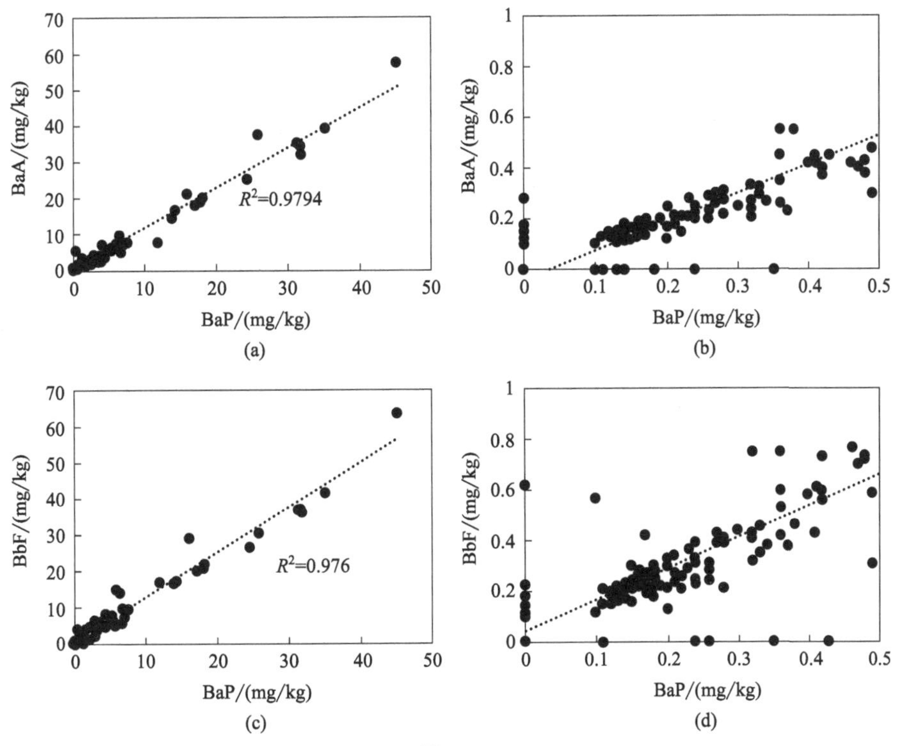

图 3-38

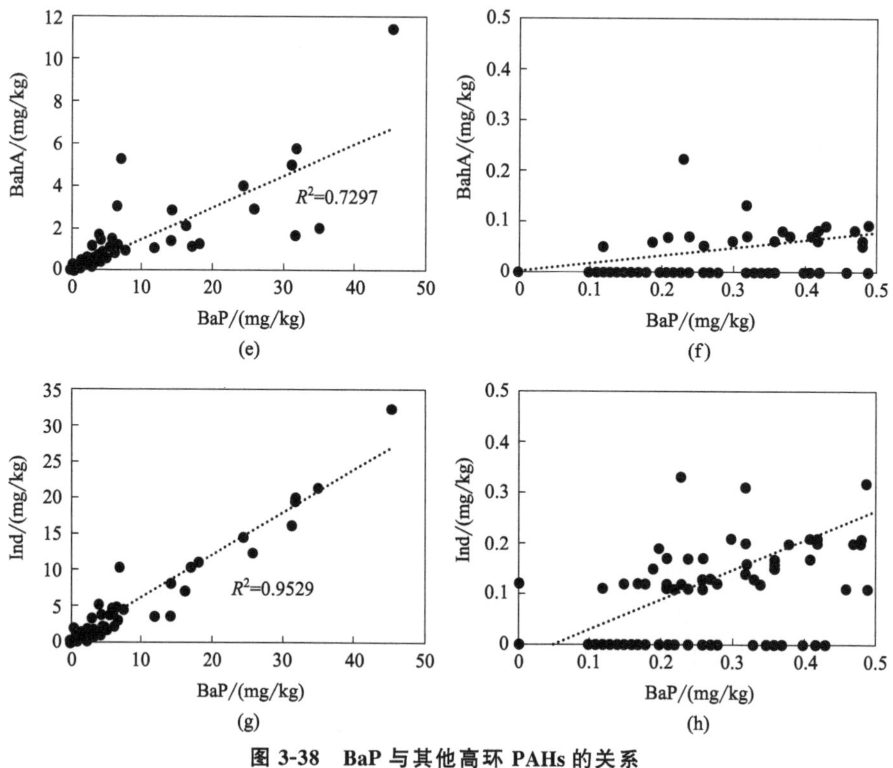

图 3-38　BaP 与其他高环 PAHs 的关系

BaP 含量随深度的变化如图 3-39 所示，BaP 的浓度随着土壤深度的增加呈现出明显的减小趋势，各个点位的浓度最高值基本上都出现在 0.5m 层位上，这说明该场地内 BaP 污染主要受区域大气沉降的影响。而且从图中也能看出，BaP 的超标土壤样品较多，在场地的各个区域内都存在着普遍的超标现象。应该注意，个别点位在 6m 处仍有较高的 BaP，从场地土质情况看，污染物不易迁移至较深处，因而 5～6m 处出现较高 BaP 的原因有待进一步分析。

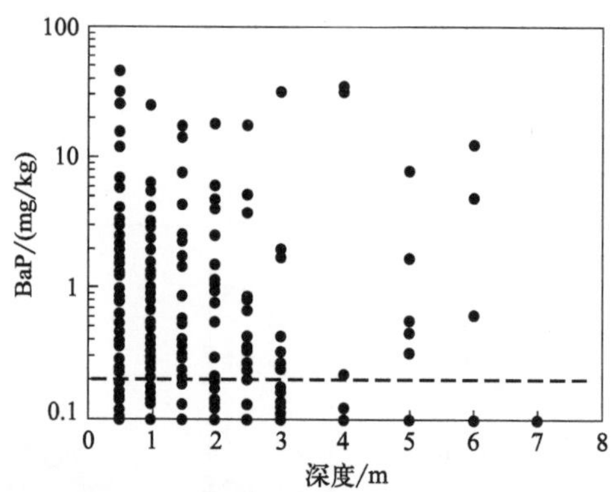

图 3-39　BaP 含量随深度变化（虚线为筛选值）

BaP 在场地中的空间分布如图 3-40 所示（书后另见彩图）。BaP 污染范围较大，推测是场地长期的沉降—扰动—沉降—扰动所造成。

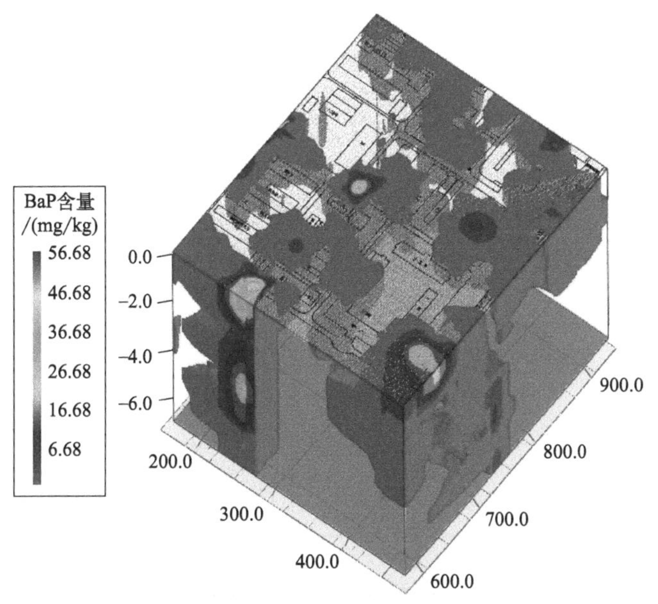

图 3-40　BaP 在场地土壤中的分布（图中仅显示>0.46mg/kg 的含量）

3.5.3　风险评估

针对关注污染物，根据《污染场地风险评估技术导则》（HJ 25.3—2014）（现已废止），对场地土壤开展人体健康风险评估，其工作内容包括危害识别、暴露评估、毒性评估、风险表征以及土壤及地下水风险控制值的计算。

居住用地和市政用地区域土壤关注污染物的致癌风险和非致癌危害商如表 3-6 和表 3-7 所列。

表 3-6　居住用地土壤中关注污染物的致癌风险和危害商

指标	暴露浓度/(mg/kg)	致癌风险	非致癌风险
砷	143	3.88×10^{-4}	37.75
铜	10550	—	15.91
锌	5820	—	1.17
镍	879	8.71×10^{-6}	9.71
汞	38.5	—	7.83
苯	5.76	2.01×10^{-5}	1.68
甲苯	122	—	0.21
氯仿	26.2	7.56×10^{-4}	6.51
苯胺	64.5	1.46×10^{-6}	9.19
苯并[*a*]蒽	57.2	1.25×10^{-5}	—
䓛	57.7	1.46×10^{-7}	—
苯并[*a*]芘	45.4	9.88×10^{-5}	33.25

续表

指标	暴露浓度/(mg/kg)	致癌风险	非致癌风险
苯并[*b*]荧蒽	63.5	1.38×10^{-5}	—
苯并[*k*]荧蒽	27.0	5.88×10^{-7}	—
二苯并[*a*,*h*]蒽	32.4	7.04×10^{-5}	—
茚并[1,2,3-*cd*]芘	11.4	2.48×10^{-6}	—
DDT	145	8.48×10^{-5}	18.77
p,*p*'-DDD	121	5.9×10^{-5}	—
p,*p*'-DDE	35.5	2.46×10^{-5}	—
β-六六六	4.55	1.74×10^{-5}	—
石油烃(C_8～C_{16} 芳香烃)	251	—	0.84
石油烃(C_{17}～C_{35} 芳香烃)	12	—	0.04

注：表中 DDT=*o*,*p*'-DDT+*p*,*p*'-DDT。

表 3-7 市政用地土壤中关注污染物的致癌风险和危害商

指标	暴露浓度/(mg/kg)	致癌风险	非致癌风险
砷	143	1.14×10^{-4}	5.41
铜	945	—	0.14
锌	5330	—	0.11
镍	52	2.01×10^{-7}	0.14
汞	32.2	—	0.67
苯并[*a*]蒽	57.2	4.27×10^{-6}	—
䓛	57.7	5.12×10^{-8}	—
苯并[*a*]芘	45.4	3.37×10^{-5}	8.26
苯并[*b*]荧蒽	63.5	4.71×10^{-6}	—
苯并[*k*]荧蒽	27	2×10^{-7}	—
二苯并[*a*,*h*]蒽	32.4	2.4×10^{-5}	—
茚并[1,2,3-*cd*]芘	11.4	6.09×10^{-6}	—
DDT	92.4	1.56×10^{-5}	1.31
DDD(*p*,*p*'-DDD)	47.3	7.56×10^{-6}	—
DDE(*p*,*p*'-DDE)	17.7	4.02×10^{-6}	—
石油烃(C_8～C_{16} 芳香烃)	251	—	0.15
石油烃(C_{17}～C_{35} 芳香烃)	12	—	0.01

注：表中 DDT=*o*,*p*'-DDT+*p*,*p*'-DDT。

关注污染物中，甲苯、䓛、苯并［*k*］荧蒽和石油烃风险可接受，其他污染物致癌风险$>10^{-6}$或危害商>1，其中砷、氯仿致癌风险超过10^{-4}，苯并［*a*］芘、DDT、DDD 接近致癌风险10^{-4}；铜、苯并［*a*］芘、DDT、砷危害商>10，苯胺和镍危害商接近 10。

不同污染物各暴露途径对健康风险的贡献如图 3-41 所示（书后另见彩图）。重金属中，砷、铜、锌的风险主要来自经口摄入，镍的风险主要是吸入颗粒物，汞的风险来自经口摄入和室内蒸气入侵；VOCs 的风险暴露途径主要来自室内蒸气入侵；多环芳烃、石油烃和 DDT 风险来自经口摄入、皮肤接触和吸入颗粒物；苯胺风险主要来自经口摄入和室内蒸气入侵。

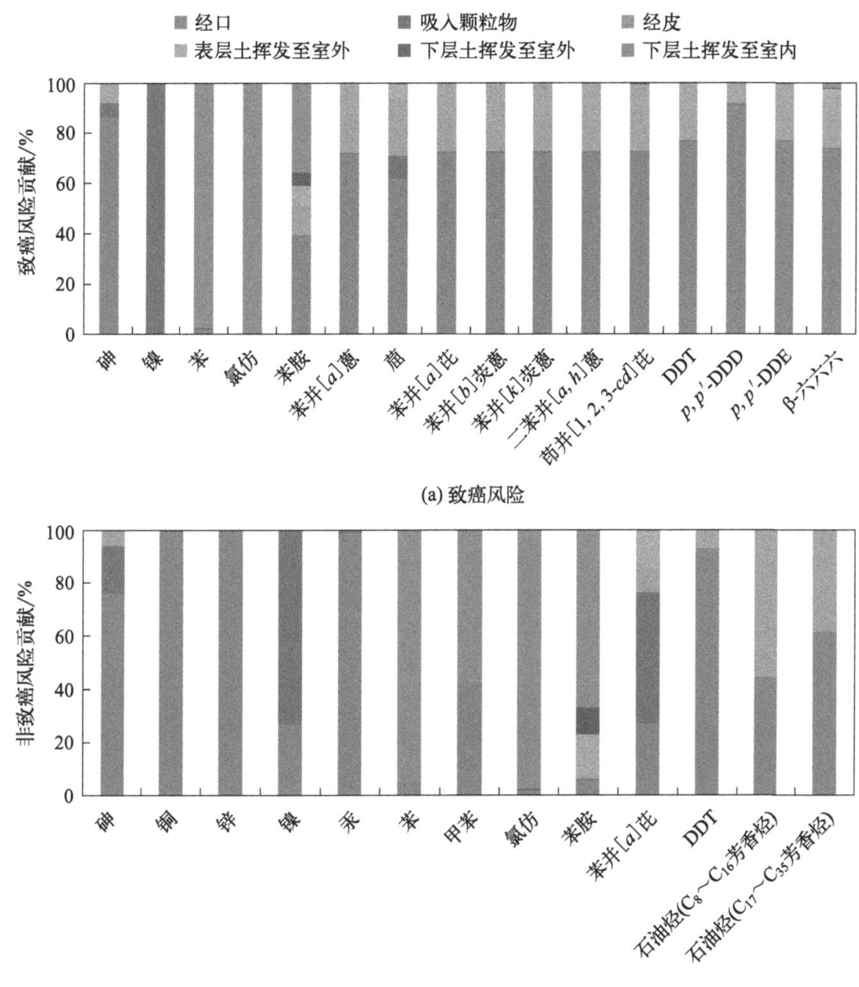

图 3-41　致癌风险和非致癌风险不同暴露途径的贡献

在市政用地区域的土壤关注污染物中，Cu、Ni、Zn、Hg、䓛、苯并［k］荧蒽、石油烃风险可接受；而砷、高环 PAHs（如苯并［a］芘）和 DDTs 风险不可接受。其中砷、苯并［a］芘、DDT 风险较高。

3.6 结论及建议

POPs 污染场地的调查与评估应遵循我国现行建设用地土壤污染状况调查、土壤污染风险评估的通用技术要求，但也有其独特性。本章探讨了 POPs 污染场地的特点及土壤污染状况调查的重点，提出了 POPs 场地层次化风险评估方法，综述了传统 POPs 污染物和新 POPs 污染物的已有筛选值，并结合“全球环境基金中国污染场地管理项目”支持下的东北某制药集团 POPs 污染场地的示范工作进行了案例分析。POPs 污染场地的形成原因不同，将导致其污染程度和分布不同，应根据其污染特征有针对性地制定调查方案。层次化风险评估对于污染复杂、污染深度较深的 POPs 污染场地更有实际意义。东北某制药集团滴滴涕污染场地调查示范验证了 POPs 污染场地调查与风险评估技术体系的有效性，查清了示范场地的污染种类、程度和范围，特别是验证了加密监测有助于精确污染土方量，为后续场地修复的实施提供了基础。

随着公约实施和土壤污染防治工作的深入，传统 POPs 污染场地逐渐减少，建议下一步加强新 POPs 污染场地风险管理的研究和实践：一是建立新 POPs 污染场地行业清单，识别各类新 POPs 污染场地的生产工艺和特征污染物；二是研究建立土壤和地下水中新 POPs 污染物的检测方法，初步筛查典型新 POPs 污染场地的污染水平；三是研究新 POPs 污染物的人体健康风险，提出新 POPs 污染物的土壤和地下水风险筛选值，并开展验证。

参考文献

[1] 斯德哥尔摩公约网站．http：//www. pops. int/.

[2] 薛南冬，李发生．持久性有机污染物（POPs）污染场地风险控制与环境修复［M］．北京：科学出版社，2011.

[3] 国家生态环境部，国家市场监督管理总局．土壤环境质量 建设用地土壤污染风险管控标准（试行）：GB 36600-2018［OL］．［2018-07-03］．http：//www. mee. gov. cn/ywgz/fgbz/bz/bzwb/trhj/201807/t20180703 _ 446027. shtml.

[4] 崔勇，陈果，宁禹航，等．污染场地土壤多氯联苯风险筛选值研究［J］．环境科学学报，2021，41（11）：4676-4685.

[5] 国家生态环境部．建设用地土壤污染状况调查技术导则：HJ 25. 1-2019［OL］．［2019-12-24］．http：//www. mee. gov. cn/ywgz/fgbz/bz/bzwb/trhj/201912/t20191224 _ 749894. shtml.

[6] 国家生态环境部．建设用地土壤污染风险管控和修复监测技术导则：HJ 25. 2-2019［OL］．［2019-12-24］．https：//www. mee. gov. cn/ywgz/fgbz/bz/bzwb/trhj/201912/t20191224 _ 749891. shtml.

[7] 国家生态环境部．建设用地土壤污染风险评估技术导则：HJ 25. 3-2019［OL］．［2019-12-24］．http：//www. mee. gov. cn/ywgz/fgbz/bz/bzwb/jcffbz/201912/t20191224 _ 749893. shtml.

第4章 POPs污染场地修复和风险管控技术筛选与设计方法❶

❶ 本章作者为魏文侠，李培中，王海见，吴乃瑾，李翔，郑天文。

本章从污染场地修复和风险管控技术出发，通过对污染场地概况进行分析，提出修复和风险管控技术的筛选原则。基于现有的修复技术，开展修复技术可行性测试，获取所筛选出修复技术的修复效果和经济成本等关键参数，确定适用的修复技术或组合方案。随后，进行污染场地修复和风险管控工程设计研究，总结了污染场地修复工程设计中所包含的工作内容。本章通过开展污染场地修复和风险管控技术可行性测试和工程设计研究，确定目标场地的最佳可行修复技术，为技术筛选和工程实施提供具体、可行指导。

4.1 POPs 污染场地修复和风险管控技术筛选

4.1.1 场地污染概况分析

根据场地调查与风险评估结果，通过现场踏勘、人员访谈、资料收集等方式，确认场地基本信息、场地所在区域和地块水文地质信息、污染分布特征、土壤及地下水污染风险、修复或管控目标、污染概念模型等。

4.1.2 选择修复策略

（1）修复策略选择步骤

修复策略选择，需要明确场地修复关键限制性要素，结合各利益相关方对于时间、资金成本、环境敏感度、场地布局等重点因素的要求，并对其进行适当的排序，给出修复策略选择的基础条件。

① 根据场地调查与风险评估结果，确认场地修复范围和修复目标，通过初步分析修复模式、修复技术类型与应用条件、场地污染特征、水文地质条件、技术经济发展水平，确定相应的修复策略。

② 分析场地未来计划，需根据当地政府相关规划确定场地未来用途，针对性地选用修复技术。

③ 进行场地修复与管控策略分析，先确定场地的修复目标和修复范围，进而选择采用绿色、可持续和资源化的修复方法，综合平衡考虑修复时间、修复成本、场地利用等因素，尽量降低修复成本；选用的修复方法要保证在修复过程中将二次污染降低到最低程度，不会对环境和周围民众产生不可接受的负面影响。

国家《土壤污染防治行动计划》《污染地块土壤环境管理办法（试行）》《工业企业场地环境调查评估与修复工作指南（试行）》等相关文件规定，污染场地的环境管理以风险控制为核心[1-5]，风险控制的策略主要为污染源处理技术。

（2）场地修复基本原则

场地修复需遵循以下基本原则。

① 应与场地未来的用地发展规划、开发方式、时间进度相结合。通过与场地相关利益方进行充分交流和沟通，获得场地未来的用地发展规划、场地开发方式、时间进度、是否充分允许原位修复、修复后土壤再利用或处置方式等相关信息。

② 应充分考虑场地修复过程中土壤和地下水的整体协调性，并综合考虑近期、中期和

长期目标的要求，以及修复技术的可行性、成本、周期、民众可接受程度等因素。

③ 污染场地风险评估可作为评估采取不同修复策略是否可以达到修复目标的工具。

④ 应选择绿色的、可持续的修复策略，使修复行为的净环境效益最大化。

⑤ 针对污染源处理技术、工程控制技术、制度控制技术中的某一修复技术模式，提出该修复技术模式下各个修复单元内各类介质的具体修复指标或工程控制指标。

4.1.3 筛选 POPs 污染场地修复和风险管控技术

以场地总体修复目标与修复策略为核心，调研常用的修复技术，综合考虑修复效果、可实施性及其成本等因素进行技术筛选，找出适用于目标场地的潜在可行技术，并根据需要开展相应的技术可行性试验与评估，确定目标场地的可行修复技术。

应结合场地的污染特征、用地规划和场地后期的开发建设计划，采用国际上常用的修复技术筛选矩阵，从修复技术的修复效果、技术成熟性、修复周期、修复成本及其场地适应性方面对其进行筛选，常见 POPs 污染场地修复技术筛选矩阵如表 4-1 所列。

表 4-1　POPs 污染场地修复技术筛选矩阵

编号	技术名称	技术路线简介	应用参考因素			适用性	不适应性
			成熟性	时间条件	资金水平		
1	原位自然衰减	依靠土壤中的土著微生物降解污染物。另外污染物还会通过自然衰减、分解、挥发和光解等途径降低浓度。但是要对污染区域进行封闭或对人类活动有所限制。要定时对场地进行监测	技术成熟/国内偶有应用	时间长/时间不确定	很低	适用于土壤污染程度低，且短时间内不开发利用、资金短缺，又没有其他修复途径的污染场地。一般作为场地修复的辅助技术	①不适用于污染重、风险大的污染场地土壤；②修复周期长，不适用于急需开发利用场地的修复；③部分 POPs 类污染物自然衰减速度较缓慢，修复效果有限
2	强化生物修复	强化生物修复过程是利用本土或接种的微生物(真菌、细菌和其他微生物)降解(代谢)土壤中的有机污染物，将它们转变为无害的终产物。使用营养物、氧气或其他改良剂能加强污染土壤区域的生物降解过程，促进生物修复和污染物从土壤中解析	技术成熟/国内偶有应用	时间长	很低	好氧微生物可以降解多环芳烃。设备技术成熟，施工与运行简单	①需要长时间占用土地，不利于土地的再利用；②部分 POPs 类污染物生物降解效率较低
3	稳定化/固化	向土壤中加入固化/稳定化药剂，改变土壤的理化性质，使污染物发生(共)沉淀，或被吸附来降低其生物可利用性，防止污染物在环境中的进一步迁移和扩散	技术成熟/国内偶有应用	时间较短	中等	对于含重金属、难挥发有机物质和放射性污染物的复合污染土壤都比较适合，可一次固定土壤中多种污染物质	①药剂的选用较为关键，若选用不当会增大处置土壤的体积；②没有完全分解污染物，处理后的土壤潜在风险依然存在，需限制土壤的再利用，并长期监测

续表

编号	技术名称	技术路线简介	应用参考因素			适用性	不适应性
			成熟性	时间条件	资金水平		
4	异位热脱附	将污染土壤挖出，输入旋转的容器中，保持容器中的真空及低氧条件，通过火焰、蒸汽、热油等方式将容器加热，使得容器内土壤中的有机污染物和水分成为气体或细颗粒状进入燃烧室，通过焚烧摧毁其中有机物质。尾气经处理后排放	技术成熟/国内常用技术	时间较长	较高	①对大部分有机污染物比较有效，辅以合适的尾气处理系统，适应的污染物浓度水平也比较宽泛； ②采用原地修复，节约污染土壤运输费用	①在现场建设热脱附设备； ②需准确控制反应器温度和土壤的停留时间； ③受设备处理规模限制，影响处理进度； ④大量土方开挖时易造成二次污染； ⑤对部分高沸点 POPs 物质去除效率不高
5	原位热脱附	通过与立式真空加热器或者加热毯一起使用，加热后从靠近加热井的最热区域部位的真空井抽出蒸汽，高温可分解掉大部分的污染物，结合空气污染控制系统和水处理控制系统来处理工艺中会生成的蒸汽和未被去除的蒸汽污染物	技术成熟/国内偶有应用	时间较长	较高	①对大部分有机污染物比较有效，辅以合适的尾气处理系统，适应的污染物浓度水平也比较宽泛； ②采用原地修复，节约污染土壤运输费用	①在现场建设热脱附设备； ②对部分高沸点 POPs 物质去除效率不高
6	水泥窑协同处置	污染土壤挖出，与水泥原料混合，在水泥窑内高温燃烧，可将有机污染物几乎完全分解。尾气经处理后排放	技术成熟/国内常用技术	时间长	较高	适用于各种有机污染土壤，特别适合其他技术很难处理的污染土壤和高浓度污染土壤的处理	①挥发性含氯有机物污染土壤处理时，需精确控制燃烧温度，针对产生二噁英的可能性，需要对尾气处理装置进行改造； ②为达到水泥质量要求，土壤混入量有限，影响处理进度； ③对于运输距离相对较远的场景，运输监管困难，费用比较高
7	原位阻隔	在污染土壤的表面设置不渗透的封闭覆盖层，阻止污染物扩散。要对污染区域进行封闭或对人类活动有限制。要定时对场地进行监测	技术成熟/国内常用技术	时间较短	中等	实施过程简单易行，地层构造简单时，对于各种污染物都有广泛的适用性	①需要和场地后期建设相结合； ②场地依然有潜在的风险； ③需要对场地做长期的监测

4.1.4 修复技术比选原则

目前，尽管有很多的修复技术已经在 POPs 污染场地治理方面得到了应用，但是不同修复技术存在各自的适用性和优缺点，因此，在实际应用时应综合考虑具体场地的规划用途、修复技术的应用效果、修复时间、修复成本、修复工程的环境影响等因素进行比选。

污染场地修复技术的比选一般应遵循如下原则[6]。

① 场地土壤修复目标需保护人体健康，使得场地土壤中污染物的环境风险降低到可以接受的水平。

② 技术上，选择某种修复技术是通过最简化的途径或方法达到修复目标，而不单纯追求技术的先进性。

③ 在经济上，污染场地修复应兼顾考虑目前在修复费用方面的实际承受能力和今后的经济发展，即不仅在目前，而且从长远来看，修复技术都是合适的。

④ 在可行性上，应从中国目前已有的修复技术水平出发，充分考虑国内现有场地修复从业人员的技术能力和现有污染物处置能力。确定的修复技术应该在目前的政策、政府管理体制、经济机制、技术水平等方面具备可操作性。

⑤ 结合场地未来规划、污染物种类及污染程度，将不同类型、不同风险的污染物区别对待，分别处置，选择最经济有效的修复技术。

在确定污染场地修复技术时，需要考虑场地污染状况、规划用地方式、修复技术成熟度、修复周期及修复成本等因素。必要时，需要对不同类型的土壤开展相关实验，确定处置工艺和参数，以达到污染场地的修复目标值。

污染场地修复技术的选择主要考虑的因素如下。

① 多种修复技术综合使用：由于污染场地中，不同修复区域污染物类型以及其浓度不同，需结合实际情况选择合适的修复技术和方法。对场地内不同区域、类型的污染土壤可以采取不同的修复和处置技术，以达到污染场地修复目的。

② 修复技术成熟可靠：为了保证污染场地修复工程顺利完成，在设计污染场地修复方案的过程中需考虑采用成熟可靠的修复技术，降低不可控因素。

③ 修复时间合理：目前我国污染场地修复大多要求在较短时间内完成，进行土地再利用。为尽快完成污染场地修复工作，降低潜在环境风险，同等条件下建议选择时间短的修复技术。

④ 修复费用经济合理：结合场地中的污染物特性，选择经济可行的污染土壤修复技术，既满足修复目标要求，又尽量降低修复费用。

⑤ 减少对周边环境影响：污染土壤修复工程实施过程中要严格控制对周围环境的影响，做好工程实施过程中的各项环境保护措施，如防尘、防噪声、防二次污染等。

⑥ 修复结果稳定达标：污染土壤修复的最终目标是场地满足未来土地规划用地方式，确保环境安全及居民健康。

4.1.5 POPs 污染场地修复和风险管控方案编制

（1）编制原则

POPs 污染场地修复和风险管控方案的制定遵循“科学性、安全性、规范性、可行性、经济性”总体原则[7,8]。

① 科学性原则：采用科学的方法，综合考虑污染场地修复目标、土壤修复技术的处理效果、修复时间、修复成本、修复工程的环境影响等因素，制定修复或管控方案。

② 安全性原则：在污染土壤处置的各个阶段，保证人员安全和环境安全，防止产生污染转移和二次污染。

③ 规范性原则：土壤污染清理与修复中的各项工作均应遵循相关环保标准、规范以及相关环保部门批复的清理与方案的要求。

④ 可行性原则：综合考虑气候条件、场地条件、技术条件和时间因素，采取因地制宜的措施，应对工程实施过程中遇到的问题制定可操作性强、易于工程实施的修复方案。

⑤ 经济性原则：在保证修复效果的前提下，选择处理费用较低的修复方案或方案组合，以有效降低处理成本。

（2）方案编制内容

POPs 污染场地修复和风险管控修复方案编制具体内容可参考《建设用地土壤修复技术导则》（HJ 25.4—2019）。

（3）形成修复技术备选方案与最佳修复方案比选

① 综合考虑场地修复总体修复目标、修复策略、环境管理要求、污染现状、场地特征条件、水文地质条件、修复技术筛选与评估结果等因素，对各种可行技术进行合理组合，形成若干能够实现修复总体目标、潜在可行的修复技术备选方案。

② 针对形成的各潜在可行修复技术备选方案，从技术、经济、环境、社会指标等方面进行比较，确定适于具体污染场地的最佳修复技术方案。

（4）制定环境管理计划

环境管理计划为目标场地的修复工程实施提供指导，防止场地修复过程的二次污染，并为场地修复过程的环境监管提供技术支持，制定环境管理计划阶段包括提出污染防治和人员安全保护措施、制定场地环境监测计划、制定场地修复验收计划、制定环境应急安全预案 4 个过程。

4.2 POPs 污染场地修复技术可行性测试

POPs 污染场地修复技术可行性测试，是指评估某种（些）修复技术适用于具体 POPs 污染场地条件的过程，属于 POPs 污染场地修复技术可行性研究的组成部分。一般包括针对实际污染场地特征的技术筛选可行性测试、技术选择可行性测试和补充性测试 3 个阶段。这 3 个阶段分别对应不同的测试规模、测试目的、测试方法和技术特征，如表 4-2 和图 4-1 所示。

表 4-2 POPs 污染场地修复技术可行性测试总体概况

层次	研究规模	数据类型	重复次数	处理类型	废物产量	大致周期
修复技术筛选测试	实验室小试	定性的	一次/两次	批处理	小	数天
修复技术选择测试	实验室小试	定量的	两次/三次	批处理或连续处理	中	数天/数周
	现场中试	定量的	两次/三次	批处理或连续处理	大	数周/数月
修复技术设计/实施补充测试	全规模工程测试	定量的	两次/三次	批处理或连续处理	大	数周/数月

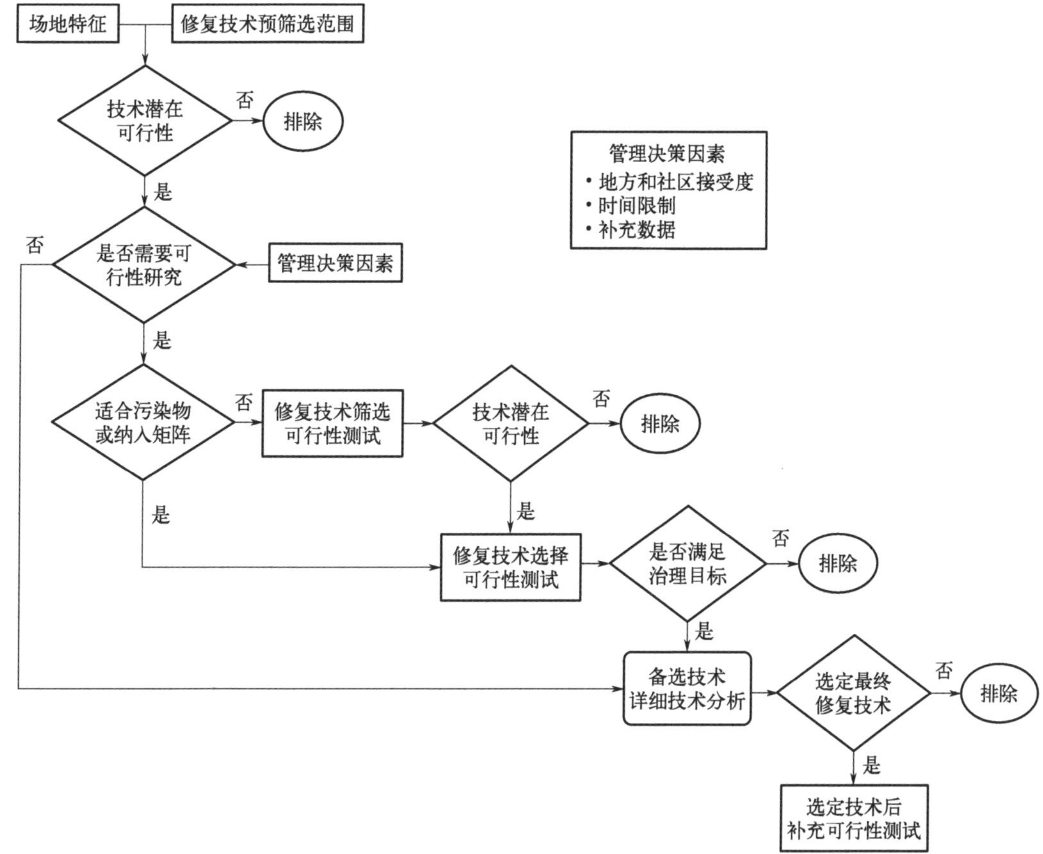

图 4-1 不同阶段修复技术可行性测试流程

4.2.1 修复技术筛选可行性测试

修复技术筛选可行性测试通常在修复技术筛选初期进行。如果已有大量成熟的技术设计应用或实际工程案例，证明该技术或组合可以处理污染场地特征污染物，可跳过筛选可行性测试进入下一阶段修复技术选择可行性测试。

(1) 测试规模和方法

筛选可行性测试的规模通常较小，主要通过实验室小规模的非连续试验的方式完成，也可通过小规模的现场中试完成。

(2) 数据质量要求

本阶段测试通常仅提供一些定性的数据，通过污染物浓度降低数据表征其是否满足筛选测试的标准。本阶段没有相关的费用和设计参数等方面的数据信息。一般情况下，可不设置重复样（单一重复样或双重复样），质量保证和质量控制要求相对简单。

(3) 收集可行性测试项目概况

主要收集现场资料，并总结现有特征污染物数据（包括场地类型、目标污染物的浓度和分布特征），以及测试阶段或目标。

（4）实验设计和程序

实验设计和程序用来确定测试的层次和规模、待分析的污染物数量、关键参数以及重复实验的类型和数量。实验设计必须考虑数据质量目标和重复实验相关的成本，具体操作步骤应足够详细，以便实验室或现场技术人员开展实验、操作设备和正确采集样品。

（5）明确试验人员工作分工

确定试验人员，明确具体分工。项目经理负责项目规划和监督，具体的工作任务需细化到具体工作环节和相关执行人或责任人，确保人员各司其职。

（6）设备和材料

列出所有用于可行性测试的设备、材料和试剂，并针对所列出的每一个项目，提供以下详细信息，以确保测试的正常开展：a. 数量；b. 体积/容量；c. 标准或刻度；d. 设备制造商和型号；e. 试剂等级和浓度。

（7）样品采集与检测工作计划

样品采集与检测贯穿于可行性测试全过程中，相应的计划内容包括：如何修改现有的样品采集与检测计划、样品特性表征、检测分析方法、质量保证和质量控制等部分内容。通常情况下，制定针对性的样品采集和分析计划前需要掌握拟测试的各类修复技术的关键特征参数和场地环境参数。

（8）数据管理

明确现场或实验室记录观察和原始数据记录流程，包括记录方法、数据采集表和影像照片等。如果涉及专业数据处理，还应介绍相应的处理方法。进行可行性测试的数据分析和解读，包括使用数据表征方法（表格和图表）和统计评价方法。

（9）环境管理

可行性测试产生的废水、废气、固废和噪声等“二次污染”，必须以对环境无害的方式进行处理处置。重点包括明确预计产生的废弃物类型和数量、环境监测、污染防治措施和最终处理处置，以及相关各方的角色与责任。

（10）时间进度安排

标明工作分配中各任务的计划开始日期和结束日期。通常情况下修复技术筛选可在几周内完成。另外除了实际测试本身所需的时间外，还必须考虑：前期准备、样品的运输和结果分析、效果评估和废弃物处理处置等环节的时间需求。

（11）测试工作实施

测试工作实施一般包括采集样品进行污染特征分析、可行性测试、监测与效果评价，以及最终的残留物处理处置等环节。

现场采样应该严格按照可行性测试工作计划采集代表性样品，满足可行性测试目标。在修复技术筛选测试阶段为了考察修复过程中可能发生的干扰和恢复情况，采样时就需要能够代表“最不利”（污染最严重或最复杂）情况的样品。采集样品的量应该足够覆盖整个修复可行性试验全过程，其中包括可能由于部分试验失败造成的测试样品损耗量（例如某些环节检测失败造成样品量损失）。在保存和运输环节，所采集样品需要有效包装、明确标识和规范流转，并且通过全程记录的方式构建严密的“监管链”。

可行性测试过程需严格按照工作计划规定的方法和流程进行。如果确实有特殊情况产生一定的操作偏差，需要在试验记录中准确记录。

（12）结论分析

修复技术筛选可行性测试主要用于初步筛选确定潜在修复技术。本阶段完成后需要总结和对比分析各种潜在修复技术的修复效果、能否达标和优劣势分析等关键参数，在此基础上提出是否需要进行进一步修复可行性测试的建议，以及明确测试技术细节要求等。

4.2.2　修复技术选择可行性测试

修复技术选择可行性测试是进一步获取、对比分析筛选出技术的修复效果和经济成本等关键参数，从而选择确定适用的修复技术或组合，并确定拟选择技术的关键参数。修复技术选择测试是在筛选性测试的基础上，基于前一阶段测试筛选出的潜在可行技术所开展的进一步试验。

（1）测试规模和方法

修复技术选择可行性测试可以通过小试、中试等方式在实验室或现场完成。小试应采集实际场地的污染介质，经过接近现场实际应用情况的预处理后（避免过度干燥、研磨、均化等实际工程中难以实现的预处理），采用不同的工艺组合开展实验，从而确定最佳工艺参数，并以此估算成本和周期等。

针对土壤和地下水复合污染、污染修复范围相对较大（修复体积大于 10 万立方米）的复杂场地条件，或者拟选择原位修复技术时，建议开展不小于 500m^3 规模的现场中试。中试应根据修复技术的特点，在现场选择具有代表性的区域（尽量兼顾不同区域、不同介质类型、不同污染程度，至少应覆盖最严重污染程度和平均污染水平两种类型），开展中试试验，验证修复技术的实际效果，确定合理的工艺参数、成本和周期，同时应基于现场实际工程应用进行修复设备选择。

（2）数据质量要求

本阶段测试需要提供一些定量的数据确定修复技术是否可以达到修复目标并进行相应的成本分析，以此数据为基础估算的工程修复成本区间应控制在－30%～＋50%之间。本阶段测试试验需要设置重复样（单一重复样或双重复样），质量保证和质量控制要求相对较高。

（3）制定测试工作计划

参考修复技术筛选可行性测试内容制定相应的工作计划。

（4）测试工作实施

修复技术选择可行性测试通常要考虑到后期工程施工过程中土壤的混合均化情况，那么在采样时就需要能够代表“平均”情况的样品。另外，采集样品的量应该足够覆盖整个修复可行性试验全过程，其中包括可能由于部分试验失败造成的测试样品损耗量（例如某些环节检测失败造成样品损失）。严格执行关键测试的质量保证目标（精密度、准确性、代表性、完整性和可比性）以及相应的质量控制程序，修复技术选择测试实验中需要中度到高度严格的质量保证/质量控制措施，生成的数据通常用于评估和选择具体修复技术，测试数据应被很好地保存。

可行性测试工程需严格按照工作计划规定的方法和流程进行。如果确实有特殊情况产生一定的操作偏差，需要在试验记录中准确记录。工程实施过程中可以引入第三方监理机制，对全过程进行有效的监督管理和质量控制。

修复技术选择可行性测试如果涉及现场中试，可能会产生固体废物，同时可能涉及一些特殊的设备、试剂等。在测试工作实施过程中项目责任单位（业主单位或其他承担地块污染修复的责任主体）应选定合适的、具有技术能力和经验的单位来执行可行性测试工作，包括：

① 如果局部区域或阶段的特定污染物（如危险废物等）需要专业资质单位进行处理，可以通过分项委托等方式实现。

② 一些创新性的修复技术涉及特种设备、试剂等（如高温高压、超级电容、高负荷电力设备、潜在易制毒生物和化学试剂等），需选择符合国家和地方相关管理规定的专业技术认证、技术许可的单位或专业技术团队，进行专项分包完成。

如果可行性测试中需要进行现场中试或全规模试验，应该根据国内的法律法规、地方环境主管部门的要求和场地具体条件等，选择合适的方式开展信息公开工作。通常信息公开的方式是多种多样的，例如：

① 准备关于修复技术的信息简报和新闻报告；

② 制作专业的视频或 PPT 文件，进行公众教育；

③ 召开专门针对感兴趣的群众、地方主管官员和媒体代表的研讨会，进行详细阐述；

④ 建立公众能够及时、全面、准确地获取可行性研究信息的畅通渠道；

⑤ 召开会议向公众准确解释可行性研究的结果以及对后续修复工程选择的可能影响。

（5）结论分析

修复技术选择测试完成后，应总结基于现场实际条件的主要工艺技术、成本与周期等关键参数，在此基础上选择确定适合的修复技术。

4.2.3　补充可行性测试

补充可行性测试主要用于确定具体修复技术后的补充测试，以获取方案设计细节和成本数据，为修复工程实施效果提供决策依据。本测试是在选定具体修复技术后进行的补充试验和测试，通常可作为修复工程正式实施前的现场全规模工程测试（预实验）。如果选择性测试获取的数据足够支撑后续的修复工程设计需要，则可在修复技术可行性研究阶段不进行补充可行性测试。

（1）测试规模和方法

补充可行性测试通常在场地内通过中试或全规模工程测试完成，测试系统和设备接近正式工程实施的规模。

（2）数据质量要求

补充可行性测试需要提供拟选定修复技术的定量化设计参数和费用预算等关键细节数据，确保工程能够顺利实施。数据应该包括进料速率（连续运行）、测试循环数量（非连续运行）、混合速率、关键设备特殊参数，以及固体废物产生对工程运行的负面影响等方面的参数。本阶段测试试验需要设置重复样（单一重复样或双重复样），质量保证和质量控制要求最高。

表 4-3 以生物修复技术为示例，列举说明了不同可行性测试阶段的差异性。

表 4-3 各阶段可行性测试关键指标差异性示例（以生物修复技术为例）

测试指标	筛选可行性测试	选择可行性测试	补充可行性测试
关注污染物的生物降解率（以最难降解的污染物作为标准）	净降解率必须大于 20%	在试验条件下，能够达到修复目标	在试验条件下，能够达到修复目标
污染物初始浓度	适用于技术应用条件	修复过程中的最高浓度	修复过程中的实际浓度范围
环境条件	适用于技术应用条件（包括可能的场地条件）	模拟修复场地环境条件	针对修复技术的实际场地条件
生物降解程度	定性估计*	定量估计	定量估计
生物降解效率	粗略估算*	保守估算	定量估计
修复时间估计	不涉及	需要估算	精确评估
质量守恒	粗略说明*	需计算说明	需计算说明
有毒副产物	发现*	尽可能测试*	尽可能测试
过程控制和可靠性	不涉及	需要潜在评估	论证
微生物活性	粗略测定*	核查/定量检测*	定量检测/监测*
过程优化	不涉及	需要估算*	精确评估
修复工程费用估算	不涉及	大致估算，控制在－30%～＋50%范围	细化经费分析
试验规模	实验室小试研究	实验室小试或现场中试	现场中试或全规模工程测试

注：* 非必需项目，特定条件下会取得显著的效果。

(3) 制定工作计划

参考修复技术筛选可行性测试相关章节内容制定相应的工作计划。

(4) 测试工作实施

测试工作实施的内容，基本与修复技术选择可行性测试章节相关内容一致。

(5) 结论分析

补充可行性测试是在确定具体修复技术后的补充测试，此阶段需要总结测试过程中的详细参数和数据，从而为修复方案设计提供详细的技术和成本分析数据。

4.3 POPs 污染场地修复和风险管控工程设计

污染场地修复工程设计是在完成污染场地调查、修复技术可行性测试、修复技术筛选等步骤之后，根据所选择的修复技术，进行具体的工程设计，修复工程设计是在完成修复方案的基础上，为修复工程实施提供具体的和可行的指导，为修复工程从业单位和个人层面提供应遵循的程序性指导，以确保规范、一致和快速地执行修复工程设计。

POPs 污染场地修复工程设计工作内容主要包括以下几个阶段：

① 设计准备；

② 污染场地修复工程设计说明书；

③ 施工图设计；

④ 工程费用概算。

4.3.1 POPs 污染场地修复工程设计说明书

设计说明书主要包括工程概况、设计依据、基础资料分析、平面设计、修复工程主体工程设计说明和辅助工程设计说明等内容。

（1）POPs 污染场地工程概况

① POPs 污染场地修复工程设计范围：依据工程设计委托书或其他相关材料，明确工程设计范围及内容；

② 工程基本情况；

③ 工程内容；

④ 工艺技术方案；

⑤ 修复标准；

⑥ 主要技术经济指标。

（2）设计依据

① 法律及法规依据：简明列示设计依据的主要法律、法规及规定。

② 设计标准及规范：简明列示设计采用的主要技术标准、规范。

③ 立项及批复文件：简明列示工程可行性研究报告、环境影响评价报告及批复意见等文件。

④ 许可协议：简明列示已取得的《用地许可或协议》《用电许可或协议》《用水许可或协议》《资源利用许可或协议》《二次污染物处理/处置许可或协议》等。

⑤ 地形地质资料：简明列示应已取得的工程建设场地地形图、工程地质报告、水文地质勘查报告等。

⑥ 设计委托书：简明列示工程设计委托书（如有）。

（3）设计基础资料分析

① 污染场地所在区域的气象、地形地貌、水文及水文地质资料、周边环境状况、污染场地内原有设施。

② 污染场地内土壤和地下水的物理化学参数、污染场地内土壤和地下水中的污染物特征、污染物分布区域及深度、修复工程量、修复目标等。

③ 污染场地的修复策略、修复工艺及参数、修复可行性数据和资料、修复效果及验收标准、修复过程中的污染物排放标准及排放量等。

（4）污染修复平面设计

污染修复平面设计是在施工过程中，对人员、材料、机械设施和各种为施工服务的设施所需的空间，做出最合理的分配和安排，并使它们相互之间能够有效组合和安全地运行，从而获得较高的生产效率和经济效果。

平面设计主要原则包括：

① 平面布置科学、合理，施工场地占用面积少；

② 合理组织运输，减少二次搬运；避免或减少施工过程中产生的二次污染以及对人体健康的危害；

③ 施工区域的划分和场地的临时点用应符合总体施工部署和施工流程的要求，减少相互干扰；

④ 充分利用既有建（构）筑物和既有设施为项目施工服务，降低临时设施的建造费用；

⑤ 临时设施应方便生产和生活，办公区、生活区和生产区宜分离设置；

⑥ 符合节能、环保、安全和消防等要求；

⑦ 遵守当地主管部门和建设单位关于施工现场安全文明施工的相关规定。

（5）施工总平面图的设计内容

根据 POPs 污染场地的修复策略及修复工艺流程、修复设备组成、地块内现有构筑物、道路、公用设施等现有状况和分布情况，进行污染场地内修复工程相关设施的总平面布置设计，并划分功能分区，主要包括办公区、休息区、材料存储区、修复施工区、污染土壤/地下水的存放及处置处理区、地块内道路分布、其他辅助设施等。

① 收集、分析研究原始资料；确定施工场地的位置、尺寸；

② 控制测量的放线标桩位置；

③ 全部拟建建（构）筑物和其他基础设施的位置。

④ 一切为施工服务的临时设施的位置和尺寸，主要包括施工用地范围内的修复施工设施、运输设施、各种施工材料存储设施、供电设施、供水供热设施、排水排污设施、临时施工道路和办公用房、生活用房；机械设备的停放场地和维修车间；临时供水管道和供热、供电线路、动力设施；一切安全、消防设施位置。

（6）污染范围测量定位

根据 POPs 污染场地的污染范围及相关资料，对修复区域进行测量定位放线。可以根据污染物特征、修复方式、修复技术的不同划定不同的修复范围。通常污染范围测量定位包括污染修复范围的平面位置分布，垂直方向的分布情况；可以通过分层污染平面分布情况逐层进行表征，或通过三维空间分布图进行综合表征。

测量应按国家的相关测量技术要求，根据给定的国家永久性控制坐标和水准点或者场地调查时所使用的坐标系和水准点，在施工区域设置测量控制网。控制网要避开建筑物、构筑物、机械操作及运输路线。

测量定位过程可参考《工程测量规范》（GB 50026—2020）。

（7）POPs 污染土壤异位修复处理

污染场地修复主体工程一般可以根据修复对象和修复模式的差异，分为污染土壤异位修复处理、污染地下水异位修复处理，以及污染土壤/地下水原位修复处理等类型。

对于需要将受污染土壤挖掘到异位进行处理处置的工程，异位修复处理技术主要包括挖掘焚烧、水泥窑协同处置、热解析、常温解析、化学氧化/还原、生物处理、固化/稳定化、土壤淋洗等典型的修复技术。一般情况下异位修复处理工程包括污染的清挖、污染土壤的运输与暂存、污染土壤的修复处理和修复后土壤的最终处置等关键设计环节。

1）污染土壤清挖

根据实际情况制定污染土壤的清挖方案，一般包括清挖顺序，污染土壤清挖，清挖量，设备型号、数量，人员配置等工程参数。一般情况下为了保障土壤施工安全和防止交叉污染，土壤清挖方式中需要包括特定的边坡设计、基坑支护、基坑降水等专项技术方案。

① 清挖顺序。污染土壤清挖顺序一般为：测量放线、污染土壤清挖、基坑保护和排降水、修坡、整平、留足预留土层等。应根据修复工程的实际情况，制定相应的清挖顺序。

② 污染土壤清挖。污染土壤清挖，应先进行测量定位，抄平放线，定出开挖范围，然后进行污染土壤的清挖。挖土应自上而下水平分段分层进行；相邻基坑开挖时，应遵循先深后浅或同时进行的施工程序。根据土质和水文情况，采取在四侧或两侧直立开挖或放坡，以保证施工操作安全。在地下水水位以下开挖时，还应制定降（排）水措施。

③ 边坡。边坡可参照《建筑边坡工程技术规范》（GB 50330—2013）中的相关内容进行设计。边坡施工设计中应考虑污染边界内土壤与污染边界外土壤分别开挖、运输、堆放，开挖过程与检测验收过程应相互结合。放坡过程中与污染边界临近的污染边界外土壤需进行必要的采样检测，确定该部分土壤中污染物的状况。

④ 基坑支护。当开挖基坑的土体含水量大而不稳定，或基坑较深，或受到周围场地限制而需用较陡的边坡或直立开挖而土质较差时，应采用临时性支撑加固。

基坑支护结构可按照《建筑基坑工程技术规程》（DBJ/T 15—20）、《建筑基坑支护技术规程》（JGJ 120）、《岩土锚杆与喷射混凝土支护工程技术规范》（GB 50086—2015）、《土层锚杆设计与施工规范》（CECS 22）、《加筋水泥土桩锚支护技术规程》（CECS 147）、《基坑土钉支护技术规程》（CECS 96）和《复合土钉墙基坑支护技术规范》（GB 50739—2011）相应支护方式的标准进行设计，如使用其他支护方式应按照该支护方式的规范要求执行，没有标准或规范的其他支护方式应说明支护方式的安全性和适用性。

基坑支护的设计应考虑后续的环保检测验收，合理安排基坑支护和检测验收的实施顺序。根据实际需求，部分支护设计还应满足防止污染物迁移的功能要求。

⑤ 基坑降水。在地下水位以下挖土，应进行基坑降水，以利于挖方进行。降水工作应持续到基坑验收合格，并且不影响后续的回填或其他施工过程。雨季施工时，基坑应分段开挖，并在基槽两侧围以土堤或挖排水沟，以防地面雨水流入基坑槽，同时应经常检查边坡和支撑情况，以防止坑壁受水浸泡造成塌方。基坑降水可参考《建筑基坑降水工程技术规程》（DB/T 29—229）等标准进行设计。

⑥ 污染土开挖施工安全防护及应急抢险预案。污染土开挖过程中的安全防护可参照《建筑施工土石方工程安全技术规范》（JGJ 180—2009）进行工程设计。必要时进行基坑监测，防止发生安全事故。根据基坑设计及地质资料对施工中可能发生的情况变化分析说明，制定切实可行的应急抢险方案。预案应充分考虑人员健康和生态环境的保护，避免造成人员健康危害和生态环境二次污染。

⑦ 污染土基坑采样验收。污染土挖完后进行的污染土基坑采样验收参照《污染地块风险管控与土壤修复效果评估技术导则》执行。采样验收的过程安排应密切结合修复过程的整体施工过程，避免产生无法验收的情况。

2）污染土壤运输与贮存

① 污染土壤运输。根据污染土的位置和污染土存储位置制定污染土壤的运输方案。确定污染土的场内及场外运输路线、运输设备型号及数量等工程参数。

需要场外转运污染土壤的，应当制定转运计划，根据道路条件和承载能力，合理规定运载量，规划运输路线，安排转运车辆，确定运输时间、方式、线路和污染土壤数量、去向、最终处置措施等。场外运输应将运输信息提前报所在地和接收地生态环境主管部门。

转运的污染土壤属于危险废物的，修复施工单位应当依照法律法规和相关标准的要求进行处置。

属于危险废物的污染物外运还需符合危废相关标准、规范及其他规定。

在运输过程中避免出现车辆噪声、扬尘扰民；杜绝交通事故；避免因意外事故造成环境污染。场内转运应综合考虑场内的实际情况确定转运路线，尽量避开办公区和生活区。危险废物内部转运作业应采用专用的工具，危险废物内部转运应填写《危险废物场内转运记录表》。

在选择运输路线时，应选择路途最短或用时最少、道路畅通、夜间大型车辆可通行的路段；尽量避免横穿村庄、学校、工厂等人口密集区；尽量避免横穿河流、沟渠等。

污染物输送、转运要有防扬尘、防异味发散、防泄漏等技术措施。对于挥发性或化工恶臭的物质，应在密闭或负压条件下进行输送、转运，产生的废气应进行收集处理、达标排放；必要时输送、转运管道应有防爆等技术措施。

转运结束后，应对转运路线进行检查和清理，确保无危险废物遗失在转运路线上，并对转运工具进行清洗。

② 土壤暂存或贮存。根据实际情况制定污染土的贮存方案，确定污染土的贮存位置，贮存库容量。寻找或设计建造符合要求的污染土贮存设施，提出设备设施及工程量清单。

土壤暂存或贮存设施可根据土壤暂存或贮存设施的具体形式，密闭式大棚可参考《物资仓库设计规范》（SBJ 09—95）中的相关内容或其他的相关行业规范进行设计。

污染土壤暂存过程中需要防止污染土壤异味扩散、扬尘扩散和雨水淋溶等二次污染现象的发生。

土壤暂存或贮存场底部基础应进行防渗，防止污染物渗入地下土壤，顶部应建设大棚或采取其他措施，确保不发生异味气体、扬尘逸散，或逸散气体应经过收集处理后达标排放。贮存设施还需有良好的防渗、防雨，并设置渗滤液收集处理系统，应根据各自的性质，按照相关国家标准进行处理达标后排放。

主要内容包括：暂存点位置、周边环境、占地面积、地面及防渗设计结构和参数、地上结构、贮存的方式、贮存容量、贮存场内的平面堆放分布、二次污染防护措施等。

危险废物贮存设施应满足《危险废物贮存污染控制标准》（GB 18597）和《危险废物集中焚烧处置工程建设技术规范》（HJ/T 176—2005）的规定。

3）污染土壤修复处理

根据污染土修复的可行性方案进行工艺设施配置设计，说明工艺设施功能、技术规格、构造形式、提出工程量清单；根据工艺配置设计进行工业设备选型、说明工艺设备功能、技术参数、材质及防腐要求，提出非标设备工艺方案。确定设备型号、设备数量、药剂类型、药剂数量、药剂的贮存及使用等工程工艺参数，提出设备设施及工程量清单。

如表 4-4 所列，常用的异位处理/处置技术包括水泥窑协同处置、热脱附、阻隔填埋、化学氧化/还原、淋洗、固化/稳定化等。

表 4-4　常用的异位处理/处置技术设计要点

修复技术	适用介质	主要设计要点
异位固化/稳定化	污染土壤	药剂类型、药剂添加量及添加方式、土壤特性控制参数、搅拌方式、养护
异位化学氧化/还原	污染土壤	药剂类型、药剂添加量及添加方式、土壤特性控制参数、搅拌方式、作用时间
异位热脱附	污染土壤	加热方式、加热温度、停留时间、土壤特性控制参数、尾气处理
异位土壤淋洗	污染土壤	土壤特性参数控制、洗脱方式、不同阶段的淋洗剂类型、浓度、用量及添加方式
水泥窑协同处置	污染土壤	土壤特性参数控制、土壤添加量、添加方式、处理温度、停留时间、尾气处理
异位阻隔填埋	污染土壤	填埋位置、阻隔层、覆盖层、阻隔方式、结构及材料、排水层结构、材料

4）修复后土壤的处置

修复后土壤经检测合格后可能回填至原基坑，也可能外运处置，因此在修复工程设计阶段需要针对不同的处置方式提供相应的设计要求，并进行土壤方量平衡说明。

处理后的土壤可以根据最终的处理标注状况选择合适的处置方式。

利用水泥窑共处置技术的，其处理方式即为最终的处置方式。

可参考《污染场地修复后土壤再利用环境评估导则》（DB11/T 1281）进行污染土修复后的再利用设计，根据不同的标准，污染土可以用于居住区、工/商业区、垃圾填埋场等；污染土的最终处置需要符合当地的环境法规和相关要求。

（8）污染地下水异位修复处理

地下水的异位处理处置主要是抽出处理等典型的修复技术，主要是根据地下水污染范围，在污染场地布设一定数量的抽水井，通过水泵和水井将污染地下水抽取至地表，然后利用地面设备处理。处理后的地下水，排入地表管网、水体或回灌到地下。其设计内容主要包括井系统、抽出系统、处理系统、运行与维护、监测系统等。

1）地下水抽出点设计

根据已有的可行性研究数据和结果，确定抽出/注入井的平面位置分布，井管大小、材质，井管连接方式，成井结构（孔深、井深及井筛位置、滤料、封井、井口及连接方式等），井的抽出量，施工过程。

① 抽水井位置：抽水井在污染羽上的布设可分为横向与纵向两种方式，每种方式中，抽水井的位置也不同。横向可将井位的布设分为两种：一是抽水井在污染羽的中轴线上；二是抽水井在污染羽中心。

② 抽水井间距：在多井抽水中，应重叠每个井的截获区，以防止污染地下水从井间逃逸。

③ 井群布局：天然地下水使得污染羽的分布出现明显偏移，地下水水流方向被拉长，垂直地下水水流方向变扁。抽水井的最佳位置在污染源与污染羽中心之间，并以该井为圆心，以不同抽水量下的影响半径为半径布设其余的抽水井。在井位设计时，应根据井的捕获区大小，确保井群的捕获区能覆盖整个污染区域。对于相对复杂的污染地下水含水层，可以通过数学模型模拟抽出处理方法、设计地下水监测系统和监测频率、计算捕获区、分析地下水流场、计算地下水抽出时间。

④ 井结构设计：明确井管材料，井管直径，井口连接结构，井深，井筛开孔方式、面积、长度及安装位置等。

2）地上抽出管网设计

管网平衡计算、最大工作压力（水头）、最小工作压力（水头），管道的走向、长度、管径、管材，阀门，水泵的选型设计。

可参照现有的给排水设计标准或相关设计手册进行设计选型。设计过程中应考虑污染物对地上管网和设备的影响。

3）废水/气处理系统设计

废水/气处理系统可以使用移动式废水/气处理器，也可以根据工程实际情况，设计现场固定式废水/气处理系统。废水/气处理系统设计可以根据现有的废水/气处理设计标准和相关设计手册进行设计。包括设计处理系统的工艺流程、平面布置、设计计算、设备选型等。设计过程中应考虑污染物对管网和设备的影响。

常用的处理技术如下。

① 固液分离技术：油/水分离、过滤、混凝、澄清或沉积/沉降。

② 初级处理技术：对有机物有空气吹脱、活性炭吸附、化学/紫外氧化、好氧生物反应；对重金属有化学沉淀、离子交换、电化学处理。

③ 废水深度处理技术：活性炭、离子交换、中和反应。

④ 气相处理技术：活性炭、催化反应、热焚烧技术、酸性气体洗涤、冷凝。

（9）污染土壤/地下水原位修复处理

原位修复处理工程主要包括原位热解析、原位化学氧化/还原、原位固化/稳定化、原位生物处理、原位淋洗、原位抽提等典型的修复技术。一般情况下这类原位修复处理工程主要包括原位修复系统设计与加工、设备（包括井等）安装、运行与维护、过程监测与控制等关键设计环节。

1）常用原位修复技术工程设计要点分析（表 4-5）

设计内容主要包括设计原则、工艺流程、关键技术参数、设施设备配置、材料耗材等。根据工艺设施配置进行工艺设备选型，说明工业设备功能、技术参数、材质防腐要求，提出非标设备工艺方案。

根据原位修复技术的工艺特征和实际工程中的系统构成，原位修复技术主要包括原位修复点位系统（如注入井、气体抽出井、加热井、PRB 墙等）、地面辅助系统（如药剂制备系统、注入设施、尾气处理系统、管网系统等）。

表 4-5 常用原位修复技术的设计要点

技术类型	修复技术	适用介质	主要设计要点
原位修复技术	土壤原位阻隔填埋技术	污染土壤	①阻隔防渗设计：结构尺寸、阻隔材料和参数； ②施工设计：施工范围、施工工艺及过程
	原位固化/稳定化技术	污染土壤	①药剂选择及用量； ②原位施工：施工设备、施工范围、施工工艺过程和参数
	原位化学氧化/还原技术	污染土壤和地下水	①注入井数量及位置分布； ②注入井结构设计，包括建井、成井、井管材料、井深、筛管及深度设计、井口结构； ③药剂浓度； ④药剂混合搅拌、注入量、注入压力、注入速率； ⑤管网设计及设备选型； ⑥设备及施工：对于使用原位搅拌技术的项目，主要包括药剂、搅拌点位分布及深度，药剂加入方式及加入量，设备类型等

续表

技术类型	修复技术	适用介质	主要设计要点
原位修复技术	土壤植物修复技术	污染土壤	①植物类型选择； ②植物种植及维护； ③植物的收割及处理； ④修复过程中的风险控制
	地下水修复可渗透反应墙技术	污染地下水	①渗透反应墙的分布位置及深度； ②渗透反应墙的结构类型及参数、反应墙的渗透性； ③药剂、药剂填充及药剂用量； ④过程监测及药剂更换
	地下水监控自然衰减技术	污染地下水	①监测点及监测内容的设计； ②风险控制
	多相抽提技术	污染土壤和地下水	①抽出井数量及位置分布，每个井的抽水速率、水位控制、油相及其他相抽出速率； ②抽出井结构设计，包括建井、成井、井管材料、井深、筛管及深度设计、井口结构； ③管网设计及设备选型； ④水/气处理设计及设备选型
	原位生物通风技术	非饱和带污染土壤	①通风井数量及位置分布，每个井的通气速率； ②通风井结构设计，包括建井、成井、井管材料、井深、筛管及深度设计、井口结构； ③管网设计及设备选型； ④水/气处理设计及设备选型

2）原位修复点位设计

确定原位修复点位的数量和位置分布［如抽出/注入井的平面位置分布，可渗透反应墙（PRB）的位置、形状、大小等］，药剂类型、用量、添加方式等。对修复点位的结构进行设计，确定修复点位的结构参数、材质，施工过程。设计过程中应考虑污染物对系统的材料及运行过程的影响。

3）地面辅助系统

根据修复技术的不同，地面辅助系统通常包括药剂制备与注入系统、尾气处理系统、地面管道连接系统、能源供应系统等。

根据具体的系统组织，确定设备组成、设备型号、设备能力、设备的连接、设备材料的材质等。确定系统的工作参数（如注入压力、流量、PRB 填药量等）。设计过程中应考虑污染物对系统的材料及运行过程的影响。

① 设备材料选型统计：根据设计内容，统计设备材料的型号、数量。主要设备材料包括压力表、流量计、油水分离器、固液分离器、泵、风机、水管、水处理容器、活性炭等。

② 系统运行与维护：列示系统正常运行相关的关键节点及运行参数，系统潜在的运行问题及解决方案，制定系统运行的巡查及维护方案。

③ 修复过程监测：列示过程中与修复效果相关的关键参数，并制定修复过程监测方案。

原位修复工程设计中最关键问题是如何实现地下部分修复效果过程监测以及针对不同预期的调整与控制技术。通常的过程监测包括原位修复试剂（措施）与目标修复对象的是否有效接触或混合均匀、修复过程中的副反应发生情况、修复效果以及修复终点等。常用的监测方法包括原位在线监测系统、常规取样监测系统以及其他生物指示测试系统等传统方法与创新性监测技术手段等。

① 修复效果评估：制定污染场地修复效果的验收和效果评估方案。具体效果评估方案编制可参考《污染地块风险管控与土壤修复效果评估技术导则》（HJ 25.5）、《污染地块地下水修复和风险管控技术导则》（HJ 25.6）等技术规定的要求。

制定修复系统关闭的相关方案，在修复完成并达到相关验收标准后，根据实际情况选择继续运行或关闭修复系统。

② 环境管理计划：根据修复工程的系统组成，分析可能产生污染的节点，进行二次污染防治系统设计，说明防治原理、技术参数、防治效果。进行环境影响分析时，制定自然环境状况、建设期环境保护措施。制定环境检测及监测方案，建立环境管理机构并明确职责。

完善污染事故及处理、劳动安全及卫生、自然灾害防范、火灾及消防相关制度，制定相关的应急预案并进行人员培训。

③ 其他辅助工程设计：污染场地修复工程设计除主体修复工程设计外，还应根据主体工程设计要求和相关配套设施关键技术参数进行结构、给排水、供暖、供电等其他辅助工程设计，可参照相关专业设计规范对辅助工程进行设计。具体包括结构工程、给排水工程、采暖通风工程、电气工程、自动化工程、维修工程和通信工程。

4.3.2 设计准备

（1）资料收集与分析

如表 4-6 所列，收集项目概况、项目背景、周边环境状况、水文地质特征、土壤和地下水物理化学参数、POPs 污染场地详细污染特征、修复标准、污染场地修复策略及修复可行性数据和资料。

表 4-6　资料收集清单

序号	类别	资料名录	具体内容
1	场地条件	场地自然概况	场地历史沿革
2			水文地质条件及其特性参数
3			场地平面布置状况、周边敏感点分析
4			管线与管网(尤其是地下)
5		场地污染状况	污染物特征、污染区域和深度
6		场地社会环境	场地未来开发规划
7			业主需求及关注点分析
8			装备条件(位置、空间等)
9	修复标准	修复目标值	水、土、气各介质的限值；污染物的降低比例；污染浸出浓度等
10		环境质量标准	环境空气、排放总量、排放标准、排放水量等

续表

序号	类别	资料名录	具体内容
11	技术与设计方法	固废特性	产生环节;产量;类别;潜在处理方式等
12		修复处理计划	技术原理图;技术路线图
13			预处理要求
14			修复设计目标
15		长期监测与运行要求	是否需要长期监测及周期;设备运行及要求
16		创新修复技术	独家技术或首次应用技术
17		可行性研究	小试或中试可行性测试
18		特殊设计规定	如敏感点极低噪声标准等
19		设计余量	修复技术灵活性、可替代性
20		时间限制	时间表变化对修复的影响
21		验收标准	效果评估或验收目标、方法
22	材料	总量计算基础	修复范围、估算方法、不同处置方式对应体积等
23		空间要求辅助工程保障	不同工段、介质对应的空间、路线等保障要求
24		材料持久性	如冻融环境下的使用寿命等
25		材料和设备可获取性	空间限制、运输难易程度
26	经济、行政条件	行政许可	不同技术的行政许可度
27		固废转移管理	危废的产生与外运处理
28		土地开发要求	如不允许再开发地下空间
29		财政资金支持力度	创新技术、财政补贴等
30	安全与健康	工人安全与健康	工人劳动保护
31		周边安全与健康	如特殊药剂、特种设备的安全评价
32	其他方面	公众参与	周边社区公众参与
33		商业机密	特殊的商业机密要求
34		其他	安全应急及特殊替代性

明确 POPs 污染场地的主要修复对象，污染物类型，污染源范围和深度，污染物垂向分布及平面分布，污染羽的顶部埋深、厚度、污染层孔隙度，必要时需对污染场地开展补充调查工作。

分析修复策略，修复工艺以及所需的修复设备和修复材料等。掌握修复工程的相关技术参数、工艺流程、设备件数、材料与耗材及其他成本价格等。另外，需要对使用到的相关设备及材料的技术参数、价格、生产厂商、运输条件等信息进行收集分析。

进行现场踏勘掌握现场及周边的环境状况、现存构筑物状况、道路、水电燃气等现场条件，从而完成修复工程概念设计工作内容。

（2）现场踏勘

现场踏勘以项目区域范围内为主，明确 POPs 污染场地内修复区域的位置分布。另外，踏勘范围还应包括项目所在区域，明确项目所在区域内道路、构筑物、水、气、电、通信、燃气等设施的现实状况，确定周边的主要环境敏感对象及位置分布。

（3）修复工程概念设计

根据场地环境条件、污染概况和修复标准，确定场地污染修复工程概念模型。概念设计主要包括：修复模式、大致修复技术路线、修复技术组合顺序、修复工程限制性因素分析及对策、环境管理计划以及修复效果可行性分析等主要内容，划分修复工程主体工程和辅助工程，以及相应的关联关系，确定工程的空间平面布置，修复工艺、修复设备的组成，环境管理等基本概况，以此形成修复工程概念设计图。

4.3.3　施工图设计

施工图设计是指通过各种图纸将修复工程设计的各项内容进行直观表达的工具，通过图纸向工程施工对象表达各种设计要求与细节。一般应满足设备材料采购、非标准设备制作和施工的需要。在设计中应因地制宜正确选用国家、行业和地方建筑、环保及其他标准，并在设计文件的图纸目录或施工图设计说明中注明所应用图集的名称。

通常施工图纸包括设计总图、主体工程图和辅助工程图等主要组成部分。设计说明通常分别写在有关的图纸上，复杂工程也可单独编制。例如，重复利用某工程的施工图图纸及其说明时，应详细注明其编制单位、工程名称、设计编号和编制日期；列出主要技术经济指标表、设计依据、基础资料。

施工图包括如下内容。

① 总平面布置图（包括主要建筑物、道路、场坪等平面定位和标高）。

② 综合管网图（包括平面、高度或埋深）。

③ 道路布置图（包括平面、剖面图）。

④ 围墙大门图。

⑤ 绿化布置图。

⑥ 挡土墙布置图（包括平面、剖面图）。

⑦ 截洪及排洪沟布置图（包括平面、剖面图）等。

⑧ 主体工程图。

⑨ 工艺流程图。

⑩ 工艺设施、设备布置图（包括主要工艺设施设备的平面、立面或剖面图）。

⑪ 工艺管道布置图（包括平面、剖面或系统图）。

⑫ 关键或特殊设备图（包括加工制造复杂的设备、材质特殊的设备等，如有）。

⑬ 非定型设备（如有）。

⑭ 运输系统布置图。

⑮ 贮存设施布置及结构图。

⑯ 辅助工程图。

⑰ 建筑物/构筑物。

⑱ 给排水。

⑲ 采暖通风。

⑳ 电气。

㉑ 自动监测及控制系统。

㉒ 通信及监控系统。

4.3.4 工程费用概算

包括编制说明、编制依据、工程总概算表、单项工程概算表等。

（1）编制说明

编制说明应包括如下内容：

① 简明列示工程的名称、规模、标准。

② 简要叙述工程建设内容。

③ 说明工程建设场地自然状态、交通运输条件。

④ 说明工程施工条件。

⑤ 说明工程概算编制范围。

（2）编制依据

简明列示工程概算书编制依据，包括：

① 国家、地方相关工程建设和造价管理的法律法规、政策文件、规范等。

② 国家、地方相关造价定额、工程费用定额和其他费用、费率规定。

③ 工程概算采用的主要设备、材料价格。

④ 工程其他费用计费规则、取费及费率标准。

（3）工程总概算表

工程总概算表由各单项工程概算表和其他费用概算表汇总编制。其中其他费用概算包括按照国家、地方主管部门颁布的工程其他费用计费规则、取费及费率标准，编制工程其他费用概算表。

（4）单项工程概算表

根据设计说明书及设计图纸计算工程量、主要材料消耗量。按建筑、设备、安装工程量级相应单价、取费标准计算建筑工程费、设备购置费、安装工程费及工器具购置费。

参考文献

[1] HJ 25.1—2019 建设用地土壤污染状况调查技术导则.
[2] HJ 25.2—2019 建设用地土壤污染风险管控和修复监测技术导则.
[3] HJ 25.4—2019 建设用地土壤修复技术导则.
[4] HJ 25.5—2018 污染地块风险管控与土壤修复效果评估技术导则.
[5] HJ 25.6—2019 污染地块地下水修复和风险管控技术导则.
[6] CAEPI 1—2015 污染场地修复技术筛选指南.
[7] DB11/T 1279—2015 污染场地修复工程环境监理技术导则.
[8] HJ 2050—2015 环境工程设计文件编制指南.

第5章 污染场地修复和风险管控工程实践[1]

[1] 本章作者为马骏，曲丹，柯超。

为落实《关于持久性有机污染物的斯德哥尔摩公约》和我国国家实施计划有关要求，控制并逐步消除 POPs 污染场地环境安全隐患，保护生态环境和人体健康，生态环境部对外合作与交流中心与世界银行合作开发了全球环境基金“中国污染场地管理项目”。该项目旨在提升我国场地污染管理能力，并对 POPs 污染场地（含其他污染物）进行环境无害识别和治理工程示范。本章介绍全球环境基金“中国污染场地管理项目”的三个典型案例，以期为 POPs 污染场地修复与风险管控工作提供借鉴。

5.1 重庆某农资仓库污染土壤修复中试项目

5.1.1 工程概况

项目类型：农药类。

项目时间：中试实施阶段为 2019 年 12 月～2020 年 6 月。

项目进展：已完成中试。

土壤目标污染物：持久性有机污染物（α-六六六、β-六六六、γ-六六六、δ-六六六、*p*,*p*′-滴滴伊、*p*,*p*′-滴滴滴、滴滴涕、苯并［*a*］蒽、苯并［*b*］荧蒽、苯并［*a*］芘、茚并［1,2,3-*cd*］芘、二苯并［*a*,*h*］蒽、七氯、狄氏剂、艾氏剂、苯)。

水文地质：地下水类型为松散岩类孔隙水和基岩裂隙水，其含水介质分别为填土层和砂岩层。松散岩类孔隙水以滞水形式存在，埋藏深度在 2.2～2.3m 之间，含水层厚度 0.1m。基岩裂隙水一是以滞水形式存在于砂岩透镜体中，水位埋深在 6.2～8m 之间，含水层厚度 1.8m；二是沿砂岩层间裂隙由西北向东方向运移，每个含水层构成了独立的含水单元，各自形成补给、径流、排泄系统。

工程量：农药仓库原址场地污染土壤的修复面积约为 $3240m^2$，修复方量约为 $5526m^3$。

风险管控目标：对于风险控制值小于《土壤环境质量 建设用地土壤污染风险管控标准（试行）》(GB 36600—2018) 第一类用地筛选值的污染物，采用筛选值作为最终的修复目标值；对于风险控制值大于《土壤环境质量 建设用地土壤污染风险管控标准（试行）》(GB 36600—2018) 第一类用地筛选值的污染物，采用风险控制值作为最终的修复目标值；对于该标准中没有涉及的污染物，采用风险控制值作为修复目标值。

风险管控技术：选择异位间接热脱附处理技术、微生物强化降解技术开展中试。

5.1.2 水文地质条件

项目场地主要岩土层有第四系全新统的人工杂填土（Q_4^{ml}）、卵石土（Q_4^{al}）、粉质黏土（Q_4^{dl+el}）、侏罗系中统沙溪庙组（J2s）泥岩、砂岩。项目场地内地层岩性由上至下表述如下。

（1）杂填土（Q_4^{ml}）

杂色，主要由粉质黏土、建筑废料、生活垃圾、夹少量砂、泥岩碎块石组成，结构松散～稍密，碎石含量占到 20%～50%，粒径 20～300mm。松散状填土主要为新建房屋拆迁、平场回填；稍密状填土主要为场地早期平整场地时回填形成，堆填方式为抛填，抛填时未碾压夯实，回填年限大于 5 年。整个项目区均有揭露，厚度在 0～4.6m，揭露标高 205.07～221.47m，以北侧和西侧中部厚度最大。2# 库房～4# 库房内厚度较浅，在 0.1～2.5m 之间；1# 库房北侧厚度较大，在 3.5～4.6m 之间。

（2）卵石土（Q_4^{al}）

杂色，主要由卵石、黏土及少量砂组成，卵石原岩主要为石英砂岩、石英岩、白云岩等。主要为次圆状，交错排列，大部分接触，一般粒径约 20～150mm，最大粒径约 200mm，含量约占总重量的 60%，稍湿，中密状，为第四系全新统冲积层。场地内卵石土层揭露较少，分布无明显规律，1# 库房～3# 库房及道路南侧局部区域均有少量分布，厚度在 0.1～4.1m 之间。

（3）粉质黏土（Q_4^{dl+el}）

褐色～红褐色。呈可塑状态。残坡积成因。摇振反应无，稍有光泽、干强度中等，韧性中等。钻探勘查结果显示，粉质黏土主要分布在场地东侧，北侧局部区域，厚度 0～3.2m，埋深标高在 207.71～221.02m 之间，大部分揭露厚度在 0～2.5m 之间。1# 库房、2# 库房、道路及其他区域几乎无粉质黏土层，以杂填土层和卵石土层为主。3# 库房、4# 库房均分布有粉质黏土层。

（4）泥岩（J2s-Ms）

紫红色～紫褐色。主要由黏土矿物组成，泥质结构，中厚～厚层状构造，局部含灰绿色斑团，局部砂质含量较高。强风化带岩芯破碎，呈碎块状、短柱状，手可捏碎；中风化带岩芯较完整，岩质较新鲜，呈短柱状至长柱状，敲击声哑，易击碎，为中等风化。最大揭露厚度 4.0m。

（5）砂岩（J2s-Ss）

灰白色、灰黄色。主要矿物成分为长石、石英，次之为云母及暗色矿物，中～细粒结构，中～厚层状构造，钙泥质胶结。强风化带岩芯破碎，呈碎块状、短柱状；中风化带岩芯较完整，岩质较新鲜，呈短柱～长柱状，敲击声较脆，为中等风化。最大揭穿层厚为 5.4m。

项目场地内地下水类型为松散岩类孔隙水和基岩裂隙水，其含水介质分别为填土层和砂岩层。松散岩类孔隙水以滞水形式存在于南侧装卸一区附近区域，埋藏深度在 2.2～2.3m 之间，水位标高在 204.3m 左右，含水层厚度 0.1m，地下水储量 0.6m^3，单井出水量 0.05L/s。基岩裂隙水主要以两种形式存在：一是砂岩以透镜体形式存在，基岩裂隙水赋存空间范围受限，接受补给后以滞水形式存在于砂岩透镜体中，水位埋深在 6.2～8m 之间，水位标高在 201.1～199.3m，含水层厚度 1.8m，地下水储量 2.18m^3，单井出水量 0.1L/s；二是沿砂岩层间裂隙由西北向东方向运移，每个含水层构成了独立的含水单元，各自形成补给、径流、排泄系统。松散岩类孔隙水沿基岩顶面由北向南侧迁移排泄，最终汇入嘉陵江；基岩裂隙水赋存于砂岩透镜体中，在砂岩露头处接受补给，由西北向东方向排泄。整体来说，项目场地内地下水水量贫乏，富水性弱，受大气降水补给，无地表水体和河流侧向补给，沿地形走向和岩层倾向径流排泄。

5.1.3　土壤污染状况

根据场地环境调查和风险评估报告，场地土壤中污染物苯、α-六六六、七氯、艾氏剂、狄氏剂、β-六六六、p,p'-DDD 含量超过了《土壤环境质量 建设用地土壤污染风险管控标准

（试行）》（GB 36600—2018）的第一类用地筛选值，污染区域为装卸 1 区、1# 库房内、2# 库房内、3# 库房内、1# 库房与 2# 库房间运输道路等区域。

根据场地土壤污染补充调查评估报告，土壤样品中 α-六六六、β-六六六、γ-六六六、δ-六六六、*p*,*p*′-滴滴伊、*p*,*p*′-滴滴滴、滴滴涕、苯并［*a*］蒽、苯并［*b*］荧蒽、苯并［*a*］芘、茚并［1,2,3-*cd*］芘、二苯并［*a*,*h*］蒽含量超过 GB 36600—2018 第一类用地筛选值。从污染物超标分布区域来看，原企业 1# 库房、2# 库房、3# 库房、4# 库房、卸货区、厂区道路均存在有机农药类污染物超标，受生产活动影响较大，超标污染物以 α-六六六、β-六六六为主。3# 库房和消防水池区域存在多环芳烃类污染物超标，以消防水池区域为主，3# 库房苯并［*a*］芘含量略高于筛选值。

基于保守原则，汇总各阶段的调查结果，场地土壤特征污染物包括 α-六六六、β-六六六、γ-六六六、δ-六六六、*p*,*p*′-滴滴伊、*p*,*p*′-滴滴滴、滴滴涕、七氯、艾氏剂、狄氏剂、苯、苯并［*a*］蒽、苯并［*b*］荧蒽、苯并［*a*］芘、茚并［1,2,3-*cd*］芘、二苯并［*a*,*h*］蒽（表 5-1）。

表 5-1　土壤污染物统计表

序号	污染物	点位	深度/m	最大超标浓度/(mg/kg)	筛选值/(mg/kg)	最大超标倍数
1	α-六六六	2B3	0.7	117	0.09	1299.00
2	β-六六六	J11	0.7	53	0.32	164.63
3	γ-六六六	2B3	0.7	11.9	0.62	18.19
4	δ-六六六	J36	0.2	1.05	0.34	2.09
5	七氯	H13#	0.7	2.38	0.13	17.31
6	艾氏剂	H12#	0.2	0.274	0.03	8.13
7	狄氏剂	H13#	0.7	1.43	0.03	46.67
8	*p*,*p*′-滴滴伊	2B2	0.2	11.1	2	4.55
9	*p*,*p*′-DDD	2B2	0.2	80.2	2.5	31.08
10	滴滴涕	2B2	0.7	1055	2	526.50
11	苯	H4	0.2	1.86	1	0.86
12	苯并[*a*]蒽	1E1	0.7	34.5	5.5	5.27
13	苯并[*b*]荧蒽	1E1	0.7	54.6	5.5	8.93
14	苯并[*a*]芘	1E1	0.7	44.6	0.55	80.09
15	茚并[1,2,3-*cd*]芘	1E1	0.7	16.7	5.5	2.04
16	二苯并[*a*,*h*]蒽	1E1	0.7	8	0.55	13.55

5.1.4　土壤污染修复或风险管控目标

（1）场地土壤修复目标值

对于风险控制值小于 GB 36600—2018 第一类用地筛选值的污染物，采用筛选值作为最终的修复目标值；对于风险控制值大于 GB 36600—2018 第一类用地筛选值的污染物，采用风险控制值作为最终的修复目标值；对于该标准中没有涉及的污染物，采用风险控制值作为修复目标值（表 5-2）。

表 5-2　场地土壤各污染物修复目标值一览表　　单位：mg/kg

序号	污染物	风险控制值	GB 36600—2018 第一类用地		修复目标值
			筛选值	管制值	
1	α-六六六	0.09	0.09	0.9	0.09
2	β-六六六	0.32	0.32	3.2	0.32
3	γ-六六六	0.61	0.62	6.2	0.62
4	δ-六六六	0.35	—	—	0.34
5	p,p'-滴滴伊	2.28	2.0	20	2.28
6	p,p'-滴滴滴	2.46	2.5	25	2.5
7	滴滴涕	2.09	2.0	21	2.0
8	苯并[a]蒽	5.47	5.5	55	5.5
9	苯并[b]荧蒽	5.48	5.5	55	5.5
10	苯并[a]芘	0.55	0.55	5.5	0.55
11	茚并[1,2,3-cd]芘	5.49	5.5	55	5.5
12	二苯并[a,h]蒽	0.55	0.55	5.5	0.55
13	七氯	0.1	0.13	1.3	0.13
14	狄氏剂	0.03	—	—	0.03
15	艾氏剂	0.03	—	—	0.03
16	苯	0.01	1	10	1

(2) 土壤修复范围及方量

场地污染土壤的修复面积约为 3240m^2，修复方量约为 5526m^3，场地修复范围如图 5-1 所示（书后另见彩图），斑块①～㉗内关注的污染物见表 5-3。

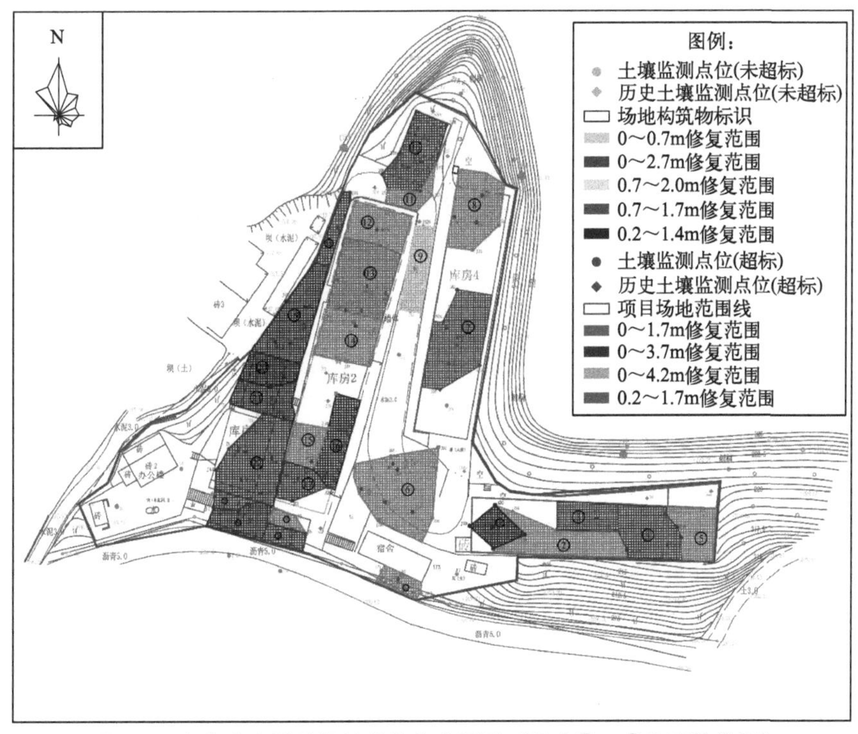

图 5-1　农药仓库原址场地总修复范围图（图中①～㉗为斑块编号）

表 5-3 图 5-1 中各斑块关注污染物

斑块编号	关注污染物
①	α-六六六、狄氏剂、苯并[a]芘
②	α-六六六、β-六六六、狄氏剂
③	α-六六六
④	α-六六六、β-六六六、狄氏剂
⑤	α-六六六、狄氏剂
⑥	β-六六六、p,p'-滴滴伊、滴滴涕、狄氏剂
⑦	β-六六六、狄氏剂
⑧	α-六六六、β-六六六、γ-六六六、δ-六六六、p,p'-滴滴滴
⑨	β-六六六
⑩	α-六六六、艾氏剂、狄氏剂、苯并[a]蒽、苯并[b]荧蒽、苯并[a]芘、茚并[1,2,3-cd]芘、二苯并[a,h]蒽
⑪	α-六六六、艾氏剂、狄氏剂
⑫	α-六六六、艾氏剂、七氯
⑬	α-六六六、β-六六六、γ-六六六、p,p'-滴滴伊、p,p'-滴滴滴
⑭	β-六六六
⑮	α-六六六、艾氏剂、七氯、狄氏剂
⑯	α-六六六、β-六六六
⑰	α-六六六、β-六六六
⑱	β-六六六、p,p'-滴滴伊、p,p'-滴滴滴、滴滴涕
⑲	α-六六六、β-六六六、γ-六六六、δ-六六六、七氯、狄氏剂
⑳	α-六六六、β-六六六、δ-六六六
㉑	α-六六六、β-六六六、δ-六六六
㉒	α-六六六、β-六六六、p,p'-滴滴伊、艾氏剂、七氯、狄氏剂
㉓	β-六六六、艾氏剂
㉔	α-六六六、β-六六六、艾氏剂
㉕	β-六六六、滴滴涕
㉖	α-六六六、β-六六六、滴滴涕
㉗	狄氏剂

5.1.5 土壤污染修复技术初步确定

根据场地实际污染情况，在调研国内外土壤修复技术的基础上，采用土壤修复技术选择矩阵的方法对场地有机氯农药类污染土壤修复技术的优缺点和技术可行性进行分析。同时根据污染情况分析，针对场地内高浓度污染土壤和低浓度污染土壤应采取具有针对性和代表性的修复技术，最终通过技术应用成熟度、修复时间影响、修复费用水平、对于该项目适用性和限制性等方面[1]，进行修复技术比选，初步筛选出适合该场地的修复技术。

该场地的土壤修复技术选择矩阵及其初步筛选结果如表 5-4 所列。

表 5-4　项目修复技术选择矩阵[2-6]

序号	技术名称	技术简介	应用参考因素			应用的适应性	应用的局限性	结论
			成熟性	时间条件	资金水平			
1	异位间接热脱附技术[7,8]	通过间接加热，将污染土壤加热至目标污染物的沸点以上，通过控制系统温度和物料停留时间有选择性地促使污染物气化挥发，使目标污染物与土壤颗粒分离，去除	较成熟，国内应用较多	主要取决于设备投入，该项目空间小，处理时间预计一年左右	中等，国内处理成本为 600～1500 元/t	适用范围极为广泛，针对多种有机氯农药具有广谱性的去除效果。其次对污染介质的普适性很强，完成粒径调节和水分调解后的介质即符合进入系统加热条件，进行污染物去除。同时高温对引起异味的其他物质去除效果也较好	异位热脱附设备较大，现场空间可能受限。由于高温造成污染物挥发能力较强，针对异味管控需要格外关注。处理费用相对最高	建议进一步实验优化
2	机械化学法[9,10]	通过碰撞、压缩、剪切、摩擦等方式对固体反应物进行改性，诱导其物理化学性质发生变化，增加其反应活性，从而激活或加速固体间的化学反应。一般机械化学法实施过程辅以添加剂，添加剂产生的自由电子和/或活性自由基与有机污染物发生反应，使污染物发生脱氯/氯化、(去)氢化、氧化还原、裂解/聚合等一系列反应	实验室研究较为成熟，工程应用设备处于研发阶段	主要取决于设备投入，该项目空间小，处理时间预计一年左右	中等，国内处理成本为 500～1000 元/t	设备适用的介质类型极广泛，甚至可处理岩石类型的污染介质。其次设备相对热脱附简单。根据相关试验案例，对污染物去除率普遍较高。更适用于高浓度，介质硬度较大的污染情况	污染物种类较多，因此添加剂投加需要进一步验证，以提高修复效率。	建议针对高浓度污染进一步实验优化
3	微生物强化降解技术	微生物强化技术是向特定环境体系中(例如土壤、活性污泥、沉积物、水体等)投加功能微生物，以及改善氧气、营养物等环境条件，以去除有机污染物的一项新型生物修复技术。该技术依靠降解效率高、扩繁速度快、易培养、对高浓度污染物具有强耐受性并可以在多种环境条件下生存的高效降解菌种	较成熟，国内工程应用较少	受限于微生物菌种筛选，以及生物生产速率，一般为一年至几年	低，国内处理成本通常在 300～600 元/m^3	该项目后期用地时间需求不紧张，工期相对长，具备一定的微生物培养、生产、降解去除污染物的条件。场地内地形不平整，各区域空间相对较小，微生物强化降解技术所需空间较小，适于应用	由于 POPs 类型污染物特征即为对生化降解抗性较强，因此相应的强化有效的菌种筛选难度较大。且该项目污染物种类较多，对于菌种筛选培养的难度和时间要求较高。且一般修复时间较长。最后对于异味消除的效果通常较差	建议进一步试验优化
4	土壤化学淋洗	用表面活性剂、螯合剂的水溶液来淋洗农药污染土壤，将土壤中污染物淋洗到溶液中。淋洗土壤的溶液需要收集起来进行无害化处理，处理后的水可以回用于淋洗药剂配制	技术成熟/国内未见工程应用报道	需要时间较短，如 1～12 个月/时间不确定	中高，国内处理成本为 800～1500 元/m^3	对于大粒径、低有机碳的土壤例如沙砾、砂、细沙等土质，土壤中的污染物质比较容易被淋洗出来。如杂填土层中以大颗粒介质为主，则适用性较强。洗脱过程对于农药污染土壤气味去除有一定效果	对黏土和粉土中的污染物比较难以完全清洗出来。其次，对于巨砾以及大型建筑垃圾的进料局限性较强	不建议采用
5	化学氧化技术	将氧化剂注入土壤中，氧化污染物至二氧化碳和水，或转化为低毒、稳定的化合物。常用氧化剂有含催化剂的过氧化氢、高锰酸钾、臭氧、过硫酸钠等。需要对场地进行定期监测	技术成熟/国内外有应用	需要时间较短，约半年	中低，国内处理成本一般为 500～1500 元/m^3	实施过程简单易行，尤其适用于复合污染物	对于高浓度污染土壤成本较高，结合前期处理更好。针对低浓度污染土壤，处理效率难以保障，且对于异味彻底处理消除难度较大	不建议采用

根据上述技术选择矩阵，从技术应用成熟度、修复时间影响、修复费用水平、对于该项目适用性和限制性等方面进行综合考虑，初步得出该场地的修复技术。

该场地污染物为有机氯农药类，针对原地处理模式，选择异位间接热脱附处理技术、机械化学处理技术，进一步评估技术可行性；同时，考虑微生物强化降解技术的综合性价比优势，结合重庆已有类似项目试验经验，进一步评估技术可行性。

根据机械化学法小试试验结果，针对场地特征污染物α-六六六，在各组别试验条件下均难以达到修复目标值的主要原因推测为场地内土壤特征污染物浓度过高，且球磨在处理土壤类细颗粒时可能仍然存在一定难以保障碰撞效果的局部结块，机械化学小试结果表明，要满足修复目标值，单次所需球磨时间长（≥6h），考虑实际处理所需时间久，相较于热脱附技术，不考虑对机械化学技术进行现场中试。

5.1.6 中试方案

开展技术比选，从技术应用成熟度、修复时间影响、修复费用水平、对于该项目适用性和限制性等方面进行综合考虑，初步确定该场地的修复技术，根据小试结果，选择异位间接热脱附处理技术[11]、微生物强化降解技术开展中试，进一步评估技术可行性。

（1）总体工作流程

① 热脱附中试流程：现场临水、临电安装→现场分区及临时设施建设→地面清理→土壤开挖→转移和暂存→筛分预处理→土壤干化处理→热脱附设备安装→进料系统→间接热脱附处置→土壤和粉尘出料→暂存待检→验收。

② 微生物中试流程：临时设施建设→土壤开挖转移→加入铁粉搅拌混匀→淹水厌氧→抽水晾干→加入微生物菌剂搅拌混匀→微生物修复→取样验收。

中试期间对项目场地周边敏感点进行大气及噪声监测，分别在中试前、中试期间、中试完成后进行3次监测，大气监测臭气浓度、苯及氯苯指标，噪声监测等效连续A声级。同时在热脱附设备运行时采用便携式PID及噪声监测仪实时监测大气及噪声，监测结果表明中试期间大气浓度及噪声无明显变化及超标情况。

（2）中试效果采样监测

对于热脱附中试处理污染土壤，由于方量有限，因此中试按照设置的3种运行工况，对出土制混合样送检，进行处理效果评估。每种工况采集3个样品，共送检9个样品对其进行特征污染物监测评估。检测结果与修复目标值进行比对。

对于微生物中试处理的土壤，由于已参考相关项目采用了相对最优反应条件，因此对2个浓度的土壤，在加入反应池后分别采集2个混合样品，淹水厌氧阶段结束后分别采集2个水样及2个土壤样品，好氧阶段结束后采集2个样品。检测结果与修复目标值进行比对。

（3）中试土壤后续处理

对于热脱附产生的废水及活性炭废物，均交由具备处理资质的单位进行处理；对于热脱附及微生物修复后土壤，若检测合格，则在现场临时堆存（需覆盖防止扬尘等），可在后续施工过程中作为回填用土等；若部分土壤修复不达标，则在现场做好防渗及覆盖措施等进行二次污染防护，留待后续修复工程阶段一并处理。

5.1.7　微生物强化降解技术中试

该场地特征污染物六六六（以及其他含氯有机污染物）修复的难点在于脱氯。

微生物脱氯一般在厌氧条件下进行，产生部分或完全脱氯的中间产物。但在厌氧条件下，这些中间产物降解缓慢，因此需要发挥好氧微生物的矿化作用。环境中好氧降解菌一般数量有限、活性不足，所以需要添加外源菌剂进行强化。根据此原理，设计了两阶段修复方案：首先利用零价铁和饱和条件促进土壤厌氧环境的形成，并为微生物还原脱氯提供电子；再创造好氧环境，加入复合菌剂，促进脱氯产生中间产物的彻底降解。

微生物中试设置 2 个反应池，分别处理低浓度和高浓度区域土壤 $10m^3$。采用交替厌氧-好氧生物法。厌氧阶段加入铁粉后搅拌均匀，并进行淹水处理，达到还原脱氯效果。随后转入好氧修复阶段，向修复池中施加菌剂及营养盐，保持土壤湿度，有利于好氧微生物降解脱氯后产生的芳烃类有机污染物。

厌氧阶段土壤和铁粉混匀，铁粉按 2%土壤湿重比投加，每组需约 400kg，共计 800kg；铁粉混匀采用机械搅拌；混匀后土壤淹水，水面高于土面 0.1～0.2m；厌氧反应时间约 4 周。好氧阶段，菌剂按 0.1%土壤湿重比投加，每组需约 20kg，共计 40kg；好氧反应时间约 4 周。

（1）工作流程

临时设施建设→土壤开挖转移→加入铁粉搅拌混匀→淹水厌氧→抽水晾干→加入微生物菌剂搅拌混匀→微生物修复→取样验收。

① 土壤开挖及转运：同热脱附中试土壤清挖及转移，分别在低浓度区域 PXS1 和高浓度区域 PXS2 取土转移至对应的反应池，每个反应池内约 $10m^3$ 污染土，土壤厚度约为 0.3m。

② 微生物反应池建设：场地内原有一占地面积约 7m×5m 的消防池，在该池内砌筑挡墙分为两个反应池；内壁抹灰修补、防渗；在两池内最低处安装 400mm 抽水管，便于后期排水。

③ 厌氧反应阶段：在反应池中按设计比例加入铁粉混匀，铁粉按 2%土壤湿重比投加，每组需约 400kg，共计 800kg；铁粉混匀采用机械搅拌后，分别在两个池子加水没过土壤 0.1～0.2m，创造厌氧条件，反应周期约 4 周。

④ 好氧反应阶段：淹水厌氧反应阶段结束后，对水体进行抽出暂存并取样检测（合格后用作热脱附施工回用水，不合格则留待后续与热脱附产生的废水一并处置）；对抽出水体后的土壤进行晾干，晾干过程可进行适当翻动加速晾干。

待土壤晾干后，按设计比例加入微生物菌并利用小型挖掘机搅拌均匀，剂菌剂按 0.1%土壤湿重比投加，每组需约 20kg，共计 40kg；微生物菌剂加入后，定期浇水保持土壤湿度，并及时补充养分，以利于降解微生物生长和发挥作用，反应周期约 4 周。

（2）结果分析

① 低浓度土壤微生物修复效果：如表 5-5、图 5-2 所示，低浓度区域土壤经修复处理后，在修复池中随机采集 3 组土壤样品。针对特征污染物 α-六六六，取 3 次结果的平均值与前期数据进行处理效果比对。土壤经厌氧阶段处理后，污染物浓度显著增加，可能由在饱水环境中水土充分混合污染物扩散更均匀所致。好氧阶段修复后，α-六六六浓度较厌氧阶段处理后降低 23%，仍超过修复目标值 16 倍，污染去除效果达不到修复要求。

表 5-5　微生物中试处理样品检测结果

污染物		苯/(μg/kg)	α-六六六/(mg/kg)	β-六六六/(mg/kg)	p,p′-DDD/(mg/kg)	七氯/(mg/kg)	艾氏剂/(mg/kg)	狄氏剂/(mg/kg)
检出限		1.9	0.07	0.06	0.08	0.04	0.04	0.02
修复目标值		1000	0.09	0.32	2.5	0.13	0.03	0.03
低浓度污染土	PXS1-H1	44.2	2.94	1.32	ND	ND	ND	ND
	PXS1-H2	30.3	0.77	0.27	ND	ND	ND	ND
	PXS1-H3	26.6	0.75	0.20	ND	ND	ND	ND
高浓度污染土	PXS2-H1	1650	534	96.8	7.20	ND	ND	ND
	PXS2-H2	1840	243	66.3	3.52	ND	ND	ND
	PXS2-H3	2010	2980	518	6.55	ND	ND	ND

注：ND 指未检出，后同。

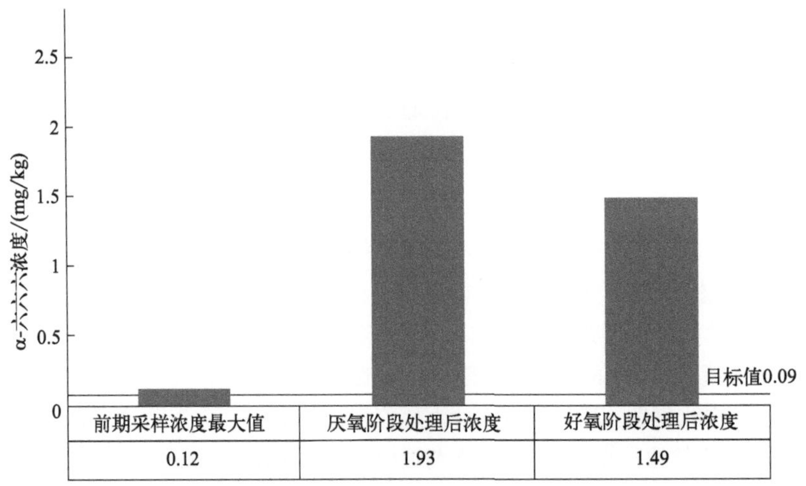

图 5-2　低浓度区域土壤微生物修复效果图

② 高浓度土壤微生物修复效果：如图 5-3 所示，高浓度区域土壤经修复处理后，在修复池中随机采集 3 组土壤样品。针对特征污染物 α-六六六，取 3 次结果的平均值与前期数据进

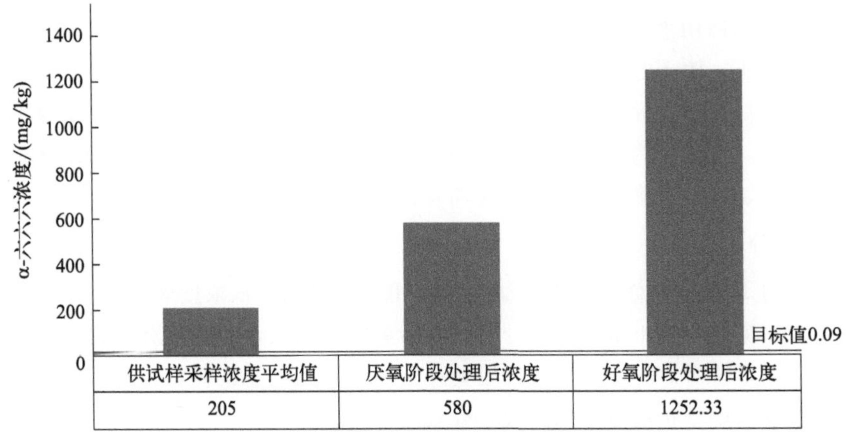

图 5-3　高浓度区域土壤微生物修复效果图

行处理效果比对。土壤经厌氧阶段处理后，污染物浓度显著增加，可能由在饱水环境中水土充分混合污染物扩散更均匀所致。好氧阶段修复后，α-六六六浓度较厌氧阶段处理后升高116%，超过修复目标值13914倍，污染去除效果达不到修复要求。

(3) 可行性评估

微生物处理技术未体现出显著修复效果，难以短时间内达到处理预期目标。在该项目中技术可行性较低。

5.1.8 异位间接热脱附技术中试

5.1.8.1 第一轮异位间接热脱附技术中试

(1) 技术参数

第一轮热脱附中试设备主要由进料系统、热脱附系统和尾气处理系统组成。

1) 进料系统

通过筛分等预处理，将污染土壤从车间运送到热脱附系统中；主设备长6m，高5m，烟囱高10m。进料口配备筛分格栅。密闭式皮带机输送污染土进料。

2) 第一轮热脱附系统

① 主螺旋输送装置。共1套，主螺旋壳体 $\Phi457\times14.2$mm，$L=5477$mm，材质：Q345；主螺旋 $\Phi410$，$L=5328$mm，材质：Q345，螺旋轴尺寸 $\varphi76\times7.1$mm，材质：20钢。

② 燃烧室。共1套，外形尺寸：4010mm×1010mm×1900mm，材质：Q235B，钢板厚度：4mm。

③ 保温层材质：复合纤维棉，厚度为150mm；材质：Q235B，型材规格为方管100mm×100mm×10mm。

3) 尾气处理及三相分离系统

一体化设备如图5-4所示，富集气化污染物的尾气通过旋风除尘、换热、吸附等环节去除尾气中的污染物。

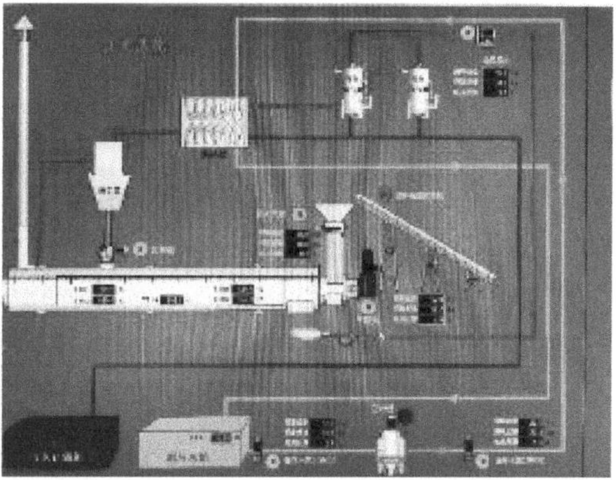

图 5-4　第一轮中试热脱附设备图

考虑该场地现场试验区域面积及空间条件，中试设备应能在现有区域安装得当，故设备规模及极限工况受限。中试设备每天处理1～2m^3污染土壤，视具体工况确定。进料粒径筛分后小于 50mm。

根据小试结果，低浓度土壤在各条件下需满足修复目标值，高浓度区域土壤中污染物在 450℃/30min、450℃/40min 实验条件下达到修复目标值。故第一轮中试只需针对高浓度区土壤进一步试验，此外，由于第一轮中试受场地条件限制，热脱附设备规模及极限工况受限，参考小试结果及设备具体情况，中试实际设置 350℃/40min、450℃/40min、500℃/40min 三种工况。

为满足小型热脱附设备进料需要，需确保进料粒径筛分后小于 50mm，热脱附中试土壤实际开挖约 $32m^3$，筛去大粒径约 $8m^3$，三种工况 350℃/40min、450℃/40min、500℃/40min 下分别处理污染土约 $12m^3$、$11m^3$、$1m^3$。

（2）工作流程

1）土壤开挖及转运

根据热脱附中试设计，在高浓度区域开挖约 $30m^3$ 土壤，采用侧向挖土法，挖掘机沿着基坑的一侧挖取，场地较小且大型自卸汽车转运不便，采用挖掘机转运土壤，转运时避免土壤撒漏。

2）筛分及干化预处理

由于施工量有限，采用现场焊制钢架筛网方式进行土壤物料筛分。格栅间距 50mm，筛除 5cm 以上大块颗粒。保障进料均匀性、安全性和修复效果。对进料土壤进行适当晾干处理，含水率控制在不超过 30%。

3）土壤暂存棚建设

土壤暂存棚设置于 3# 仓库左侧入口区域，采用钢架膜结构，地面为原车间水泥硬化地面。地面存在明显裂缝处使用水泥进行修补，地表铺设 1.0mm 厚 HDPE 土工膜防渗。暂存区四周砖砌 10cm 地表防水挡墙基础。暂存棚尺寸为 5m×10m，内部挑高 5m。将开挖转运而来的土壤暂存在大棚内，同时设置内部负压排风系统，排出异位气体经中试设备活性炭吸附处理后排放，对处理区异味进行控制。

4）中试设备安装及运行

中试设备进场安装，包括地面固定处理，各系统单元衔接，外接水电，以及燃料单元安装等，在设备正式运行前进行现场调试及试运行。

将经过预处理的污染土壤从暂存区和预处理区通过进料口输入燃烧室，燃烧室中温度达到设定工况温度后方可进料，使土壤中的有机污染物气化挥发，并到达去除土壤中污染物的目的。

热脱附修复设备内部由通风系统控制，处于负压状态，能有效防止气化污染物泄漏。含有气化污染物的尾气经过由冷却室、除尘室、活性炭吸附装置及烟囱组成的尾气处理系统，确保其中的各类污染物浓度低于《危险废物焚烧污染控制标准》（GB 18484—2020）中规定的限值，并最终通过烟囱高空达标排放。经过处理的土壤由燃烧室通过主绞龙输往土壤混合器，通过加水进行降温及湿润，再通过出料系统出料，采用人工翻斗车倒运往修复后土壤暂存区。

5）处理后土壤暂存

修复后土壤暂存区设置于 3# 仓库东侧区域。地面存在明显裂缝处使用水泥进行修补，暂存区四周砖砌 10cm 地表防水挡墙。修补完整后，地面及挡墙上铺设 1.0mm 厚塑料薄膜，同时设置顶棚，覆盖雨布，防止污染扩散以及雨水径流冲刷土壤。

(3) 结果分析

第一轮热脱附中试设定 3 个工况，分别为 350℃/40min、450℃/40min、500℃/40min，各采集 3 组处理后样品测试，检测数据如表 5-6 所列。

表 5-6 热脱附中试处理样品检测结果

污染物		苯 /(μg/kg)	α-六六六 /(mg/kg)	β-六六六 /(mg/kg)	p,p′-DDD /(mg/kg)	七氯 /(mg/kg)	艾氏剂 /(mg/kg)	狄氏剂 /(mg/kg)
检出限		1.9	0.07	0.06	0.08	0.04	0.04	0.02
修复目标值		1000	0.09	0.32	2.5	0.13	0.03	0.03
350℃/40min	P2-S1	75.6	19.9	23	0.26	ND	ND	ND
	P2-S2	79.8	22.9	26.6	0.18	ND	ND	ND
	P2-S3	91.6	25.4	30.4	0.15	ND	ND	ND
450℃/40min	P1-S1	236	9.82	10.8	ND	ND	ND	ND
	P1-S2	71.7	8.5	10.8	ND	ND	ND	ND
	P1-S3	103	8.27	8.75	ND	ND	ND	ND
500℃/40min	P3-S1	116	11.8	17.6	0.08	ND	ND	ND
	P3-S2	236	12.1	19	ND	ND	ND	ND
	P3-S3	152	14.5	21.5	0.11	ND	ND	ND

对各工况下 3 组混合样品分别取平均值，如表 5-7 所列，可知处理后污染物苯浓度小幅升高，污染物 α-六六六、β-六六六浓度均有降低，但未达到修复目标值。

表 5-7 热脱附中试处理后各工况样品平均值

污染物	苯 /(μg/kg)	α-六六六 /(mg/kg)	β-六六六 /(mg/kg)	p,p′-DDD /(mg/kg)	七氯 /(mg/kg)	艾氏剂 /(mg/kg)	狄氏剂 /(mg/kg)
检出限	1.9	0.07	0.06	0.08	0.04	0.04	0.02
修复目标值	1000	0.09	0.32	2.5	0.13	0.03	0.03
处理前	64.63	205.34	46.13	ND	ND	ND	ND
350℃/40min	82.33	22.73	26.67	0.20	ND	ND	ND
450℃/40min	136.90	8.86	10.12	ND	ND	ND	ND
500℃/40min	168.00	12.80	19.37	0.10	ND	ND	ND

1) α-六六六处理效果

热脱附处理后，3 种工况下污染物 α-六六六平均浓度如图 5-5 所示，各工况处理后浓度均明显降低，但均未达到修复目标值。

2) 苯处理效果

热脱附处理后，3 种工况下污染物苯平均浓度如图 5-6 所示，可知 3 个工况处理后污染物苯浓度有一定升高，但均未超出修复目标值，推测可能是脱氯降解时产生了中间产物苯。

(4) 可行性评估

中试结果未达到修复目标值的原因可能如下：

① 场地内土壤污染物浓度过高；

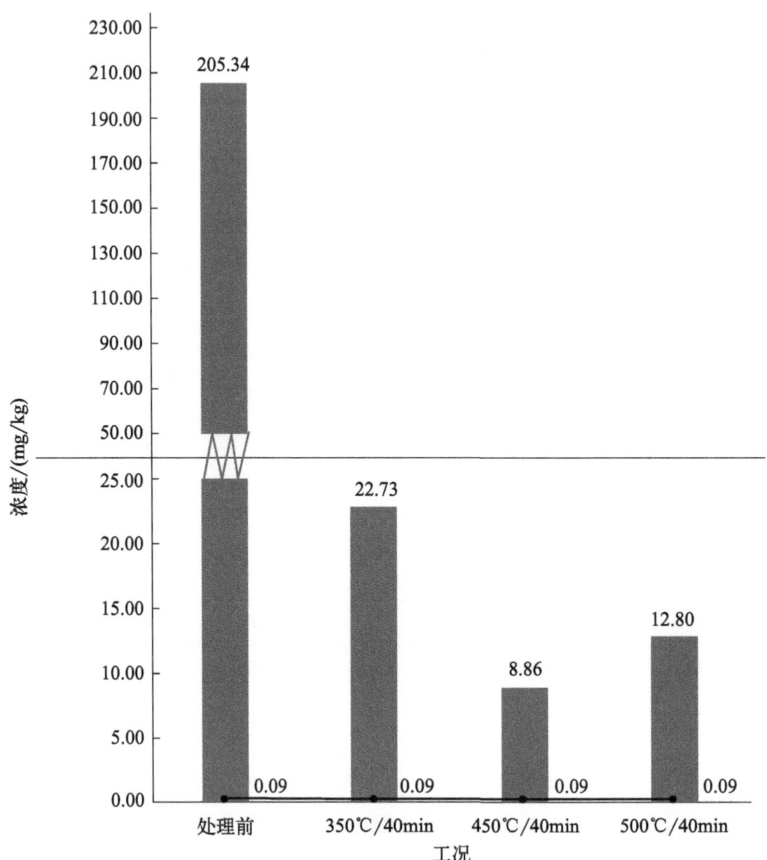

图 5-5 热脱附处理后 α-六六六浓度

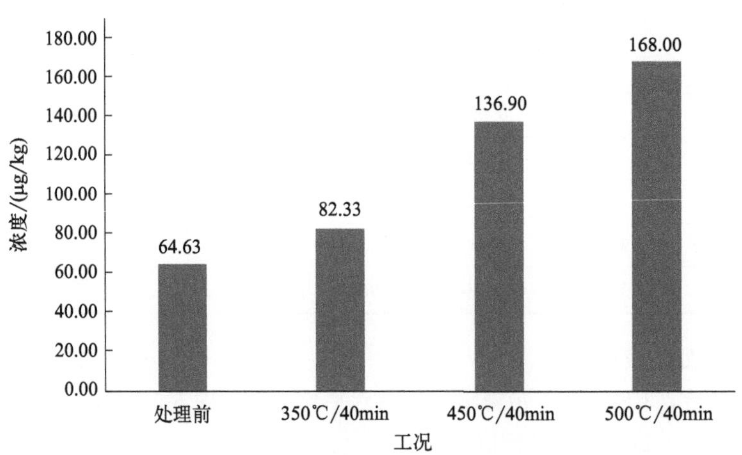

图 5-6 热脱附处理后苯浓度

② 场地内土质较黏影响了设备处理效果；

③ 中试预处理后粒径过 50mm 筛网，较小试时过 10mm 筛网后的粒径较大；

④ 中试自然晾晒后含水率仍偏高，未加入生石灰进行预处理控制湿度。结合小试数据与中试数据综合评估，通过土壤湿度控制预处理，在 450～500℃条件下，适当延长加热时间到 60min，应能够实现高浓度土壤污染物去除的目的。项目组与业主单位沟通，并于 2021

年 4 月针对第一轮热脱附进行技术成果咨询会，会议邀请了 3 位专家。与会各方听取了前期中试试验情况汇报，经充分质询与讨论，明确应进一步对热脱附法进行试验，测试条件要求加热温度不低于 500℃，加热时间延长至 60min 以上，进一步评估热脱附中试可行性。

5.1.8.2　第二轮异位间接热脱附技术中试

（1）技术参数

第二轮热脱附中试设备主要由进料系统、热脱附系统和尾气处理系统组成（图 5-7）。

进料系统：通过筛分等预处理，将污染土壤从车间运送到热脱附系统中。进料口配备筛分格栅。密闭式皮带机输送污染土进料，进料粒径筛分后小于 50mm。

图 5-7　第二轮热脱附中试设备

根据第一轮次热脱附中试结果，第二轮中试加热温度设置为 500℃，采用连续加热模式测试加热停留时间 30min、60min、120min 三种工况。具体为 $1m^3$ 土壤一批次加热 30min；出料完成采样后再次加热 30min，累计加热 60min；再次出料完成采样后再次加热 60min，累计加热 120min。

为满足小型热脱附设备进料需要，需确保进料粒径筛分后小于 50mm，热脱附中试土壤实际开挖约 $1.5m^3$，筛去大粒径约 $0.5m^3$，试验土壤 $1m^3$。

（2）工作流程

1）土壤开挖及转运

供试土样自污染场地运输至热脱附处理工作区计划 1d 完成，高浓度供试土样一车次转运，即 1d 共两车次分别运输。

处理后供试土样运输自热脱附处理工作区至污染场地计划 1d 完成，高浓度供试土样一车次转运。

2）筛分及干化预处理

采用现场焊制钢架筛网方式进行土壤物料筛分。格栅间距 50mm，筛除 5cm 以上大块颗粒，保障进料均匀性、安全性和修复效果。对进料土壤进行适当晾干处理，含水率控制在不超过 30%。

3）中试设备运行

各系统单元衔接，外接水电以及燃料单元安装等，在设备正式运行前进行现场调试及试运行。

将经过预处理的污染土壤从暂存区和预处理区通过进料口输入燃烧室，燃烧室中温度达到设定工况温度后方可进料，使土壤中的有机污染物气化挥发，并到达去除土壤中污染物的目的。

热脱附修复设备内部由通风系统控制，处于负压状态，能有效防止气化污染物泄漏。含有气化污染物的尾气经过由冷却室、除尘室、活性炭吸附装置及烟囱组成的尾气处理系统，确保其中的各类污染物浓度低于《危险废物焚烧污染控制标准》(GB 18484—2020) 中规定的限值，并最终通过烟囱高空达标排放。经过处理的土壤由燃烧室通过主绞龙输往土壤混合器，通过加水进行降温及湿润，再通过出料系统出料，采用铲车暂存冷却后重复进料开展下个序列试验。

(3) 处理结果分析

第二轮热脱附中试设定 3 个工况，分别为 500℃/30min、500℃/60min、500℃/120min，各采集 3 组处理后样品测试，进料前采集 3 组空白操作样品。检测数据如表 5-8 所列。

表 5-8　热脱附中试处理样品检测结果

污染物		苯/(μg/kg)	α-六六六/(mg/kg)	β-六六六/(mg/kg)	p,p'-DDD/(mg/kg)	七氯/(mg/kg)	艾氏剂/(mg/kg)	狄氏剂/(mg/kg)
检出限		1.9	0.07	0.06	0.08	0.04	0.04	0.02
修复目标值		1000	0.09	0.32	2.5	0.13	0.03	0.03
空白操作	BS-T0-1	110	8.73	60.9	0.62	ND	ND	ND
	BS-T0-2	69.4	1220	499	1.18	ND	ND	ND
	BS-T0-3	166	27.9	131	0.98	ND	ND	ND
500℃/30min	BST1-1	38.8	1.89	11.7	ND	ND	ND	ND
	BST1-2	50.2	2.71	18.3	ND	ND	ND	ND
	BST1-3	25.1	3.04	19.0	ND	ND	ND	ND
500℃/60min	BST2-1	119	ND	0.20	ND	ND	ND	ND
	BST2-2	55.2	ND	0.17	ND	ND	ND	ND
	BST2-3	67.0	ND	0.25	ND	ND	ND	ND
500℃/120min	BST3-1	26.1	ND	0.16	ND	ND	ND	ND
	BST3-2	24.2	ND	0.16	ND	ND	ND	ND
	BST3-3	21.0	ND	0.08	ND	ND	ND	ND

对各工况下 3 组混合样品分别取平均值，如表 5-9 所列。可知处理后污染物苯浓度降幅较大；而污染物 α-六六六、β-六六六在 500℃/30min 工况下虽然大幅降低，仍未达到修复目标值，但在 500℃/60min、500℃/120min 两个工况下均可达标。

表 5-9　热脱附中试处理后各工况样品平均值

污染物	苯/(μg/kg)	α-六六六/(mg/kg)	β-六六六/(mg/kg)	p,p'-DDD/(mg/kg)	七氯/(mg/kg)	艾氏剂/(mg/kg)	狄氏剂/(mg/kg)
检出限	1.9	0.07	0.06	0.08	0.04	0.04	0.02

续表

污染物	苯/(μg/kg)	α-六六六/(mg/kg)	β-六六六/(mg/kg)	p,p′-DDD/(mg/kg)	七氯/(mg/kg)	艾氏剂/(mg/kg)	狄氏剂/(mg/kg)
修复目标值	1000	0.09	0.32	2.5	0.13	0.03	0.03
处理前	115.13	418.88	230.3	0.93	ND	ND	ND
500℃/30min	38.03	2.55	16.33	0.20	ND	ND	ND
500℃/60min	80.4	ND	0.21	ND	ND	ND	ND
500℃/120min	23.77	ND	0.13	0.10	ND	ND	ND

热脱附处理后，3 种工况下污染物 α-六六六平均浓度如图 5-8 所示，加热温度 500℃，加热停留时间 60min 以上，处理后污染物浓度达到修复目标值。

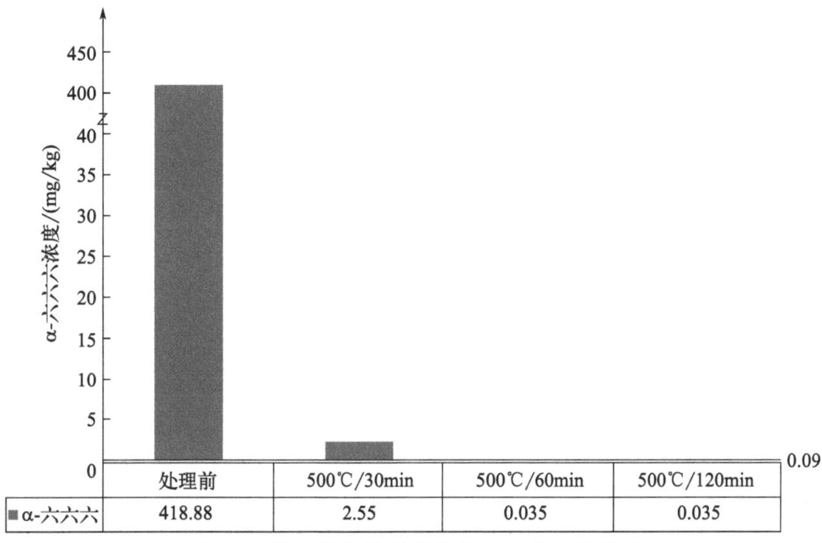

图 5-8　第二轮次热脱附处理后 α-六六六浓度

(4) 可行性评估

经两轮次中试试验，现场污染土壤在加热温度 500℃、加热时间不少于 60min 条件下，能够实现高浓度与低浓度土壤修复目的。第二轮中试选用的土壤污染浓度和调查阶段整体土壤污染程度差距比较大，其中中试阶段选用的污染土壤最大超标约 13555 倍，而调查阶段最大污染程度约超标 1299 倍，远低于中试土壤污染物浓度，因此确定的技术条件能够完成供试土污染条件的修复，基于热脱附的技术特征，能够满足场地污染土壤修复技术需求，从而确保项目修复效果。

同时针对补充调查新增的多环芳烃类污染物质，苯并［*a*］蒽、苯并［*b*］荧蒽、苯并［*a*］芘、茚并［1,2,3-*cd*］芘、二苯并［*a*,*h*］蒽等，其最大沸点分别为 437.6℃、481℃、495℃、497.1℃和 524℃，项目设计施工参数对新增污染物可以达到修复效果。

5.1.9　修复技术的确定

通过小试及中试试验评估，机械化学处理技术、微生物强化降解技术均不适用于该场地内污染土壤处理。原地异位间接热脱附技术适用于该场地内污染土壤处理。

结合小试数据与中试数据综合评估，通过土壤湿度控制预处理湿度降低至 20%以内、土块粒径小于 50mm、现场污染土壤在加热温度 500℃、加热时间不少于 60min 条件下，能够实现高浓度与低浓度土壤修复目的。

5.2 清远某电子废物堆积场地风险管控与修复工程

5.2.1 工程概况

项目类型：固体废物堆场。

项目时间：2022 年 1 月～2023 年 10 月。

项目进展：2023 年 11 月通过效果评估验收。

目标污染物：焚烧 1&2 场地土壤污染物为铅、砷、镉、铜、镍、汞、六价铬、多氯联苯总量、3,3′,4,4′,5-五氯联苯（PCB126）、3,3′,4,4′,5,5′-六氯联苯（PCB169）和二噁英；白鹤塘场地土壤污染物为铅、镉、铜、镍、汞、多氯联苯总量和 PCB126。

水文地质：焚烧 1&2 场地地下水埋深为 2.41～2.56m，无完整地下水径流；白鹤塘场地地下水埋深为 1.08～1.65m，场地内所揭露的地下水大体流向为自东北往西南。

工程量：焚烧 1&2 场地修复土方量为 15005m^3，白鹤塘场地修复土方量为 1105m^3，合计修复土方量 16110m^3。此外，3 个场地内仍存在遗留固体废物，焚烧 1&2 场地内堆存的固体废物总量约为 7288m^3，白鹤塘场地内堆存的固体废物总量约为 850m^3。

风险管控目标：未来在此区域活动人群的健康风险可接受；土壤、固体废物中残留污染物在降雨淋溶作用下不会对地下水、地表水造成污染迁移。

风险管控技术：焚烧 1&2 场地选用污染途径阻断修复策略对污染土壤及固体废物进行风险管控与修复，选用水平阻隔技术修复污染土壤及固体废物，将场地内污染介质实施阻隔封闭，以阻止和控制污染土壤及遗留固体废物中的污染物释放进入环境，并对地下水进行 2 年常态化监测；白鹤塘场地选用污染介质治理修复策略对污染土壤及固废进行风险管控与修复，运送至有资质单位处置污染土壤及固废，并辅以客土/换土技术，确保地力恢复。

5.2.2 水文地质条件

（1）焚烧 1&2 场地

根据钻探调查，调查区域地层标高自顶层最高点（标高 10.906m）至最大钻探深度（标高-0.756m），主要分为 7 层，结合钻探揭露，场地内地层结构自上而下依次如下。

① 填土层：调查场地局部区域表层有填土，表层填土顶部埋深标高范围在 5.696～10.282m 之间，平均厚度为 0.829m，主要呈棕色，土质较干，由砂质粉土和少量砾石组成。

② 固废层：部分孔位岩芯揭露局部区域堆填有固体废物，填土层顶部埋深标高范围在 5.537～9.906m 之间，平均厚度为 3.571m，固体废物类型主要包括覆铜板分选残渣、破碎

塑料颗粒、废塑料混合物和灰色残渣，结构松散。

③ 填土层：根据部分孔位岩芯揭露，场地局部区域固废层以下存在填土层，填土顶部埋深标高范围在 2.812～8.174m 之间，平均厚度为 1.35m，主要呈棕色，土质较干，由砂质粉土和少量砾石组成。

④ 黏土层：所有钻探孔位揭露土层结构均包含黏土层，顶部埋深标高范围在－0.756～5.282m 之间，平均厚度为 2.458m，主要呈红褐色，干，结构密实。

⑤ 粉土：局部区域地层含有粉土层，顶部埋深标高为 5.105m，厚度为 1.3m，主要呈红褐色，干，结构松散。

⑥ 强风化层：根据部分孔位岩芯揭露，黏土层以下存在强风化层，强风化层顶部埋深标高范围在 1.146～4.242m 之间，平均厚度为 2.10m，主要呈红褐色，干，结构密实，由全风化向强风化递进。

⑦ 基岩：根据部分孔位岩芯揭露，基岩顶部埋深标高为 0.496m 之间，厚度为 0.3m。

焚烧 1&2 场地的地下水类型属于雨季渗水，无完整地下水径流，因此无地下水流向信息。焚烧 1&2 场地地下水埋深为 2.41～2.56m，对应水位高程标高分别为 3.286～3.744m。

（2）白鹤塘场地

根据钻探调查，调查区域地层标高自顶层最高点（标高 2.543m）至最大钻探深度（标高-5.276m），主要分为 5 层，结合钻探揭露，场地内地层结构自上而下依次如下。

① 固废层：所有钻探孔位揭露土层结构可知，场地表层为固体废物，顶部埋深标高范围在 1.725～2.543m 之间，平均厚度为 0.93m，主要灰黑色，稍湿，结构松散。

② 淤泥：所有钻探孔位揭露土层结构包含淤泥层，顶部埋深标高范围在 0.725～1.843m 之间，平均厚度为 0.825m，主要呈灰黑色，很湿，软塑，主要由淤泥质粉黏粒组成。

③ 黏土层：揭露土层结构包含黏土层，顶部埋深标高范围在－0.465～1.043m 之间，平均厚度为 3.675m，主要呈黄褐色，稍湿，硬塑。

④ 砂土层：根据部分孔位岩芯揭露，黏土层以下存在砂土层，顶部埋深标高范围在－3.376～－3.476m 之间，平均厚度为 1.00m，主要呈黄褐色，稍湿。

⑤ 黏土层：根据部分孔位岩芯揭露，砂土层以下存在黏土层，顶部埋深标高为－3.976m 之间，厚度为 1.30m，主要呈黄褐色，稍湿，硬塑。

白鹤塘场地地下水埋深为 1.08～1.65m，对应水位高程标高分别为 0.893～1.004m，场地内所揭露的地下水大体流向为自东北往西南。

5.2.3 污染状况

项目调查期间共布设土壤钻孔点位 17 个（焚烧 1&2 场地 13 个，白鹤塘场地 4 个），采集并分析了土壤样品 138 个（焚烧 1&2 场地 99 个，白鹤塘场地 39 个），地下水样品 5 个（焚烧 1&2 场地 2 个，白鹤塘场地 3 个），固体废物样品 10 个。根据样品检测分析结果，得出结论如下。

① 场地内存放的 4 种固体废物包括覆铜板分选残渣、破碎塑料颗粒、废塑料混合物和灰色残渣，通过对覆铜板分选残渣和灰色残渣样品进行浸出分析可知，除覆铜板分选残渣样品 SG3-20 和 SG4-30 的 pH 值超过 9 外，所有样品的其余检测指标均未超过参考标准。通过

估算，获知焚烧 1 场地、焚烧 2 场地和白鹤塘场地的固体废物堆存量分别为 $381m^3$、$6907m^3$ 和 $850m^3$，3 个场地合计堆存固体废物约 $8138m^3$。

② 焚烧 1&2 场地：土壤样品整体以酸性为主，部分样品呈偏碱性；土壤样品重金属指标中铅、砷、镉、铜、镍、镍、汞和六价铬均有不同程度的检出，部分样品铅、砷、镉、铜、镍、镍、汞和六价铬超过一类建设用地筛选值（砷超过背景值），其中 S2、S3、S5 和 S7 点位部分样品的铅、镉、铜、镍和汞含量超过管制值，需要进行治理工作。土壤有机物指标检测结果中，部分样品的多氯联苯、PCB126、PCB169 和二噁英的检出浓度超过筛选值和管制值，需开展治理工作，其余有机污染物均未检出。焚烧 2 场地内地下水样品 G2 的重金属指标中镍和铅 2 项检测指标浓度值均超过《地下水质量标准》（GB/T 14848）中的Ⅲ类标准限值。

根据不同区域污染物类型，将场地分为 4 个污染区域，区域 1 内的污染物包括铅、镉、铜、多氯联苯总量、PCB169 和二噁英，污染面积为 $1654m^2$，污染深度为 0～7.0m。区域 2 内的污染物包括铅、铜、多氯联苯总量、二噁英和六价铬，污染面积为 $1096m^2$，污染深度为 0～6.5m。区域 3 内的污染物为二噁英、砷，污染面积为 $1742m^2$，污染深度为 0～5.0m。

③ 白鹤塘场地：土壤样品整体偏酸性，土壤样品重金属指标中铅、砷、镉、铜、镍和汞均有不同程度的检出，部分样品铅、镉、铜、镍和汞超过一类建设用地筛选值，其中 S15、S16 和 S17 点位部分样品的铅、镉、铜和镍含量超过一类建设用地管制值，需要进行治理。土壤有机物指标检测结果中，部分样品的多氯联苯的检出浓度超过筛选值，PCB126 的检出浓度超过管制值，需开展治理，其余有机污染物均未检出。场地内地下水不存在超标情况。

调查结果表明，白鹤塘场地表层有 0.7～1.0m 厚的固体废物，固体废物下层为污染土壤。场地土壤污染类型为重金属和有机物复合污染，污染物为铅、镉、铜、镍、汞、多氯联苯总量、PCB126，污染面积为 $850m^2$，污染主要分布在深度为 0.7～2.0m 的土壤中，污染土壤层厚度为 1.3m。

5.2.4 风险管控目标

综合考虑到焚烧 1&2 场地未来规划为林地，白鹤塘场地未来规划为基本农田，参考风险评估阶段提出的修复目标，并结合《土壤环境质量 农用地土壤污染风险管控标准（试行）》（GB 15618—2018）中规定的农用地土壤污染风险筛选值，确定项目 3 个场地中的风险管控目标值（表 5-10）。

表 5-10　土壤风险管控目标值

序号	污染物	GB 36600 筛选值	GB 36600 管制值	风险控制值	GB 15618 农用地筛选值	风险管控目标值
1	铅/(mg/kg)	400	800	290	120	120
2	砷/(mg/kg)	60	120	0.466	30	30
3	镉/(mg/kg)	20	47	33.2	0.3	0.3
4	铜/(mg/kg)	2000	8000	4650	100	100
5	镍/(mg/kg)	150	600	503	100	100

续表

序号	污染物	GB 36600 筛选值	GB 36600 管制值	风险控制值	GB 15618 农用地筛选值	风险管控目标值
6	汞/(mg/kg)	8	33	9.46	2.4	2.4
7	六价铬/(mg/kg)	3	30	1.47	—	3
8	多氯联苯总量/(mg/kg)	0.14	1.4	0.266	—	0.266
9	PCB126/(mg/kg)	4.00×10^{-5}	4.00×10^{-4}	4.08×10^{-5}	—	4.08×10^{-5}
10	PCB169/(mg/kg)	1.00×10^{-4}	1.00×10^{-3}	1.36×10^{-4}	—	1.36×10^{-4}
11	二噁英总毒性当量/(ng/kg)	10	100	5.36	—	10

5.2.5　风险管控技术

焚烧 1&2 场地选用污染途径阻断修复策略对污染土壤及固废进行风险管控与修复[12,13]，技术路线如图 5-9 所示，选用水平阻隔技术修复污染土壤及固体废物，将场地内污染介质实施阻隔封闭，以阻止和控制污染土壤及遗留固体废物中的污染物释放进入环境，并对地下水

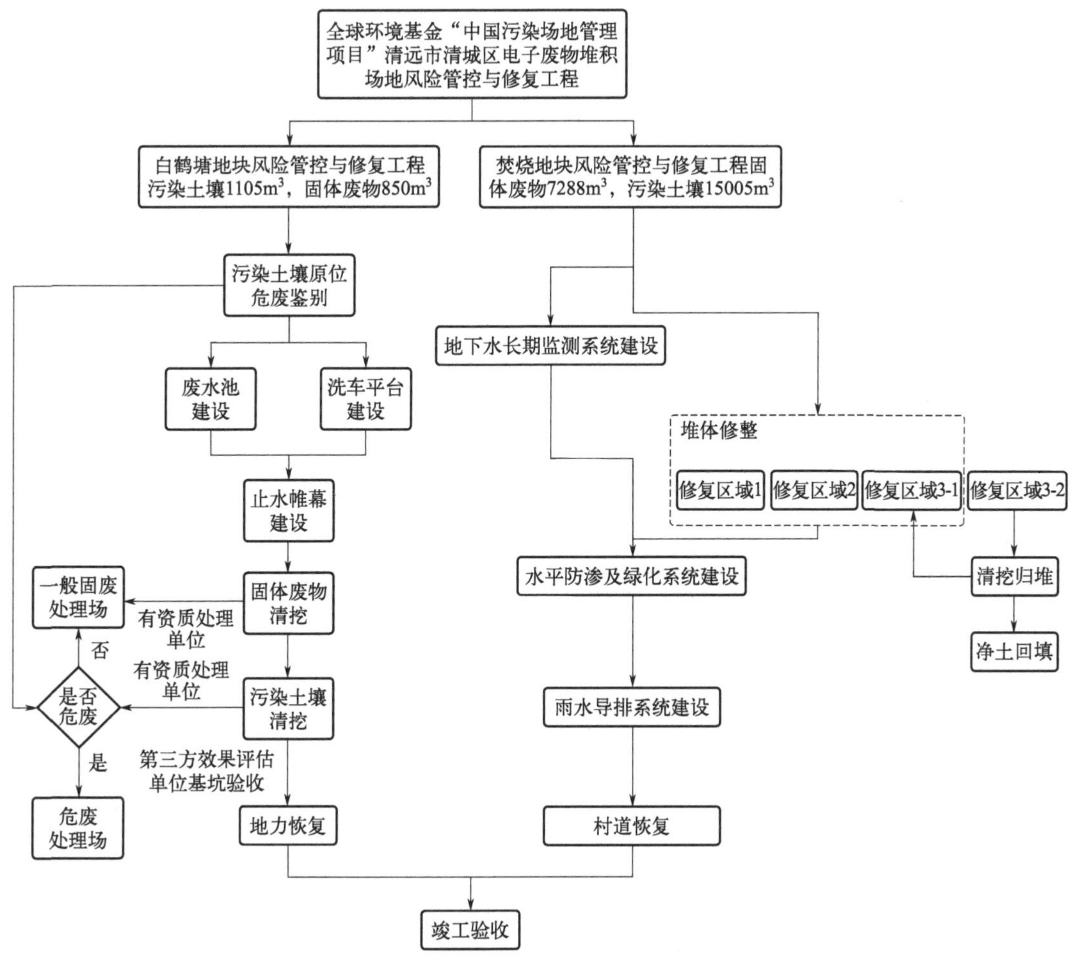

图 5-9　技术路线

进行 2 年常态化监测；白鹤塘场地选用污染介质治理修复策略对污染土壤及固体废物进行风险管控与修复，运送至有资质单位处置污染土壤及固体废物，并辅以客土/换土技术，确保地力恢复。

（1）焚烧 1&2 场地

根据项目前期调查和风险评估报告，焚烧场地黑线范围内（图 5-10）根据其污染特征划定为 3 个修复区域，修复区域存在遗留固废和污染土壤：整个场地污染土方量为 15005m^3；整个场地堆存的固体废物总量约为 7288m^3，主要为覆铜板分选残渣和灰色残渣；其中，覆铜板分选残渣为第二类一般固体废物、灰色残渣为第一类一般固体废物。

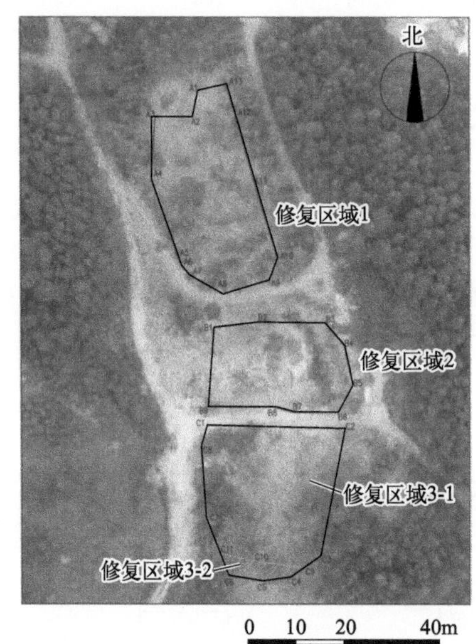

图 5-10 焚烧 1&2 场地污染区域分布图

根据《修复技术方案》，焚烧 1&2 场地污染土壤拟采用“原位水平阻隔”的修复模式。根据现场实施的协调情况，修复区域 3 的部分区域（120m^2）范围不具备铺设水平阻隔长期占用的施工条件，因此修复区域 3 进一步划分为修复区域 3-1 和修复区域 3-2 两部分，如图 5-10 所示。

焚烧场地修复区域风险管控将区域 3-2 部分的固体废物和污染土壤清挖归堆至毗邻的修复区域 3-1 范围，堆体修整后在修复区域 3-1 对修复区域 3 的固体废物和污染土壤进行水平阻隔。区域 3-2 清挖后购置清洁土对其进行回填。

（2）白鹤塘场地

白鹤塘场地修复范围为 850m^2，修复介质为约 850m^3 的破碎塑料颗粒固体废物以及约 1105m^3 的污染土壤。

选用污染介质修复策略，对污染土壤和固体废物进行异位处置：对固体废物和污染土壤进行清挖，转运至具有处置资质的处置单位进行处置。根据国家危险废物鉴别等相关规定，首先对污染土壤开展危废鉴别，根据其固体废物属性或危险废物属性进行处置。

由于白鹤塘场地毗邻地表水塘，水塘的水位标高高于固体废物和污染土壤清挖的基坑底部标高，考虑工程实施的基坑稳定性和降排水措施，方案设计在白鹤塘场地修复范围建设止水帷幕，避免施工过程中周围地表水体入渗基坑对工程实施造成负面影响。

之后开展固体废物和污染土壤的清挖和转运工作，根据其固体废物属性，按照国家、地方的相关管理规定进行处置。基于项目招标文件和前期技术资料对黑线范围的基坑进行自验收和监测，验收清挖固体废物和污染土方量；白鹤塘场地污染土壤及遗留固体废物清运后需购置清洁土对开挖后的基坑进行回填，回填深度为 1.5m，表层 0.5m 覆盖种植土。

5.2.6　焚烧场地风险管控与修复方案设计

焚烧场地修复区域风险管控将区域 3-2 部分的固体废物和污染土壤清挖归堆至毗邻的修复区域 3-1 范围，堆体修整后在修复区域 3-1 对修复区域 3 的固体废物和污染土壤进行水平阻隔。区域 3-2 清挖后购置清洁土对其进行回填。

(1) 修复区域堆体清挖归堆与堆体修整设计

参照《污染地块阻隔工程技术指南（征求意见稿）》要求，通过对堆体进行地貌重塑，进行削坡开级，形成坡面和排水系统，使坡面便于下一步隔离层施工，同时通过地表整形使堆体保持稳定，不产生滑坡现象。堆场覆盖物表面坡度一般不超过 33%。标高每升高 3～5m，应建造一个台阶。台阶应有不小于 1m 的宽度、2%～3%的坡度和能经受暴雨冲刷的强度。方案设计水平阻隔区封场后顶面坡度为 4%～6%，以利于降雨收集至边坡排水沟排出；为防止堆体四周种植土水土流失，各堆体与地面搭接处进行放坡。

将堆体修整为中心高、四周低的梯形体堆体，边坡平坦、光滑，无凸凹不平的地表，无尖锐变形或凸起，坡面不得含有植物、石子、树根、陶瓷、玻璃渣、钢筋渣等杂物。

根据前期调查和风险评估报告，修复区域 3 内需修复的污染物为二噁英、砷，修复面积为 1742m^2，修复深度为 0.5～1.5m，经计算修复土方量为 1742m^3。因此保守考虑，对修复区域 3-2 面积范围内 0～1.5m 的固体废物和污染土壤进行清挖归堆至修复区域 3-1，清挖归堆工程量为 180m^3。归堆后对修复区域 1、修复区域 2 和修复区域 3 进行杂草清理和堆体修整。

(2) 水平防渗及绿化系统设计

水平防渗系统主要为覆盖阻隔技术，通过敷设阻隔层控制土壤中污染物迁移扩散的途径，将污染物与周围环境隔离，从而避免污染物与人体接触和随降水或地下水迁移对人体和周围环境造成危害，降低并消除场地污染物对人体健康和环境风险的技术[14,15]。

项目所在地清远市废旧拆解历史较长，废弃物遗留问题较多。近年来，清远市人民政府和生态环境局在历史废弃物管理和处置方面积累了一些成功经验。清城区人民政府开展“清远市清城区龙塘镇遗留电子废弃物重金属污染管控项目”对清远市 7 个历史遗留堆点进行安全阻隔，并对阻隔进行后期监测和维护管理，实现了废弃物的风险管控。且检测结果显示大部分废弃物淋溶出污染物含量极低，环境风险小，配合阻隔管控能够有效管控其环境风险。

水平阻隔区顶部防渗自下而上为：10cm 素土保护层-人工防渗衬层（600g/m^2 土工布＋1.5mmHDPE 防渗膜＋600g/m^2 土工布）－100cm 黏土－50cm 种植土。

(3) 雨水导排系统设计

雨水导排系统设计的主要目的是导排垂直降水到堆体表面的大气降水以及导排堆体周边地表径流进入水平阻隔的堆体范围，因此雨水导排系统设计为截洪沟和排水沟两部分，堆体内部为排水沟；堆体四周为截洪沟。

根据《城市道路设计规范》《室外排水设计规范》等相关设计规范要求，项目道路排水及阻隔管控处置区排水考虑大气降水排水设计。故需根据项目排水量针对性地设计截洪沟及排水沟的尺寸。

1）汇水量计算

项目设计暴雨重现期为 50 年，根据《清远市区暴雨强度公式及计算图表》（二零一七年十二月），暴雨强度公式如下：

$$q=\frac{7812.427}{(t+15.179)^{0.750}} \tag{5-1}$$

式中，q 为设计暴雨强度；t 为降雨历时，设计为 60min。

则，最大降雨强度 $q=305.994\text{L}/(\text{s}\cdot\text{hm}^2)$。

$$Q=F\times(q-q_{\text{p}})\times10^{-7} \tag{5-2}$$

式中，Q 为最大设计流量；F 为坡面汇水面积；q_{p} 为入渗强度，保守考虑为 0。

根据上述公式计算，项目 3 处阻隔管控处置区汇水量见表 5-11。

表 5-11　阻隔管控处置区汇水量

区块名称	汇水面积/m^2	$Q/(m^3/s)$
修复区域 1	1654	0.051
修复区域 2	1096	0.034
修复区域 3	1742	0.053
修复区域外汇水区	4208	0.129
合计	8700	0.267

2）结构设计

① 截洪沟：截洪沟根据场地地势坡度进行设置，控制坡度不小于 1%，采用浆砌石砌筑，断面 0.50m×0.50m。截洪沟总长度约为 464m。

截洪沟水力计算过程如下。

Ⅰ. 流速计算

$$v=R^{2/3}\times I^{0.5}/n \tag{5-3}$$

式中，v 为流速，m/s；R 为水力半径，$R=0.077$；I 为水力坡降，$I=0.01$；n 为水力糙度，$n=0.017$。

根据上述公式，项目排水管渠流速为 1.07m/s。

Ⅱ. 设计流量计算

$$Q=Av \tag{5-4}$$

式中，Q 为设计流量，m^3/s；A 为水流有效断面面积，m^2；（项目截洪沟设计宽度及深度均为 0.6m）；v 为流速，m/s。

根据上述公式，项目排水管渠设计流量为 $0.27m^3/s$。

流量：$Q=0.27m^3/s>$堆体及周边区域流量 $0.266m^3/s$，满足排水要求。

② 排水沟：排水沟根据堆体坡度进行设置，控制坡度不小于 1%，采用混凝土砌筑，断面 0.25m×0.25m。排水沟总长度约为 232m。计算过程同截洪沟计算过程。

可得出流量：$Q=0.067m^3/s>$各堆体区域流量（$0.051m^3/s$、$0.034m^3/s$ 及 $0.053m^3/s$），

满足排水要求。

（4）地下水监测系统设计

为了确保对污染土壤及固体废物的环境风险达到管控目的，方案设置监测系统评估阻隔管控处置后污染介质对周边环境的影响监测，主要为地下水环境。通过在阻隔管控处置区域周边建设地下水监测井，监测和评估地下水中潜在特征污染物含量，分析地下水浓度变化趋势，为阻隔效果提供依据和参考。

参照《污染地块地下水修复和风险管控技术导则》（HJ 25.6—2019）及《广东省建设用地土壤污染状况调查、风险评估及效果评估报告技术审查要点（试行）》相关要求，项目地下水环境监测点沿地下水流向布设，分别于场地地下水流向上游、场地两侧及场地地下水流向下游布设监测点。根据前期调查和风险评估结果，焚烧1&2场地地下水类型主要为雨季渗水，地下水流向初步预估分为两路，分别为自西向东北向和自西向东南向，初步设计在地下水上游、下游及两侧布设共计6口监测井。监测井布设位置暂定如图5-11所示，在实际施工过程中，根据更新场地概念模型以及现场周边环境等实际条件，参照《污染地块地下水修复和风险管控技术导则》（HJ 25.6—2019）适当调整点位布设。

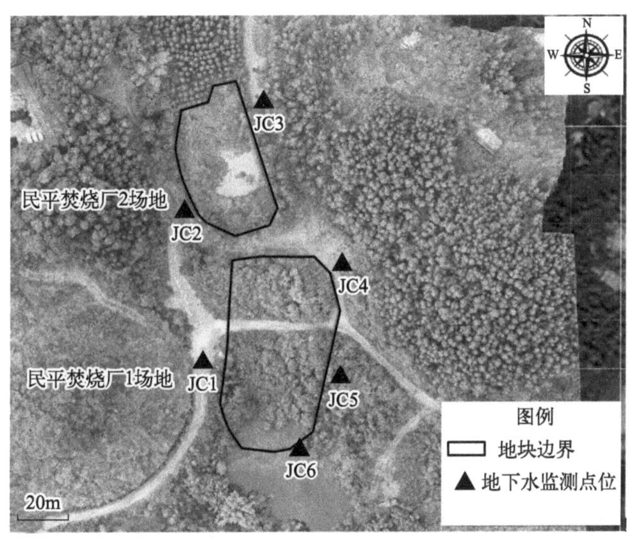

图5-11　监测井位置示意

焚烧1&2场地地下水埋深为2.41～2.56m，位于固体废物层，结合焚烧1&2场地调查期间工程地质剖面，焚烧1&2场地潜水含水层隔水层埋深为6.66～9.76m，平均厚度2.1m，参考《地下水环境监测技术规范》（HJ/T 164—2020）及《地块土壤和地下水中挥发性有机物采样技术导则》（HJ 1019—2019），初步设计监测井井深7.0m，筛管位置2.0～6.5m，下设0.5m沉淀管，初步设置监测井深度为7.0m，建井过程中根据实际地质情况进行调整。设计开孔孔径不小于130mm，井管使用PVC管，管壁厚度不小于3mm；井口实管应保留高出地面30～50cm，并制作井台及顶盖等保护设施。

5.2.7　白鹤塘场地风险管控与修复工程设计

白鹤塘场地修复范围为850m^2，修复介质为约850m^{3}破碎塑料颗粒的固体废物，以及约

1105m³ 的污染土壤。

（1）止水帷幕方案设计

白鹤塘场地西侧毗邻地表水塘，水面标高与白鹤塘场地黑线地面标高高差约 2.0m；前期调查资料显示白鹤塘场地地下水埋深为 1.08～1.65m，地下水大体流向为自东北往西南；白鹤塘场地的污染介质清挖深度在 2.3m 内。

综合考虑以上情况，结合施工单位在清远市清城区相关项目经验，对白鹤塘场地黑线范围进行封闭式的四周止水帷幕阻隔[16,17]，设计长度为 150m，设计止水帷幕以四周阻隔场地黑线范围为目标，具体实施长度以现场实际情况进行调整。

根据前期报告揭露的地层信息，白鹤塘场地的地层自上而下主要分为 5 层，包括固废层、淤泥、黏土层、砂土层、黏土层。综合考虑地层性质、基坑深度、地表水和地下水标高，初步设计止水帷幕的嵌入深度不少于 6m。

通过对阻隔工艺成熟度、经济性、安全性及施工条件等的比选，确定止水帷幕采用钢板桩工艺，根据现场情况设置水平和垂直的围檩支撑。

（2）地力恢复设计

白鹤塘场地污染土壤及遗留固体废物清运后需购置清洁土对开挖后的基坑进行回填，回填深度为 2.3m，其中表层 0.5m 覆盖种植土。地力恢复时，覆盖土壤特征污染因子浓度均不高于《土壤环境质量 农用地土壤污染风险管控标准（试行）》（GB 15618—2018）中土壤污染风险筛选值标准；土壤中应不含建筑渣土、生活垃圾等固体废物，以保证符合农业耕种的标准。同时，覆盖土应满足《土地复垦质量标准》中东南沿海山地丘陵区土地复垦质量控制标准要求。

白鹤塘场地污染土壤及遗留固体废物清运后需购置清洁土对开挖后的基坑进行回填，回填深度为 2.3m（其中表层 0.5m 覆盖种植土），之后播撒草籽进行绿化恢复。因此回填土方量为 1530m³，种植土回填土方量为 425m³，喷播草籽工程量为 850m²。

将清洁土、种植土按自下而上的顺序进行回填，每 0.5～1.0m 进行压实处理，压实度要求不低于 90%。种植土之上进行喷播草籽，采用纯度 97%以上、发芽率 70%以上的种子。

5.3 清远市遗留固体废物 L3 堆点风险管控工程

5.3.1 工程概况

项目类型：固体废物堆场。

项目时间：开工日期为 2019 年 6 月 25 日，竣工日期为 2019 年 8 月 31 日。

项目进展：已通过效果评估验收。

目标污染物：场地地下水污染物为镍、砷、铅和苯。

水文地质：场地主要分布潜水含水层，在场地内连续分布，地下水稳定水位埋深为 0.095～3.149m，大体流向为自西偏北向东偏南流动。

工程量：固体废物开挖修整量 1500m^3、截洪沟 195m、铺设膨润土垫 2670m^2、绿化面积 5871m^2、建设监测井 4 口、防护围栏 201m。

风险管控目标：针对遗留固体废物进行封闭阻隔，切断污染物迁移途径，并进行长期监测，降低环境风险；完成受污染区域复绿工作。

风险管控技术：采用覆盖阻隔系统（GCL 膨润土垫）加地表径流截流的阻隔工艺对 L3 堆点内固体废物进行风险管控。

5.3.2 水文地质条件

堆点周边区域整体地势为西北侧地势较高（平均标高 34.2m），东南侧地势低（平均标高 16.4m）。东北侧和西南侧地势相对较平缓，平均标高分别约为 25.3m 和 22.1m。

根据勘察结果，自地表最高点（标高 28m）至最大钻探深度（标高 13.3m）范围内，地层结构可概化为 2 层，自上而下分别如下。

（1）固废层

固废最高点标高 28m，底部埋深标高在 22.6～24.3m 之间埋深，最深填埋厚度约 4.2m，平均厚度约 3.2m。固体废物主要成分为铝灰渣，并混有少部分覆铜板分选残渣。

（2）黏土层

顶部埋深标高范围在 26～28m 之间，底部埋深标高范围为 13.9～19.4m，呈褐黄色，湿，可塑，含氧化铁。

除固废回填层外，各层土的渗透系数及渗透性详见表 5-12。

表 5-12　土层渗透系数及渗透性表

取样编号	取样深度/m	土层	垂直渗透系数 k_v/(cm/s)	渗透性
T1	2.40～2.60	粉质黏土	5.74×10^{-6}	弱透水
T2	4.60～4.80	粉质黏土	4.43×10^{-6}	弱透水
T2	6.10～6.30	淤泥质土	6.90×10^{-7}	微透水
T3	7.40～7.60	粉质黏土	7.12×10^{-6}	弱透水

勘查期间项目场地内所揭露的地下水大体流向为自西偏北向东偏南流动。

根据现场勘察揭露的地下水情况及地下水监测结果，堆点场地地表下 14.6m（最大勘探深度）范围内主要分布 1 层地下水，为潜水含水层，在场地内连续分布。地下水稳定水位埋深为 0.095～3.149m。

根据前期水文地质资料收集分析可知，该地区地下水按赋存条件可划分为山区块状岩类裂隙水、平原区松散岩类裂隙水和灰岩地区岩熔水三种类型，而第四系从赋存条件看是不具备含水层特征的，该地区地表水下渗量小，真正具有含水层特征的可能是第四系下伏的基岩风化裂隙层。堆点内地下水埋深较浅，浅层地下水的资源主要来自以下三部分：a. 降雨入渗量；b. 地表水补给量；c. 消耗地下水的贮存量。对于大面积的浅层地下水资源来说，后两项所占的数量相对不大，而降水入渗量则占地下水资源的大部分。另外，堆点所在区域年平均降雨量为 2216mm，年最大降雨量为 3196mm，日最大降雨量为 640.6mm，降雨量较大，地表冲刷径流强烈，由此也能说明降雨入渗与地表径流是堆点所在区域地下水的最主要来源。

5.3.3 污染状况

由于 L3 堆点的固体废物主要成分为铝灰渣，并混有少部分覆铜板分选残渣，主要污染物质为铜和镍等重金属（表 5-13）。根据实验室检测结果，镍、砷和铅在固体废物、土壤和地下水中均有检出，但在土壤中均未超标，在地下水中检测出镍、砷和铅超标；苯在固体废物和土壤中均有检出但未超标，但在地下水中检出超标。地下水中镍、砷、铅和苯的超标可能来源于覆铜板分选残渣等固体废物堆放。但由于该场地的土层类型为黏性土，垂直迁移性较弱，因此土壤中污染物浓度不高。

表 5-13 污染情况汇总表

环境介质	铜	镍	砷	铅	镉	汞	六价铬	苯
固体废物（酸浸）	√	√	×	×	×	×	√	√
固体废物（水浸）	√	√	√	×	×	×	×	—
土壤	√	√	√	√	√	√	√	√
地下水	√	▲	▲	▲	√	√	×	▲
地表水	√	√	√	√	√	√	×	—
底泥	√	√	√	√	√	√	×	—

注：表中√指检测结果高于检测限但不超过风险筛选值；×指检测结果低于检测限；▲指检测结果超过对应的风险筛选值。

5.3.4 风险管控目标

根据《清远市清城区龙塘镇遗留电子废弃物重金属污染风险管控项目 L3 堆点场地环境调查和风险评估报告》风险评估结论，对该堆点的固体废物及污染物浓度超过建议风险管控值的土壤采取风险管控措施。主要是采用阻隔封闭的方式进行风险管控，以阻止和控制遗留固体废物和污染土壤中的污染物释放进入环境，避免周围土壤、地表水体和地下水体受到污染，使重大污染源得到有效控制，确保周围生态环境、居民的身体健康不受遗留固体废物的污染威胁。

具体目标为：

① 阻断地表扬尘引起的土壤吸入颗粒物暴露途径的健康风险；

② 阻断地表污染土壤与人体的接触途径，包括经口摄入和皮肤接触暴露途径的健康风险；

③ 阻断地表径流和雨水下渗可能引起的污染物迁移到地表水和地下水污染风险。

根据该场地污染调查和风险评估结果，该场地的土壤和地下水中的污染物均在可接受风险水平范围之内，因此无需计算关注污染物的风险控制值。但由于该场地存在固体废物的露天堆放，该堆点中土壤未超标可能由于土壤性质为黏性土壤，垂直渗透性较弱，因此土壤中并未检出污染物超标，但固体废物中含有铜、镍、砷等重金属以及苯等有机物，并且在地下水中镍、砷、铅以及苯已超过对应的风险筛选值，若长期堆放，不进行任何处置可能会对周边的土壤、地下水和地表水造成污染，污染的土壤、地下水和地表水可能会对周边敏感人群造成健康风险。应根据第Ⅱ类一般工业固体废物相关标准要求进行无害化处理。因此，建议通过风险管控方式阻断污染物暴露途径，从而减轻对环境造成的持续性的不利影响。

结合现场调查情况及固体废物堆存范围，确定了上层遗留固体废物的风险管控范围，其中由于北面的固体废物只有表面很薄的一层，且下层土壤均未超标，因此在管控时可考虑清理至南面一起管控。

堆点场地上层遗留固体废物的具体风险管控范围如图 5-12 所示（书后另见彩图）。尽管该场地内所有采样点的土壤污染物浓度均低于风险筛选值，但基于保守起见，考虑渣土混合部分，污染物土壤的厚度选取 0.5m。

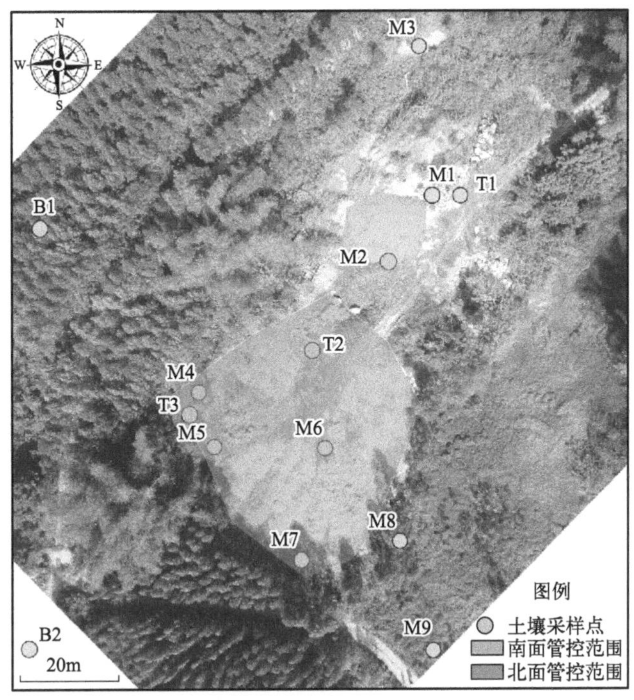

图 5-12　遗留固体废物风险管控范围示意

根据确定的污染风险管控面积和厚度进行推算，可知 L3 堆点场地需进行风险管控的遗留固体废物和土壤的量为 6729.46m^3 和 1045.95m^3，其中南面遗留固体废物为 6694.08m^3，北面遗留固体废物为 35.28m^3。

5.3.5 风险管控技术

项目结合阻隔工艺成熟度、经济性、安全性，以及项目污染扩散风险主要是地表径流和降水入渗引起等特点，方案计划采用覆盖阻隔系统（GCL 膨润土垫）加地表径流截流的阻隔工艺对 L3 堆点内固体废物进行风险管控。

（1）关于风险管控方式的确定

根据 L3 环境调查与风险评估报告可知，该场地主要土质为黏土，固体废物下层土壤垂直渗透系数在 $6.90\times10^{-7}\sim4.43\times10^{-6}$cm/s 之间，主要为粉质黏土，且根据场调结果，固体废物与土壤交界层的重金属浓度差异较明显，固体废物下层的污染土壤主要集中在紧邻固体废物层底部的 0.5m 处，距固体废物底层 1.0m 深度的土壤除一个点位孔位外均未检出重金属超标。

如表 5-14 所列，L3 堆点周边均为渗透性极差的黏土层，水平渗透系数为 3.06×10^{-6}～9.93×10^{-6}cm/s，阻隔区域周边的土壤和地下水均不超标，黏土层作为天然的阻隔层，对污染物的侧向迁移起到很好的阻隔效果。因此可采用堆体周边天然的黏土层作为垂直防渗层进行阻隔，结合顶部建设覆盖阻隔系统，以达到风险管控的目的。

表 5-14 土层渗透系数及渗透性表

取样编号	取样深度/m	土层	垂直渗透系数 k_v/(cm/s)	渗透性
T1	2.40～2.60	粉质黏土	5.74×10^{-6}	弱透水
T2	4.60～4.80	粉质黏土	4.43×10^{-6}	弱透水
T2	6.10～6.30	淤泥质土	6.90×10^{-7}	微透水
T3	7.40～7.60	粉质黏土	7.12×10^{-6}	弱透水

1）固体废物下层土壤渗透系数

除固废层外，土壤垂直渗透系数在 6.90×10^{-7}～4.43×10^{-6}cm/s 之间，主要为粉质黏土。

2）固体废物周边土壤渗透系数

根据之前做的土工实验以及后期补测的土工试验，如表 5-15 所列，L3 堆点周边均为渗透性极差的黏土层，水平渗透系数为 3.06×10^{-6}～9.93×10^{-6}cm/s，阻隔区域周边的土壤和地下水均不超标，黏土层作为天然的阻隔层，对污染物的侧向迁移起到很好的阻隔效果。

表 5-15 土层物理力学指标及渗透性表

取样编号	取样深度/m	土层	土壤含水率 W/%	土粒比重 Gs	土壤干密度 ρ_d/(g/cm³)	垂直渗透系数 k_v/(cm/s)	水平渗透系数 k_h/(cm/s)	渗透性
T4	2.60～3.0	粉质黏土	25.9	2.70	1.40	6.74×10^{-6}	7.02×10^{-6}	弱透水
T4	5.6～6.0	粉质黏土	25.8	2.72	1.38	6.23×10^{-6}	6.63×10^{-6}	弱透水
T4	7.2～7.6	粉质黏土	27.2	2.72	1.34	7.12×10^{-6}	5.89×10^{-6}	弱透水
T5	3.0～3.4	粉质黏土	23.4	2.71	1.48	9.93×10^{-6}	8.12×10^{-6}	弱透水
T5	6.6～7.0	粉质黏土	25.2	2.72	1.43	8.74×10^{-6}	9.03×10^{-6}	弱透水
T5	9.4～9.8	淤泥质土	32.4	2.69	1.23	3.06×10^{-6}	3.46×10^{-6}	弱透水
T6	2.6～3.0	粉质黏土	26.5	2.72	1.38	7.36×10^{-6}	6.59×10^{-6}	弱透水
T6	5.0～5.4	粉质黏土	31.0	2.68	1.33	5.52×10^{-6}	6.03×10^{-6}	弱透水
T6	7.6～8.0	粉质黏土	29.5	2.72	1.34	6.02×10^{-6}	6.98×10^{-6}	弱透水

（2）关于覆盖阻隔材料的确定

根据 L3 堆点风险管控实施方案的比选，防渗层采用的压实黏土是使用历史最悠久、最多的防渗材料，压实黏土作为不透水层，成本低，施工难度小，有成熟的规范和使用经验，被石子穿透的可能性小，也不易被植被层的根系刺穿，但渗透系数偏大，防渗性能较差，需要的土方量多，施工量大，施工速度慢，施工压实程度难以一致，容易干燥、冻融收缩产生裂缝，抗拉性能差。

现代化的填埋场封场工程中，土工膜已经得到广泛应用。土工膜的优点是防渗性能好，具有流体（液体或气体）阻隔层的功能，而且施工工程量小，有一定的抗拉性能和对不均匀沉降的敏感性，但容易被尖锐的石子刺穿，且本身存在老化的问题，焊接处易出现张口，抗剪切性能差，所以通常需要设置膜下保护层和膜上保护层。土工膜的选择标准通常包括结构耐久性、在填埋场产生沉降时仍能保持完整的能力、覆盖边坡时的稳定性以及所需费用等。除此以外，还应考虑铺设方便、施工质量容易得到保证、能防止动植物侵害、在极端冷热气候条件下也能铺设、耐老化以及为焊接、卫生、安全或环境的需要能随时将衬垫打开等因素。HDPE 土工膜具有厚度薄，不抗穿刺、剪切的缺点，因此在施工过程中，为了有效地控制质量，应选择焊接经验丰富的人员施工，在施工其他的相关层时，必须注意对膜的保护，避免造成损坏。

相比以上两种材料，膨润土垫（GCL）具有以下优势。

① 密实性。钠基膨润土在水压状态下形成高密度横隔膜，厚度约 3mm 时，它的透水性相当于 100 倍的 30cm 厚度黏土的密实度，具有很强的自保水性能。

② 具有永久的防水性能。因为钠基膨润土系天然无机材料，即使经过很长时间或周围环境发生变化，也不会发生老化或腐蚀现象，因此防水性能持久。

③ 施工简便、工期短。和其他防水材料相比，施工较简单，不需要加热和粘贴，只需用膨润土粉末和钉子、垫圈等进行连接和固定。施工后不需要特别的检查，如果发现防水缺陷也容易维修。GCL 是现有防水材料中施工工期最短的。

④ 不受气温影响。在寒冷气候条件下也不会脆断。

⑤ 一体化。防水材料和对象的一体化：钠基膨润土遇水时，具有 20～28 倍的膨胀能力，即使混凝土结构物发生震动和沉降，GCL 内的膨润土也能修补 2mm 以内混凝土表面的裂纹。

⑥ 绿色环保。膨润土为天然无机材料，对人体无害无毒，对环境没有特别的影响，具有良好的环保性能。

⑦ 性能价格比高，用途非常广泛。产品幅度可达 6m，大大提高了施工效率。

根据前期堆点施工经验，堆体坡度较陡时，采用 HDPE 膜容易导致边坡滑坡和水土大量流失，为保证堆体稳定性，经过多次比选，项目堆点采用 GCL 作为覆盖阻隔材料，实施过程中发现 GCL 作为覆盖阻隔材料，可以有效保证堆体稳定性。

5.3.6　污染风险管控工程设计及施工

（1）风险管控工程设计

工程主要是对堆点内遗留固体废物实施阻隔封闭，以阻止和控制遗留固体废物中的污染物释放进入环境，并监测遗留固体废物造成的土壤和地下水污染的自然衰减。

为阻断污染物的扩散路径，方案拟对降水入渗、裸露的固体废物进行阻隔，即对遗留固体废物四周及顶部进行阻隔，避免污染物进一步转移扩散。

如图 5-13 所示，工程总体技术路线是：先对场地周边固废进行集中清理，堆体平整，超挖部分以干净黏土回填，之后进行顶部覆盖阻隔系统建设，铺设膨润土垫、天然土层进行阻隔覆盖、阻隔区周边建设截流沟、绿化恢复、地下水监测系统。

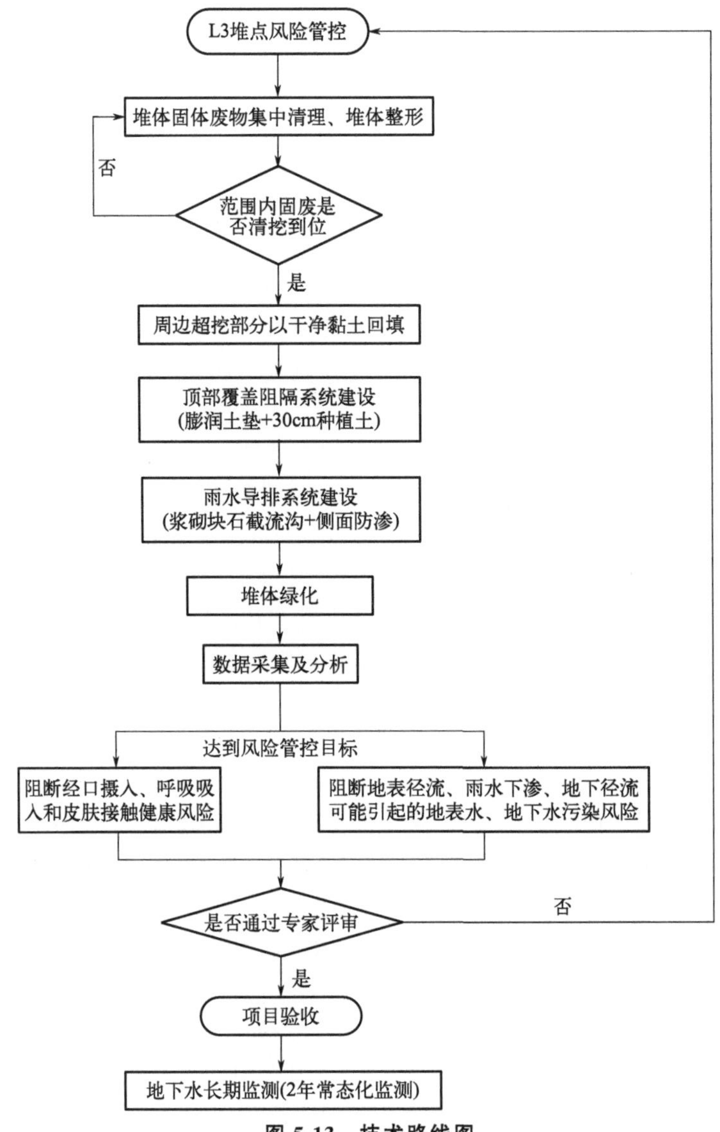

图 5-13　技术路线图

项目选用纳基膨润土防水毯（GCL）作为第一层阻隔层材料可以有效地防止雨水进入堆体内，对堆体污染物达到有效控制。第二层覆盖 30cm 种植土，便于雨水导排系统的建设，同时有利于绿化。在堆体坡面与顶部建立排水沟，防止雨水冲刷堆体，造成水土流失，堆体上方设立散水面，防止堆体积水，实现了阻断表层污染介质的直接接触，同时也对堆体起到一定的加固作用。

由于截洪沟在阻隔地表雨水入渗进入堆体、同时汇集周边地表水体等方面起着非常重要的作用，因此，对截洪沟的设计尺寸的可行性进行分析。

项目场地位于云路村一个山谷内，汇水面积约 $0.06km^2$。由于项目场地内没有形成有序的排水系统，为避免治理期间上游汇水对场地造成冲刷污染环境。项目实施前，需在场地上游及周边设置截洪沟，将上游汇水拦截后直接外排。

沿堆体边界设置截洪沟，分为东西两条截洪沟，将上游汇水排入下游河道。截洪沟侧墙采取标准砖砌筑，底面采用 M10 浆砌块石砌筑 MU30 块石，块石要求坚硬耐风化，厚度≥15cm。外露表面采用 1∶2 水泥砂浆抹面厚 20mm，沟壁顶部压顶厚度 30mm，每隔 10m 设置伸缩缝，缝宽 20mm。

堆点位于广东省清远市清城区，广东省气候四季如春，植被丰富，项目拟选择狗牙根作为植被恢复主要植物。狗牙根的根茎蔓延力很强，广铺地面，为良好的固堤保土植物，常用以铺建狗牙根草坪或球场，用于项目植被恢复可行。

(2) 风险管控工程施工

1) 固废清挖倒运

堆体施工前后的航拍图如图 5-14 和图 5-15 所示（书后另见彩图），采用挖机对 L3 堆体周边的固废清挖转运和堆体修整，根据实际施工测量，堆体北侧固废清挖量 88m^3，其他区域清挖及修整量 1412m^3。

图 5-14　堆体施工前的航拍图

图 5-15　堆体施工后的航拍图

2) 阻隔防渗系统建设

L3 堆体修整完成，达到阻隔防渗系统铺设要求后，开始建设生态隔离区的阻隔防渗系统。覆盖阻隔系统主要采用复合膨润土垫层进行防渗，膨润土垫规格 5000g/m^2。根据实际施工测量，膨润土垫铺设 2670m²，种植土量 2480m³。

3）雨水导排系统建设

阻隔区四周新建截洪沟，采用砖砌结构，截洪沟长度为 195m。

4）生态景观施工

阻隔封闭完工后，为恢复该区域生态功能，保持其与周边环境的景观相似性，对于堆点顶部及周边清挖部分铺设绿化土进行封场绿化生态恢复，同时堆点周边设置防护围栏。根据实际施工测量，撒播草籽量 5871m²，防护围栏建设 201m。

5.3.7　工程运行及监测情况

项目设计监测周期 2 年，第一次检测于 2019 年 10 月（平水期）进行了地下水样品采集，检测结果见表 5-16。项目选用《地下水质量标准》（GB/T 14848）中的Ⅲ类标准限值作为风险筛选值，根据检测结果，4 个地下水样品中，只有 2 口井中的 pH 值出现了超标。其中镍、铅、砷和苯的检测结果，相对于场调期间呈明显下降趋势。

表 5-16　施工后地下水检测结果

监测时间点	样品编号	pH 值	镍/(μg/L)	铅/(μg/L)	砷/(μg/L)	苯/(μg/L)	位置
	地下水Ⅲ类	6.5～8.5	20	10	10	10	—
场调期间	L3-M1	5.7	1.18	2.91	<0.12	<1.4	中游
	L3-M3	6.1	1.11	0.89	<0.12	<1.4	中游
	L3-M6	6.4	79.6	23.80	35.9	125	堆点内
	L3-M9	5.5	1.35	1.62	<0.12	<1.4	下游
竣工后监测	L3-JC1	7.0	1.54	<0.09	0.3	<1.4	上游
	L3-JC2	7.0	<0.06	<0.09	<0.3	<1.4	中游
	L3-JC3	5.6	0.16	<0.09	<0.3	<1.4	下游
	L3-JC4	5.8	0.77	0.18	<0.3	<1.4	中游

管控后，pH 值在 5.6～7.0 之间，超标率是 50%，在 4 个样品中，镍、铅、砷、苯均未检出超标，达到风险管控要求。

5.3.8　效果评估

5.3.8.1　工程性能评估

经梳理核验，效果评估堆点所使用材料的相关参数符合风险管控方案设计及相关行业技术规范要求，具体如下。

（1）覆盖阻隔系统

L3 地块使用了钠基膨润土防水毯作为覆盖阻隔系统，铺设按照膨润土防水毯的施工规范（QB/GCLSG-2004）进行，根据检测结果，膨润土防水毯单位面积质量、膨润土膨胀指数、拉伸强度、最大负荷下伸长率、剥离强度、渗透系数、耐静水压及膨润土耐久性符合

JG/T 193—2006 标准要求。

（2）种植土

在堆体的顶部和底部按照 40m×40m 划分 6 个网格，在地块均匀中心位置，采用人工挖掘的形式开挖探洞，用钢卷尺控制测量覆土厚度看其是否符合设计要求，现场探洞测量结果表明种植土厚度均达到设计要求。取一定数量的种植土送检，相关指标基本符合设计要求。

（3）工程设施连续性与完整性评估

结合现场踏勘及地块竣工验收报告审核，地块覆土平整、绿化层生长情况基本良好，截洪沟排水沟连续完整。施工单位已按照风险管控方案要求完成设计工作量，工程设施连续性与完整性良好。

5.3.8.2　风险管控效果评估

风险管控工程施工单位在项目主体工程完工后开展了 5 次自验收监测工作，效果评估单位利用原施工单位设置的长期监测点位进行了 3 次效果评估监测工作，L3 地块采样点位如图 5-16 所示。

图 5-16　L3 地块采样点位图

（1）监测指标及超标情况

根据前期工作方案，效果评估阶段除测定管控目标污染物外，还针对地下水调查阶段未测定或测定未超标的物质开展监测，包括地下水一般理化性质、地块可能涉及的毒理学指标等，污染物检出及超标情况如表 5-17 所列。

表 5-17　污染物检出及超标情况

检测指标	Ⅲ类标准	第 1 次采样		第 2 次采样		第 3 次采样	
		检出率	超标率	检出率	超标率	检出率	超标率
臭和味	无	33%	33%	0	0	0	0
挥发酚(以苯酚计)	0.002mg/L	0	0	0	0	0	0
浊度	3	100%	100%	100%	100%	100%	100%
pH 值	6.5～8.5	100%	100%	100%	0	100%	67%
肉眼可见物	无	0	0	0	0	0	0

续表

检测指标	Ⅲ类标准	第 1 次采样		第 2 次采样		第 3 次采样	
		检出率	超标率	检出率	超标率	检出率	超标率
氨氮(以氮计)	0.5mg/L	67%	33%	100%	33%	100%	100%
硫化物	0.02mg/L	100%	0	100%	33%	0	0
阴离子表面活性剂	0.3mg/L	0	0	0	0	0	0
亚硝酸盐氮	1.00mg/L	0	0	67%	0	33%	33%
硝酸盐氮	20mg/L	100%	0	33%	0	100%	0
氟化物	1.0mg/L	100%	0	0	0	0	0
溶解性总固体	1000mg/L	100%	0	100%	0	100%	0
氯化物(以氯离子计)	250mg/L	100%	0	100%	0	67%	0
总硬度	450mg/L	100%	0	100%	0	100%	0
碘化物	0.08mg/L	0	0	0	0	—	—
硫酸盐(以硫酸根计)	250mg/L	100%	0	100%	0	100%	0
耗氧量	3.0mg/L	100%	0	100%	33%	100%	33%
氰化物(以氰离子计)	0.05mg/L	33%	0	0	0	0	0
六价铬	50μg/L	0	0	0	0	0	0
汞	1μg/L	100%	0	100%	0	0	0
钠	200mg/L	100%	0	100%	0	100%	0
砷	10μg/L	0	0	0	0	0	0
硒	10μg/L	100%	0	0	0	0	0
铝	200μg/L	67%	0	67%	0%	33%	0
锰	100μg/L	100%	33%	33%	33%	100%	33%
铁	300μg/L	100%	0	100%	0	67%	0
镍	20μg/L	100%	0	100%	0	100%	0
铜	1000μg/L	100%	0	100%	0	100%	0
锌	1000μg/L	67%	0	100%	0	100%	0
镉	5μg/L	33%	0	33%	0	33%	0
铅	10μg/L	0	0	0	0	0	0
苯	10μg/L	0	0	0	0	0	0
甲苯	700μg/L	0	0	0	0	0	0
四氯化碳	2.0μg/L	0	0	0	0	0	0
三氯甲烷(氯仿)	60μg/L	0	0	0	0	0	0
萘	100μg/L	0	0	—	—	—	—
苊	无标准	0	0	—	—	—	—
苊烯	无标准	33%	0	—	—	—	—
芴	无标准	0	0	—	—	—	—
菲	无标准	0	0	—	—	—	—
蒽	1800μg/L	0	0	—	—	—	—

续表

检测指标	Ⅲ类标准	第 1 次采样		第 2 次采样		第 3 次采样	
		检出率	超标率	检出率	超标率	检出率	超标率
荧蒽	240μg/L	0	0	—	—	—	—
芘	无标准	0	0	—	—	—	—
苯并[a]蒽	0.01μg/L	0	0	—	—	—	—
䓛	无标准	0	0	—	—	—	—
苯并[b]荧蒽	无标准	0	0	—	—	—	—
苯并[k]荧蒽	无标准	0	0	—	—	—	—
苯并[a]芘	0.01μg/L	0	0	—	—	—	—
二苯并[a,h]蒽	无标准	0	0	—	—	—	—
苯并[ghi]苝	无标准	0	0	—	—	—	—
PCBs(18 种)	0.5μg/L	0	0	—	—	—	—

（2）目标污染物的评估

管控工程完成后 L3 目标污染物的变化如图 5-17 所示（书后另见彩图），经对比，风险管控工程施工单位的自验收阶段数据及效果评估阶段监测数据，各监测井中两个时期的监测数据具有良好的相关性，故后续将两个阶段的数据进行对比。

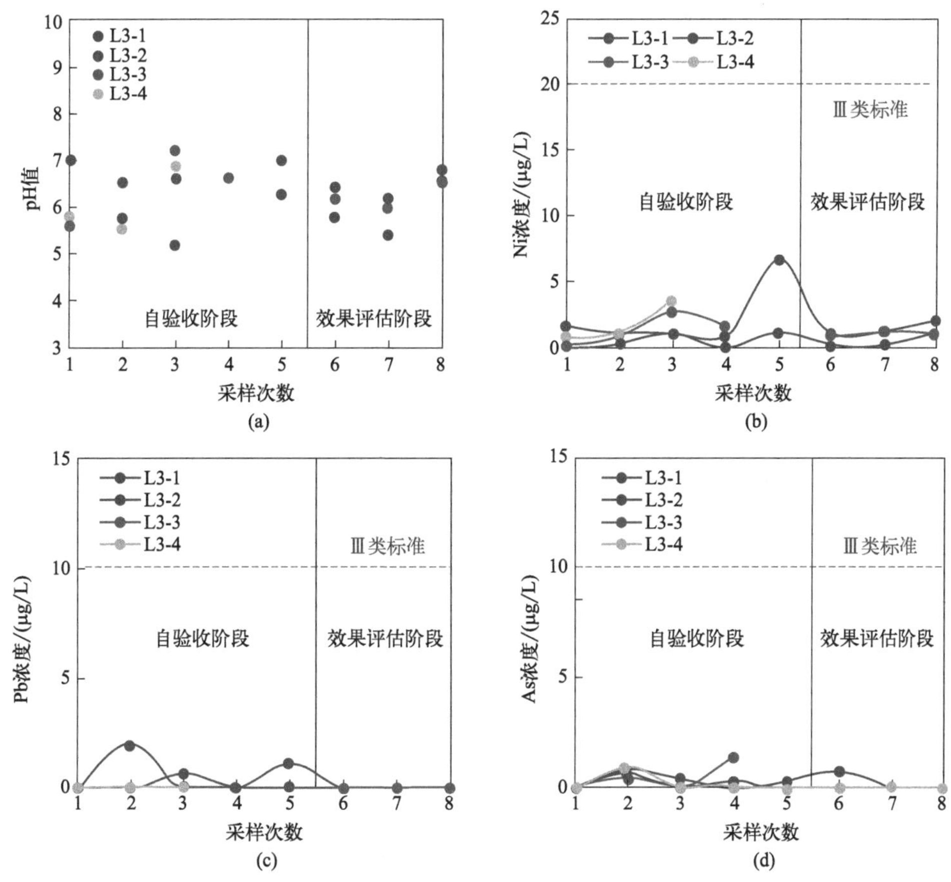

图 5-17

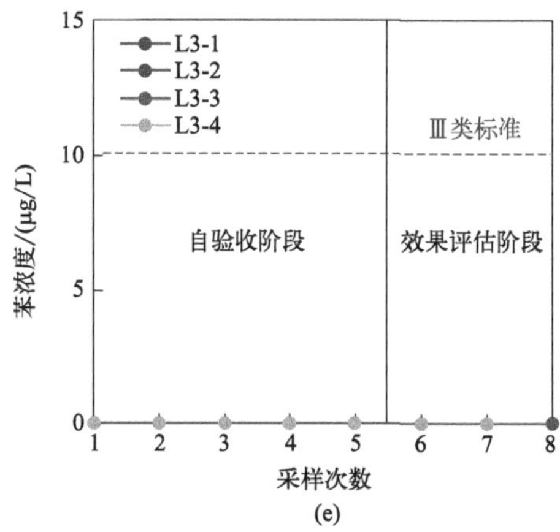

图 5-17　管控工程完成后 L3 目标污染物的变化

(3) 目标污染物的时空变化

调查阶段各污染物超标情况与自验收＋效果评估阶段各污染物超标情况对比如表 5-18 所列。计算方法为单井在该阶段有 1 次采样超标的，该井计为超标，超标率为 3 个井中未超标井/超标井的比值。

表 5-18　调查阶段与自验收＋效果评估阶段监测井超标率对比（%）

阶段	镍	砷	铅
调查阶段	20	20	20
自验收阶段	0	0	0
效果评估阶段	0	0	0

为明确效果评估结论，如图 5-18、表 5-19 所示，采用 Sufer15.3 进行效果评估周期内地下水流向的分析（地下水流向未变化的只取其中一次结果）。Mann-Kendall 趋势检验方法对自验收＋效果评估阶段地块上下游中监测井目标污染物进行趋势检验分析。

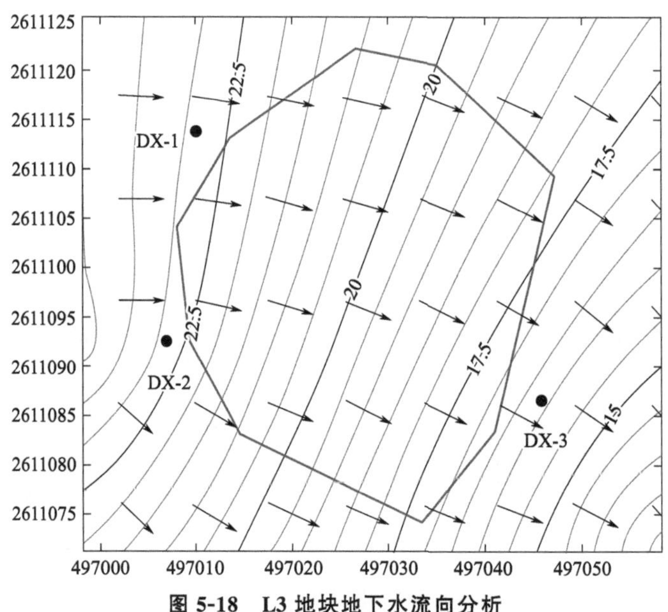

图 5-18　L3 地块地下水流向分析

表 5-19 调查阶段与自验收＋效果评估阶段监测井污染物趋势分析

项目	指标	L3-DX-1	L3-DX-2	L3-DX-4	L3-DX-3
pH 值	是否超标	是	是	—	是
	p 值	0.138	0.36	0.5	0.386
	斜率	−0.05	−0.03	0.53	0.93
镍浓度	是否超标	否	否	—	否
	p 值	0.45	0.50	0.15	0.50
	斜率	0.10	0.03	1.39	0.28
铅浓度	是否超标	否	否	—	否
	p 值	0.12	0.05	—	0.12
	斜率	−0.52	−1.45	—	0.17
砷浓度	是否超标	否	否	—	否
	p 值	—	—	—	—
	斜率	—	—	—	—

注：①$p<0.05$ 表示显著上升或下降趋势；②斜率为负表示下降趋势，斜率为正显示上升趋势（pH 值上升趋势表明污染影响减小）；③是否超标指效果评估阶段是否存在超标。

5.3.8.3 效果评估结论

L3 地块效果评估结论如下。

① 监测结果表明，管控工程完成后，地块所有地下水监测井中目标污染物均未超标，其中苯未检出，其余目标污染物远低于Ⅲ类水标准。

② 采用 Mann-Kendall 趋势检验方法对自验收＋效果评估阶段监测井目标污染物进行趋势检验分析，地块上游监测井 1、2 污染物整体具有下降趋势，下游监测井 3 污染物略有上升。

③ 鉴于该地块目标污染物浓度未见超标，判断风险管控工作达到预期目标。

5.4 结论及建议

本章共介绍了 3 个典型 POPs 污染场地修复和风险管控案例。案例一为中试修复案例，场地污染浓度高、异味大，周边分布较多居民区、学校等敏感目标，且场地小，现场操作空间受限，但后续开发利用价值较高，用地规划为建设用地，因此对技术可操作性、修复效果等有较高要求，该案例重点介绍了 POPs 污染修复技术的可行性评估与确定；案例二为已通过效果评估验收的风险管控工程案例，重点介绍了因地制宜进行的 POPs 污染风险管控技术和方案设计；案例三为已通过效果评估的风险管控工程案例，介绍了从工程设计、实施到效果评估的全流程内容。其中，案例二和案例三均为历史遗留固体废物场地，存在重金属和 POPs 复合污染，场地周边敏感目标少，规划为林地或农田，因此主要采取了降低污染迁移扩散的风险管控模式以及工程控制的技术手段。

以往国外对 POPs 污染场地最常见的修复手段是清除焚烧或填埋处置，目前 POPs 污染主要修复技术包括了原位、非原位技术，又可分为物理、化学、生物以及自然衰减技术等。物理修复方法主要包括换土法、土壤淋洗法、固化/稳定化法、热脱附技术等；化学修复方法主要包括化学氧化法、化学还原法，化学淋洗法、超临界萃取法等，其中化学氧化与化学还原法对污染物浓度和性质较不敏感，修复效率高，作用时间短，且经济安全，因此被广泛使用；生物修复技术是一种绿色低碳可持续的方法，适用于治理低浓度 POPs 污染，其中微生物修复又根据生物好氧性分为有氧和厌氧，根据修复原理分为生物刺激和生物强化；自然衰减技术依赖于土壤或地下水中污染物的自然衰减，需要对土壤和地下水定期采样检测以分析其中污染物的特性，监测污染物特性变化。

由于 POPs 污染具有复杂性和难降解性，通常建议将消除污染源作为场地污染治理的首要手段。如美国环保署建议在技术与经济不可达的情况下，应按下列由上到下的顺序优先选择修复目标。

① 尽可能消除污染源，尽管可采用制度控制等控制地下水的风险，如禁止地下水使用，但是地下水污染源具有较大的环境风险，因此只有技术经济可行，必须消除污染源。

② 采用主动和被动方式控制地下水污染源的迁移（如水力控制、阻隔等）。

③ 维持地下水污染羽缩小、稳定或可控（如结合定期检测，自然衰减等）。

④ 维持健康风险可控（制度控制、工程控制等）。

随着我国对污染场地修复的研究与应用进程，相关技术、装备及管理体系日益完善，但仍需进一步的精细化延伸。由于不同污染场地的污染物种类、浓度水平、水文地质条件、敏感受体等存在差异，因此需结合实际污染场地的具体情况，确定合适的修复和风险管控模式与目标，综合性筛选有效的治理技术，以满足实际的污染治理需求。

参考文献

[1] 污染场地修复技术目录（第一批）[A]. 中国环境保护产业协会．中国环境保护产业发展报告（2014 年）[C]. 中国环境保护产业协会，2015：256-258.

[2] 滕应，李秀芬，潘澄，等．土壤及场地持久性有机污染的生物修复技术发展及应用 [J]. 环境监测管理与技术，2011，23 (03)：43-46.

[3] 张瑜．POPs 污染场地土壤健康风险评价与修复技术筛选研究 [D]. 南京：南京农业大学，2008.

[4] 翟付群，刘学擎，曹晓．POPs 污染场地修复技术筛选探讨 [J]. 环境与发展，2020，32 (10)：112-113.

[5] 龚成云．某多氯联苯污染地块土壤修复技术筛选与工程应用研究 [J]. 皮革制作与环保科技，2023，4 (12)：104-106.

[6] 樊陆欢，洪岚，蒋澄宇，等．基于 PROMETHEE Ⅱ法的 POPs 污染场地修复技术评价体系 [J]. 环境工程，2014，32 (09)：172-176，138.

[7] 严志楼，王昶童，张施阳．碱活化过硫酸钠和热脱附技术对 TPH 和 PAHs 污染土壤修复的试验研究 [J]. 化工管理，2022 (12)：49-53.

[8] 张新英．典型 POPs 农药污染土壤热解吸修复技术研究 [D]. 阜新：辽宁工程技术大学，2012.

[9] 谢俊影．机械化学法修复重金属-POPs 复合污染土壤技术研究 [D]. 上海：上海第二工业大学，2022.

[10] 申英杰．纳米零价 Fe 机械化学修复 POPs 污染土壤技术研究 [D]. 上海：上海第二工业大学，2021.

[11] 姜文超，殷瑶，朱煜．异位间接两级热脱附技术在有机污染土壤修复工程中的应用 [J]. 环境工程学报，2021，15 (11)：3764-3772.

[12] 薛成杰，方战强，王炜．电子废物拆解场地复合污染土壤修复技术研究进展 [J]. 环境污染与防治，2021，43 (01)：103-108.

［13］ 吴启航，电子垃圾拆解区土壤重金属-POPs 污染的原位修复及机制［D］．广州：广州大学，2019.
［14］ 臧常娟，孙玉超，刘志阳，等．原位水平阻隔风险管控技术在某退役工业污染场地治理中的应用［J］. 环境工程技术学报，2023，13（04）：1497-1505.
［15］ 郑颖，赵亮，郝砚华，等．膜阻隔技术在土壤污染风险管控中应用的可行性研究［J］. 环境生态学，2021，3（03）：60-64.
［16］ 陈素云，王峰，王文峰，等．污染场地工程控制技术应用研究［J］. 环境工程，2014，32（05）：146-149，137.
［17］ 谢云峰，曹云者，张大定，等．污染场地环境风险的工程控制技术及其应用［J］. 环境工程技术学报，2012，2（01）：51-59.

第6章 污染场地修复效果评估与后期管理[1]

[1] 本章作者为张丽娜，姜林，朱笑盈，李恩贵。

根据《污染场地土壤环境管理办法（试行）》（部令第 42 号）[1] 中专业用语与相关要求，“治理与修复工程完工后，土地使用权人应当委托第三方机构按照国家有关环境标准和技术规范，开展治理与修复效果评估，编制治理与修复效果评估报告，及时上传污染场地信息系统，并通过其网站等便于公众知晓的方式公开，公开时间不得少于 2 个月。治理与修复效果评估报告应当包括治理与修复工程概况、环境保护措施落实情况、治理与修复效果监测结果、评估结论及后续监测建议等内容”。《中华人民共和国土壤污染防治法》[2] 第六十五条规定“风险管控、修复活动完成后，土壤污染责任人应当另行委托有关单位对风险管控效果、修复效果进行评估，并将效果评估报告报地方人民政府生态环境主管部门备案”。

污染场地风险管控与修复效果评估应对土壤和地下水修复是否达到修复目标、风险管控是否达到规定要求、地块风险是否达到可接受水平等情况进行科学、系统地评估，提出后期环境监管建议，为污染场地管理提供科学依据。

6.1 工作内容和程序

污染场地风险管控与修复效果评估的工作内容包括：更新地块概念模型、布点采样与实验室检测、风险管控与修复效果评估、提出后期环境监管建议、编制效果评估报告。

美国等在污染场地修复效果评估方面已开展了多年的研究和实践，制定了一系列较为完善的技术指南。在污染场地效果评估工作开展时，首先运用 DQO（数据质量目标）制定工作计划，细化数据质量要求；在采样之后运用 DQA（数据质量评估）程序来评估数据质量是否达到了 DQO 要求，如果未达到则要采集更高质量的数据，若数据达到要求，则可运用统计方法进行分析；若统计分析表明已达到修复目标，则表明达到修复效果；如果统计分析表明未达到修复目标，可能需要补充采样来识别未达标区域，之后进行补充修复，如此循环。针对地下水修复效果评估，提出在验收开始前，必须确定场区地下水流场已经恢复到天然状态，制定与统计分析方法相匹配的采样方案。

我国在《工业企业场地环境调查评估与修复工作指南（试行）》（2014）[3] 中梳理了效果评估在污染地块管理流程中的定位及工作程序，提到污染场地修复评估是在污染场地修复完成后，对场地内土壤和地下水进行调查和评价的过程，主要是通过文件审核、现场勘察、现场采样和检测分析等，进行场地修复效果评价，主要判断是否达到验收标准，若需开展后期管理，还应评估后期管理计划合理性及落实程度；在场地修复验收合格后，场地方可进入再利用开发程序，必要时需按后期管理计划进行长期监测和后期风险管理。北京、上海、广州、杭州等城市均制定了污染地块修复效果评估的工作程序。

土壤和地下水修复效果评估工作程序见图 6-1。

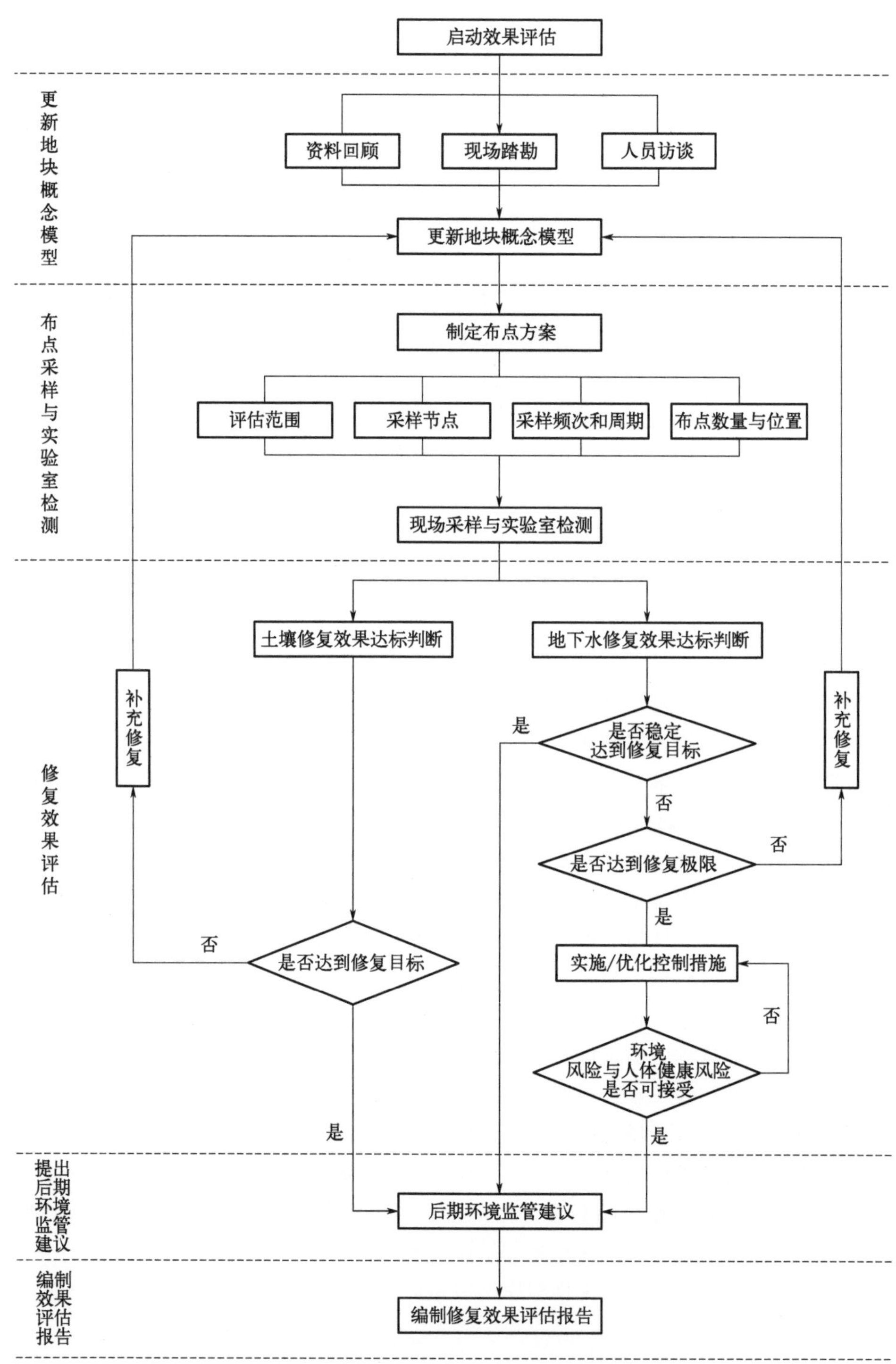

图 6-1 污染场地土壤和地下水修复效果评估工作程序

6.2 更新地块概念模型

根据风险管控与修复进度，以及掌握的地块信息对地块概念模型进行实时更新，为制定效果评估布点方案提供依据。

6.2.1 资料回顾

修复效果评估阶段需要对地块前期资料进行详尽的了解，因此本节主要结合实际修复效果评估工作经验及国内已有的导则，将涉及的资料清单列出，包括：

① 地块环境调查评估报告；

② 地块修复技术方案；

③ 地块修复实施方案；

④ 地块施工组织设计文件；

⑤ 工程环境影响评价及其批复文件；

⑥ 施工与运行过程中监测数据；

⑦ 工程监理数据、资料和报告；

⑧ 二次污染防治相关数据、资料和报告；

⑨ 相关合同协议，如污染土运输与接收的协议和记录、实施方案变更协议等；

⑩ 其他相关文件，如地块施工管理文件等。

资料回顾的要点主要依据《污染场地土壤环境管理办法（试行）》的要求，分为治理与修复工程概况和环保措施落实情况两方面进行梳理。

6.2.2 现场踏勘

踏勘主要参考《建设用地土壤污染状况调查 技术导则》(HJ 25.1—2019，下简称导则)中的规定，可通过对异常气味的辨识、摄影和照相、现场笔记等方式初步判断场地污染的状况。踏勘期间，可以使用现场快速测定仪器。基于修复效果评估的任务是评估治理修复的情况，因此主要采用照片、视频、录音、文字等方式。

6.2.3 人员访谈

人员访谈内容主要参考导则中人员访谈的相关规定，结合修复效果评估的任务规定访谈的内容与对象。

6.2.4 地块概念模型

地块各阶段的概念模型极其重要，其在场地调查评估阶段是污染来源分析与污染物分布结论必不可少的论据、在场地修复方案设计阶段是修复策略确定的依据、在修复实施阶段是修复是否可以按计划实施的关键要素，在修复效果评估阶段也尤其重要，特别是对于越来越多的原位修复工程。实际上，地块概念模型始终贯穿在各项工作中，《场地环境评价导则》(DB11/T 656—2017) 明确对地块概念模型的建立进行了规定，HJ 25.5 中基于其重要性、结合国外经验、考虑实际工作，明确提出需要更新地块概念模型[4-7]。

在场地调查评估阶段，将综合描述场地污染源释放的污染物通过土壤、水、空气等环境介质，进入人体并对场地周边及场地未来居住、工作人群的健康产生影响的关系模型称为地块概念模型。在污染场地修复阶段，由于各场地水文地质条件的差异、修复模式的不同、目标污染物性质的不同等，修复过程具有各种类型的不确定性，从而对修复效果产生影响，因此在修复效果评估工作中，应根据资料回顾与现场勘察等工作，更新地块概念模型。

地块概念模型主要通过分析场地水文地质条件、污染物理化参数、污染物空间分布、潜在运移途径、修复目标、修复方式、修复过程监测数据等情况，以文字、图、表等方式，表达场地地层分布、地下水埋深、流向、污染物空间分布特征、污染物迁移过程、迁移途径、污染物修复过程、污染土壤去向、受体暴露途径等，用以指导场地修复效果评估范围的确定、效果评估指标和标准值的确定、效果评估介入节点等关键问题。在效果评估开展过程中，可根据资料与数据的充实程度，不断完善场地概念模型，以便科学合理地评估场地修复效果。

关于地块概念模型，在美国空军环境中心 2012 年《Low-Risk Site Closure Guidance Manual to Accelerate Closure of Conventional and Performance Based Contract Sites》的“3. 1. 1. Question Ⅰ. 1. Have all of the components of the CSM been evaluated?”中，对场地修复后概念模型涉及的信息进行了汇总，一般包括下列信息。

① 场地调查信息：场地历史用途、现状、未来用途；调查数据、土壤钻孔、地球物理、地球化学、场地外受影响地下水、有无 NAPL 及其观察记录。

② 污染源特征：包括主要的（罐槽、管线、集水坑等）和次要的（NAPLs、污染土等）污染源位置，污染途径（泄漏、回填）、规模和边界、污染物、污染时间、污染规模、污染源控制方法。

③ 关注污染物：化学成分、毒性、迁移性；二次污染物，中间产物。

④ 污染范围：污染源浓度的水平和垂向分布。

⑤ 水文地质情况：地层、毛细带、饱和带、含水层特征，渗透系数、水力梯度、孔隙度、隔水层土壤性质、含水层顶端埋深、地下水位、地下水流向、优先流路径、地下水与地表水的水力联系。

⑥ 地球化学资料：含氧量、硝酸盐、硫酸盐、铁含量等地球化学参数。

⑦ 迁移和暴露途径：地下水、地表水、土壤、大气、沉积物等迁移途径。

⑧ 污染物衰减途径：包括对流、扩散、化学和生物转化、吸附、稀释等。

⑨ 受体：使用人群、生态受体、敏感受体（幼儿园、学校、居民、医院等）、现在和未来的地下水和地表水。

⑩ 土壤修复资料：土壤修复起始时间、修复土方量、修复或清除的结果。

⑪ 地下水修复资料：起始时间、修复技术、治理的结果等。

⑫ 其他相关信息：包括监管机构、业主、用地规划、周边情况等相关资料。

修复后的地块概念模型是对治理和修复后地块各方面情况的综合分析，因此 HJ 25.5 推荐采用文字、图、表等方式，尽可能对其进行充分的、客观的、形象的表达。更新地块修复后的概念模型的目的是指导修复效果评估工作的开展，其涉及多个环节的信息，需要从不同的资料中获取，HJ 25.5 以附录的形式将其列出，以供实际工作参考。

6.3 布点采样与实验室检测

布点方案包括效果评估的对象和范围、采样节点、采样周期和频次、布点数量和位置、检测指标等内容，并说明上述内容确定的依据。原则上应在风险管控与修复实施方案编制阶段编制效果评估初步布点方案，并在地块风险管控与修复效果评估工作开展之前，根据更新后概念模型进行完善和更新。

根据布点方案，制定采样计划，确定检测指标和实验室分析方法，开展现场采样与实验室检测，明确现场和实验室质量保证与质量控制要求。

6.3.1 基坑清理效果评估布点

（1）评估范围

原则上，修复效果评估阶段的评估范围是需要开展治理与修复的区域，以及修复过程中可能产生二次污染的区域，由于土壤原位与异位均涉及二次污染区域，因此关于二次污染区域的布点要求在文本中设置单独章节。实际工程中发现，在某些情况下可能会涉及修复范围的调整，例如苯并［*a*］芘毒性参数的调整引起修复目标值的变化从而可能需要调整修复范围，个别地块在修复阶段可能会涉及规划利用条件变更，也涉及修复范围的调整。HJ 25.5 考虑此项因素，列出条款规定根据工程实际情况与管理要求调整，以期使修复效果评估具有客观性。

（2）采样节点

修复效果评估采样介入节点如图 6-2 所示，根据地块修复效果评估具体工作经验，在此导则中对土壤修复效果评估采样节点进行了明确。对于基坑，常存在需要基坑围护的工程措施，在这种情况下，若桩基已经完成，则修复效果评估时无法在侧壁进行采样，因此 HJ 25.5 规定若采用桩基维护，则建议基坑侧壁采样与基坑清理同时进行，若不具备条件，可在维护设施的外边缘采样。

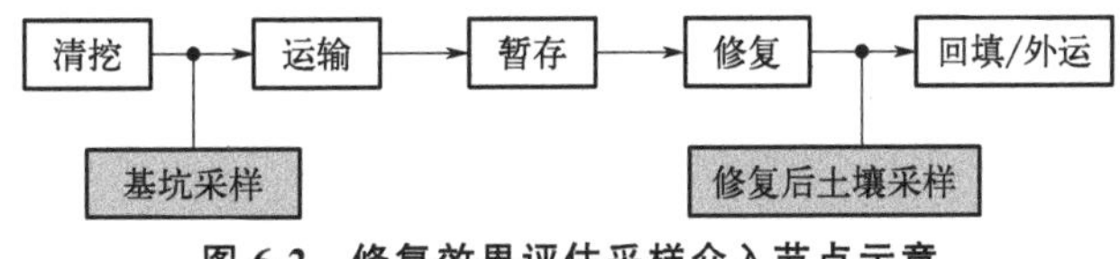

图 6-2　修复效果评估采样介入节点示意

根据近些年实际工程开展情况，部分场地可能涉及原地异位修复，这种情况下由于处置场所的限制，部分基坑可能会涉及提前回填，并且考虑工程进度，基坑可能会涉及多批次的清理，修复效果评估采样时可根据具体进度进行分批次采样。

（3）布点数量与位置

考虑可操作性，并基于国内外文献调研，多采用系统布点法（图 6-3），因此 HJ 25.5 也规定基坑底部采用《建设用地土壤污染风险管控和修复监测技术导则》（HJ 25.2—2019）中土壤监测点位布设方法中的规定；侧壁采样有些国家采用等距离布点方法，有些根据面积进行系统布点，由于侧壁深度与污染物分布的不同，推荐横向上采用等距离布点法。

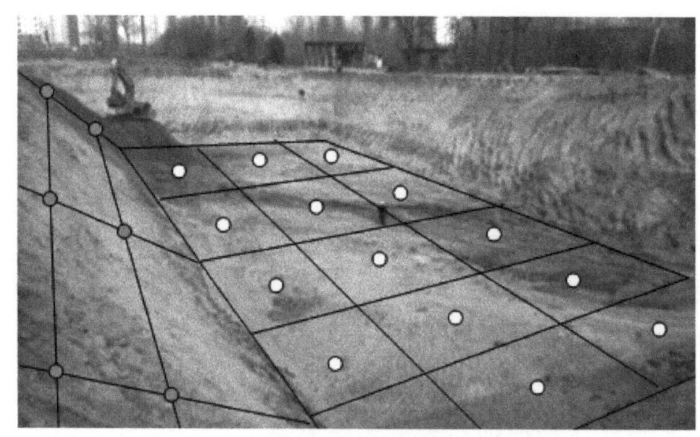

图 6-3　基坑底部与侧壁布点示意

关于布点数量的计算与推荐，具体如下。

1）统计学理论方法

对于污染场地修复效果评估，特别是大型污染场地，采样数量是有限的，任何程度的细分网格，增加采样点密度，仍然可能出现不达标点，加密采样和逐点达标的方法可能会导致过度花费或过度修复，因此采样布点实际上是一个统计学问题，其本质是由总体合理抽取样本，由样本科学推断总体，即用样本的频率和数字特征来评估总体的特征，在有限的样本情况下，使误判的概率在可接受水平内。

国外污染场地土壤验收主要是根据修复后场地土壤污染物的浓度分布确定场地验收的布点方案，同时结合场地土壤物理、化学和生物学特性及场地残留污染分布建立样本量，采用假设检验的方法确定场地土壤修复是否达标。参考国外的做法，提出基于统计学的验收布点及评估流程如下：

① 依据场地的污染状况和修复技术，分析修复后场地可能残留污染的分布，确定修复后场地验收的抽样方法；

② 基于不同抽样方法、场地可能残留污染分布包括变异系数、未检出数据比例等和风险控制目的确定适用的场地验收估计参数；

③ 基于不同的抽样方法和估计参数，以公式的形式给出样本量，并以附录的形式给出参数图表供查询用；

④ 基于给定的样本量和抽样方法，进行场地采样，依据采样后的数据进行估计量计算，并进行达标检验。

由于统计分析方法涉及公式与参数诸多，对统计学专业水平有一定要求。在某案例场地修复效果评估基坑采样时，按照统计学方法进行了试算，其中未检出的用检出限代替。根据各污染物的数据分布情况，选用合适的计算方法，计算得到所需样本量。可以看出，除了计算方法较为烦琐之外，对于有多种污染物存在的基坑，由于各污染物的浓度分布不同，对应所需的样本量也不尽相同，因此实际计算虽然较为客观，但对于确定基坑采样点数量易造成困扰。

2）国外推荐采样数量

根据统计学理论，采样数量取决于污染物浓度的数据分布情况，计算烦琐，并且由于上述计算方法所需参数较多，在实际修复验收时难以获取这些参数，因此一些国家的相关技术指南中给出了推荐采样数量。

美国密歇根州自然资源部《土壤修复验收指南》主要针对异位修复的场地，给出了污染土壤挖走后坑底和侧壁的最低采样数量。底部和侧壁采样数量均根据面积确定，同时规定每个侧壁至少采集一个样品，对于不规则形状，采取等分的方法确定采样点。

美国怀俄明州环境质量部《土壤确认采样指南》针对不同面积的区域，分别规定了采样数量。对于面积≤10000 平方英尺（930m^2）的区域：至少采集 5 个样品，其中 1 个位于底部、4 个位于侧壁，侧壁采样点等分确定，对于深度≤1 英尺（0.3m）的侧壁不进行采样。对于面积＞10000 平方英尺（930m^2）的区域：根据场地特征确定，包括污染物最严重点的位置、视觉、土壤类型等。一般运用网格采样的方式，网格大小为 400～1000 平方英尺（37.16～92.90m^2）。在每个网格中心采样或者随机采样。

美国明尼苏达州污染控制局于 1998 年发布了《基于风险的场地特征和采样指南》，对污染场地采用异位修复挖掘后基坑底部、侧壁、土壤堆体以及原位修复的采样数量均做出了明确的规定，推荐采样数量同美国密歇根州自然资源部推荐数量。

新泽西州于 2011 年发布了《场地清理指南》，对污染场地挖掘后的基坑、异位修复后的土壤堆体以及原位修复后的土壤在验收过程中的布点方案、采样数量提出了一些原则性的建议。

新西兰《污染场地管理指南卷 5：土壤调查与分析》运用探测热点区域方法，规定了采样点数量。

3）国内推荐采样数量

根据国内外已有文献，基坑底部的采样网格 7m×7m～90m×90m 不等，侧壁或采用等距离采样或采用面积划分网格采样。相对来讲，美国等国家的污染场地修复效果评估阶段基坑布点数量的密度稍大于国内，近年来国内开展修复效果评估工作多采用《建设用地土壤污染风险管控和修复监测技术导则》（HJ 25.2—2019）或《北京市污染场地修复验收技术规范》（DB11/T 783—2011）[8]，基本上可以满足实际工作的需要。结合实际情况，目前 HJ 25.5 细化了不同面积基坑的推荐采样数量（表 6-1），以供使用方便。

表 6-1　基坑底部和侧壁推荐最少采样点数量

基坑面积 x/m^2	坑底采样点数量/个	侧壁采样点数量/个
$x<100$	2	4
$100\leqslant x<1000$	3	5
$1000\leqslant x<1500$	4	6
$1500\leqslant x<2500$	5	7
$2500\leqslant x<5000$	6	8
$5000\leqslant x<7500$	7	9
$7500\leqslant x<12500$	8	10
$x>12500$	网格大小不超过 40m×40m	采样点间隔不超过 40m

修复过程中设施所在区、临时道路、堆放区等可能受二次污染的土壤应进行采样，以整

体评估地块修复效果。基坑修复效果评估的目的是评估基坑是否清理到位，因此一般情况下，在基坑清理后表层采样即可表征剩余土壤是否还存在污染的情况，为避免基坑清理表面受到影响，因此建议一般情况下在去除杂质后采样；对于个别情况，例如为了进一步判定补充清理的深度，可能也需要根据实际情况进行深层采样。对于重金属和半挥发性有机物，也可采集混合样，并且只能在一个采样单元，即一个采样网格或间隔内采集。

6.3.2　异位修复效果评估布点

（1）评估对象

修复效果评估的对象已基本达成共识，包括异位修复的基坑底部与侧壁、原位和异位修复后土壤，HJ 25.5 再次强调了潜在二次污染区域的土壤修复后也需要进行修复效果评估，异位修复后土壤堆体如图 6-4 所示。

图 6-4　异位修复后土壤堆体照片

（2）采样节点

异位修复若按照堆体模式进行修复，建议在堆体拆除之前进行采样：一则可以根据管线设置判断修复薄弱点；二则若修复未达标可以直接开启修复设施。若在拆除之后进行修复，则会造成不便，若迫于场地限制或工程进度不得不在拆除后采样，则对未达标区域土壤的继续修复可能较为烦琐。对于修复后的土壤，由于处置场所限制或工程进度，同理可分批次采样。

（3）布点数量与位置

运用统计学方法计算修复后土壤采样数量与基坑土壤方法相同，同样也存在前期数据获取不便、计算过程烦琐等问题，并且数量多少与堆体的大小无关，只与数据分布有关，虽然统计意义上科学性较高但可操作性不强，因此 HJ 25.5 依旧给出了推荐采样数量，统计学方法可以作为参考或者验证。

1）国外推荐采样数量

美国明尼苏达州于 1996 年发布了《基于风险的场地特征和采样指南》，其推荐堆体采样数量如表 6-2 所列。

表 6-2 明尼苏达州堆体样品采集数量表

土壤堆体体积/CY	堆体体积/m^3	采样数量
0～500	0～382.28	每 76.46$m^3$1 个样品
501～1000	382.28～764.55	每 191.13$m^3$1 个样品
>1001	>764.55	每 382.28$m^3$1 个样品

注：CY 为 cubic yards，立方码，1CY≈0.765m^3，下同。

明尼苏达州发布的《土壤样品采集和分析指南》对石油污染的异位处理/处置的土壤堆体以及挥发性有机污染物（VOCs）、汽油类污染物（gasoline range organic，GRO）和柴油类污染物（diesel range organic，DRO）要求的采样数量如表 6-3 所列。

表 6-3 明尼苏达州土壤堆体的随机采样数量要求

土壤堆体体积/CY	土壤堆体体积/m^3	随机采样数量/个
<50	<38.23	1
51～500	38.23～382.28	2
501～1000	382.28～764.55	3
1001～2000	764.55～1529.11	4
2001～4000	1529.11～3058.21	5
超过 4000 后每增加 2000	超过 3058.21 后每增加 1529.11	增加 1 个样品

如果土壤堆体小于 10CY（7.65m^3），并不需要采集土壤样品进行分析，除非它有可能是危险废物。

明尼苏达州于 2008 年发布了《土壤样品采集和分析指南》，对重金属类污染物及多氯联苯（PCBs）要求收集单独的混合样品。混合样的收集方式如下：从一个土壤堆体中随机采集 15 份土壤样品，将收集的样品放入清洁的容器内进行充分混合后，再取样进行污染物分析。

新泽西州于 2012 年发布了《场地调查、修复调查和修复效果验证土壤采样技术指南》，其推荐的土壤堆体的采样数量如表 6-4 所列。

表 6-4 新泽西州堆体样品采集数量推荐表

土壤堆体体积/CY	土壤堆体体积/m^3	无判断的默认采样数量/个	有判断的抽样采样数量/个
0～20	0～15.29	1	1
20.1～40	15.29～30.58	2	2
40.1～60	30.58～45.87	3	2
60.1～80	45.87～61.16	4	2
80.1～100	61.16～76.46	5	2
100.1～200	76.46～152.91	6	3
200.1～300	152.91～229.37	7	3

续表

土壤堆体体积/CY	土壤堆体体积/m^3	无判断的默认采样数量/个	有判断的抽样采样数量/个
300.1～400	229.37～305.82	8	4
400.1～500	305.82～382.28	9	4
500.1～600	382.28～458.73	10	5
600.1～700	458.73～535.19	11	5
700.1～800	535.19～611.64	12	6
800.1～900	611.64～688.10	13	6
900.1～1000	688.10～765.56	14	7
1000.1～2000	765.56～1529.11	15	8
2000.1～3000	1529.11～2293.66	16	9
3000.1～4000	2293.66～3058.21	17	10
4000.1～5000	3058.21～3822.77	18	11
5000.1～6000	3822.77～4587.32	19	12
6000.1～7000	4587.32～5351.88	20	13
7000.1～8000	5351.88～6116.43	21	14
8000.1～9000	6116.43～6880.98	22	15
9000.1～1000	6880.98～7645.54	23	16

美国州际环境技术和规则委员会（ITRC）制定了不同修复技术的方案编制与实施情况，其中对修复效果评估均根据技术各自特征有不同要求，例如，固化/稳定化处理后采样频次取决于工程总量、每天处理速率、可观测到的混合一致性、可观测到的污染物材料属性以及其他因素，原则上每一批次或设施运行条件变化时均需采样，每 400～800m^3 采集一个样品。

2）国内推荐采样数量

从国外与国内的推荐数量来看，国外的点位密度大于国内推荐值，且根据不同修复技术或堆体大小有不同的要求，国内的推荐数量对不同修复技术尚无明显差别。而根据技术原理与实际工程数据可以看出：修复效果波动越小、修复实际效果越好于修复目标要求，则所需采样数量越少；修复效果越不均一、修复后土壤中污染物浓度越接近目标值，则所需采样数量越多。采样数量的确定是一个统计学问题，同时兼顾科学性与可操作性，HJ 25.5 编制过程中总结了根据实际情况计算采样点数量的方法，由于公式与参数较多，HJ 25.5 制定过程中采用通常使用的 α 错误与 β 错误取值，分别为 0.95 和 0.80，计算得出一个中间过程参数，命名为“差变系数”。根据数据分布情况计算超标比例后可查阅每个样点代表的土方量。

由于修复效果与设施运行情况直接相关，因此建议对于按照批次处理的修复技术，每批次都要进行采样，以免疏漏。

对于按照堆体处理的修复技术，此处采用国内目前常用的方量要求，同时结合国外针对不同堆体大小的数量要求设置推荐采样点数量。

修复后的土壤堆体采样位置采用国内外基本通用的均匀网格布点法，堆体常有两种，一种是批次处理后堆存的堆体，另一种是异位堆体状态修复的堆体，对于后者，可能会存在效果不均一的情况，或由于管线设置的不均一性，或由于天气变化或其他工况影响局部区域，因此易导致修复薄弱区的出现，而薄弱区是更需关注的，修复效果评估采样时应重点考虑（图 6-5）。

图 6-5　修复效果薄弱区示意

例如，在案例场地的生物通风技术，靠近管道阀门调节阀的两排土壤气监测点结果显示这些区域氧气浓度分布相对较均匀，浓度范围为 14%～18%。但是，堆体最南边（及距离调节阀最远端）的一排土壤气监测点结果显示，6 号及 13 号监测点及其附近区域堆体中氧气浓度较低。通过对堆体进行检查发现，这 2 个监测点附近对顶膜与进气口的焊接由于前一冬天的恶劣天气出现裂口，雨水直接进入堆体，导致这 2 个点所在区域土壤几乎完全饱和，氧气难以进入这些区域，这些运行工况的差异将直接影响修复效果。

根据实际工作经验，对于个别场地，特别是原地异位修复场地，由于修复实施区面积大小的限制，可能会出现堆体高度过高的情况，而修复效果评估要采集网格中心的样品，常用手工钻的深度有限，因此为便于实际工作的开展，建议合理设置堆放高度。

6.3.3　原位修复效果评估布点

（1）评估范围

对于原位修复，修复效果评估的范围一般为修复范围内部，由于修复过程可能造成其他区域污染而对环境和人体造成潜在风险，因此评估范围应包含二次污染区域，二次污染区域的相关内容独立设置章节。

（2）采样节点、频次和周期

对于原位修复，修复设施的开启可能会影响周边区域，例如原位电加热、原位气相抽提等，因此建议若需要分区域开发，则可以按照修复单元分区域开展采样。

（3）布点数量与位置

原位修复后土壤，国外常用两种方法，一种考虑横向与纵向，另一种将修复范围直接作为堆体，前者较方便于工作的开展，同时能兼顾横向与纵向关注的重点，所以 HJ 25.5 做此推荐，同时建议水平向上原则上布点密度参考基坑的布点密度。

土壤原位修复的差异性不只受制于污染物分布与修复设施设置，也与土壤性质、水文地质情况息息相关，多种条件作用下，更需考虑其不均一性，并关注其修复薄弱区。

6.3.4 土壤修复二次污染区域布点

关于二次污染区域，在北京市、浙江省、广州市的导则中均进行了考虑，HJ 25.5 对其进行了进一步的细化，并单独设置章节进行明确。HJ 25.5 列明了修复工程可能涉及的二次污染区域（图 6-6），包括暂存区、修复区、堆存区、临时道路等，并增加了污染物迁移涉及的区域，在此主要是指原位修复可能引起的污染物迁移情况。

(a) 修复设施所在区域

(b) 修复场地临时道路

(c) 修复设施内部

(d) 固体废物堆放处

图 6-6 土壤修复潜在二次污染区域照片

HJ 25.5 还规定了在场地治理修复过程中产生扰动或可能受到二次污染的区域的点位数量和布点方法，借鉴国内相关导则以及实际工作经验，布点数量主要参照基坑布点数量，布点位置可采用判断布点也可采用系统布点法。

6.3.5 地下水修复效果评估布点

（1）评估范围

地下水可能会改变污染羽的范围，例如抽出-处理、空气注入等会对污染羽造成扰动，因此地下水修复效果评估的范围应基于地块概念模型确定，包括其内部及上下游，特别是潜在二次污染的区域。

（2）采样节点

根据理论研究与工程实践，地下水修复往往出现修复效果反弹的问题（图 6-7）。因此何时的采样数据可作为最终效果评估的依据，是地下水修复效果评估的难点之一。

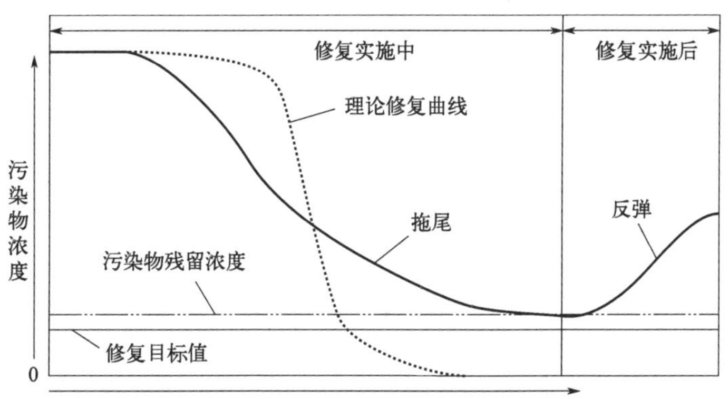

图 6-7　地下水抽出-处理修复的反弹现象

来源：《Methods from Monitoring Pump-and-Treat Performance. EPA 1994》

美国环保署 1989《场地清理达标评估方法卷 2：地下水》中提到：一般情况下，地下水修复实施后污染物浓度变化可参见图 6-8。根据图 6-8：①为修复实施前，②为修复阶段，③为修复工程结束节点（修复设施停止运行）；③～④为修复设施停止运行后土壤和地下水中污染物有可能出现的反弹和拖尾阶段，在此阶段需要阶段性的检测来证明修复效果是否反弹；若污染物浓度趋势证明未超过修复目标值，则可进入⑤～⑥验收采样阶段，此阶段的主要目的是证明污染物浓度稳定低于修复目标值，污染物趋势被证明稳定低于修复目标值方可得到场地修复达标的结论。因此，地下水修复停止运行后，修复验收周期需包含两个阶段：③～④证明修复达标；⑤～⑥证明修复效果稳定达标。

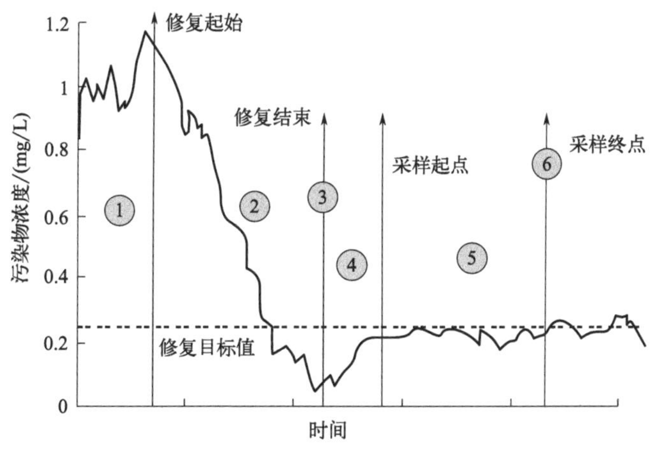

图 6-8　地下水修复实施过程污染物浓度变化示意

地下水验收采样工作开始前需确定地下水修复活动已经终止、并需要判断地下水处于稳定状态。地下水修复活动终止时间一般基于有效的数据、水文地质学家专业判断、地下水监测结果和模型确定。地下水处于稳定状态主要依据统计分析、地下水模型，以及对该场地情况熟悉的水文地质学家的意见，需同时达到两方面要求：地下水水位、流量、季节变化等指标与修复活动开展前基本相同；若修复活动改变了地下水系统，则需要达到预期的稳定状态，且修复活动的后续影响相对于季节变化可忽略。污染物浓度的统计特征（均值、标准差）不随时间发生较大的波动。地下水稳定状态后的采样检测数据方可作为修复效果评估的依据。

参考美国的经验，我国将地下水修复监测分为修复达标初判阶段和修复效果评估监测两个阶段，需根据地下水修复达标初判阶段数据判断地下水中污染物浓度稳定达标且地下水系统达到稳定状态时，方可开始修复效果评估采样。

对于达标初判的采样要求，主要参考美国固体废物和应急响应办公室（OSWER）2014年发布的《评估地下水修复措施完成的推荐方法》，最小样本量是基于现有的地下水监测和统计学规律来确定的。由于修复监测阶段并不是地下水监测井的最终决策点，该阶段所采用的最低样本量可以通过图示或者统计评估方法（趋势检验或均值检验）做出，因此建议这一阶段的最低样本量为 4 个，对于正态分布而言，4 个样本足以反映地下水污染情况。

地下水修复效果评估采样节点如图 6-9 所示，地下水采样频率和采样持续时间应根据具体场地的水流条件来确定，如水力梯度、渗透系数、季节变化和其他因素等。采样频率应确保有足够的数据用于修复监测和达标监测评估，同时应避免采样间隔过长，许多场地采用季节性采样频率。同时采样频率应确保蓄水层的代表性样品，并且建议以每月一次作为最短的时间间隔，对于流场变化较大的地块，可以适当增加采样频次。

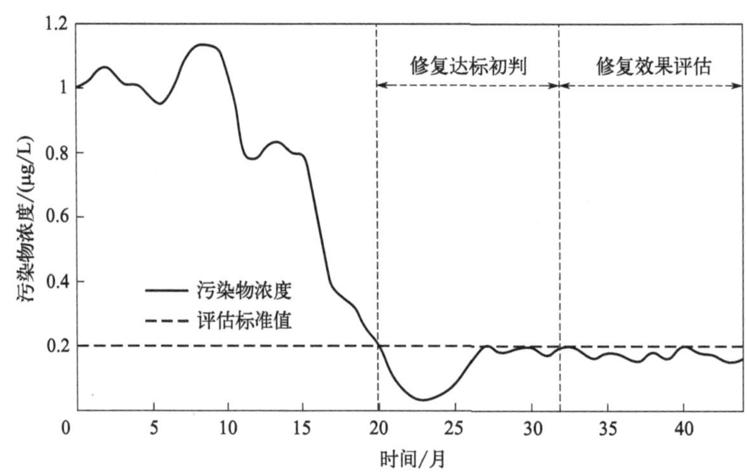

图 6-9　地下水修复效果评估采样节点示意

（3）采样周期和频次

国外大量地下水效果评估实践证明，地下水中污染物浓度的反弹可在 2 年内发现，美国环保署一般要求每季度监测 1 次，至少监测 8 个频次，约为 2 年，但美国个别州规定了至少 1 年，因此，为确保场地修复后的健康风险和环境风险的底线，不宜过分降低监测周期和频次。

OSWER 2014《评估地下水修复措施完成的推荐方法》达标检验阶段的决策对于地下水最终达标的决策更为重要，需要确保目前地下水达标且未来持续达标，建议最低样本量为 8 个，以确保图示或者统计评估方法（趋势检验或均值检验）的有效性。尽管上述两个阶段都推荐了最低样本量，但是应考虑具体场地的条件和采用的统计方法及其置信区间，确定合适的样本量。地下水采样频率和采样持续时间应根据具体场地的水流条件来确定，如水力梯度、渗透系数、季节变化和其他因素等。采样频率应确保有足够的数据用于达标监测评估，同时应避免采样间隔过长，许多场地采用季节性采样频率。

美国内华达州于 2014 年发布了《地下水关闭豁免技术指南》，其针对地下水中潜在污染物持续低于修复行动目标规定：一般情况下需要 3～4 个季度的地下水监测数据表明地下水中关注污染物指标低于修复目标，来证明污染物已经被修复且地下水位的变化等不会造成污染物浓度的反弹，对于地下水的监测原则上最少需要 1 年的时间。

（4）布点数量与位置

考虑到地下水修复技术的不同、修复设施设置间距的不同、地块水文地质条件的差异，HJ 25.5 编制过程中不再对地下水监测井的数量做要求，只要能满足地下水修复效果评估的要求即可；并且只要是地块内可以使用的监测井，均可作为修复效果评估的采样井。但监测井应优先设置在最不利的区域，例如修复设施运行薄弱区、污染源浓度高的区域、水文地质条件不利的区域等。

由于地下水修复效果与修复范围、修复技术、水文地质条件等多种因素相关，在此仅做原则性规定，不做具体数量要求；为了便于实际操作，参考美国地下水调查中对地下水污染羽采样点设置的相关要求，对最低采样数量做出规定。

6.3.6　现场采样与实验室检测

修复效果评估阶段的现场采样和实验室检测与调查评估阶段的要求相同，因此技术环节主要参照国内已有导则执行。关于检测的指标的确定，具体如下。

（1）基坑检测指标

基坑检测指标已是共识，由于实际场地常划分多个基坑，实际工作中常见到基坑相邻但清理深度与目标污染物不相同的情况，而修复范围常由场地调查阶段数据采用不同方式插值而确定，基于土壤污染分布的不均一性与插值的理论性，相邻修复范围的分割线不能把污染物的分布客观分割，因此在修复效果评估时建议在基坑交界处同时检测两侧的目标污染物。

（2）异位修复后土壤检测指标

目前国内修复工程实施过程中，对于异位修复后的土壤，其目标污染物通常为本地块调查评估时基于本地块规划情景确定的，实际上异位修复后土壤不一定回填到原场地，例如有可能会作为填埋场覆土等其他用途，此时应考虑接受地块关注的污染物，2015 年北京市发布了《污染场地修复后土壤再利用环境评估导则》（DB11/T 1281—2015），规定了修复后土壤再利用环境评估的工作程序、方法、内容和技术要求，其目的就是防止土壤再利用时危害人体健康、污染周边土壤和地下水，适用于修复后土壤在非环境敏感区被再利用的评估。

修复效果评估的目的是保证地块环境与人体健康，不仅是对施工工程进行评估；且修复效果评估是污染场地管理的关键环节与最后把关，一些修复方法，如化学氧化，可能产生毒性更大的中间产物，如不考虑二次污染，难以保证修复后场地的环境和健康安全。

由于地块特征、氧化剂种类、目标污染物等各不相同，且修复技术不断发展，原则上应在修复技术方案中技术可行性分析结果中对二次污染物进行明确，效果评估阶段应予以采样和评估。土壤修复效果与土壤常规指标、运行参数等关系密切，例如土壤原位气相抽提与土壤的渗透性和湿度、气相抽提流量、环境温度、蒸气压等影响较大，因此相关参数的变化均可作为修复效果评估的依据。

（3）原位修复后土壤检测指标

原位修复情景下，土壤仍在原场地，因此其检测指标即为地块调查评估和修复方案中确定的目标污染物。

化学氧化/还原修复过程中，有可能产生二次污染物，原目标污染物的浓度被降低、风险被减小，但其二次污染物可能会带来新的风险，因此效果评估阶段应进行评估，原则上对修复技术方案进行确定。

土壤修复效果与土壤常规指标、运行参数等关系密切，例如土壤原位气相抽提受土壤的渗透性和湿度、气相抽提流量、环境温度、蒸气压等影响较大，因此相关参数的变化均可作为修复效果评估的依据。

（4）地下水修复检测指标

同土壤原位修复的相关要求。

地下水修复效果与其他参数和指标息息相关，例如化学氧化/还原反应受 pH 值影响较大、抽出-处理受含水层厚度影响较大等，因此相关参数的变化均可作为修复效果评估的依据。

6.4 修复效果评估方法

根据检测结果，评估地块修复是否达到修复目标或可接受水平，评估风险管控是否达到工程指标与控制指标要求。

对于土壤修复效果，可采用逐一对比和统计分析的方法进行评估：若达到修复效果，则根据情况提出后期环境监管建议并编制修复效果评估报告；若未达到修复效果，则应开展补充修复。

对于地下水修复效果，当地下水中目标污染物逐点持续稳定达标时，方可认为达到修复效果。若未达到评估标准但判断地下水已达到修复极限，可在实施控制措施的前提下，对残留污染物进行风险评估；若地块残留污染物对未来受体和环境的风险可接受，则认为达到修复效果，若风险不可接受，则需要对控制措施进行优化或提出新的工程控制措施。

6.4.1 土壤修复效果评估

（1）评估标准

基坑清理后应能满足地块开发利用的要求，其坑底和侧壁土壤中污染物的浓度应为该地块调查评估和修复方案确定的目标污染物的目标值，若由于开发情景、建筑情景等的变化造成土壤暴露情景有变，而造成修复目标值有变，效果评估阶段应根据实际情况和管理要求进行调整。

对于异位修复后的土壤，其修复效果评估值应根据其最终去向确定，由于国家层面上尚无再利用环境评估的技术导则，因此可选择接收地的背景浓度和应用地性质筛选值中较高者作为评估标准值，也可根据实际情景进行风险评估确定标准值。

由于原位修复后土壤仍在该地块，因此其修复效果评估标准值即其修复目标值。

化学氧化/还原技术产生的二次污染物可能会对人体或环境造成危害，建议根据暴露情景计算其二次污染物的限值，若未开展风险评估，则参照《土壤环境质量建设用地土壤污染风险管控标准（试行）》[9]中筛选值。

（2）评估方法

在目前已经开展的修复效果评估工作中，常采用逐一对比方法，即将污染物检测结果与修复目标值逐个对比，若检测结果≤修复目标值，则认为场地达到修复目标；若检测结果>修复目标值，则认为场地未达到修复目标，需进行进一步修复。在实际工作中发现，个别检测结果较高，有可能是采样区域确实仍然存在污染，也有可能是采样和实验室分析误差，而逐一对比方法忽略了后者的影响，扩大了未达标点的影响。因此将检测值与修复目标进行比较时，区分与判断样本间差异是采样与分析误差造成的还是本质不同引起的，是目前修复效果评估迫切要解决的问题。另外，目前污染场地修复效果评估一般要求所有检测结果均小于修复目标。实际上，随着样品数量的增加，出现不达标样品的概率将增加。受成本和时间等因素的制约，实际修复效果评估中，采样数量是有限的，即使在全部抽样样品都达标的情况下，也不能保证场地内土壤均能达标。因此，通过有限采样的方法进行修复效果评估，实质上仍属于概率统计问题。

场地污染导致的健康风险一般指的是长期慢性暴露行为，对于污染面积较大的场地，应从总体上评估污染状况。在污染调查中，一般推荐用污染介质采样浓度的 95%置信区间上限值（upper confidence level，UCL）来反映场地土壤的总体污染水平，即当平均浓度的 95%置信上限值超过可接受风险水平时，场地需要修复，否则视场地为安全。对于污染场地修复效果评估而言，应采用同样的方法对修复效果进行评估：若样品均值的 95%置信上限值>修复目标，则认为场地未达到修复标准；若样品均值的 95%置信上限值≤修复目标，则认为场地达到修复标准。国外已将统计方法运用到修复效果评估中。

美国环保署于 1996 年发布了《场地清理达标评估方法——土壤、固体废物、地下水（卷 1，2，3）》，其中提出：只有充分的数据证明污染物残余浓度低于适当的修复目标值或限值，方可认为场地清理干净，并且统计方法对于做出推断是重要的。

美国环保署于 1989 年发布了《清理标准达标评估方法　卷 1：土壤和固体废物》，规定了采样点位置的确定、检测结果的统计分析、修复效果的评价等技术要点，具体就修复效果评价而言，阐述了采样数量计算方法与评估分析方法，包括将整体样本均值的 95%置信上限值与修复目标进行比较、统计低于修复目标值的样本比例等方法。

美国环保署于 1992 年发布了《清理标准达标评估方法　卷 3：基于对照场地的土壤和固体废物》，提出必要时将场地分为“干净单元”并运用统计方法针对每一个单元进行分析确认是否可以关闭，对于每一个单元，在三角等边网格采样，并对比了适用的统计方法，包括秩和检验、分位数检验和热测量。

美国怀俄明州于 2000 年发布了《土壤确认采样指南》，规定对于面积≤10000 平方英尺（930m^2）的区域，采用逐个对比的方法，若有检测值超过修复目标值，则认为场地未达到修复标准，需要进行进一步修复合约验收；对于面积>10000 平方英尺（930m^2）的区域，则采用统计分析方法，用整体均值的 95%置信上限值与修复目标比较，分析整个场地的修复效果，并提出在整体达标的情况下，允许一个或多个采样点的检测数据超过修复目标值。

平行样分析采样过程和实验室分析带来的误差在环境调查中已经得到广泛应用，对于小样本数据（如 $n<50$），t 检验是一种常用的方法。在污染场地修复验收中，将平行样数据进

行标准化，使其符合正态分布或对称分布，然后采用 t 检验方法分析采样点的检测结果与修复目标的差异是否显著，可判断超标点所在区域是否确实仍然存在污染。若各样本点的检测结果显著低于修复目标值或与修复目标差异不显著，则认为样本点检测结果超标是由采样和分析误差引起的，该场地达到修复效果；若样本点检测结果显著高于修复目标，则认为场地仍然存在污染，未达到修复效果。

考虑到在地块调查评估阶段一般是基于污染分布情况来划定污染范围，且不同基坑或不同修复单元的污染特征不一定相同，单个基坑坑底与侧壁的样品数量大于 8 个，可开展统计分析，因此原则上效果评估阶段在单个基坑或单个修复范围内分别进行统计分析。

在实际工作中发现，若大多数数据未检出，没有具体数值则无法进行统计分析，此种情况下多采用报告限的数值进行统计分析。

6.4.2　地下水修复效果评估

（1）评估标准值

经过地下水修复后的地块应能满足地块开发利用的要求，因此其地下水中污染物应为该地块调查评估和修复方案确定的目标污染物的目标值，若由于开发情景、建筑情景等的变化造成土壤暴露情景有变，应根据实际情况和管理要求进行调整。

化学氧化/还原技术产生的二次污染物可能会对人体或环境改造成危害，建议根据暴露情景计算其二次污染物的限值，若未开展风险评估，则参照 GB/T 14848 中的Ⅲ类标准执行。

（2）地下水修复效果达标判断

综合地下水修复工程实施情况，参考国外文献，HJ 25.5 要求地下水中污染物浓度原则上应逐点达标并稳定达标[4-7]。关于稳定达标可采用趋势分析方法，例如 OSWER 2014《评估地下水修复措施完成的推荐方法》中规定：“地下水关注污染物达标稳态评估方法为当数据服从正态分布或者可以转换为正态分布，可以采用参数时间趋势分析；若时间不服从正态分布，则可以采用非参数时间序列分析。若趋势线斜率与 0 无显著差异或显著小于 0，则说明地下水关注污染物浓度呈现稳态或者下降趋势，则可以断定地下水关注污染物浓度将持续达标；若趋势线斜率显著大于 0，即趋势线呈现上升趋势，则地下水关注污染物浓度存在反弹的情况，仍需要继续进行达标监测。若置信上限低于修复目标且趋势线斜率与 0 无显著差异或者显著小于 0，这说明地下水已达标。当每一监测井的所有关注污染物达标监测均完成后，还应考虑监测井的未来用途。在一些情况下，还需在一定时间间隔内进行井的监测以确保监测井的达标，直到井的解除。”HJ 25.5 的附录 C 给出了趋势检验和均值检验的方法，并给出了案例。

（3）判断修复极限

大量修复项目，特别是地下水修复经验表明，虽然一开始修复能使污染场地得到很大程度的改善，但是当修复活动进入拖尾期后，再多时间和资源的消耗，都很难去除残留污染物，土壤和地下水质往往难以达到相应的标准，修复效果评估中若不考虑修复极限存在，实际上会阻碍地下水修复，我国应加以借鉴，避免出现类似的问题。

为了提高可操作性，HJ 25.5 对修复极限的判断条件和方法进行了明确和细化，参考美国内华达州对于修复极限判断的要求，对于修复极限的判断增加“至少有一年的月度监测数据显示地下水中污染物浓度超过修复目标且保持稳定或无下降趋势”的规定，避免了修复极限确定的随意性。

对于达到修复极限的地块，仍需要严格的技术手段和风险管理，即需要在实施控制措施的前提下，才能进入残留污染物风险评估阶段，根据样品检测结果、场地水文地质条件、场地未来的开发方案，表征场地中残留污染物的空间分布、污染物与未来受体的相对位置关系以及未来受体潜在的风险暴露途径，对场地污染物的残余健康风险进行分析预测，避免过度修复。

美国 2011《超级基金场地地下水修复推荐程序》为超级基金地下水修复涉及的法规、导则、政策、指南等的梳理和汇总，其中“4 technology or remedy modification”环节阐述了若修复期间数据分析和概念模型证明修复技术不能达到修复目标，则需要改变修复技术或综合修复措施。修改步骤包括：评估修复潜在可能性、评估是否现有修复目标和相应的清理标准值有其他技术可达、修改修复目标并选择其他修复策略、记录技术不可实施性（technical impracticability）评估过程。如果其他技术可用或修复目标可以修改，则所在区域需要执行改进的修复策略。

美国 2009《现行地下水修复政策摘要》总结了美国地下水修复的 5 项原则：

① 如果地下水目前或未来有饮用途径，必须进行修复；

② 地下水中的污染物不允许迁移或扩大污染范围或到其他介质中，例如建筑蒸汽入侵、地表水等；

③ 在适当的情况下，如果符合法定标准，在地下水修复不可行的情况下，可考虑技术上不可行的免责和其他免责，但必须得到科学的支持和明确的文件；

④ 早期的行动，例如源去除、污染羽等都需要考虑，与地下水使用有关的制度控制对短期和长期保护是有用的；

⑤ 修复需要达到所有途径的暴露对人体和环境不产生危害。

新泽西州《地下水修复技术指南》指出，在一些情况下，达到相关的标准可能是不可行的，取决于场地污染物的种类和浓度、污染介质、修复技术的可获得性，以及污染水平已经降低但达到渐进水平后继续修复的成本，通过运行的数据表明，继续去除污染物与时间和资源的消耗难以对应。一些情况下，可以通过优化修复方案改进修复系统的修复效果，但有时受限于技术实施、经费难以优化修复方案，则可以通过控制污染羽的迁移等措施来进行地下水污染管理。

（4）残留污染物风险评估

参考国内外技术规范，美国加利福尼亚州（下简称加州）水资源控制局 92-49 决议规定，地下储油罐（underground storage tank，UST）泄漏污染的地下水必须在一定合理的时间内恢复至背景值水平，若其无法恢复至背景值水平，则恢复至所能达到的最佳水平。但是，由于受修复技术和经济条件的限制，地下水恢复到背景水质或相应加州地下水水质标准往往很难实现。另外，在 UST 泄漏场地的研究表明，石油烃能够通过吸附、解吸、稀释、挥发以及生物降解作用进行自然衰减，从而降低了污染羽的迁移，减小了对人类健康与环境的威胁。综合以上两点，鉴于地下水修复在技术和经济上的困难，同时考虑地下水具有自然降解的功能特点，加州地下水管理部门根据过去 25 年里对 UST 泄漏场地的调查与修复经验，制定了《地下储油罐低风险结案政策》。地下水修复活动的目标是使地下水质量达到对人体健康与环境安全无影响的水平，而地下水完全恢复到背景浓度或者相关地下水质量标准，将依靠地下水中污染物的自然衰减作用。如此，既保护了人体健康和环境安全，同时又减少了不必要的经济浪费。

由于《地下储油罐低风险结案政策》相对于原有的地下水结案标准来说具有较大的变革，出于谨慎原则，目前加州仅将该政策用于地下储油罐泄漏造成的地下水污染，该政策不包括其他地下水污染场地，甚至不包括输油管线泄漏与地上储油罐泄漏。为了确保结案后地下水污染羽不会进一步向清洁区域扩散，污染物可以依靠自然降解作用逐渐达到相应地下水标准，该政策对污染物的组成、污染源状态等做了相关规定。《地下储油罐低风险结案政策》分别对地下水、土壤气和土壤中的污染物浓度标准做出了相应规定，只有同时满足以下 3 个要求，才认为该场地对人体健康风险较低，场地具备可以结案的条件：

① 要求地下水中污染羽状态稳定或逐渐衰减，一般通过在污染羽下游边缘附近地下水监测井中污染物浓度保持不变或逐渐减小的现象来判定；

② 场地受有机污染气体入侵的风险较小，或风险评价结果显示场地风险满足管理部门要求，或通过政策管理或风险管控手段使污染气体入侵风险降低到不再对人体健康造成威胁；

③ 土壤中污染物浓度不对人体和环境产生危害。

根据国内修复工程发展状况分析，原位修复、风险防控、绿色可持续修复等是场地修复的一个发展趋势，并且修复极限问题已经在部分场地出现，因此此处参考国外的经验，规定对于土壤原位修复和地下水修复，若地块未达到修复效果评估标准值但已达到修复极限，可开展残留污染物风险评估。

残留污染物风险评估的方法与常规风险评估方法相同，其参数取值应基于地块修复后的概念模型。挥发性有机物污染场地，土壤和地下水一旦被挥发性有机物污染，未来人群（受体）的主要健康风险暴露途径是呼吸挥发至室内外空气中的挥发性气体。VOCs 呼吸暴露主要包括以下 4 个过程：

① 污染土壤或地下水中 VOCs 在残留相、土壤固相、液相、土壤气体相以及非水相液体（存在非水相液体情形）之间分配并达到动态平衡；

② 动态平衡条件下，污染区域土壤气体中的 VOCs 在浓度梯度下通过分子扩散作用在其上方的非饱和土壤孔隙中迁移，这一过程中，受污染物理化参数、土壤特性等因素影响，部分 VOCs 将被生物降解或清洁土壤吸附，导致污染程度降低；

③ 迁移至邻近地表或建筑地板下土壤气体中的 VOCs，将进一步通过分子扩散或对流传质作用经过表层土壤孔隙进入大气环境或经过建筑地板裂隙进入室内空气，在室外空气对流或室内空气换气作用下混合稀释；

④ 混合稀释后的 VOCs 被位于污染区室内外的人群呼吸吸入，自身健康受到危害。

通过以上对 VOCs 呼吸暴露健康风险概念模型的分析可知，土壤空隙气体（简称土壤气）中 VOCs 浓度是表征其健康风险的重要指标之一。而且，国外已在相关技术导则中将测试土壤气中 VOCs 浓度作为评估 VOCs 呼吸暴露健康风险的重要手段之一。我国已意识到仅依靠土壤和地下水中 VOCs 浓度进行呼吸暴露健康风险评估过于保守，而且可能导致评估结论具有很大的不确定性。因此，北京市环保署 2016 年 1 月已发布实施了《污染场地挥发性有机物调查与风险评估技术导则》（DB11/T 1278—2015）[10]，其中，已明确要求开展土壤气监测评估，以为最终的评估结论提供支撑。

在修复效果评估中，HJ 25.5 建议可设置土壤气监测井并采集土壤气样品辅助开展残留污染物风险评估，评估方法可参考《污染场地挥发性有机物调查与风险评估技术导则》

(DB11/T 1278—2015)。若达到修复极限，地块内残留污染物对未来受体和环境产生的风险不超过可接受水平，则可以结束治理修复或风险管控，但必须开展后期监测；若超过可接受水平，则需要进一步开展治理修复或风险管控。

6.5 后期管理

根据修复工程实施情况与效果评估结论，提出后期环境监管建议。

6.5.1 国外后期管理经验

美国的污染场地管理体系包括联邦层面的超级基金法所管理的超级基金污染场地、国防部所管理的在用和退役军事设施遗留污染场地、能源部所属的核设施遗留污染场地以及其他联邦机构所属的污染场地、《资源保护与回收法》(Resource Conservation and Recovery Act, RCRA) 废物管理处置设施场地、地下储油罐 (UST) 场地，在各个州层面包括州级超级基金场地、棕地、自愿修复场地。

80%的超级基金场地完成修复设施建设后需要开展长期管理，70%转化用途和关闭的原军事设施的污染场地经过修复后重新利用的需要长期管理。经过逐步完善发展，各个管理体系下对修复后仍存在一定残留污染物或者采取风险管控的场地修复设施建设完成后的场地采取了本质上相似的长期管理措施，确保修复设施功能持续有效、保护人体健康和环境安全、促进修复后场地的安全利用。需要强调的是，美国污染场地管理体系中的长期管理通常是指修复设施建设施工完成后，包括修复设施运行维护、长期监测、定期评估、制度控制等在内的一系列管理措施。

美国环保署综合各个管理体系下场地的长期管理情况，将长期管理定义为：为了保护人体健康和环境，对场地上的环境污染介质进行长期管理的行为，一般包括对场地建立工程控制设施和制度控制措施，并维护其有效性，明确实施主体和监管主体以及责任机制、建立信息和数据管理系统、确保必要的资源；对工程控制的设施需要长期运行和维护、定期进行环境监测、评估、定期检修以及必要时更换零部件，对制度控制进行定期检查和评估。

超级基金法下颁布了一系列技术导则指导长期管理的实施，其他污染场地管理法规下也制订了相应的长期管理相关技术指南。基于污染物及其环境介质分布，确定相应修复目标及修复方式，确定相应的修复行动，修复行动分为 3 类：第 1 类为地下水和地表水污染修复；第 2 类为污染源和地下水污染的阻隔；第 3 类为污染源的修复。对于第 1 类和第 2 类修复行动，由于修复过程的长期性，以及污染源长期存在的风险，场地的环境介质（土壤、地下水）中仍然存在的不可接受的环境风险的残留污染物，需要采取长期管理措施。对于第 3 类修复方式，污染场地中污染源经过修复彻底清除，达到无限制使用和无限制暴露要求，此类场地不需要采取长期管控措施。

污染场地长期管理的实施对象是场地下采取修复或风险管控的操作单元，操作单元对应的是采取某种修复行动类型的具体地块，某块场地下可能包括多个操作单元。当某个操作单元完成修复行动设施建设，经过为期 1 年的运行验收阶段，由美国环保署和州相关部门联合组织联合检查确定设施稳定运行、满足设计要求，由美国环保署批准修复行动报告。针对第

1类地下水和地表水污染修复行动，修复行动报告批准后，地下水污染修复操作单元进入为期10年的长期修复响应阶段，长期修复响应阶段结束后，如没有达到修复目标，还需要继续对修复设施开展必要的长期管理，通过5年评估，判断是否达到修复目标所要求的污染物浓度限值，一般需要满足饮用水标准的污染物最大浓度限值（MCLs），如达标，即可对其无限制使用和达到无限制暴露要求，如果地下水污染浓度持续降低达到稳定状态但没有达到MCLs，需要经过后续修复方案评估，选择采取长期被动管理或长期主动管理。长期被动管理主要指采取自然衰减、物理阻隔、可渗透反应墙等非主动修复方式，同时辅以制度控制要求、公众监督、定期监测和5年评估的管理措施。长期主动管理主要指采取主动的水力阻隔的措施，如抽取和处理的方式以及辅以和其他长期被动管理相同的管理措施。污染地下水和土壤污染源采取阻隔行动，修复行动报告批准后，进入长期管理阶段，主要管理措施包括：运行维护、制度控制实施、5年回顾性评估等措施。超级基金出资的场地，第1类修复行动的长期修复响应阶段结束后，后期管理工作移交至州相关部门承担，污染地下水和土壤污染源阻隔行动的操作单元在修复行动报告批准后，长期管理工作移交至州相关部门承担。潜在污染责任人和联邦部门设施负责的场地，在修复行动完成报告批准后，继续承担场地长期管理工作。

6.5.2 我国后期管理要求

2016年12月27日，环境保护部部务会议审议通过了《污染地块土壤环境管理办法（试行）》（以下简称《办法》）。《办法》第二十六条规定：修复工程完工后，土地使用权人应当委托第三方机构按照国家有关环境标准和技术规范，开展治理与修复效果评估。治理与修复效果评估报告应当包括治理与修复工程概况、环境保护措施落实情况、治理与修复效果监测结果、评估结论及后续监测建议等内容。

2018年8月31日，第十三届全国人大常委会第五次会议通过了《中华人民共和国土壤污染防治法》（以下简称《土壤法》），自2019年1月1日起施行。《土壤法》第四十二条规定：风险管控、修复活动完成后，需要实施后期管理的，土壤污染责任人应当按照要求实施后期管理。第九十二条规定：土壤污染责任人或者土地使用权人未按照规定实施后期管理的，由地方人民政府生态环境主管部门或者其他负有土壤污染防治监督管理职责的部门责令改正，处一万元以上五万元以下的罚款；情节严重的，处五万元以上五十万元以下的罚款。

我国针对修复后场地的管理主要体现在如下几个方面：a. 后期管理等活动由土壤污染责任人负责实施并承担费用；b. 治理与修复效果评估结论中明确后期监管的要求；c. 建立建设用地土壤污染风险管控和修复名录制度，建立相关管理部门的信息共享机制，对污染地块的开发利用实行联动监管机制，未达到相关规划用地土壤环境质量要求的不得进行再开发利用。

2018年12月29日，生态环境部发布了《污染地块风险管控与土壤修复效果评估技术导则》（HJ 25.5—2018），该技术导则规定：对于修复后土壤中污染物浓度未达到GB 36600第一类用地筛选值以及实施风险管控的地块，需关注地块的长期风险，开展后期环境管理。后期环境管理的方式一般包括长期环境监测与制度控制，两种方式可结合使用。

2019年6月18日，生态环境部发布了《污染地块地下水修复和风险管控技术导则》

(HJ 25.6—2019)，该技术导则规定：根据修复和风险管控效果评估结论，实施风险管控的地块，原则上应开展后期环境监管，后期环境监管方式应包括长期环境监测与制度控制。

目前国内修复工程采用修复方案中确定的土壤和地下水中污染物的修复目标值，此目标值多为根据地块使用途径场地风险评估计算的数值，因此对其是否达到修复效果的判断只适用于规定用地情景，若改变未来用途，则其所达到的目标值不一定不超过可接受风险，例如某商业情景下修复后的土壤在多年后可能作为居住用地开发和使用。因此，理论上来讲，对于虽然达到修复目标值，但是未达到 GB 36600 第一类用地筛选值或地下水使用功能对应标准值的地块，均应开展后期环境监管。

制度控制是一种非工程的措施，如行政和法律控制，这有助于减少污染物对人类和环境的暴露风险，保护修复措施的完整性，制度控制可以通过限制公众对土地或资源的使用，引导公众在场地上的行为，减少污染物对人类和环境的暴露风险。当污染场地刚被发现或者修复正在实施，场地上的残留污染导致其无法达到任意使用和任意暴露的标准时，这时需要使用制度控制。美国联邦应急计划（NCP）强调，制度控制是风险管控的补充，很少是污染场地唯一的修复措施；美国出台了一系列指南来指导制度控制的实施与使用，我国主要参考美国对于后期监管达到“无限制使用”的要求，考虑采用最为保守的方式，以达到对修复后地块进行有效长期环境管理的目的。

6.5.3　后期管理的技术要点

在下列情景下，应开展后期环境监管：a. 修复后土壤中污染物浓度未达到 GB 36600 第一类用地筛选值的地块；b. 地下水中污染物浓度未达到 GB/T 14848 中地下水用途对应标准值的地块；c. 实施风险管控的地块。后期环境监管的方式一般包括长期环境监测与制度控制，两种方式可结合使用。原则上后期环境监管直至地块土壤与地下水中污染物分别达到 GB 36600 第一类用地筛选值和 GB/T 14848 中的地下水使用功能对应标准值为止。

（1）长期环境监测

监测点的设置应优先考虑重点区域，例如《建设用地土壤污染风险管控和修复监测技术导则》(HJ 25.2—2019) 中长期治理修复工程可能影响的区域范围也应布设一定数量的监测点位，修复之后的场地应基于地块概念模型设置后期监测点。一般设置地下水监测井，对于 VOCs 污染场地也可设置土壤气监测井。

① 地下水长期监测。监测井的布设应根据污染羽大小和形状、风险管控设施的作用与尺寸、地下水流速、土壤异质性等情况确定。一般在污染羽的上游至少设置一个背景监测点，监测流入风险管控区域的地下水本底值；平行于地下水流方向，紧邻风险管控设施的两侧和下游各布设至少一个监测点，及时观测风险管控设施的有效性。监测井的筛管长度应包含整个修复或风险管控设施所在深度，必要时应设置分层监测井。监测指标包括风险管控设施性能监测指标和污染物控制监测指标。性能监测指标包括地下水位，也可根据风险管控特点增加地下水流向、常规指标（pH 值、水温、氧化还原电位、电导率、溶解氧、碱度）等作为辅助判断依据。污染物控制监测指标包括关注污染物、可能产生的有毒有害副产物。第一年应每季度监测一次，分析监测指标随季节波动特点。若效果评估阶段已经有持续≥1 年的监测数据，也可采用效果评估阶段的监测数据进行分析。风险管控设施性能较好且地下水

系统较稳定时，可降低监测频次。若地下水系统出现异常波动或风险管控设施进行调整时，应增大监测频次。原地下水污染羽中浓度降低到当地背景值或 GB/T 14848—2017 中规定的Ⅲ类水质标准限值后（两者取其大），可结束监测。

② 土壤修复效果长期监测。土壤采用风险管控措施的地块，应根据风险管控范围的大小和水文地质条件布设地下水监测井，一般应满足以下要求：a. 在风险管控设施上游布设至少一个背景监测点，监测风险管控区域的地下水本底值；b. 平行于地下水流向，紧邻风险管控设施两侧各设置至少一个监测点，下游设置至少一个监测点，及时发现风险管控设施的失效；c. 为了防止破坏风险管控设施，不建议在风险管控设施内部布设地下水监测点。第一年应每季度监测一次，分析监测指标随季节波动特点。地下水系统较稳定时，可降低监测频次。地下水位上升到距离再利用土壤或原位修复后土壤＜2m 时，应增大监测频次。土壤中浸出浓度达到当地背景值或 GB/T 14848—2017 中规定的Ⅲ类水质标准限值后（两者取其大），可结束监测。

③ 土壤气监测。监测点位根据土壤或地下水中 VOCs 污染分布情况与修复技术特点来确定，应在污染源区域、修复薄弱区、靠近建筑物区布设土壤气监测点，具体数量根据污染区域面积和修复技术特点等实际情况进行适当调整。VOCs 影响范围内存在建筑物的，应在建筑物底板下设置监测点，布设数量可参照《土壤气挥发性有机物监测技术导则》中 4.2.2 的相关规定。若地块上采用了水平阻隔，则在紧邻阻隔层上方设置一个土壤气监测点。若地块上没有水平阻隔，VOCs 存在于非饱和带土壤中，则应在地面以下 1.5m 处设置一个采样点；若地块上没有水平阻隔，VOCs 存在于地下水中，则应在地下水最高水位面以上，高于毛细带不小于 1m 处设置一个采样点。土壤气监测指标包括土壤或地下水中 VOCs。第一年每季度监测一次，分析水位波动对土壤气浓度的影响。第二年及以后可根据水位波动与土壤气浓度的相关性，适当增大检测频次，选择最不利时间段进行监测。当土壤气污染源消除后，且土壤气浓度达到地块限定标准后，可终止土壤气监测。

（2）制度控制

根据美国相关资料，制度控制分为所有权控制、政府控制、执法和许可证、信息 4 种类型。

制度控制 4 种类型的具体阐述如下：a. 所有权控制是指控制土地使用等措施，本质上属于私有权，通过土地的拥有者和参与治理的第三方签订的私人协议来实现，美国的国家和州法律授权所有权控制，常见的例子包括地役权限制使用和限制性契约；b. 政府控制是指运用政府实体的权利限制土地或资源的利用，典型例子有分区制、建筑法规、州和当地政府的地下水使用条例等；c. 执法和许可证工具是法律工具，例如行政命令、许可证、联邦设施协议、同意的律例；d. 信息工具提供信息通知，通告所记录的场地信息，劝告当地社区、游客或者其他利害关系人场地上存在残留的污染，这种信息工具不提供强制性限制，典型的信息工具包括污染场地的政府登记备案、行动通知、跟踪系统、贝类/鱼类消费报告等。

主要的制度控制措施如下。

① 信息与公示。相关环境管理部门应将风险管控设施、用途限制、开发限制、建筑物规格限制、人群活动限制等要求告知规划部门、开发商、物业等相关部门。地上部分有风险管控设施存在的，应在四周设立围栏，或设立鲜明的警示标示，禁止无关人员进入管控区或破坏运行设施。地下部分有风险管控设施存在的，在管控设施与清洁土之间应铺设颜色鲜亮

的土工布或纺织物，禁止破坏土工布或纺织物以下的管控设施。采用混凝土或沥青进行地面阻隔的，应在阻隔范围的四周设立标识牌，禁止破坏活动。

② 地下水开采限制。禁止在地下水质量不达到GB/T 14848—2017 中Ⅲ类水质标准的区域私自钻探地下水井、擅自改变地下水井用途。若需钻探地下水监测井或改变地下水井用途，需征求相关环境主管部门的建议。

③ 暴露途径限制。在蒸汽入侵管控区域，禁止私自改变建筑物结构。禁止改变建筑物用途，例如，将仓库改为住宅。

6. 6

效果评估案例

6. 6. 1 项目背景

案例地块原为沥青混凝土有限公司，1979 年建成投产，2014 年初停产，主要生产各种型号沥青混合料，原辅材料包括沥青、重油、柴油、导热油、砂石料、矿粉、改性剂、乳化剂等，将作为居住用地开发建设。

2014 年，该地块进行了污染调查与风险评估，结果显示，该地块土壤中苯及地下水中苯和 C_{10}～C_{12} 脂肪族石油烃健康风险超过可接受水平，必须进行修复和风险管控。其中，苯污染土壤修复体积约为 $3.62\times10^5m^3$（场地红线内 $341884.61m^3$、场地红线外 $19805.91m^3$），苯和 C_{10}～C_{12} 污染地下水的修复面积约为 $9.4\times10^4m^2$（场地红线内 $49418.09m^2$、场地红线外 $45036.21m^2$）。2015 年结合场地污染特征、水文地质条件、修复技术现场测试结果等因素编制了修复实施方案。2016 年 4 月，场地修复工程开始实施，其中场地范围内地下水的修复持续至 2016 年 11 月，土壤修复持续至 2017 年 4 月。

6. 6. 2 效果评估技术路线

污染场地修复效果评估的主要目的在于分析场地修复技术实施对于修复介质中污染物含量的影响，以及修复后土壤和地下水等介质中残留的污染物在特定场地概念模型下的风险水平是否可以接受。基于原位修复工程的特点，依据美国、欧盟国家等发布的相关技术导则，拟定污染场地修复效果评估技术路线。

（1）第一层次（TIER 1）——修复效果达标判断

主要运用较为保守的修复效果评估方法，对比分析目标污染物的检测结果与修复目标值，分析样品的数据分布特征、修复前后污染物浓度的变化情况、地下水污染羽变化趋势等，在此基础上合理选择统计方法分析场地修复整体效果。

（2）第二层次（TIER 2）——残余风险评估

由于该场地污染调查与风险评估阶段场地详细的建设方案尚不明确，基于该阶段场地概念模型计算的修复目标值一般过于保守。因此，在开展该项目残余风险评估过程中，结合效果评估监测过程中样品检测结果、场地水文地质条件、场地未来开发建设方案构建特定的场地概念模型。在此基础上，综合土壤、地下水、土壤气、场地空气等介质的监测结果，构建多证据风险评估方法以预测该场地按当前建设方案开发后的残余风险，确保评估结论可靠；同时，避免过度修复。

6.6.3 场地调查评估及修复实施情况

6.6.3.1 污染状况

（1）土壤污染状况

评价场地土壤样品的重金属、SVOCs、石油烃类有机物、VOCs均有检出，但均未超过相应的筛选值；土壤中仅苯存在超过居住筛选值的现象，总样品超标率为14.02%。但是，土壤苯污染为局部污染，主要分布在加油站、石油管线、重油及沥青罐区、生产区、配油车间所在区域。

（2）地下水污染情况

以地下水三类水质标准作为评估依据，潜水层样品的VOCs单环芳烃类、萘均超出标准限值。其中，苯超标率为85%、萘超标率为50%。而且，场地边界外围的潜水层已被污染。承压水样品VOCs检测结果低于标准限值。

6.6.3.2 风险评估结果

该场地未来将规划为居住用地，居住用地情景下场地土壤中苯的致癌风险和危害熵均分别超过可接受风险水平1×10^{-6}和1，达到1.08×10^{-3}和4.28，关键暴露途径为呼吸土壤中挥发至建筑物室内的苯蒸气，主要健康效应为致癌性，需要进行修复或风险管控。

地下水中苯在呼吸暴露情景下的致癌健康风险超过可接受水平1×10^{-6}，达到3.19×10^{-5}。石油烃中碳原子含量介于C_{10}～C_{12}之间的脂肪烃的非致癌危害熵大于可接受水平1，达到1.69，关键暴露途径均为呼吸地下水中相应污染物挥发至建筑物室内的蒸气，需要对地下水中以上污染物进行修复或风险管控。该项目场地污染土壤修复体量为361690.52m^3，其中场内341884.61m^3、场外19805.91m^3；地下水的修复面积为94454.30m^2，其中场内49418.09m^2、场外45036.21m^2。

6.6.3.3 修复实施情况

（1）修复方案与实施情况

场地土壤及地下水修复运行照片如图6-10所示，经过现场中试，最终采用土壤气相抽提技术对场地范围内污染土壤进行修复。根据场地的地层分布及污染物分布特征，该项目场地修复范围内土壤修复深度分3个层位修复：第1～第3大层为一个修复深度（0～11.5m），第4大层（14.0～15.0m）为一个修复深度，第5～第6大层为一个修复深度。同时为了降低第6大层地下水处理达标后的残余风险，第5大层与第6大层合并为一个层位设计（15.5～24.0m）。地块边界内的地下水修复采用基于水力控制的地下水抽出-处理-回灌技术，地块边界外地下水修复采用“边界抽水-地块内回灌”与长期监测自然衰减联合技术。

图 6-10 场地土壤及地下水修复运行照片

2016 年 4 月 25 日，项目正式启动土壤和地下水修复设施的建设与安装调试。其中，地下水抽出-处理与回灌系统于 2016 年 7 月 1 日开始调试运行，于同年 7 月 14 日调试完毕，历时 2 个星期。场地内地下水正式修复运行于 2016 年 7 月 15 日启动，2016 年 11 月 15 日停止，总计修复运行 4 个月，与方案设计的运行周期无明显差异。土壤气相抽提（SVE）系统于 9 月 1 日开始调试运行，于同年 9 月 16 日调试完毕，历时 2 个星期。场地内土壤正式修复于 2016 年 9 月 18 日启动，2017 年 4 月中旬停止，总计运行约 7 个月，较设计方案运行时间长 2～3 个月。

经审核施工总结与监理报告及现场踏勘，该项目修复工程基本按照经评审后的修复实施方案执行，实施过程中未出现技术方案变更。

（2）修复过程监测

从开始运行，修复实施单位定期统一采集每座抽/灌井及监测井的水样。同时，在抽灌运行调试稳定后，定时对隔油池、清水池、所有监测井的水质进行取样并委托第三方监测单位进行检测。修复实施单位运行过程中的检测数据显示，自 2016 年 7 月 15 日正式启动场地内地下水修复系统，历经 7 个月的持续修复后，场地范围内地下水中关注污染物浓度整体已低于修复目标，具备申请效果评估的条件。

土壤气相抽提分层运行，分为两个运行阶段，首先第 1～第 3 大层、第 4 大层的抽提和地下水抽出-处理与回灌同时运行，地下水抽出处理 1 个周期后，再启动第 5～第 6 大层的土壤气相抽提。实际运行中，根据尾气监测数据以及活性炭吸附装置的容量，及时更换了已达到饱和状态的活性炭，以保证尾气处理系统的运行正常。SVE 修复运行期间对井点的真空度、管路压降、VOCs 浓度以及环境的温度等参数进行监测，以指导 SVE 修复运行参数的优化、计划调整等工程实施。系统设置 VOCs 在线监测设备，随时监测排出的气体中 VOCs 浓度。自 2016 年 9 月 18 日开始至 2017 年 4 月 15 日，SVE 系统设备运行平稳。

修复实施单位运行监测的数据显示，场地内土壤修复效果明显，目标污染物浓度大幅度降低。

（3）修复过程监理

整个修复施工与运行过程中开展了整个修复过程环境和工程监理工作。审核监理单位编制的监理报告显示，该项目修复工程实施过程中，按照实施方案，修复实施单位落实了各项二次污染防治措施，整个修复过程中的废水、废气、噪声均得到了有效防治，SVE 尾气处理系统及抽出后地下水处理系统产生的废活性炭交由有危废处置资质的单位进行处置，未对周边环境产生不利影响。

6.6.4 效果评估方案

6.6.4.1 评估范围与对象

根据场地调查与风险评估及修复实施方案的相关结论以及业主委托合同，本次将对场地内污染土壤和地下水的修复区域进行修复效果评估，不包括场地范围外长期监测自然衰减地下水监测评估。

6.6.4.2 评估指标与标准

根据场地前期资料，本次修复效果评估的指标包括土壤中的苯、地下水中苯和 C_{10}～C_{12}，增加了土壤气的采样与评估，同时在污染区域开展了部分环境空气样品的采集与检测，以作为对场地土壤和地下水修复效果评估的有效支撑。

综合考虑原位修复场地的特点、场地概念模型的变化等因素，本次主要以风险为核心，针对场地土壤和地下水的修复效果的评估主要基于风险管理的思路，具体思路如下：该项目在开展场地调查与风险评估过程中，土壤和地下水中污染物的修复目标以 1×10^{-6} 作为可接受致癌风险水平，结合保守的场地概念模型计算获得。由于该阶段因场地未来的开发建设方案未确定，构建概念模型的过程中进行了很多保守假设，该阶段的修复目标可能过于保守。目前场地详细建筑开发方案（如未来建筑的具体位置、地下水开发强度、地下室功能、底板厚度、层高等）已经确定，场地概念模型与调查和风险评估阶段构建的概念模型有明显差异，若再以基于该阶段场地概念模型确定的关注污染物修复目标作为效果评估标准，可能导致场地过度修复。基于以上分析，本次结合场地中残留污染物的空间分布、详细开发方案、受体暴露特征等因素，构建场地特定的概念模型，对残留污染物的健康风险进行定量评估，确保未来场地中的居民健康不受到危害，即残留污染物的致癌健康风险不超过 1×10^{-6}。

6.6.4.3 布点数量与位置

本次修复效果评估土壤采样点布点网格大小为 20m×20m，主要布置在 SVE 抽提井影响半径的最远端等修复盲区，在每个钻孔的垂向采样方面，主要结合采样点钻孔过程中揭露的地层信息和现场光离子化检测器（PID）测试的结果，每个地层至少送检 1 个样品，2 个相邻送检样品的间距不大于 3m。

重污染区地下水点位密度为 20m×20m，其余地下水污染区域密度为 40m×40m。

土壤气监测点总体布点密度为 30m×30m，其中重污染区密度为 20m×20m。每个土壤气监测井主要布置在抽提井影响半径的最远端这类易形成修复盲区、修复效果相对较差的区域，并确保每栋建筑基础底部和周边布置不少于 3 个土壤气监测井。土壤气采用分层检测技术，结合土壤气监测井钻探建井过程中揭露的地层岩性、PID 读数、现场气味以及未来建筑物底板埋深等因素确定了土壤气探头深度，以监测该深度附近土壤气中苯浓度。

为进一步评估场地土壤和地下水中残留污染物对场地内室外空气的影响，在效果评估过程中还在场地内污染区域布置了环境空气采样点。

6.6.4.4 采样时间与周期

修复实施单位于 2017 年 4 月中旬报请业主，申请土壤修复效果评估；5 月中旬进入现场，开始钻探采集土壤样品进行效果评估。

修复实施单位于 2016 年 11 月 15 日报请业主单位对场地内地下水修复效果进行效果评估。于 2012 年 12 月 19 日正式启动地下水的效果评估采样，地下水效果评估连续进行 6 个月，每个月监测 2 次，总计监测 12 次。

为确保修复已经稳定达标，并作为土壤采样的补充和支撑，在土壤效果评估阶段对所有土壤气监测点位进行了连续 2 次的监测，部分点位连续进行了 3 次监测。

效果评估过程中在 SVE 系统停止运行后，分别于 5 月 23 日、6 月 9 日、6 月 27 日按设计的采样方案，进行了连续 3 次环境空气采样监测。

6.6.5 样品采集与实验室检测

6.6.5.1 现场采样

效果评估过程中，现场采样、样品保存等完全按《场地环境评价导则》（DB11/T 656—2017）以及《污染场地挥发性有机物调查与风险评估技术导则》（DB11/T 1278—2015）中的相关条款执行。现场采样过程中，采样人员穿戴一次性手套进行相应的采样操作，以避免交叉污染，土壤采样过程中所使用的非扰动采样器以及地下水采样过程中使用的贝勒管为一次性用品，以有效防止交叉污染。此外，现场采样过程中，按照 10%的比例采集现场平行样。

6.6.5.2 检测指标

该项目土壤和土壤气效果评估样品的分析指标为苯、地下水效果评估分析指标为苯和 C_{10}～C_{12} 脂肪族石油烃。考虑到实验室对石油烃进行细分的程序相对复杂，首先按常规分 4 段的方式（即 C_6～C_9，C_{10}～C_{14}、C_{15}～C_{28}、C_{29}～C_{36}）对地下水样品中总石油烃浓度进行测试，若 C_{10}～C_{14} 段总石油烃浓度小于 C_{10}～C_{12} 段脂肪族修复目标 1247μg/L，则可认为目标段污染物浓度低于修复目标，否则，应进一步对 C_{10}～C_{14} 进行细分段，对 C_{10}～C_{12} 段脂肪族浓度进行定量，以了解该样品目标段石油烃是否达到修复目标。

6.6.5.3 检测方法

效果评估过程中，土壤和地下水样品中苯的检测方法采用 US EPA 8260C-2006。其中，土壤样品的报告限为 0.05mg/kg、地下水样品的报告限为 0.5μg/L。地下水样品中总石油烃的测试采用 US EPA 8015C-2007，其报告限为 50μg/L。土壤气样品中苯的检测方法为 HJ 584—2010（GC-MS 定量），在采样体积为 2L 时，苯的报告限为 50μg/m³。环境空气中苯的检测方法采用 HJ 644—2013，在采样体积为 10L 时苯的报告限为 2μg/m³。

6.6.6 修复效果达标判断

6.6.6.1 土壤修复达标判断

（1）总体效果分析

检测结果显示，与修复工程实施前相比，场地土壤中苯浓度大幅度降低，修复效果非常明显。土壤中苯浓度检出率由 26.5%降低为 5.9%；土壤苯平均浓度由 1.36mg/kg 降低为 0.13mg/kg，95%分位数由 6.32mg/kg 降低为 0.10mg/kg；修复后场地土壤中苯浓度平均值的 95%置信上限值（UCL）由 2.70mg/kg 降低为 0.34mg/kg。

（2）达标判断

由于土壤采样是抽样过程，一般可用基于抽样样品浓度平均值的 95%置信上限值（UCL）对场地整体情况进行表征。根据该场地修复效果评估阶段土壤样品检测结果，修复后场地土壤中苯浓度平均值的 95%置信上限值为 0.34mg/kg，低于风险评估阶段确定的修复目标 0.64mg/kg，表明场地土壤中苯浓度整体低于修复目标值，修复整体达到要求。但是，土壤中苯残留浓度分布及未来场地开发建设方案显示，在未来深基坑局部区域 13～15m 深度（标高 23～25m）范围内的土壤中苯有一定程度检出，且最高残留浓度超过了 0.64mg/kg，应结合基坑开挖进一步采取适当的方式进行处置，避免二次污染。

6.6.6.2 地下水修复达标判断

该项目地下水于 2016 年 11 月 15 日申请修复效果评估，于 2016 年 12 月 19 日启动第一次效果评估采样，连续监测 12 次。

（1）苯

样品检测结果显示，与修复工程实施前相比，场地内地下水中苯污染程度明显降低，总体均低于修复目标 672μg/L。具体如下：平均浓度由修复前的 2.20mg/L 降低为 0.04mg/L；95%分位数由修复前的 3.96mg/L 降低为 0.19mg/L。根据检测结果可知，虽然每次地下水中苯最高浓度出现了波动，从地下水中苯总体趋势来看，其浓度呈现逐渐降低的趋势。整个效果评估监测过程中存在个别监测井中苯浓度非连续性地超过 672μg/L 的现象，但是，自 2017 年 4 月起，最后连续 3 次的监测结果均满足修复目标。保守考虑，本次评估过程中将结合场地特定概念模型，以效果评估过程中检测的最高浓度作为暴露浓度进一步开展场地残余风险评估，以评估场地地下水修复是否满足再开发的要求。

（2）总石油烃

样品检测结果显示修复工程实施后，场地内地下水中总石油烃污染程度大幅度降低，修复效果明显。其中：石油烃最高检出浓度由修复前的 377.75mg/L 降低为 150.91mg/L；平均值的 95%置信上限值由 88.38mg/L 降低为 8.15mg/L。此外，从地下水修复系统停止运行后6个月内连续12次的检测结果可知，虽然在修复系统刚停止后场地内地下水中总石油烃浓度出现反弹，直至2017年2月8日整体浓度一直出现上升现象，但是自此之后，场地内地下水中总石油烃浓度是一直呈现降低趋势。

(3) C_{10}～C_{12} 脂肪族总石油烃

整个效果评估期间，所有监测井地下水中重点关注的目标污染物 C_{10}～C_{12} 脂肪族总石油烃的检测结果均低于修复目标1247μg/L，可初步判断，场地内地下水中的 C_{10}～C_{12} 已经满足相应的修复要求。其中：最高检出浓度由修复前的2120μg/L降低为修复后的1131μg/L，低于前期场地评估阶段确定的目标1247μg/L；平均值的95%置信上限值由修复前的778.1μg/L降低为修复后的146.3μg/L。

6.6.6.3 土壤气浓度分析

鉴于该项目场地中关注污染物的特殊性，在效果评估过程中开展了土壤气测试，以为后续多证据残余风险评估提供可靠的证据。根据现场修复进展，土壤气监测井于2017年3月中旬建设完毕，分别于2017年4月26日、6月3日和6月21日开展了3次土壤气测试，并以北京市环保局发布的《污染场地挥发性有机物调查与风险评估技术导则》(DB11/T 1278—2015) 中居住用地筛选值作为保守的标准进行评估。

连续3次土壤气样品检测结果均显示，部分土壤气样品中苯浓度超过了居住用地土壤气筛选值1242μg/L。但3次样品苯的检测结果总体上无明显差异，表明效果评估采样期间，场地内包气带土壤气中苯浓度总体上基本已达到平衡。

连续3次的土壤气浓度随深度变化图显示，整个场地内土壤气苯检出浓度相对较高的点主要位于12～16m深度范围内，这一规律与修复后土壤中苯残留浓度垂向分布特征相吻合，主要原因是这一深度的土壤以粉土/粉质黏土细颗粒为主，易吸附而不易去除污染物，导致修复系统停止后土壤中残留的苯不断往周边土壤气中释放，最终使得这一局部区域土壤气中苯浓度较高。

此外，整个场地范围内，深度10m以内的土层中，除个别点位外，其余点位土壤气中苯浓度均低于方法报告限 $50\mu g/m^3$，表明在苯垂直向上的迁移过程中，因土壤自身的吸附以及微生物降解作用，土壤气中的苯难以继续向上迁移，其健康风险基本可忽略。

6.6.6.4 环境空气监测分析

效果评估监测过程中，3次对修复区域内的大气进行采样分析，结果显示场地修复范围内大气中特征污染物苯均低于检出限。北京市城区空气中苯浓度监测资料显示，北京城区大气中苯浓度为 $5.3\sim9.5\mu g/m^3$，可见，场地空气中苯浓度并未因土壤和地下水中残留苯而导致其明显升高。同时，对比欧盟室外空气质量标准 $5\mu g/m^3$（年均浓度）可知（我国目前还未制定室外空气苯的质量标准)，目前修复区域内大气中苯浓度并未超过该限值。可见，土壤和地下水中残留的污染物不会对场地内环境空气造成不利影响。

6.6.7 场地残余风险评估

虽然修复效果达标判断显示场地内土壤和地下水已整体达标，但是，鉴于现阶段场地详细的开发建设方案已经明确，导致场地概念模型与场地调查与风险评估阶段有较大的差异。因此，为降低结论的不确定性，确保未来居民的健康风险，本次修复效果评估过程中，还进一步结合了场地详细开发方案构建特定场地概念模型，更有针对性地评估场地开发后未来居民的健康风险。

6.6.7.1　基本思路

针对该项目修复效果的评估，进一步以风险评估为核心，结合具体的场地概念模型，采用多证据、层次化技术，预测此刻场地内土壤和地下水中残留污染物的健康风险。具体思路如下。

① 针对修复区域内的每栋规划建筑，结合其建筑结构特征、建筑不同楼层的具体功能、建筑所在局部区域土壤和地下水中残留污染物的空间分布，将每栋建筑作为一个基本暴露单元，构建其具体的暴露概念模型。

② 结合不同深度土壤气中苯的检出浓度，分析修复范围内规划的每栋建筑建成后土壤气中苯是否能够进入受体长期活动区域（即暴露区域），以评估规划建筑中未来的受体是否具备完整的暴露途径。

③ 依据暴露途径评估结果，针对可能存在完整暴露途径的建筑物，将进一步结合建筑底板下残留污染物浓度监测结果（包括土壤气、土壤和地下水），采用相应的风险预测模型，对建筑室内未来受体的健康风险进行预测评估。

④ 考虑到场地内存在道路、绿化及室外公共活动区域不涉及土方开挖，这些区域未来受体的主要暴露途径是呼吸室外空气，因此，将结合这些区域土壤、土壤气和地下水的监测结果，评估未来受体在这些区域进行室外活动时的健康风险。

⑤ 考虑到该项目场地中关注污染物的特殊性（挥发性）以及未来受体暴露途径的特殊性（呼吸暴露），本次评估过程中还结合效果评估期间修复区域环境空气监测结果，评估当前状况下土壤和地下水中残留污染物是否造成场地内环境空气的恶化。

⑥ 结合基于场地特定概念模型的暴露途径完整性分析评估结果、基于多介质中目标污染物残留风险预测结果等，以 1×10^{-6} 作为可接受风险水平，评估场地当前状况下按既定的开发方案开发建设后未来受体健康风险是否可接受、修复是否满足要求。

6.6.7.2　残留风险预测

为避免基于单一介质进行预测导致结果的不确定性，在开展残留风险预测的过程中，同时基于当前时间节点场地修复范围内土壤、地下水和土壤气中检测浓度进行定量预测，以多种证据支持最终风险评估结论的可靠性。

该项目场地开发建设后，未来人群的暴露途径主要是呼吸苯蒸气。其中，建筑物室内的人群（临时进入地下车库进行设备维修的人员以及规划为幼儿园的 13# 楼未来的使用人员）主要暴露途径为呼吸室内挥发性气体，室外区域的人群（小区长期居住的居民）主要暴露途径为呼吸室外空气中的挥发性气体。

基于土壤气苯浓度的风险预测采用 Johnson-Ettinger 模型，具体表达式可参见《污染场地挥发性有机物调查与风险评估技术导则》（DB11/T 1278—2015）中的相应叙述，基于土壤和地下水中苯浓度的风险评估模型参见《场地环境评价导则》（DB11/T 656—2017）中的相关描述。计算过程中，采用美国环保署发布的蒸气入侵评估软件 SG-ADV-Feb04、SL-

ADV-Feb04 以及 GW-ADV-Feb 分别计算基于土壤气、土壤和地下水中苯浓度的健康风险，室外呼吸暴露风险采用 RBCA _ Toolkit 软件进行计算。

每栋规划建筑基于不同介质苯浓度的风险预测结果显示，即使未来规划的地下车库管理人员按每天 8h、每年暴露 250d、合计暴露 25 年的保守情景滞留于地下车库内，基于各种介质中苯浓度计算的致癌健康风险最高为 1.2×10^{-7}，低于可接受水平 1×10^{-6}。对于规划为幼儿园的 13# 建筑，保守暴露情景下（即每天暴露 24h，每年暴露 350d，总计暴露 30 年），基于土壤气和地下水中苯浓度计算的致癌健康风险最高为 5.2×10^{-7}，低于可接受致癌水平 1×10^{-6}。

此外，针对未来主要作为室外活动的区域，分别基于这些区域内土壤、土壤气以及地下水样品苯检出结果，进行室外呼吸暴露途径的健康风险预测，结果显示，其室外呼吸暴露健康风险最高为 7.3×10^{-7}，低于可接受水平 1.0×10^{-6}。

需要指出的是，苯在好氧条件下易生物降解，因此，在垂直向上迁移的过程中，因微生物降解作用，土壤气中苯浓度随深度的减少会出现急剧降低的情景，在整个场地范围内，3m 处土壤气监测点苯浓度基本均低于检出限 $0.05mg/m^3$，表明深层土壤和地下水中挥发的苯蒸气难以到达地面的环境空气中，对未来小区内室外活动的人群健康危害基本可忽略。同时，场地内环境空气总苯均未检出，也进一步证明了场地土壤和地下水中残留苯难以挥发进入地表大气，对环境控制造成不利影响。

综上可知，按当前确定的开发建设方案，场地土壤和地下水中污染物虽有一定程度的残留，但是，即使按保守暴露情景进行预测，其残留致癌健康风险均低于可接受风险水平。可见，修复工程的实施效果是明显的，使未来场地使用人群的健康风险得到控制。

6.6.7.3　场外地下水污染对场内的影响评估

前期污染调查结果显示，场地规划红线范围外地下水也存在一定程度的污染，但鉴于场地使用权属问题，未能对场外地下水进行修复。但是，根据场地修复实施方案，将采用监测自然衰减的方式，监测场外地下水中污染物浓度的变化并评估其对场内未来居民健康的影响，这一工作已由修复实施单位委托相关机构开展。在本次效果评估的过程中，修复效果评估单位也对场外地下水的污染状况及水位变化情况进行了定期监测，以初步评估场外地下水污染对未来场内居民的健康影响，并提出长期风险管理建议。

6.6.8　案例场地后期管理建议

因场地按当前开发方案建设后，虽然场地土壤和地下水中关注污染物已符合相应的修复目标，但是，依然有污染物残留。同时，因土地权属问题，场外污染地下水现阶段还无法进行修复。因此，为进一步确保场地开发后居民的健康不受危害，需实施相应的风险管控措施，具体如下。

6.6.8.1　地下水长期监测

虽然截至目前场地内修复已达到了目标，残留风险低于可接受水平。但是，鉴于场外地下水因土地权属等问题未进行主动修复，应立即启动场地内外地下水的长期监测工作，具体要求如下。

① 应沿场地北侧及东侧边界设置地下水监测井，连续进行不少于 5 年的监测，频率为 1 个月。监测指标包括苯、总石油烃、常规水化学指标等。同时，测试地下水水位信息。

② 利用场地外已有或新建地下水监测井，对场地红线范围外的地下水进行不少于 5 年的连续监测，监测频率为 1 个月，监测指标为苯、总石油烃以及常规水化学指标，分析其浓度变化趋势，评估自然衰减潜能。

③ 以上长期监测工作应委托相关机构依据相关技术规范开展，并对结果进行分析评估，形成完整的评估报告，于每年 12 月 20 日前按污染地块管理办法上报。

④ 鉴于场地内地下水中残留有苯、总石油烃等污染物，严禁场地内地下水开采使用。

6.6.8.2 土壤气长期监测

根据实施方案中的长期风险管控建议，因场外地下水中依然存在污染，而且因场地权属问题未能立即进行修复，因此，在对地下水进行长期监测的同时，还应委托相关机构对土壤气进行监测，以评估场外地下水中污染物随水流进入场地后对人群的健康风险。

场地室外主体建设工程结束后、房屋交付使用前，需对场地内土壤气、环境空气以及地下室内空气连续进行 3 次监测，采用分层监测技术。其中，18m 深基坑周边土壤气监测点（SG1～SG9）监测深度为 20m，每隔 3m 设置 1 个土壤气监测探头。3#、4#、5# 建筑周边土壤气监测点（SG10～SG21）监测深度为 15m，每隔 3m 设置 1 个土壤气监测探头。土壤气监测井的建井、采样按照《污染场地中挥发性有机物调查与评估技术导则》等技术规范开展。

以上监测工作应委托相关机构开展，并对结果进行分析评估，形成完整的评估报告，按污染地块管理办法上报相应报告。

6.6.8.3 环境空气与室内空气监测

效果评估阶段对场地环境空气监测结果显示，场地环境空气中关注污染物苯均低于报告限，与北京市城区大气中苯背景浓度无明显差异，同时也低于欧盟室外空气中苯的允许浓度 $5\mu g/m^3$。为在小区居民入住前再次获取厂区环境空气背景数据，建议在场地主体工程结束后、投入使用前再次进行环境空气监测。同时，根据实施方案提出的长期风险管控建议，需对地下室中空气进行监测。

环境空气采样分析方法参照 HJ 644—2013 执行，监测指标为苯，报告限应不高于 $1\mu g/m^3$；其中，规划的 3#、4# 建筑因含有 4 层地下室，因此，需对每层进行监测。样品的采集与分析参照 HJ 644—2013 执行，监测指标为苯，报告限应不高于 $1\mu g/m^3$；以上监测工作应委托相关机构开展，并对结果进行分析评估，形成完整的评估报告，按污染地块管理办法上报相应报告。

6.6.8.4 开发建设过程风险管控

未来场地修复范围内的开发，必须严格按照现阶段既定的开发方案执行，否则，需对新开发方案进行评估。地下车库的功能均为自动停车库，地下室内不设置车库管理人员并严禁用于居住及办公。结合建筑通风设计要求，每层车库内按每小时换气速率不少于 4 次设置通风换气系统，车库与地上住户的连通严禁采用电梯直接入户的方式。

护坡桩建设前，应结合场地水文地质条件采取有效的污染防治措施，避免地下水中污染物在帷幕桩建设过程中继续垂直向下迁移。基坑建筑物主体结构工程施工完毕后，侧壁外墙肥槽采用清洁黏性土回填并夯实。

6.6.8.5 其他建议

① 场地修复过程中，建设了较多的地下水抽灌井以及土壤气相抽提井，这些井可能成为土壤及地下水中 VOCs 垂直向上迁移的优先通道。因此，在开发建设前，应对这些井进行封堵。

② 因场地土壤和地下水中残留有污染物，在开发建设过程中，应配备相应的人员健康防护装备以及安全应急预案，确保开发建设过程中工人的健康安全。同时，建设过程中应制定有效的环境管理措施，防止二次污染。开发建设过程中，如发现新的土壤、地下水污染问题，应立即停止施工，并上报环境主管部门。

③ 建设开发过程中应引入专业的环境与工程监理单位，监督建设过程中污染防治及长期风险管控措施落实情况，形成监理报告并按污染地块管理办法上报相应报告。

6.7 结论及建议

本章介绍了污染地块效果评估的工作内容和程序、概念模型更新、布点采样、效果评估方法和后期管理要求，并介绍了典型污染场地土壤和地下水修复效果评估案例。生态环境部发布的《污染地块风险管控与土壤修复效果评估技术导则》(HJ 25.5—2018) 和《污染地块地下水修复和风险管控技术导则》(HJ 25.6—2019) 解决了污染场地土壤和地下水修复效果评估的主要技术要求，但近年来在效果评估工作中仍面临一些难题，对此提出一些讨论和建议，供业内参考讨论。

(1) 科学合理确定点位数量与位置

对于污染地块修复效果评估，采样数量的确定本质上是一个统计学问题。基于统计意义的效果评估布点，主要是根据修复后土壤中污染物浓度的分布情况建立样本量，采用假设检验的方法确定场地土壤修复是否达标。其本质是由总体合理抽取样本、由样本科学推断总体，即在有限的样本情况下，使对修复效果误判的概率在可接受水平内。综合考虑修复技术特点与实际工程数据可以看出，修复效果波动越小、修复实际效果越高于修复目标要求，所需采样数量越少；修复效果越不均一、修复后土壤中污染物浓度越接近目标值，所需采样数量越多。采样数量取决于污染物浓度的数据分布，污染物浓度分布取决于原始浓度差异、修复技术选择等多种因素。例如，对于去除率较高的异位热脱附技术，在设施运行稳定情况下，根据技术导则编制过程中的试算结果，每个样品代表的土方量可达到 $10000m^3$。为便于实施，现有技术导则中提供了建议的采样密度，也提出可以根据修复后土壤中污染物浓度分布特征计算修复差变系数，根据不同差变系数选择对应的采样数量，建议在具体工作中可根据场地实际情况进行采样点位和数量的确定。

(2) 推进管理创新，守住风险底线，保障开发进度

目前相关技术规范要求在修复工程运行阶段开展连续 4 个批次的季度监测进行修复达标初判，在修复效果评估阶段至少开展 8 个批次监测且监测周期不少于 1 年。一些从业人员反

映，地下水修复效果评估监测周期太长，与业主对场地开发的时间要求有所冲突。但从国内外大量案例来看，地下水修复达标后1～2年内出现反弹是一个客观存在的现象。因此，为确保场地修复后的健康风险和环境风险底线，需保证地下水修复效果监测周期和频次。建议从管理思路上进行创新和突破，如允许分阶段分区验收与开发、风险管控与场地开发建设有机结合等，这在国际上有很多成功经验。中共中央办公厅、国务院办公厅印发的《关于构建现代环境治理体系的指导意见》也明确，对工业污染地块，鼓励采用“环境修复＋开发建设”的模式。

从技术层面而言，采用“环境修复＋开发建设”模式是可行的。结合技术导则要求，笔者建议，对大型的、规划复杂的污染场地，可结合场地各区域开发进程，在符合法律法规要求的前提下实施分区域修复与开发。对异位修复场地，由于地块是否退出名录、进入开发程序只与本地块污染治理情况相关，因此建议可分阶段提交清挖效果与异位修复效果评估报告，在清挖效果达到目标要求，且明确异位土壤暂存场所、修复安排等情况的前提下，考虑地块退出名录进入开发程序。

（3）强化后期管理，保障风险管控长期效果

我国借鉴发达国家对污染地块长期管理的相关经验，初步提出了后期管理要求，典型污染场地开展了后期管理在初步探索，但目前后期管理环节仍存在意识淡薄、职责不明、技术支撑欠缺等问题，后期管理在目的和定位、内涵和要求、技术手段、监管机制、支撑条件等方面亟需进一步明确和完善，针对此情况提出几点建议。

① 明确职责、强化监督，促进后期环境管理措施有效落实。明确生态环境部门、自然资源部门、住房和城乡建设部门落实后期管理的职责和工作机制，将后期管理要求融合在选址意见书、用地规划许可证、土地产权转让、施工许可证等环节；落实主体责任，要求责任人实施后期管理，并定期向生态环境主管部门和自然资源部门报送后期管理实施情况。

② 先行先试、示范推广，推进后期环境管理与效果评估的有效衔接。目前政策法规要求效果评估报告中需包括后期环境管理的建议，但多未能有效施行，建议选择典型污染场地开展后期环境管理的先行先试，梳理影响后期环境管理措施落地的关键因素、难点问题和解决方案，探索尝试并进行推广，实现后期管理与效果评估的有效衔接。

③ 加强政策引导、加大技术支撑，尽快制订相关技术导则。我国目前仅在部分技术导则中提出了后期管理的基本要求和简单内容，但对后期管理的工作程序、技术要求等尚无技术支撑文件，建议尽快组织编制污染地块后期环境管理的技术导则，明确后期环境管理的内容、程序、方法和技术要求，规范污染地块后期环境管理工作，确保建设用地人居环境安全。

参考文献

[1] 中华人民共和国生态环境部．污染场地土壤环境管理办法（部令第42号），2016.

[2] 中华人民共和国生态环境部．中华人民共和国土壤污染防治法，2018.

[3] 中华人民共和国生态环境部．工业企业场地环境调查评估与修复工作指南（试行），2014.

[4] 生态环境部．HJ 25.1—2019 建设用地土壤环境调查技术导则，2019.

[5] 生态环境部．HJ 25.2—2019 建设用地土壤环境监测技术导则，2019.

[6] 生态环境部．HJ 25.3—2019 建设用地土壤污染风险评估技术导则，2019.

[7] 生态环境部．HJ 25.4—2019 建设用地土壤修复技术导则，2019.

[8] 北京市质量技术监督局．DB11/T 783—2011 污染场地修复验收技术规范，2011.

[9] 国家市场监督管理总局．GB 36600—2018 生态环境部．土壤环境质量 建设用地土壤污染风险管控标准（试行）．北京：中国环境出版集团，2018.

[10] 北京市质量技术监督局．DB11/T 1278—2015 污染场地挥发性有机物调查与风险评估技术导则，2015.

第7章 污染场地修复环境和社会影响评价[1]

[1] 本章作者为张峰，张芝兰，张艳君。

污染场地修复工作本身是一项环保工程，其目的是通过相关修复施工活动来解决场地内的土壤及地下水等污染问题。但在修复施工过程中，因对污染的土壤地下水进行扰动很可能造成污染物逸出，许多修复施工活动本身也有可能产生二次污染问题，因而在修复过程中可能会带来潜在的环境及社会负面影响。对于 POPs 污染场地来说，考虑到污染物质的特殊性以及修复的复杂性，往往修复施工难度更大、持续时间更长，所以这方面的不利影响就显得尤为突出。

环境和社会影响评价（environmental and social impact assessment，ESIA）是一种用于确定并评价一个拟议项目的潜在环境及社会影响，论证各种替代方案，制订适当的缓解措施以及管理和监测措施的方法。由于各国的国情不同，国际上各个国家和组织对于环境和社会影响评价的具体要求也有所差异。本章介绍的 ESIA，主要是指遵循世界银行（World Bank)、国际金融公司（International Finance Corporation，IFC）或其他国际金融机构的要求而进行的环境、社会和公众健康影响评价活动。在国际实践中，ESIA 主要适用于向世界金融机构融资或贷款的项目，同时也是建设项目或活动在赤道银行融资的必要条件。其内容主要涵盖了环境、社会、公众健康的影响评价，移民动迁方案，公众参与及信息公开方案，环境和社会管理计划（environment and social management plan，ESMP）等，可以帮助项目全面识别并分析评价项目潜在的环境、社会和公众健康影响，提出管理方案，从而实现项目的社会和环境可持续发展。实践表明，对 POPs 污染场地修复工程开展 ESIA，可有效管理项目的环境效益和社会负面影响，显著提高修复项目的环境效益和社会效益。

在我国，与国内传统意义上的法定环境影响评价（environmental impact assessment，EIA）相比，ESIA 通常又被称为国际环评。

7.1 环境和社会影响评价的发展历程

环境影响评价的概念是 1964 年在加拿大召开的“国际环境质量评价会议”上首次提出的。而环境影响评价作为一项正式的法律制度，则是在 1969 年美国国会通过的《国家环境政策法》(National Environmental Policy Act，NEPA）中首次出现。NEPA 自产生至今，对美国的环境一直发挥着重要作用，它规定的环境影响评价制度要求行政机关必须将对环境价值的考虑纳入决策过程，使行政机关正确对待经济发展和环境保护两方面利益和目标，改变了过去重经济轻环保的行政决策方式[1]。

美国环境影响评价制度确立后，很快对世界其他国家和地区产生了影响，先是发达国家，如瑞典（1970 年)、苏联（1972 年)、日本（1972 年)、新西兰（1973 年)、加拿大(1973 年)、澳大利亚（1974 年)、德国（1976 年)、法国（1976 年）等，继而发展中国家也建立了环境影响评价制度，如马来西亚（1974 年)、印度（1978 年)、中国（1979 年)、泰国（1979 年)、印度尼西亚（1979 年）等，到了 20 世纪 90 年代初期，非洲和南美洲的一些国家也先后制定了环境影响评价政策法规。

同时，一些国际组织和机构也纷纷制定了环境影响评价制度，如 1970 年世界银行设立环境与健康事务办公室，对其每一个投资项目的环境影响作出审查和评价；1974 年联合国环境规划署与加拿大联合召开了第一次环境影响评价会议；1984 年联合国环境规划理事会第 12 届会议建议组织各国环境影响评价专家进行环境影响评价研究，为各国开展环境影响评价提供了方法和理论基础；1987 年联合国环境规划署理事会作出了“关于环境影响评价的目标和原则”的第 14/25 号决议；1992 年联合国环境与发展大会在里约热内卢召开，会议通过的《里约环境与发展宣言》原则 17 宣告：对于拟议中可能对环境产生重大不利影响的活动，应进行环境影响评价，并由国家相关主管部门作出决策；1994 年加拿大和国际环境影响评价学会（International Association of Impact Assessment，IAIA）在魁北克市联合召开了第一届国际环境影响评价部长级会议，52 个国家和组织机构参加了会议，会议作出了进行环境影响评价有效性研究的决定。许多国际环境条约如《联合国气候变化框架公约》《生物多样性公约》等也对环境影响评价制度做了相应规定[2]。

到目前为止，全球大多数国家和地区都建立、健全了环境影响评价制度，环境影响评价在全球范围内已发展成为一项成熟的制度。环境影响评价的内涵也不断扩大和增加，从自然环境影响评价发展到社会环境影响评价；并同时关注风险评价和累积性影响；评价对象也从单纯的工程项目环境影响评价发展到区域规划环境影响评价和战略影响评价，环境影响评价的技术方法也不断得到提高和完善。

7.2 环境和社会影响评价适用标准框架

在中国国内开展国际环评时，项目实施既要符合世界银行《环境和社会框架》（Environmental and Social Framework，ESF）、世界银行集团《环境、健康与安全指南》（Environmental，Health，and Safety Guidelines，EHSGs）以及与项目相关的国际公约的要求，同时也需要遵守我国国内有关环境与社会风险管理领域的有关法律法规、标准规范的要求。

7.2.1 世界银行《环境和社会框架》（ESF）

世界银行《环境和社会框架》共包含 10 项环境和社会标准（Environmental and Social Standard，ESS）[3]，覆盖的内容非常丰富，具体为：a. ESS1 环境和社会风险与影响的评价和管理；b. ESS2 劳工和工作条件；c. ESS3 资源效率与污染预防和管理；d. ESS4 社区健康与安全；e. ESS5 土地征用、土地使用限制和非自愿移民；f. ESS6 生物多样性保护和生物自然资源的可持续管理；g. ESS7 原住民/长期服务不足的传统地方社区；h. ESS8 文化遗产；i. ESS9 金融中介机构；j. ESS10 利益相关方参与和信息公开。

建设项目需要根据识别出的环境及社会影响，选择可能适用的环境和社会标准（ESS）。10 项 ESS 及其目标汇总见表 7-1。其中，ESS7 原住民对于我国来讲，主要关注少数民族聚集区；而 ESS9 金融中介机构主要适用于从世界银行获得财务支持的金融中介机构，对于污染场地修复活动，基本不涉及；而其他 ESS 在污染场地修复活动中则均有可能涉及。

表 7-1 世界银行采用的环境和社会标准和目标

编号	标准名称	目标
ESS1	环境和社会风险与影响的评价和管理（Assessment and Management of Environmental and Social Risks and Impacts）	（1）按照符合环境和社会标准的方式识别、评价和管理项目的环境和社会风险与影响。 （2）按照管理和减缓措施递进的方法，依次为： ①预测并避免风险和影响；

续表

编号	标准名称	目标
ESS1	环境和社会风险与影响的评价和管理(Assessment and Management of Environmental and Social Risks and Impacts)	②若无法避免,应尽可能将风险和影响降低或减少到可以接受的水平; ③风险和影响有所降低和减少后,对其进行缓解(恢复); ④在经济和技术可行的前提下,如仍有无法避免、减少或恢复的显著残余影响,则应进行补偿。 (3)实施有区别对待的措施,以确保不利影响不会落在弱势个人或群体身上,同时确保他们在享有发展效益和发展机会时不处于不利地位。 (4)在项目的评价、制定和实施过程中,可适时适当采用国家环境和社会制度、体系、法律、法规和程序。 (5)采用认可并加强借款国能力的方式,促进借款国环境和社会绩效的改善
ESS2	劳工和工作条件(Labor and Working Conditions)	(1)促进工作中的安全和健康。 (2)促进对项目工作人员的公平对待,使其不受歧视,获得平等机会。 (3)保护项目工作人员,包括妇女、残疾人、青少年(符合环境和社会标准规定的工作年龄)和外来工、合同工、社区工作人员和主要供应商工作人员(如适用)等弱势人员。 (4)避免强迫劳动或雇用童工。 (5)以符合国家法律的方式支持工人自由结社和集体谈判的原则。为项目工作人员提供可行的方法来提高对工作场所的关注
ESS3	资源效率与污染预防和管理(Resource Efficiency and Pollution Prevention and Management)	(1)促进资源,包括能源,水和原材料的可持续利用。 (2)通过避免或尽可能降低项目活动产生的污染来避免或尽可能降低对人体健康和环境造成的不利影响。 (3)避免或尽可能减少项目相关的短期和长期气候污染物(温室气体和炭黑)的排放。避免或尽量减少有害废物和无害废物的产生。 (4)减少和管理与农药使用相关的风险和影响
ESS4	社区健康与安全(Community Health and Safety)	(1)预见并避免项目周期内因常规和非常规情况对受项目影响社区的健康与安全造成的不利影响。 (2)在包括大坝在内的基础设施设计和建设中提高质量和安全性以及与增加气候变化有关的考虑。 (3)避免或尽量减少社区暴露于与项目相关的交通和道路安全风险、疾病和危险物质中。 (4)制定有效的措施来解决突发事件。 (5)保障人员和财产安全,避免或最大限度地降低受项目影响社区面临的风险
ESS5	土地征用、土地使用限制和非自愿移民(Land Acquisition Restrictions on Land Use and Involuntary Resettlement)	(1)避免非自愿移民,或者当移民不可避免时,寻找替代方案以便最大限度地减少非自愿移民。 (2)避免强制驱逐。 (3)通过下列方式缓解土地征用或土地使用限制带来的无法避免且不利的社会和经济影响:根据重新安置成本及时补偿资产损失;努力协助移民切实改善生计和生活水平,使之恢复到搬迁前的水平或项目实施前当地的平均水平(以较高者为准)。 (4)通过提供适当的住房、服务和设施以及租住权保障等,改善贫困或弱势的搬迁移民的生活条件。 (5)将移民活动作为一种可持续发展规划来构思与实施,根据项目性质提供充足的投资,使移民可直接从项目受益的措施。 (6)确保在移民安置规划和实施时要向受影响人适当公开信息、进行有意义的磋商以及确保知情参与

续表

编号	标准名称	目标
ESS6	生物多样性保护和生物自然资源的可持续管理(Biodiversity Conservation and Sustainable Management of Living Natural Resources)	(1)保护和保留生物多样性和栖息地。 (2)在设计和实施可能对生物多样性产生影响的项目时应用管理及缓解措施递进和预防的方式。 (3)促进生物自然资源的可持续管理。 (4)通过将保护需要和发展优先事项相结合的做法,支持当地社区(包括原住民)的生计并支持包容性经济发展
ESS7	原住民/长期服务不足的传统地方社区(Indigenous Peoples/Sub-Saharan African Historically Underserved Traditional Local Communities)	(1)确保开发过程充分尊重原住民/长期服务不足的传统地方社区的人权、尊严、愿望、身份、文化和基于自然资源的生活方式。 (2)避免项目对原住民/长期服务不足的传统地方社区造成的不利影响;如无法避免,应将此类影响减轻、降至最低和/或给予补偿。 (3)以原住民容易接受、文化上契合且具有包容性的方式为原住民/长期服务不足的传统地方社区增加可持续发展的效益和机会。 (4)通过在项目周期内进行的有意义的磋商建立并保持与受项目影响的原住民/长期服务不足的传统地方社区的持续关系,完善项目设计并获得地方支持。 (5)确保在本环境和社会标准所述以下三种情况下获得受影响的原住民/长期服务不足的传统地方社区的自由、事先和知情同意: ①对传统所有权、习惯使用或占用的土地和自然资源有不利影响; ②迫使原住民/长期服务不足的传统地方社区从传统所有或习惯使用或占用的土地和自然资源地上搬迁; ③对原住民/长期服务不足的传统地方社区的文化遗产有重要影响,这些文化遗产在身份和/或文化、仪式,或精神方面对受影响原住民/长期服务不足的传统地方社区的生活有至关重要的作用。 (6)承认、尊重并保护原住民/长期服务不足的传统地方社区的文化、知识和习俗,以其能够接受的方式、在可接受的时间内为其提供适应条件变化的机会
ESS8	文化遗产(Cultural Heritage)	(1)保护文化遗产免受项目活动带来的不利影响,并且为其保护工作提供支持。 (2)将文化遗产视为可持续发展的组成部分。 (3)促进与利益相关方就文化遗产进行有意义的磋商。 (4)促进公平分享使用文化遗产所带来的收益
ESS9	金融中介机构(Financial-Intermediaries)	(1)规定金融中介机构如何评价和管理与其资助的子项目相关的环境和社会风险与影响。 (2)促使金融中介机构资助的子项目采用良好的环境和社会商业实践。 (3)在金融中介机构中推广良好的环境管理和完善的人力资源管理
ESS10	利益相关方参与和信息公开(Stakeholder Engagement and Information Disclosure)	(1)建立系统性方法,帮助借款国识别利益相关方并与利益相关方建立和保持有建设性的关系,尤其是受项目影响的各方。 (2)评估利益相关方就项目所获得的效益和支持水平,并在项目设计及环境和社会管理中考虑利益相关方的意见。 (3)提供有效可参与的方式,使受项目影响的各方在整个项目周期内充分参与讨论可能对他们产生影响的问题。 (4)确保以及时、易于理解和适当的方式向利益相关方公开有关环境和社会风险与影响的适当项目信息。 (5)为受项目影响的各方提供适当和可参与的方式,以便他们能够提出问题和申诉,并允许借款国回应和处理此类申诉

7.2.2 《环境、健康与安全指南》(EHSGs)

世界银行《环境和社会框架》(ESF) 要求项目应满足世界银行集团《环境、健康与安全指南》(EHSGs) 的相关要求。EHSGs 包括一个《环境、健康与安全通用指南》，以及林业、基础设施、农业及食品、化学、采矿、电力、油气、一般制造业共计 8 大类 62 个具体工业行业的环境、健康与安全指南[4]。这些指南可能会不定期地更新，国际金融公司 (IFC) 官方网站上提供了多种语言版本 (包括中文) 的指南可免费下载。

《环境、健康与安全指南》(EHSGs) 中包括了相关的环境、健康与安全防护措施，也包括能源资源绩效水平和污染物排放标准，此外还提供了一些国家和地区的标准作为参考，具体适用的排放标准需要在 ESIA 开展过程中根据项目实际情况及国内相关标准规范的要求灵活考量选取。

污染场地修复活动评价除适用《环境、健康与安全通用指南》外，污染土壤通常被认为也适用于《废弃物管理设施环境、健康与安全指南》。这 2 个 EHS 指南的主要内容说明见表 7-2。

表 7-2　世界银行《环境、健康与安全指南》主要涵盖内容

编号	指南名称	主要涵盖内容
1	《环境、健康与安全通用指南》	本指南适用于一般项目建设/设施运行过程中的大气污染、节约能源、废水管理、节水、危险物质管理、废弃物管理、噪声、土地污染的通用防治措施指南，并提供了部分参考标准。 此外，指南还针对职业健康与安全、社会健康与安全，以及项目施工和项目拆除过程中的工人安全与社区安全提出了通用的防治措施指南
2	《废弃物管理设施环境、健康与安全指南》	本指南涵盖了专门用来对市政固体废物和工业废弃物进行管理的各种设施或项目，这包括废弃物的收集和运输；废弃物的接收、卸放、处理与存储；垃圾填埋场处理；物理化学与生物化学；以及焚化项目等。 指南综述了废弃物管理设施在运行和报废阶段发生的有关 EHS 问题，并对减轻这些问题产生的影响提出了相应的建议

7.2.3 国内法规及标准技术规范

国内关于污染场地修复活动环境和社会影响评价主要的编制依据包括但不限于：我国国家和地方层面现行的环境保护、劳动保护和土地管理的法律法规和政策；我国国家和地方层面环境质量标准和污染物排放标准；关于污染场地调查、风险评估、修复、监理和完工验收的技术导则和规范等。

(1) 环境和社会法规及政策

①《中华人民共和国环境保护法》(2014 年修订)；

②《中华人民共和国土壤污染防治法》(2019 年实施)；

③《污染地块土壤环境管理办法 (试行)》(2017 年实施)；

④《中华人民共和国大气污染防治法》(2018 年修订)；

⑤《中华人民共和国水污染防治法》(2017 年修订，2018 年生效)；

⑥《中华人民共和国噪声污染防治法》(2022 年实施);
⑦《中华人民共和国固体废物污染环境防治法》(2020 年修订);
⑧《中华人民共和国土地管理法》(2004 年实施);
⑨《中华人民共和国文物保护法》(2007 年实施);
⑩《中华人民共和国物权法》(2007 年实施);
⑪《中华人民共和国劳动法》(2018 年修订);
⑫《中华人民共和国劳动合同法》(2020 年修订);
⑬《国家危险废物名录》(2021 版);
⑭《国务院关于深化改革严格土地管理的决定》(国发〔2004〕28 号)(2004 年实施);
⑮《国务院关于加强土地调控有关问题的通知》(国发〔2006〕31 号)(2006 年实施);
⑯《征用土地公告办法》(国土资源部令第 10 号)(2002 年实施);
⑰《关于保障工业企业场地再开发利用环境安全的通知》(环发〔2012〕140 号);
⑱《关于土壤污染防治工作的意见》(环发〔2008〕48 号);
⑲《建设项目环境保护管理条例》(2017 年修订)。

(2) 相关导则、标准和技术规范

①《建设用地土壤污染状况调查技术导则》(HJ 25.1—2019);
②《建设用地土壤污染风险管控和修复监测技术导则》(HJ 25.2—2019);
③《建设用地土壤污染风险评估技术导则》(HJ 25.3—2019);
④《建设用地土壤修复技术导则》(HJ 25.4—2019);
⑤《污染地块风险管控与土壤修复效果评估技术导则》(HJ 25.5—2018);
⑥《污染地块地下水修复和风险管控技术导则》(HJ 25.6—2019);
⑦《地下水环境监测技术规范》(HJ/T164—2004);
⑧《土壤环境监测技术规范》(HJ/T 166—2004);
⑨《工业企业场地环境调查评估与修复工作指南》(公告 2014 年第 78 号);
⑩《环境空气质量标准》(GB 3095—2012);
⑪《声环境质量标准》(GB 3096—2008);
⑫《土壤环境质量 建设用地土壤污染风险管控标准(试行)》(GB 36600—2018);
⑬《地下水质量标准》(GB/T 14848—2017);
⑭《恶臭污染物排放标准》(GB 14554—93);
⑮《污水排入城镇下水道水质标准》(GB/T 31962—2015);
⑯《污水综合排放标准》(GB 8978—1996);
⑰《建筑施工场界环境噪声排放标准》(GB 12523—2011);
⑱《一般工业固体废物贮存和填埋污染控制标准》(GB 18599—2020);
⑲《危险废物贮存污染控制标准》(GB 18597—2023);
⑳《固体废物鉴别标准 通则》(GB 34330—2017);
㉑《危险废物鉴别标准 通则》(GB 5085.7—2019);
㉒《地表水环境质量标准》(GB 3838—2002);
㉓《大气污染物综合排放标准》(GB 16297—1996);
㉔《生活垃圾焚烧污染控制标准》(GB 18485—2014);
㉕《水泥窑协同处置固体废物环境保护技术规范》(HJ 662—2013);

㉖《水泥工业大气污染物排放标准》(GB 4915—2013);

㉗《水泥窑协同处置固体废物污染控制标准》(GB 30485—2013)。

7.2.4 其他文件

污染场地修复项目管理框架涉及的其他文件主要包括:

① 国际公约,如《关于持久性有机污染物的斯德哥尔摩公约》;

② 项目场地调查报告及修复技术方案;

③ 当地发展规划及政策等。

7.3 环境和社会影响评价流程和内容

7.3.1 环境和社会影响评价流程

对于污染场地修复活动,环境和社会影响评价报告通常主要包括以下内容。

(1) 项目背景

① 环境和社会影响识别;

② 评价范围。

(2) 立法和管理框架

(3) 项目概况

① 示范区域场地调查和风险评估结果;

② 修复方案内容及结论;

③ 关联设施(如有);

④ 修复活动二次污染产排污分析及拟采取的减缓措施。

(4) 环境及社会现状及评价

① 环境现状;

② 社会经济现状。

(5) 环境影响评价

① 环境影响预测并评价影响大小;

② 剩余影响和累积影响;

③ 环境管理与监测。

(6) 社会影响评价

① 潜在社会影响及管理措施;

② 利益相关方识别及分析;

③ 公众参与与信息公开;

④ 申诉机制。

（7）环境和社会管理计划（单独成册）

（8）结论与建议

（9）附件

与国内环境影响评价类似，EISA 评价过程也主要包括影响识别、背景调查（现状评价）、研究可采取的减缓措施、影响预测并评价影响大小、提出相关管理计划等环节。其中特别需要指出的是，对于重大的影响仍然需要进一步采取缓解措施，并再次对剩余影响进行评价，直至其在技术及经济上可行且环境影响较小。ESIA 评价流程见图 7-1。

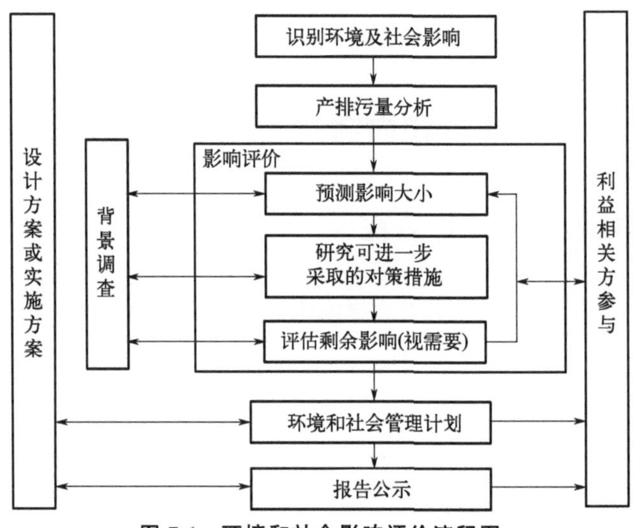

图 7-1　环境和社会影响评价流程图

在工作范围和技术方法上，ESIA 与国内 EIA 两者之间会有一定的差异，如 ESIA 在评价过程中会更加注重项目的社会评价、利益相关方的参与（公众参与），还要求将关联设施纳入评价范围，并制定环境和社会管理计划指导项目的实施等；但从技术方法上而言，ESIA 并未建立统一的评价方法，因而可参照国内导则中所规定的评价方法或结合项目情况灵活调整。两者的差异性分析汇总如表 7-3 所列。

表 7-3　国际环评与国内环评主要差异

工作内容	国内环评	国际环评
评价范围	主要评价拟建项目本身产生的环境影响，环境要素主要包括大气、地表水、声、生态、土壤地下水等，并根据导则确定评价等级并划定各环境要素的评价范围	除评价拟建项目本身外，还应评价与其有上下游关系的关联设施； 各环境要素的评价范围没有统一规定，可参照国内导则或结合项目情况根据实际可能受影响的范围灵活确定
影响识别	根据项目在建设阶段、运营阶段、服务期满后等不同阶段的各种行为对各环境要素可能产生的污染影响与生态影响进行识别	评价要素除环境影响和生态影响外，还包括资源效率和社会影响（劳工和工作条件、土地使用、社区健康、原住民、文化遗产）等影响识别，如项目对社区居民的健康影响、对搬迁征地引起的人群生计方式和生活水平的影响、对项目使用道路带来的安全影响、施工人员等外来人口涌入可能带来的传染性疾病影响等

续表

工作内容	国内环评	国际环评
背景调查（现状评价）	包括对自然环境现状、环境保护目标、环境质量现状和区域污染源的调查，不包括社会环境现状调查；调查方式主要包括资料搜集和补充监测，了解环境质量本底	在国内环评基础上增加了对社会环境现状的调查，通过资料搜集、实地走访以及与利益相关方的交流与问卷访谈等方式了解当地社会经济本底状况，识别弱势群体等
影响评价	按照环境影响评价技术导则（包括总纲和环境要素导则）规定的评价方法进行定性或定量评价，并考虑与现状和其他在建拟建源环境影响的叠加、累积影响以及环境风险影响； 对于环境质量不符合环境功能要求或环境质量改善目标的，应结合区域限期达标规划对环境质量变化进行预测。 对于环境减缓措施，由于国内环评通常介入时间较晚，主要关注论证拟采取措施的技术可行性、经济合理性、长期稳定运行和达标排放的可靠性等	除环境影响评价外，还包括社会影响评价（劳工和工作条件、土地使用、社区健康、原住民、文化遗产等），包括拟建项目及其关联设施产生的影响； 评价方法可采取国际或国内广泛认可的成熟方法。 按照避免—最小化—恢复—补偿的减缓措施递进原则，尽量在项目早期介入，从环境和社会角度对不同的减缓措施提出选择建议； 对于重大的影响仍然需要进一步采取缓解措施，并再次对剩余影响进行评价，直至其在技术及经济上可行且环境影响较小
利益相关方参与（公众参与）	公众参与和环评文件编制工作分离，主要由建设单位和环保主管部门负责对环评文件及审批意见进行信息公开	是环境和社会影响评价过程非常重要的一环，并从环评阶段延伸至项目实施阶段，贯穿了项目整个生命周期。包括利益相关方识别和分析、计划如何让利益相关方参与、信息公开、与利益相关方磋商、解决和应对申诉以及向利益相关方通报等内容
环境和社会管理计划	环评文件中设置环境管理与监测计划章节，包括提出环境管理制度要求；给出污染物排放清单；提出环境监测计划；给出“三同时”验收要求，以及事中事后监管要求和与排污许可证的衔接要求等	需要编制翔实的环境和社会管理计划（ESMP），通常单独成册，主要将借款方为实现环境和社会绩效标准所承诺执行的所有行动方案进行汇总，形成一套技术经济可行、管理可操作的管理计划，以落实环境和社会影响评价中提出的减缓措施。对项目涉及的活动影响均明确应采取的减缓措施、措施执行方、监督方、监测指标与频率、验收标准等

根据我国《建设项目环境影响评价分类管理名录（2021 年）》，目前国内“污染场地治理修复工程”不需要开展环境影响评价手续。因而表 7-3 主要列出常规建设项目在开展国内环评和国际环评时的差异。

本章 7.3.2 节～7.3.9 节主要结合 POPs 污染场地修复工程的特征介绍 ESIA 的各部分主要内容。

7.3.2　评价范围

基于世界银行标准的环境和社会影响评价（ESIA）中，除了关注投资项目/活动本身产生的影响外，还会考虑投资活动的上下游影响，特别是关联设施产生的环境社会影响，并要求关联设施满足环境和社会标准（ESS）的要求（但仅限于借款国可以控制和施加影响的关联设施）。所谓关联设施，是指不作为项目一部分进行融资的设施或活动，但：a. 与项目直接关联且显著相关；b. 与项目同时开展或计划同时开展；c. 对项目的可行性非常必要，若本项目不存在，则关联设施不会被建造、扩建或进行。对于关联设施或活动的识别和确认，它们必须同时满足以上 3 个标准。

对于污染场地修复活动，其可能相关的上下游相关设施主要包括接收项目污染土壤的水泥窑处置厂、接收项目废水排放的污水处理厂等。虽然有相关性，但如不同时满足以上 3 个标准，则不被认定为关联设施。国际环评中只需要关注其依托可行性即可。

此外，对于各环境要素的评价范围，世界银行《环境和社会框架》中并未作出统一规定，通常可参照国内导则或结合项目情况根据实际可能受影响的范围灵活确定。

7.3.3 环境和社会影响识别

污染场地修复工程的主要环境及社会影响来自施工期，通过对修复活动期间施工行为与可能受影响的环境要素和社会要素间的作用效应关系、影响性质、影响范围、影响程度等，分析施工活动对各环境要素和社会要素可能产生的影响，包括有利与不利影响、直接与间接影响、长期与短期影响、累积与非累积影响等。

在环境和社会影响识别过程中，应根据资料收集和现场走访情况，结合与利益相关方的访谈，初步识别出项目可能产生的主要环境影响和制约因素。

（1）环境影响识别

环境影响因素主要包括但不限于废气、废水、固体废物、噪声、土壤/地下水污染等，修复活动常见的环境影响因素如下。

① 废气：污染土壤开挖、装卸、运输、暂存过程产生的废气和异味影响，修复工艺（如汽提、气相抽提、热脱附等）中废气的集中排放，施工机械和车辆的尾气排放等。

② 废水：待修复的污染地下水，基坑排水，车辆与机械清洗水，污染区域的地面径流等，修复工艺（如热脱附配套喷淋塔等）中产生的废水，以及施工人员生活污水等。

③ 噪声：修复项目实施过程中的运输车辆、修复设备（如挖掘机、筛分设备、翻抛机、热脱附设备等）、其他设备（抽风机、水泵、雾炮机等）等均会产生噪声。

④ 固体废物：施工场地和临时营地产生的生活垃圾等。

⑤ 土壤地下水：含有毒有害物质的化学物料和污染物质在装卸、存放、转运、使用或产生等过程中可能会因管理不当造成“跑、冒、滴、漏”或发生泄漏事故而进入地块内非污染修复区域或地块外修复活动区域的外部环境；污染土壤在清挖、运输、处置、堆放过程中可能会遗撒或进入地块内非污染修复区域或地块外修复活动区域的外部环境；污染地下水在抽提、输送、处理、排放过程中也可能会扩散或泄漏至地块内非污染修复区域或地块外修复活动区域的外部环境。

评价因子的选取应根据污染场地特点以及修复工艺的选择而确定。

（2）社会影响识别

根据世界银行《环境和社会框架》的 10 项环境和社会标准可知，ESIA 除了关注环境影响外，还特别关注社会影响，这里的社会影响范畴主要包括劳工和工作条件、社区健康和安全、土地征用、文化遗产、公众参与和申诉处理等。

污染场地修复活动产生的社会影响有正面影响和负面影响两种。从长远角度来看，污染场地修复活动给项目所在区域社会经济发展和居民生产生活带来积极的正面影响；同时，在场地施工过程中，施工活动也可能给施工作业人员和周边村社居民健康和安全带来一定的负面影响和风险，需要制定并采取一定的措施加以控制以消除或缓解此类影响和风险。如项目对社区居民的健康影响，对搬迁征地引起的人群生计方式和生活水平的影响，对项目使用道路带来的安全影响，施工人员等外来人口涌入可能带来的传染性疾病影响等。

7.3.4　立法和管理框架

根据项目实际情况，识别适用的世界银行环境和社会标准，《环境、健康与安全指南》（EHSGs）及国内标准。一般情况下，如果国内标准与世界银行《环境、健康与安全指南》中规定的绩效水平和排放标准不同，世界银行通常要求项目遵循两者中更严格的要求。若因技术和经济条件限制或其他特殊情况，导致项目采用较宽松的标准时，则要求在具体的环境与社会风险评价过程中提供充分而详细的合理性证明（应得到世界银行认可），证明该选择符合环境和社会标准和《环境、健康与安全指南》的目标，不会导致重大的环境或社会危害。

以某污染场地修复项目周边居民区适用的声环境质量标准为例，该项目位于城市建成区的 2 类声环境功能区，我国《声环境质量标准》（GB 3096—2008）和世界银行《环境、健康与安全通用指南》中的声环境质量标准对比见表 7-4 和表 7-5。可知两者存在一定差异，世界银行通用指南中的标准较国内标准更为严格。

表 7-4　中国国家声环境质量标准　　单位：dB（A）

适用区域	标准类别	时段	
		昼间 6:00～22:00	夜间 22:00～6:00
康复疗养区等特别需要安静的区域	0 类	50	40
以居民住宅、医疗卫生、文化教育、科研设计、行政办公为主要功能，需要保持安静的区域	1 类	55	45
以商业金融、集市贸易为主要功能，或者居住、商业、工业混杂，需要维护住宅安静的区域	2 类	60	50
指以工业生产、仓储物流为主要功能，需要防止工业噪声对周围环境产生严重影响的区域	3 类	65	55
交道干线（公路、城市轨道交通地面段、内河航道等）两侧区域	4a 类	70	55
铁路干线两侧区域	4b 类	70	60

表 7-5　世界银行《环境、健康与安全通用指南》　　单位：dB（A）

受体	时段	
	昼间 7:00～22:00	夜间 22:00～7:00
居民区、机构区、教育区	55	45
工业区、商业区	70	70

注：噪声影响不应超过表中所列的指标，或使现场以外距离最近接收点的背景噪声增加达到 3dB。

虽然原则上应该采用更严格的标准，但 EISA 项目团队在选择声标准时，应考虑以下内容。

① 在中国的声环境质量控制体系中，根据不同功能区对声环境质量的要求，将声环境质量划分为 5 个等级，噪声功能区由地方政府正式定义。如根据当地规划，该项目所在地区为工业、商业、居住混杂区，属于《声环境质量标准》（GB 3096—2008）中规定的 2 类区，区域声环境质量执行《声环境质量标准》（GB 3096—2008）2 类标准。

② 世界银行《环境、健康与安全通用指南》仅提及受体，并没有考虑周围本底环境和

项目背景。而中国人口众多，城市人口密度较大，与许多发达国家相比，土地利用规划也更为复杂，大多数住宅区具有商业或工业功能，并与繁忙的交通干线交织在一起。从技术和经济角度看，直接将55dB/45dB的单一标准用作周围环境质量标准，而不考虑土地使用环境具有一定的不合理性。

综上，考虑到项目所在地区同时有商业等活动，噪声背景基准较高，因而项目团队选择国家《声环境质量标准》(GB 3096—2008) 2类标准60dB/50dB作为该项目的执行标准，并获得了世界银行的认可。

7.3.5 背景调查（现状评价）

背景调查包括环境现状及社会经济现状的评价。

(1) 环境现状

环境现状信息主要以收集资料为主，并在现场走访的基础上，对收集的信息进行确认。环境现状调查的主要内容如下。

① 自然环境现状：收集区域的自然资源、环境质量、自然保护区以及水文地质资料。

② 环境质量现状：收集区域内的环境要素监测数据，包括环境空气、地表水、土壤、地下水等。

③ 环境保护目标：收集修复地块所在地的环境敏感目标及相关信息，并进行现场核实。

④ 区域污染源：调查区域内与项目污染因子相关的区域污染源。

(2) 社会经济现状

社会背景调查常采用的方法包括资料搜集、实地走访、关键政府职能部门访谈、关键信息人员访谈、座谈会和问卷调查等，获得项目所在区域的人口、民族、支柱产业、主要生计和收入水平等信息，以了解项目所在地区的社会经济本底水平，同时识别出弱势群体。

对于污染场地修复项目，通过调查还可充分了解公众对污染地块修复过程和结果的意见，并从公众影响、社区卫生和安全方面总结相关经验和教训。如在背景调查阶段，与利益相关方的访谈（面谈及问卷）涉及部门和人员，以及主要了解内容如下。

① 当地生态环境局：了解对当地修复工程的检查情况、投诉及投诉处理机制，以及对于后续修复过程的相关意见和建议。

② 居委会：人口数量、人口变化（迁入/迁出及原因）、弱势群体（五保户、贫困户、残疾人、少数民族等）、收入主要来源及收入水平、对项目的态度、主要关注点和期望/诉求，对后续修复地块施工和管理的建议等。

③ 周边居民：家庭人口、家庭主要收入来源与水平、对该项目的了解程度及态度、对项目所在地块环境影响是否反馈过意见、如何反馈及解决情况、对项目的建议和要求等。

7.3.6 项目概况（含产排污分析）

项目概况包括场地污染情况及风险评价，修复目标、修复范围及修复工程量，修复技术和修复方案的比选，施工方式及施工计划，项目组成（如修复大棚、修复设施等）和现场平面布置等。

根据场地污染特征和修复工艺，识别具有相应评价标准和成熟监测方法的特征污染因子作为评价因子。根据污染物产生环节（包括清挖、装卸、运输、修复）、产生方式和治理措施，核算出修复活动各环节的污染物产生和排放强度。

对于污染场地修复活动，各环节的污染物产生和排放浓度通常难以直接定量分析确定，对于此类项目可以采用物料衡算法或类比法来核算污染物产生和排放源强。

其中物料衡算法是指根据土壤地下水污染程度以及修复目标之间的浓度差，利用质量守恒定律估算污染物产生量或排放量的方法。类比法是指分析与拟评价项目污染类型、污染因子、修复方案、管理水平等具有相同或类似特征的污染场地修复活动的相关数据和资料（如实际监测数据），确定污染物产生量或排放量的方法。

7.3.7　环境和社会影响评价

环境影响评价程序如图 7-2 所示，国际环评目前并未建立全球统一的预测评价方法，可采用定量或定性的方法对计划的活动有可能造成的环境及社会影响进行客观的判断。对项目活动影响大小的评价主要考虑：

影响大小＝影响程度×受体敏感度

① 影响程度：空间范围，持续时间，发生频率和影响强度的结合。

② 受体敏感度：受体在受影响地区出现的频率，影响的可逆性（适应性）和其自身的脆弱性（如法定保护水平）的结合。

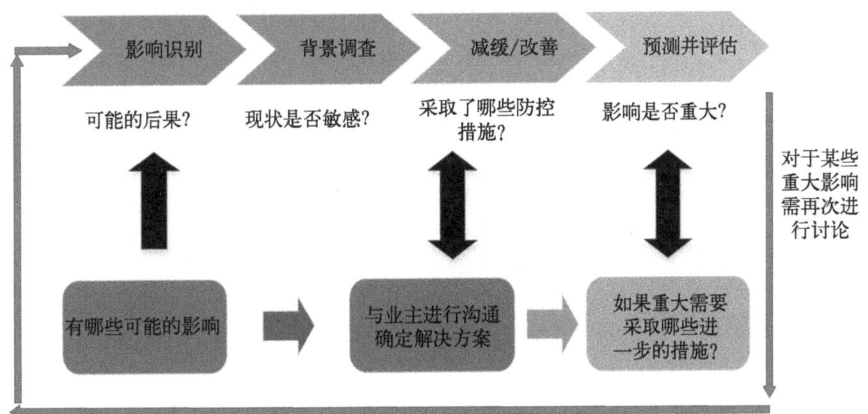

图 7-2　环境影响评价程序综述

在影响评价阶段，通常可以利用分析矩阵（表 7-6）判定项目影响的严重性。

表 7-6　环境影响分析矩阵

影响显著性		受体敏感度		
		低	中	高
影响程度	可忽略	可忽略	可忽略	可忽略
	小	可忽略	轻微	中等
	中	轻微	中等	显著
	大	中等	显著	显著

在初步进行影响预测时，考虑项目进行修复方案编制时已考虑的对环境及社会影响的防控措施。对受体影响轻微的活动，可仅进行简单的定性评价；不需要提出额外的减缓措施；而对于识别出的受体影响严重的活动，则需要提出进一步采取缓解措施，并再次对剩余影响进行评价，直至其在技术及经济上可行且环境影响较小。

定量评价的方法主要为根据预估污染物产生或排放源强，运用模型预测影响程度。我国环评导则中所推荐的预测模型已采纳和借鉴了国际通用做法，基本可以满足国际环评定量预测评价的技术要求。

7.3.8 利益相关方参与

世界银行 ESF 框架中包括一个独立的“ESS10 利益相关方参与和信息公开”，是指导整个项目周期中开展信息公开、公众咨询等参与活动的关键标准。在环境和社会影响评价过程中，利益相关方参与是非常重要的一环，并从环评阶段延伸至项目实施阶段，贯穿了项目整个生命周期。

利益相关方参与过程包括利益相关方识别和分析、计划如何让利益相关方参与、信息公开、与利益相关方磋商（公众咨询）、解决和应对申诉以及向利益相关方通报等内容。正确设计并实施利益相关方参与活动将可支持建立牢固的、有建设性的、响应积极的关系，获取可能受场地治理活动直接影响的个人与集体的广泛支持与积极参与（尤其是穷人、少数民族、妇女或其他意见易被忽视的弱势群体），以肯定和最大化项目正面效益，避免或减轻其负面社会影响。因而，利益相关方参与对成功地管理项目环境和社会风险至关重要。

（1）利益相关方识别和分析

利益相关方指受项目影响（正面或负面）或能对修复活动产生影响（特别是在行政许可方面）的机构和人群，主要包括以下 3 类。

① 受项目影响方：为受项目影响或可能受项目影响的个人或群体，包括直接受影响人或间接受影响人。如项目劳动者，邻近社区居民和社会敏感点，项目征地受影响集体或居民等。

② 其他利益相关方：为可能与项目有利益关系的个人、群体或机构。如各级政府相关主管部门、非政府组织（non-governmental organizations，NGO）、修复方案咨询方、施工方、小区居委会/物业等。

③ 弱势群体：指更易受到项目的不利影响和/或在获取项目效益能力方面受到更多限制的个人或团体。这些个人或团体可能因为自身特定的因素也更有可能无法全面参与磋商或被排除在主流磋商程序之外，因此可能需要对他们采取专门的措施和/或协助。例如，低收入人群、老人和残疾人等。

识别利益相关方之后，还应对利益相关方进行参与需求分析，尤其是弱势群体的主要特征及其需求，如语言需求、首选通知方式以及可能存在的特殊需求，及其在项目实施的不同阶段对项目信息公开、咨询方面的需求等，为项目在实施过程中进行充分的信息披露并开展有意义的利益相关方磋商活动做准备。

（2）利益相关方参与计划

不同的利益相关方对污染场地治理的关注点不同，顾虑与需求也各不相同。因而应通过分析和了解不同利益相关方的顾虑与需求，制定并实施利益相关方参与计划。该计划应明确在整个项目生命周期内各类项目活动利益相关方参与的内容、时间、方法和责任主体。通过明确各责任主体的参与职责，结合利益相关方参与需求，针对不同目标群体，从信息披露、公众参与等方面制定相应的计划。

（3）信息公开

信息公开是世界银行政策的一个重要要求，通过披露项目信息，使利益相关方了解项目的风险和影响，以及潜在的机会。

需要公开的信息包括：项目的目的、性质和规模，项目活动的持续时间，潜在的环境社会影响以及拟采取的缓解措施，拟定的利益相关方参与过程、公众咨询安排、申诉方式等。公开方法可以根据项目实际情况确认，可以包括海报、小册子、报纸、电视、互联网和社区会议等。每次咨询活动前，均应于方便受影响人群和其他利益相关者接触信息的公开场所进行公开，以建设富有意义的咨询基础。信息公开与咨询机制将在 ESIA 文件中进行详细规划和阐述，ESIA 终稿也应被公开。

（4）与利益相关方的磋商（公众咨询）

项目过程中应与所有利益相关方进行有意义的磋商，包括向利益相关方提供及时的、相关的、可理解的和可获取的信息，并以文化上适当的方式与他们协商，并使他们不受操纵、干涉、胁迫、歧视和恐吓。

对于开展 ESIA 的项目，公众咨询一般至少包括两次：a. 环境筛选[1]之后，编制 ESIA 报告之前；b. ESIA 报告初稿完成后。其中第一次公众咨询有利于了解利益相关方对项目的态度和顾虑，有助于编制社会本底报告、识别合适的减缓措施；ESIA 报告初稿完成后，应对报告进行信息公开，使公众了解环境/社会评价和缓解措施，以便接受群众及地方非政府组织等利益相关方的查询以及反馈意见。

公众咨询过程的细节，包括日期、地点、参与者、所提出的关键问题与响应等均应有所记录并进行公开。

（5）申诉机制

为了及时接收和回应受项目影响各方对于项目的环境和社会管理的关切以及申诉，世界银行要求借款国应提出并实施一套可行有效的申诉机制。

申诉机制的范围、规模和类型应与项目的潜在风险和影响的性质和规模相适应。在建设申诉处理机制时，推荐充分尊重项目实施机构原有的机制，可以直接使用评估有效的申诉处理机制；如果现有的机制存在问题，可以通过补充或调整等方式来完善。

申诉处理机制可包括以下各项要素：

① 提供多种申诉渠道，包括面对面沟通、书面提交、使用手机，或者通过短信、电子邮件或网站提交等；

② 建立申诉书面记录的机制，并对记录加以维护；

③ 公开申诉程序，并指定申诉人等待申诉认可、得到回应和解决的时间；

④ 申诉程序和决策过程的透明性；

⑤ 在无法促成申诉解决时的上诉程序（包括上诉至国家司法机关）。

---

[1] 环境筛选指根据项目行业类别及涉及的敏感因素确定项目的分类（A、B、C 三类，影响程度递减），进而判断相应影响评价的深度和广度。其中 A 类项目需要编制环境和社会影响评价报告。

7.3.9 环境和社会管理计划（ESMP）

环境和社会管理计划（ESMP）也是环境和社会影响评价的重要组成部分。主要将借款方为实现环境和社会绩效标准所承诺执行的所有行动方案进行汇总，形成一套技术经济可行、管理可操作的管理计划。

环境和社会管理计划通常由管理框架和执行计划组成。其中管理框架主要包括项目概况、项目的环境社会管理目标和组织架构，职能和责任划分等；执行计划则包括了具体各项环境和社会影响的管理方案，明确某一特定活动（如污染土壤热脱附处理）的潜在影响（废气排放）及其相应的减缓措施、措施执行方、监督方、监测指标与频率、验收标准等，通常以表格的形式展现，并要求通俗易懂，一目了然，便于项目管理和操作人员理解。管理框架及执行计划示例见本章 7.4.7 部分。

项目 ESMP 可根据项目进展情况、定期审核结果和持续改进要求进行持续更新和修订。当发现 ESMP 不再适用于现行情况（如项目修复方案或新颁标准发生变化）时，可以对 ESMP 进行修订并经世界银行批准后，发布新的版本。

7.4 污染场地修复活动 ESIA 案例

本节主要以国内中部地区某农药厂污染场地修复活动环境和社会影响评价为案例，对 EISA 开展过程及主要成果进行简要介绍。

7.4.1 项目概况

该场地原为农药厂，创建于 1949 年。随着城市化进程的发展，厂址所在地被规划为居住和科研教育等用地，因而农药厂于 2013 年全面停产，并实施搬迁。工厂在长达 60 多年的运行中，对土壤地下水造成了污染，主要污染物包括挥发性有机物（VOCs）、半挥发性有机物（SVOCs）、有机氯农药等，具有污染物种类多、污染范围广、涉及持续性有机污染物（POPs）且污染物存有异味等特点。

由于该厂址要用于居住及教育科研，因而需要对污染的土壤及地下水进行修复。综合考虑修复资金筹措及场地后期开发计划，该厂址的污染土壤和地下水的修复分成多个地块进行，目前已有部分子地块完成修复或处于修复过程中，其中一个尚未开始修复的子地块拟接受世界银行资金支持，需要按照世界银行要求开展环境和社会影响评价。

（1）修复介质和目标污染物

根据修复技术方案，待评价示范子地块需要修复的土壤总体积约为 $2.318\times10^5 m^3$，污染地下水水量为 $1.93\times10^4 m^3$。

土壤修复目标污染物主要包括苯、氯乙烯、三氯乙烯、1,2,3-三氯丙烷、1,4-二氯苯、1,2,4-三氯苯、氯仿、六氯苯、α-六六六、β-六六六、林丹（γ-六六六）、δ-六六六、p,p'-滴滴伊、p,p'-滴滴滴、滴滴涕等；地下水修复目标污染物主要包括苯、氯乙烯和氯仿等。

（2）修复技术路线

为便于修复技术的选择（表 7-7），本场地对需要修复的污染土壤进行了归类。经方案比选，本场地修复总体技术路线见图 7-3。

表 7-7　土壤地下水污染类型及修复技术选择

污染类型		污染特征	修复技术选择
土壤	VOCs 污染土壤	单一 VOCs 污染区	原地异位常温解吸
	低风险土壤	单一 SVOCs 污染、VOCs 和 SVOCs 复合污染区，不存在污染物风险水平高于 10^{-4} 的污染区	原地异位热解吸
	高风险土壤	单一 SVOC 污染、VOCs 和 SVOCs 复合污染，且至少存在单个污染物风险水平高于 10^{-4} 的污染区	水泥窑协同处置
地下水	污染地下水	VOCs、SVOCs、有机氯农药	止水帷幕＋帷幕内地下水的抽出处理（氧化技术）

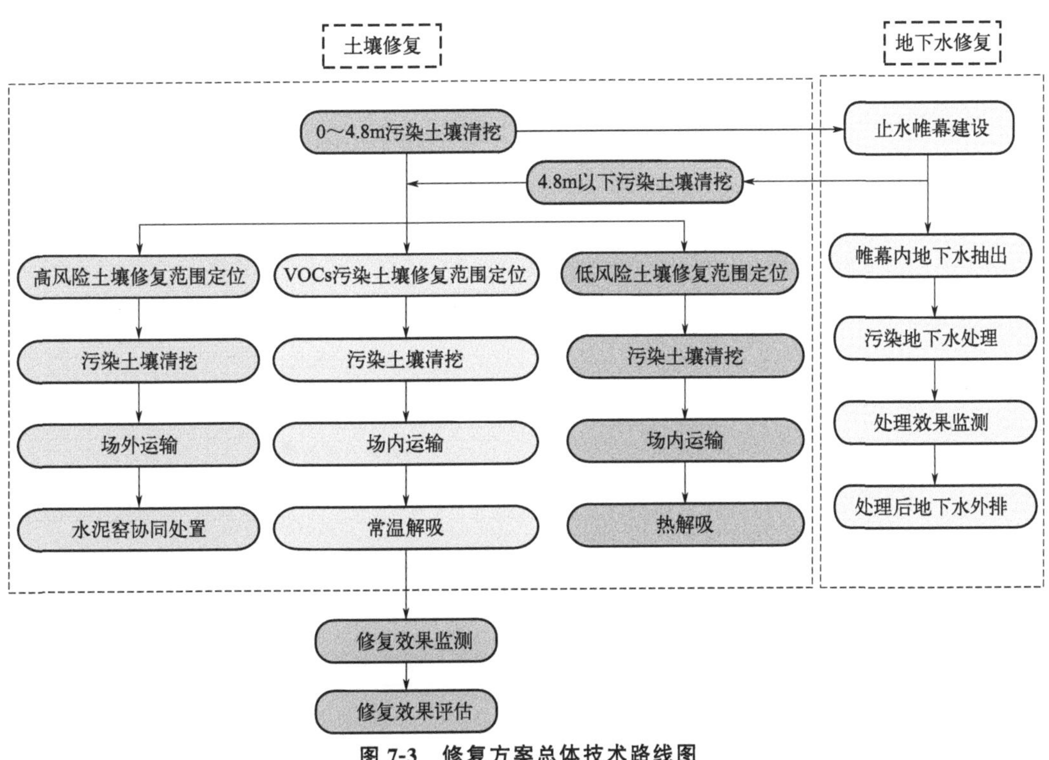

图 7-3　修复方案总体技术路线图

（3）项目组成与平面布置

根据比选后的修复方案，本修复工程的主要项目组成包括清挖大棚、修复大棚、污染土壤暂存大棚及其废气处理设施，热脱附处理设施，止水帷幕，降水井和污水处理站等。修复工程设施计划布置在农药厂区内其他待修复子地块上，平面布置图略。

7.4.2　环境和社会影响识别

对于土壤修复工程，修复完成后场内土壤及地下水可达到居住用地和教育科研用地的功能要求。因而，环境及社会负面影响主要来自施工期。

（1）环境影响识别

根据场地修复方案，在施工过程中可能主要产生的环境影响因素如表7-8所列。

表7-8 项目主要环境影响因素识别

<table>
<tr><th>环境要素</th><th>施工活动</th><th>污染物</th></tr>
<tr><td rowspan="5">废气</td><td>土壤清挖、土方装卸、运输、暂存</td><td>颗粒物、VOCs、臭气浓度</td></tr>
<tr><td>污染土壤的常温解吸</td><td>颗粒物、VOCs、臭气浓度</td></tr>
<tr><td>污染土壤的热脱附</td><td>颗粒物、NO_x、SO_2、CO、HCl、二噁英、臭气浓度</td></tr>
<tr><td>污水处理装置</td><td>VOCs、臭气浓度</td></tr>
<tr><td>施工机械及运输车辆尾气</td><td>颗粒物、NO_x，SO_2、烃类化合物</td></tr>
<tr><td rowspan="6">废水</td><td>抽提出受污染的地下水</td><td rowspan="4">pH值、COD、氨氮、悬浮物、VOCs、石油类</td></tr>
<tr><td>基坑积水</td></tr>
<tr><td>施工机械及运输车辆冲洗产生废水</td></tr>
<tr><td>污染土壤暂存场和处置场的地面径流</td></tr>
<tr><td>热脱附装置尾气处理喷淋塔废水</td><td>pH值、COD、悬浮物</td></tr>
<tr><td>施工人员生活污水</td><td>COD、BOD、氨氮、悬浮物</td></tr>
<tr><td rowspan="8">固体废物</td><td>污染土壤清挖大棚、污染土壤暂存大棚、常温解吸修复大棚和热脱附修复大棚尾气处理</td><td>布袋截留粉尘、废活性炭</td></tr>
<tr><td>热脱附尾气处理</td><td>布袋截留粉尘</td></tr>
<tr><td>污水处理装置</td><td>废活性炭、污泥</td></tr>
<tr><td>清挖过程</td><td>建筑垃圾</td></tr>
<tr><td>废气废水处理所用化学品</td><td>包装袋或包装桶</td></tr>
<tr><td>施工过程工人使用劳防用品</td><td>废劳防用品</td></tr>
<tr><td>施工用材料、修复完成后拆除修复处置区设备以及构筑物</td><td>废膜布及钢管</td></tr>
<tr><td>施工人员</td><td>生活垃圾</td></tr>
<tr><td>噪声</td><td>施工机械和运输设备</td><td>噪声</td></tr>
</table>

此外，项目本身是对土壤及地下水的修复，在正常施工情况下仅施工排放的废气由于大气沉降至土壤可能对土壤造成影响。在排放的废气污染物中，毒性较大的为热脱附废气的二噁英。若发生以下情况，也有可能对现场的土壤及地下水造成影响。

① 污染土壤的遗撒过程：在污染土壤清挖、运输过程中，可能会产生污染土壤的遗撒，造成场地非污染区及道路周边土壤的污染。

② 使用的化学品（主要用于废气及废水处理的酸及碱）发生泄漏。

③ 土壤未修复到修复目标就进行回填。

④ 止水帷幕的开挖不当造成地下水的污染。

⑤ 污染地下水在抽提及收集处理过程中如有“跑、冒、滴、漏”或者事故性泄漏，也将产生土壤的二次污染。

对于生态影响，由于项目在厂内进行施工，范围较小，因而引起的生态影响几乎可忽略不计。

（2）社会影响识别

该项目待修复地块和施工设施占地均位于场地业主法定的宗地范围内，土地权属关系清晰，不存在潜在纠纷，也没有征地拆迁问题，因而主要考虑的社会影响因素如下。

① 场地污染调查、治理方案的制定是否尊重和听取周边社区居民和其他利益相关方的意见。

② 污染场地治理施工过程中，是否包括二次污染防控措施，尽量避免或减轻周边社区居民的健康风险，生活影响。

③ 场地治理过程中，是否将建立社区沟通机制和申诉机制，并确保其运行有效。

④ 项目施工过程中，可能产生噪声、粉尘、有害化学物质等职业危害因素。施工单位需要组织开展安全培训，为员工配备安全帽、安全鞋、劳保手套、护目镜、过滤式防毒面具等个人防护用品。

⑤ 修复工程实施期间，外来施工人员及其他相关人员的进入有可能导致流行病爆发与感染率升高，特别是新冠疫情防控期间，有可能致使当地疾病的感染范围扩大。

7.4.3 评价范围

根据世界银行 ESF 的要求，ESIA 评价范围还应包括投资活动的上下游影响，特别是关联设施的影响。该项目涉及部分相关设施，主要为对项目高风险污染土壤采用水泥窑协同处置中涉及的水泥窑。经识别分析，该水泥窑早已存在并市场化运作，其并非为本地块修复项目而建设，也并不依附于本地块修复项目，故并非为世界银行 ESS 所定义的关联设施，仅开展依托可行性分析，不纳入 ESIA 评价范围。

对于各环境要素的评价范围选取，主要参照国内环评导则并综合考虑了项目可能影响范围灵活确定（表 7-9）。

表 7-9 项目主要环境要素评价范围及依据

评价要素	评价范围	选择依据
大气环境	修复地块及设施围成的区域边界往外 500m	考虑到无组织排放源仅对近距离范围产生影响，而有组织点源的影响范围通常在排气筒高度的 30 倍之内，而该项目排气筒最高高度为 15m，故选择 500m 范围作为大气环境评价范围
水环境	该项目废水总排口	参照国内导则要求确定
声环境	修复地块及设施围成的区域边界往外 200m	参照国内导则要求确定
土壤环境	同大气环境	该项目对土壤环境的影响主要考虑热脱附排气筒所排放的二噁英沉降影响，故土壤环境影响评价范围与大气评价范围保持一致
地下水环境	修复地块所在区域	由于施工时仅在出现操作失误才会对地下水造成影响，且由于本次对地下水的修复将在待修复子地块四周建设封闭的止水帷幕，因而即使对地下水造成污染，也会被限制在地块范围内

续表

评价要素	评价范围	选择依据
环境风险	同地下水环境	施工中使用的化学品仅为处理废气及废水的强酸及强碱。由于使用的化学品不易挥发，故存在的环境风险主要是事故状态下（如化学品泄漏、废水站泄漏等）发生泄漏的影响。此部分评价同地下水环境的影响评价
社会影响	同大气环境	由于社会影响主要考虑到污染物排放对公众健康、风险以及生活的影响，故社会影响评价范围同于环境各因素影响评价范围中的最大者，即同于大气评价范围

综上，项目设置最大的评价范围为修复地块及设施围成的区域边界往外 500m。由于原农药厂建厂时间较早，经过 60 余年城市发展，目前该区域已成为城市中心地段，周边以居民区为主，还分布有医院、小餐馆、超市及工厂等。500m 评价范围内共涉及 5 个社区以及数个学校和医院等，合计受影响人口规模 2 万余人。

7.4.4 环境及社会现状评价

对现有的环境及社会现状信息主要以收集资料为主，并在现场走访的基础上，对收集的信息进行确认。环境现状调查的主要内容如下：自然环境现状调查，环境质量现状调查，环境保护目标调查和区域污染源调查。此部分内容与国内环评相似，不再赘述。

社会背景调查包括资料搜集、实地走访以及与利益相关方的交流与问卷访谈，得到主要调查结论如下：

① 该项目待修复地块和施工设施占地均位于场地业主法定的宗地范围内，不涉及场地外征地或临时占地等线外用地。该厂址用地为几十年来未变更的国有土地，场地内厂房已废弃，无住宅，没有征地拆迁问题。

② 厂址所在市人均 GDP 达到 77510 元（按年均汇率折算达 11236 美元/人），全市居民人均可支配收入达 37543 元（5442 美元/人），均较上一年有所增长。

③ 经过对场地周边 5 个社区的调查，原厂址周边普遍为老旧社区，在过去的 10～20 年间，周边经济状况较好的居民陆续搬离本区域，前往环境更好、基础设施更完善的新城区居住。因此生活在周边的居民大部分属于经济收入偏低的居民。此外，项目周边社区居民中还包括一些残疾人和城市低保户。针对周边老旧社区，当地政府正在逐步开展改造，提升社区生活环境；同时，针对残疾人和城市低保户制定了专门的扶持措施，如就业扶持、发放低保补贴等。

④ 根据对周边社区居民及公共设施工作人员的访谈与问卷调查，约有 20%受访者关注本项目，主要关注内容包括项目何时完工、环保措施是否到位、实施进度、修复效果、以后的规划等方面。此外，通过对当地生态环保局监察大队的访谈了解到，近一年内收到周边居民通过环保投诉或综合市民投诉热线反映厂址污染场地治理区域存在臭味的案例有十几次，其中阴雨天气投诉较多，这些投诉均按规定流程进行了处理及反馈。

⑤ 该项目不会对周边社区居民经济收入造成负面影响，相反，项目的实施有利于促进场地再开发利用，新商品房小区和公共设施的建设，将吸引更多人口入住，创造新的就业机会，激发社区活力，从而改善该区域的整体投资环境，促进项目区居民尤其是项目区妇女、贫困人口、外来人口等弱势群体的就业，提高居民收入。项目周边整体区域价值将得到提升，将带动资产升值，如房价或房租上涨等，居民出售出租房屋将获得更高的收益，增加居民收

人。周边社区居民，特别是厂区周边低收入家庭，对环境改善能提升家庭资产价值十分期待。

7.4.5　环境影响评价

由于该厂址已有部分子地块完成修复或处于修复过程中，待评价地块污染特征与修复工艺均与已修复子地块相似，因而主要通过类比法（包括各排气筒、场界监测数据等）确定各环节废气源强。同时，通过对前期修复工程施工过程中的政策法规符合性、制度体系建设情况、相关环境和社会影响防控措施的落实情况、修复过程中的信息公开以及公众参与情况进行全面的回顾，从中总结经验与教训，对前期修复地块回顾评价过程中发现的问题（例如尾气排放超过世界银行排放标准、监测手段不足等）提出改进措施并整合至待修复地块的修复方案中，以更好地指导待修复地块即将开展的修复工作。

该项目的环境影响评价主要采用国内导则推荐的大气影响预测模型定量进行环境影响预测。根据大气影响预测结果，该项目排放的 SO_2、PM_{10}、NO_2 在环境敏感目标及最大落地浓度点的小时平均浓度均满足《环境空气质量标准》（GB 3095—2012）中的二级标准限值要求。苯、甲苯、二甲苯、氯化氢、氯乙烯等在环境敏感目标及最大落地浓度点的小时平均浓度均满足《环境影响评价技术导则 大气环境》（HJ 2.2—2018）附录 D 的限值要求。二噁英在环境敏感目标及最大落地浓度点的小时平均浓度均满足日本环境质量标准的限值要求。相对来说，该项目中有机物的影响最大，主要来源于清挖大棚的无组织排放，各污染物最大落地浓度控制在排放源周边 100m 范围内，且在敏感目标处的浓度占标率均较小。

此外项目环境影响预测过程还对二次污染防治措施提出了进一步改进建议以降低环境影响，具体汇总如表 7-10 所列。

表 7-10　修复工程拟采取的二次污染防治措施汇总表（含改进建议）

施工行为	产生污染物	修复方案中提出的治理/保护措施	ESIA 提出的进一步改进建议
污染土壤清挖、暂存、运输及预处理	废气(含异味)	(1)污染土壤清挖在密闭清挖大棚内进行； (2)清挖出的污染土壤在密闭大棚内暂存； (3)以上密闭大棚废气均经活性炭处理后排放； (4)污染土壤清挖时，采用边清挖边覆盖原则，尽量减小作业面； (5)现场污染土壤装车在清挖大棚内，卸车在各修复大棚或暂存大棚内，场内运输时采用带盖土方车，并控制车辆速度； (6)通过对开挖面和运输道路洒水控制扬尘影响； (7)通过喷洒氧化、生物除臭剂、气味抑制剂等手段，尽可能控制臭味的扩散	(1)优化密闭大棚尾气处理系统，在活性炭吸附设施前增加布袋除尘器，以预处理去除废气中的扬尘颗粒，防止颗粒物对活性炭造成堵塞而影响吸附性能；同时增加活性炭装填量。 (2)在场界安装在线监测(包括扬尘和异味特征因子)，一旦有报警则采取措施，并减少开挖面积乃至停工
VOCs 污染土壤在常温解吸修复大棚内修复	废气(含异味)	废气均经收集并经活性炭处理后排放	优化大棚尾气处理系统，在活性炭吸附设施前增加布袋除尘器，以预处理去除废气中的扬尘颗粒，防止颗粒物对活性炭造成堵塞而影响吸附性能；同时增加活性炭装填量

续表

施工行为	产生污染物	修复方案中提出的治理/保护措施	ESIA 提出的进一步改进建议
低风险污染土壤在热脱附修复大棚内进行修复	废气(含异味)	热脱附装置尾气经旋风除尘、燃烧室燃烧、尾气急冷塔、布袋除尘、碱洗塔及活性炭吸附处理后排放，活性炭前设除雾器	鉴于污染土壤脱附废气组分中有机卤素和苯系物污染物浓度均比较高，为控制二噁英的产生和排放，建议将热脱附装置的二燃室温度下限由 800℃ 提高至 850℃以上以避免不完全燃烧；优先采用水冷代替风冷以提高急冷效果，尽量避免二噁英再次生成；在尾气处理末端增加一级活性炭进一步降低二噁英污染物排放浓度，活性炭前设除雾器以避免湿气太高影响活性炭效果
污染地下水的抽提、输送、暂存和处理	废气(含异味)	采用加盖和密闭设施，以减少异味影响	—
施工机械及车辆	尾气(含异味)	采用尾气排放满足国家标准的施工机械和车辆，减少施工机械尾气影响	—
污染地下水的抽出、输送、暂存和处理	废水	(1)抽提出的污染地下水收集处理后达标排放； (2)在开挖基坑外和土壤暂存堆场外设置排水沟，防止外围雨水冲刷和进入； (3)在基坑底部设置集水沟和集水井，集坑积水收集经检测确认是否需处理或直接排放市政管网； (4)运输车辆冲洗废水、污染土壤暂存场的地面径流经收集检测确认是否需处理或直接排放市政管网	热脱附处理喷淋塔产生的废水应进行收集处理后达标排放
基坑积水	废水		
热脱附尾气处理喷淋塔	废水		
污染场地的雨水	废水		
运输车辆冲洗	废水		
施工人员	生活污水	施工人员生活污水收集后排入市政污水管网	—
废气处理产生的废活性炭	危险废物	送有资质单位进行妥善处置	—
热脱附修复过程尾气处理产生的布袋截留粉尘、水处理过程产生的废活性炭、废药剂包装、建筑垃圾等固体废物	固体废物	(1)废活性炭作为危险废物委托有资质单位处置； (2)对于建井钻孔和止水帷幕建设过程带出的污染土壤，应按照污染物类别进行分类收集和处置	(1)热脱附修复过程中产生的旋风除尘粉尘，应作为污染土壤进行修复处理；布袋除尘粉尘，应根据其污染特性综合判定是否为危险废物，并根据判定结果妥善处置。 (2)水处理过程中产生的污泥，应作为污染土壤进行修复处理。 (3)密闭大棚内尾气除尘收集的粉尘应作为污染土壤进行修复处理。 (4)开挖过程中产生的建筑垃圾，建议在洗车平台采用自来水或氧化剂冲洗后基坑回填或用作临时道路铺路； (5)项目修复过程中使用药剂产生废药剂包装，对于完好的塑料桶，可以由供应商回收利用；对于破损或无法回用的废包装，建议根据其污染特性综合判定是否为危险废物，并根据判定结果妥善处置。

续表

施工行为	产生污染物	修复方案中提出的治理/保护措施	ESIA 提出的进一步改进建议
			(6)修复过程中使用的防渗膜、防雨布和防尘网,以及钢管等材料,在修复工程完成后可由厂家或物资回收公司回收利用。 (7)修复过程中产生的危险废物如需在场内暂存,应将危险废物分类置于包装容器内,暂存场所满足防风、防雨、防晒、防渗等要求,确保危险废物暂存满足《危险废物贮存污染控制标准》(GB 18597)的要求
施工人员	生活垃圾	应分类收集,交环卫部门处置	—
施工机械、运输车辆和修复设备	噪声	(1)现场作业选用低噪声设备,加强设备维护; (2)优化设备平面布置 (3)文明施工管理,控制作业时间	—
热脱附废气沉降	对土壤的影响	—	热脱附废气处理系统末端增加一级活性炭吸附,以减少二噁英的排放
化学品的“跑、冒、滴、漏”或废水装置事故性泄漏	地下水污染	建设止水帷幕,防止场地内污染向场地周围迁移扩散	(1)污染土壤、修复后待检土壤暂存及处置场所和场内运输路线均应进行硬化和防渗处理。 (2)废水处理装置区地坪应进行硬化防渗,并根据需要设置围堰等措施,防止抽提出的污染地下水或处理药剂溢出后下渗污染土壤地下水。 (3)污染地下水输送管道应采用硬管连接,如采用临时性软管,应做好防泄漏工作,并加强巡检
修复过程环境管理	环境管理	—	修复过程中需要建立必要的环境管理制度,如场地安保制度、日常施工巡检与施工日志制度、设备检修维护制度、药剂材料进出库使用管理制度、数据记录分析制度、定期各方会议制度、公众沟通与反馈制度、土壤去向跟踪制度、场地概念模型更新制度、污染应急响应制度、定期报告制度、居民沟通与居民投诉制度等

7.4.6 社会影响评价

(1) 社会影响分析和管理措施

根据背景调查和项目修复方案,ESIA 识别修复活动可能产生的主要社会影响见表 7-11。

表 7-11　项目施工期可能产生的社会影响

影响类型	影响内容	描述
正面影响	改善居住生活环境,保障人体健康	修复后的场地切断了污染物扩散迁移到人体的途径,将有利于降低和消除场地污染物对人体健康和环境的风险

续表

影响类型	影响内容	描述
正面影响	改善投资环境	污染场地治理后再开发，有利于降低后续开发商的投资风险； 场地治理后再开发利用，新住宅和公共设施的建设，创造新的就业机会，激发社区活力
	资产提升	随着生活环境和投资环境的改善，项目周边整体区域价值将得到提升，从而将带动资产升值
负面影响	社区健康与安全影响	在污染土壤的清挖、运输和处置等过程中，土壤中的恶臭和易挥发物质更容易从土壤中逸出，扩散至周边社区。若未采取恰当的措施，可能对周边居民健康也造成不良影响
	施工扰民	项目施工扬尘；施工机械产生的废气和噪声；施工人员的生活污水和降雨期地面径流以及生活垃圾，工程施工过程中产生的废弃物料等固体废物，以及施工人员的超范围活动，可能对当地居民的生活环境和生活习惯造成干扰和破坏
	对道路交通安全的影响	往来工程车辆可能会造成周边道路拥堵、道路损毁、通行不便或交通事故等
	职业健康与安全风险	项目施工过程中，场地内污染物质在清挖、转运、处置等过程中可能产生噪声、粉尘、有害化学物质等职业危害因素，场地内设施安装及运行可能影响场地内施工作业人员健康与安全
	传播传染性疾病	外来施工人员及其他相关人员的进入有可能导致流行病爆发与感染率升高，这会给项目的医疗设施造成压力，对当地的应急和医疗服务产生影响，并可能损害施工和项目进度

修复方案中对于社会影响及其减缓措施笔墨较少，因而 ESIA 对施工过程中可能对周边居民的健康、交通与道路安全等造成潜在的负面影响，提出减缓措施建议如表 7-12 所列。

表 7-12　修复工程拟采取的社会影响缓减措施

修复行为	产生影响	ESIA 提出的社会影响缓减措施建议
基础设施建设、施工过程产生的“三废”	周边社区人员的健康、施工人员的健康； 施工扰民； 基础设施结构安全性对社区人员、施工人员的安全造成影响	(1)“三废”的防控严格按设计的措施进行。 (2)与当地生态环境局、健康卫生主管部门等保持密切联系，实时监测潜在健康风险并采取恰当措施。 (3)社区沟通：就潜在施工扰民影响，应及时与周边受影响社区进行沟通，说明影响类型、施工安排、持续时间、缓解措施等，获取受影响群体的支持与理解。 (4)申诉机制：充分发挥申诉机制的作用，如向社区居委会提供一些通俗易懂的宣传材料；向社区居委会提供必要的培训及施工方联络方式等，便于居委会或居民能向施工方寻求专业解释或帮助。 (5)员工安全防护：组织作业人员了解场地内污染物质，组织学习施工安全手册，做好人员健康防护和急救方面的培训并配备专职救护人员；为作业人员配备防护用品，如防毒面具、防护服、劳保鞋、护目镜、手套等
清挖土壤外运	对交通与道路安全方面造成影响	(1)施工单位应为员工配备个人防护用品。同时，应在施工场地设立隔离围墙，在周围人群易进入区域设立严禁入内的警示标志和告示，并加强对周边区域的巡视，制止无关人员进入。 (2)就潜在道路交通安全影响，应及时与周边受影响社区进行沟通，说明车辆运输路线安排、持续时间、缓解措施等，获取受影响群体的支持与理解；同时联合社区组织开展交通安全宣传培训或讲座
外来施工人员进入	导致流行病爆发与感染率升高	(1)在合同招标文件中包含艾滋病/性病和其他传染病在内的防控条款。 (2)对建筑工人、服务提供商、周边的居民要组织开展公共卫生与预防传染性疾病宣传教育活动。 (3)制定维护项目施工人员健康的措施，包括疫情防控期间配备消毒液、口罩、体温检测设施等防护物资。

续表

修复行为	产生影响	ESIA提出的社会影响缓减措施建议
外来施工人员进入	导致流行病爆发与感染率升高	(4)针对施工人员和当地社区居民利用小册子、海报、画册等开展传染性疾病防治教育活动。 (5)针对新冠疫情防控期间,建议结合世界银行《环境和社会框架临时说明:施工/土木工程项目中对新型冠状病毒肺炎(COVID-19)的考量》中的相关要求,制定并采取相应措施

对社会影响的评价主要为定性分析。主要评价结论为：在施工期间，项目基础设施建设、污染土壤清挖和转运等工程活动可能对周边社区、施工人员健康、安全、交通出行等造成的影响均为短期或临时性的，通过采取全面的二次污染防控措施，并通过加强与社区的沟通，建立申诉机制可有效减缓负面社会影响。对于由施工人员可能引入的艾滋病/性病等传染性疾病，通过对施工人员开展公共卫生与预防传染性疾病宣传教育活动等方式进行预防。以此减少项目施工对当地社区的影响。

该项目将为周边社区带来长期的正面社会效益，包括改善居住生活环境、改善投资环境、带动资产升值等。

(2) 利益相关方识别及分析

经识别和背景调查，该场地修复活动可能涉及的利益相关方及对该项目的态度和关注问题汇总如表7-13所列。调查中，所有受访者均对该项目的实施表示支持；同时，一些居民们反映治理过程中存在臭味的问题，特别是在阴雨天比较明显。大部分居民均表示理解，认为实施期毕竟不会太长，且治理从长远而言使环境变得更好。

表7-13 项目主要利益相关方分析

关键利益相关方	对该项目的态度	关注的问题
场地业主	积极	(1)修复方案是否能够有效完成污染场地治理; (2)方案是否满足时间限制方面的要求; (3)成本是否可控; (4)治理后的场地是否符合再开发用途
地方生态环境局	支持	(1)修复方案是否通过备案审批; (2)修复方案是否符合相关规划要求; (3)修复流程是否符合相关法律法规要求; (4)治理期间可能导致的不便是否能得到有效控制
污染场地治理工程设计单位等	积极	(1)成本是否可控; (2)修复方案是否满足规划需求; (3)治理工程是否能按期安全完成
社区居委会	支持	(1)污染场地的位置、范围、污染类型; (2)是否对人体健康造成影响; (3)修复方案、治理时间等项目基本信息
周边社区居民及商铺经营者、公共设施工作人员、其他感兴趣的公众或组织	支持	(1)污染场地的位置、范围、污染类型; (2)是否对人体健康造成影响; (3)修复方案是否能够处理污染物; (4)治理时间需要多久; (5)是否会有很多大型车辆在道路上往来; (6)治理过程中是否会产生恶臭、噪声、扬尘、施工"三废"等;如何控制; (7)工作时间是什么时候; (8)是否会占用道路或人行通道

续表

关键利益相关方	对该项目的态度	关注的问题
二次污染潜在受影响人群	支持	(1)是否对人体健康造成影响； (2)治理过程中是否会产生恶臭、噪声、扬尘、施工“三废”等；如何控制； (3)治理时间需要多久

(3) 公众参与和信息公开

按照要求，该项目在环境和社会影响评价过程共开展两轮公众参与：第一次在背景调查阶段，第二次在 ESIA 报告初稿完成后。其中第一次公众咨询主要通过利益相关方的访谈(面谈及问卷)了解利益相关方对项目的态度、关注问题和参与需求；第二次则为 ESIA 报告向社会进行信息公开后，接受群众及利益相关方的查询和询问。

此外，ESIA 还提出要求场地业主在项目修复工程实施以及后期监测维护阶段(修复工程实施前、实施过程中、修复完工后监测评估阶段等)进一步开展公众参与活动，及时收集公众意见、建议或投诉等，并给予反馈。

(4) 申诉机制

在我国，群众对于环境和社会影响方面的抱怨通常通过当地环保投诉热线或综合投诉热线进行申诉，由热线接线员端将有关居民投诉反馈给当地生态环境局信访科，再由当地生态环境局联系场地业主或项目施工单位，并对投诉进行核实反馈。

为便于受影响人及时反馈自己的抱怨，项目评价过程基于群众已广泛接受的申诉机制进行了进一步提升，主要为：建立公司层面的申诉机制和专门的联络员，并主动告知各社区点，以便居民可直接联系场地业主或项目施工单位。公司层面的申诉机制主要包括：

① 场地业主和修复治理单位向居委会成员提供必要的基本培训，准备一些基本的宣传资料，以便当社区居民向居委会成员投诉，或沟通有关场地问题时，居委会成员能给予基本说明；

② 场地业主和修复施工单位指定专人，并将联系方式告知居委会成员，以便居委会无法向居民进行合理解释时，能够联系修复施工单位的专人来作恰当的解释；

③ 当场地业主或修复施工单位收到来自居民的申诉时，能够现场进行答复的及时做出答复和解释说明；无法现场进行答复的，可告知申诉人答复时间，经调查核实后按时做出反馈。

7.4.7 环境和社会管理计划(ESMP)

场地修复环境和社会管理计划(ESMP)作为一种手段，详细规定了修复工程为消除或减轻负面环境和社会影响应采取的经济可行的措施(包括修复方案中已提出的相关措施以及 ESIA 评价过程中提出的进一步改进要求)；以及实施这些措施需要采取的行动。

为确保项目的环境和社会管理符合世界银行和中国国内关于环境、健康与安全方面的法律法规和标准，制定项目 EHS 管理组织结构如图 7-4 所示。

以上各方在 EHS 管理中的主要职责说明如表 7-14 所列。

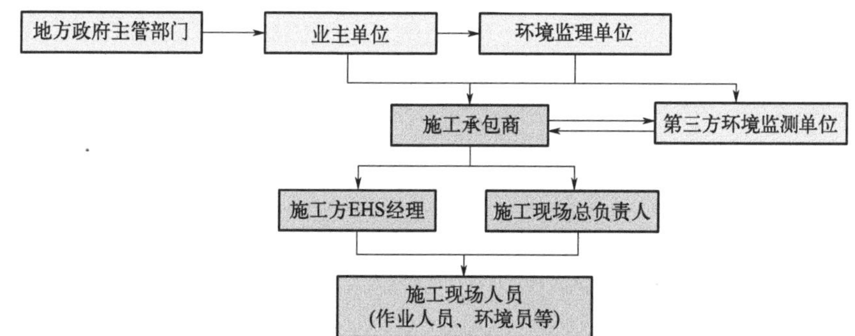

图 7-4　项目施工阶段环境、健康与安全管理组织结构图

表 7-14　环境、健康与安全管理组织职责划分

结构	职责
业主单位	作为项目的环保责任主体单位，对项目整体负责。场地业主单位应配备有专职人员，将负责与相关主管部门(包括但不限于环境保护、职业卫生、安全生产等相关行政主管部门)对接，了解地方政府主管部门对项目的具体管理要求，并传达给施工承包商；同时在监理单位的支持下，对施工过程中的环保目标、环境保护设施与措施落实情况进行跟踪
环境监理单位	环境监理单位需确保项目实施过程满足项目施工组织设施方案及专家评审意见、ESIA 报告以及实施方案中提出各项环保措施，使有关环保要求落到实处，实现工程建设项目环保目标、监理落实环境保护设施与措施、防止环境污染和生态破坏、满足工程施工环境保护验收的要求。具体内容如下： (1)核查修复工程实施方案与修复技术方案； (2)根据环境监理工作方案开展环境监理工作，监督施工单位落实各自的环境保护职责，确保施工期间环境安全可控； (3)协助建设单位和修复工程施工单位开展修复工程环保专项预验收，核查修复工程内容的完成情况、修复效果的达标情况、二次污染防治措施的落实、修复效果评估、修复后土壤再利用和场地后期风险管控措施
施工现场总负责人	(1)对工程项目环境保护管理工作全面负责，负责环境保护工作的资源配置。 (2)针对项目工程特点，组织制定项目环境保护实施细则；组织制定环境保护考核奖惩办法；组织对项目环境因素的识别、评价，确认重要环境因素，制定相应的管理方案和应急预案。 (3)负责组织实施环境保护的各项规章制度和保证措施；督促相关部门对员工进行环境保护培训教育和开展环境保护宣传活动。 (4)组织定期和不定期环境保护检查，对存在的问题及时整改。 (5)组织项目部的环境保护考核，兑现奖惩；对存在的问题和不足，提出改进意见，督促改进。 (6)发生环境事故时，组织应急处理，及时上报情况；主持一般环境污染事件的调查处理，负责事故纠正措施的落实
施工方 EHS 经理	(1)贯彻执行国家、行业和地方有关环境保护的方针政策、法律法规及公司相关规定和制度。 (2)负责实施环境保护实施细则和环境保护考核奖惩办法；负责环境因素的补充识别、评价，确认重要环境因素，制定相应的管理方案和应急预案。 (3)负责实施环境保护规章制度和保证措施；会同相关部门对员工进行环境保护教育培训和开展环境保护宣传竞赛活动。 (4)参加定期和不定期环境检查，对存在的问题提出纠正措施，督促落实。 (5)参加环境保护考核，对存在的问题和不足提出改进意见，督促改进。 (6)发生环境保护事故时，协助队长做好应急处理工作；参加环境污染与破坏问题的调查处理；负责环境事故的统计、报告
施工现场人员	(1)对本岗位的环境保护工作负责，自觉遵守环境保护规定，按照环境保护要求施工。 (2)每天对自己使用的机械设备、防护用具和作业环境进行环保检查，发现问题及时向班组长报告。 (3)参加环境保护学习活动，对存在的问题和不足主动提出合理化建议。 (4)施工过程中注重二次污染防控，严格按照施工组织设计中提出的二次污染防治措施进行施工

此外，ESMP 中还需要制定执行计划，以指导项目具体各项环境和社会影响的管理方案，该项目环境和社会管理计划示例（以污染土壤热脱附处理子活动为例）见表 7-15。

表 7-15 项目环境和社会管理计划（节选，以污染土壤热脱附处理子活动为例）

子项目活动	潜在影响	缓解措施	执行方	监测指标	监测频率	验收标准	监督方
低风险污染土壤热脱附处理	预处理废气	筛分破碎等预处理在密闭修复大棚中进行，密闭大棚采用微负压或双重门形式，大棚尾气经布袋除尘＋活性炭吸附处理后排放，大棚设一套在线监测系统和一套手工监测系统	修复工程实施单位	热脱附修复大棚及配套尾气治理措施	每周一次	热脱附修复大棚及配套尾气治理设施、监测设施到位，非车辆进出时间大门关闭	监理单位
		对热脱附修复大棚尾气进行定期监测	修复工程实施单位	热脱附修复大棚尾气排气筒：苯、VOCs、甲苯、二甲苯、氯苯类、氯乙烯、颗粒物、臭气浓度	手工监测每周一次	达到项目执行标准	监理单位
	热脱附设施废气	热脱附设施尾气经旋风除尘、燃烧室燃烧、尾气急冷塔、布袋除尘、碱洗塔及活性炭吸附处理后排放，尾气设在线监测系统和手工监测系统	修复工程实施单位	热脱附设施及尾气治理系统	每周一次	热脱附设施及尾气治理设施、监测设施到位，热脱附温度＞350℃，气体燃烧＞800℃，装置运行稳定	监理单位
		对热脱附设施尾气进行定期监测	修复工程实施单位	热脱附设施尾气排气筒：SO_2、NO_x、颗粒物、HCl、CO、VOCs、二噁英	手工监测，二噁英每3个月测一次，其他因子每周一次	达到项目执行标准	外部监测机构/监理单位
	喷淋塔废水	由于呈碱性，不能直接排放。在现场调节pH值并检测达标后排放，或送污水处理系统（排放前监测）	修复工程实施单位	根据去向，在排放点监测：pH值、氨氮、COD、SS、砷、汞、铬、六价铬、镍、锌、铅、镉、四氯化碳、三氯乙烯、四氯乙烯、苯、甲苯、乙苯、邻二甲苯，间二甲苯，对二甲苯，间甲酚，2，4-二氯酚、2，4，6-三氯酚、石油类	每批一次或每周一次	达到项目执行标准	监理单位
	旋风除尘器收集粉尘	主要为脱附有机物后的洁净土壤颗粒，与修复土壤一并检测达标后回用	修复工程实施单位	旋风除尘器收集粉尘去向	每周一次	旋风除尘器灰尘清理记录及去向台账	监理单位
	热脱附尾气处理设施产生的布袋截留粉尘	可能附着有二噁英，建议按危险废物暂存并委托资单位处置；否则，则需要按《危险废物鉴别标准 通则》（GB 5085.7—2019）对其进行毒性鉴定，提供其不属于危险废物的证明。当鉴定结果判定不属于危险废物时，可按一般工业固体废物回用或处理（如与污染土壤一并回炉）	修复工程实施单位	布袋截留粉尘去向和鉴定结果	每周一次	布袋清理记录、危废鉴定报告、处置记录	监理单位

7.5
结论及建议

根据我国《建设项目环境影响评价分类管理名录（2021 年）》，“污染场地治理修复工程”于 2021 年 1 月 1 日起已不再纳入我国建设项目环境影响评价管理之列，即污染场地修复活动不需要开展正式的环境影响评价手续。国内目前关于污染场地治理修复过程中可能产生的环境和社会影响，主要通过在修复方案中提出二次污染防控要求和对策措施以及相关环境应急预案，由修复施工单位对照实施并由环境监理单位负责跟踪监督落实的方式来控制。

基于世界银行标准的环境和社会影响评价，其中的影响识别、利益相关方分析与申诉机制、影响评价、关联设施尽职调查、制订环境和社会管理计划等方法与内容系统而全面，可以全方位地对修复施工活动进行全流程的、有针对性的、能形成自我闭环的环境社会影响管理，因此污染程度严重、修复施工难度大、修复周期长、影响范围大、关联设施多、利益相关方复杂且社会关注度高的 POPs 污染场地修复活动，可借鉴参考 ESIA 的管理方法，以更好地进行场地修复活动中的环境和社会影响管理。

参考文献

[1] 中外环境影响评价制度之比较 [EB/OL]，2008. http：//www. npc. gov. cn/zgrdw/npc/zfjc/hpjc/2008-08/12/content _ 1442141. htm.

[2] 李淑芹，孟宪林，环境影响评价 [M]. 2 版 . 北京：化学工业出版社，2018.

[3] Environmental and Social Framework [EB/OL]. https：//www. worldbank. org/en/projects-operations/environmental-and-social-framework.

[4] EHS guidelines [EB/OL]. https：//www. ifc. org/wps/wcm/connect/topics _ ext _ content/ifc _ external _ corporate _ site/sustainability-at-ifc/policies-standards/ehs-guidelines.

第8章 污染场地管理过程中的公众参与❶

❶ 本章作者为宗汶静，陈文静。

在污染场地治理过程中，公众参与是一项至关重要的策略。公众参与将居民、利益相关方和民间组织纳入治理决策的过程，旨在确保决策的合法性、公正性和可持续性，并增强治理过程的透明性与信任。这种参与不仅关乎技术方案的制定与执行，更是关乎社区居民的权益与福祉。公众参与确保治理过程的透明公开。通过信息的共享与交流，公众能够了解污染场地的实际状况和潜在风险，消除信息不对称，防止谣言的传播，从而建立更加坚实的信任关系。公众参与还有助于弥合决策者与社区居民之间的沟通障碍，使双方更好地理解彼此的关切与需求。公众参与保障了民众的利益，各类利益相关方可以积极表达对治理过程的顾虑和要求，确保治理措施符合当地居民的真实需求。公众参与还有助于风险评估与减轻。社区居民对现场污染的实际状况和影响有更深入的了解。通过居民参与，治理过程中的潜在风险可以更全面地评估，针对不同人群的需求制定更精准的风险减轻措施，这有助于确保治理方案的科学性和有效性[1]。公众参与还激励社区居民积极参与治理，形成共同的责任感。公众的参与使得居民更加投入和关注治理过程，形成社区共识，增强社区凝聚力。这将有助于推动治理方案的执行，提高治理的持久性和稳固性。此外，公众参与促进了治理过程的合法合规。决策者在公众参与的指导下，依法决策，减少法律争议，提高治理方案的执行力和有效性。公众参与还加强了公众对环境保护和污染治理的认知。通过参与决策制定，公众的环保意识得到提升，社会的环保教育得以深化，进而推动公众积极参与环境保护行动[2]。

公众参与在污染场地治理中具有不可替代的重要作用[3]。公众参与不仅为决策提供了全面、科学的依据，更增强了治理过程的透明性与信任，保障了公众的利益与福祉，推动了治理方案的可持续性和社会共识，为实现公众、环境和社会的共赢奠定了坚实的基础。因此，在任何污染场地治理计划中，充分而有效地整合公众参与是至关重要的一环。

8.1 国外污染场地管理过程中的公众参与

污染土壤修复起源于 20 世纪 70 年代末期。在过去的 40 年间欧美国家及日本等发达国家在污染场地管理和建立健全法律法规方面取得了较多的进展。由于这些发达国家往往起步较早，立法体系和治理机制相对成熟，并且在公众参与方面已经形成了各具特色、体系健全的法律法规制度，并在实践中探索出了相对完善、操作性强的公众参与机制，值得我国学习借鉴。国外污染场地治理先进国家主要有美国、加拿大、日本和欧盟国家如英国、德国、荷兰等。这些国家在污染场地治理领域的发展具有共性，如起步早、法律法规相对健全：也存在差异，在公众参与方面尤为突出。由于不同发达国家在污染场地治理目标、地域条件等方面存在显著差异，本章通过梳理比较不同发达国家污染场地管理相关法律法规体系，明确公众参与有关要求，进一步评估分析典型发达国家污染场地管理过程中的公众参与机制及运行现状。

8.1.1 污染场地治理相关法律法规

国外典型发达国家包括美国、英国、日本在内已构建了完善的污染场地治理的相关法律法规和技术规范。美国根据超级基金法确定了“污染者付费原则”，制定了优先处理系统，即对确认为高风险的场地进行优先修复。同时，美国在治理污染场地时，以恢复场地环境标准值为目标。在这套理念体系的指导下，美国对“潜在责任者”在污染场地信息公开、如何开展调查评估、如何界定场地治理优先等级、如何治理、污染场地治理完结等环节制定了细致的信息公开和公众参与的规章制度。加拿大污染场地治理的理念与美国相似，其公众参与要求也比较接近美国[4,5]。英国、德国和荷兰较早采用了基于风险管理的污染场地管理方法，如在设定一个污染场地的污染修复目标时，应先考虑该场地的未来用途。以英国为例，污染场地治理的目标是“再开发”。首先确定污染场地等级，对人类健康造成或可能造成严重伤害，或对造成或可能造成严重污染的场地，被归为“特殊场地”，由“适当的人”负责治理；而对于其他类型的土地全部归为“棕地”，并不要求立即进行治理，而是与土地利用规划挂钩，按照土地规划用途来确定治理目标[6]。在这种理念指导下，英国污染场地治理公众参与的相关制度要求与美国差异较大。此外，英国普通公众作为纳税人，对政府财政支出的合理性十分关注，通常抵触由纳税人为场地污染买单，这与美国超级基金场地中对部分暂时无法确定“潜在责任者”的污染场地采取的策略有很大差异，这也导致了英国污染场地治理过程中公众参与机制的不同。日本污染场地治理沿袭了美国的模式，以防止污染场地对人体健康造成危害为治理目标，并实施“污染者付费”的原则。但在公众参与方面，日本尤其重视信息公开和污染场地风险意识的培养，在污染场地治理过程中鼓励开展公众参与[7]。

美国自1942年“拉夫运河”事件后，污染场地治理的制度建设提速，制定了《综合环境反应、赔偿和责任法》(即超级基金法)。基于此，污染场地治理相关法律法规以及配套措施的建设逐步健全，其中针对公共参与制度的建设也在实践中不断得以完善。美国的相关制度建设和实践经验在世界范围内被广泛参考借鉴。英国作为工业革命的发源地，在社会经济快速发展的同时，也承受了由此造成的严重土壤及地下水污染问题。随着土壤污染防治实践的深入，逐渐形成了一套基于风险管控的英国污染场地防治技术体系，其中明确提出积极鼓励公众尽早参与整个决策过程。日本的污染场地管理框架以土壤污染防治为主，并就农业用地和城市工业用地分类制定相应法律法规进行管理。在日本，污染场地管理以政府为主导机构，通过各种手段和措施强制性地要求土地所有者和污染者进行治理，并利用各种途径鼓励公众参与，充分调动社会力量。进一步比较发达国家相关法律法规体系，其在污染场地分类及法律法规体系上均存在差异。

(1) 美国污染场地治理法律法规体系

美国将污染场地分为两大类进行管理：一类是超级基金场地（依据超级基金法管理），另一类是在产运营企业或设施场地（依据《资源保护与回收法》管理，简称RCRA场地）。美国环境管理基本法是《国家环境政策法》(NEPA)，基于此，美国制定了一系列环境单行法律制度。其中，对于超级基金污染场地，通过《综合环境反应、赔偿和责任法》(即超级基金法）及其修正案进行管理；对处于生产运营阶段的特定企业或设施，如废弃物处理、储存和处置设施可能因产生泄漏而导致需要清理的场地，美国通过《资源保护与回收法》进行管理。为落实超级基金法和《资源保护与回收法》关于污染场地公众参与的要求，美国制定了相应的法规细则《超级基金、应急预案、社区知情权计划》，明确在污染场地治理各环节必须开展哪些具体的公众参与内容和活动[8]。根据不同的公共参与内容，《超级基金、应急预案、社区知情权计划》由若干部分组成，其中《国家应急计划》是污染场地治理公众参与最主要的实施依据。此外，美国还出台了污染场地治理的各种技术规范，便于环保署、污染治理实施机构及其他机构操作实施。例如，考虑到资金、资源、人力、时间等因素限制，为了使污染最为严重的场地能够得到及时的治理，1983年环保署通过《危害排序系统》对污染场地清理进行评估，自此首次建立了《国家优先控制场地名录》。

(2) 英国污染场地治理法律法规体系

与美国以环境保护与公众健康为出发点的污染场地治理理念不同，英国污染场地治理的目标在于风险管控与再开发利用。基于此，英国形成了从规划和污染治理两个不同角度来管控污染土地的法律法规体系：一方面是指导污染土地重新开发利用的《城乡规划法案1990》及其配套法规；另一方面是控制污染场地识别和治理的《环境保护法ⅡA》及其配套法规和导则。这两个法案以及配套制度形成了英国“以污染土地改造、再开发利用”为最终目标的污染土地管理的法律法规体系。

8.1.2 法律法规体系相关要求

由于不同类型污染场地治理流程的不同，涉及的问题及复杂性存在差异，典型发达国家针对各种类型污染场地治理公众参与的法律法规要求不完全相同。美国超级基金法及其修正案和法规中对整个污染场地治理过程中的信息公开和公众参与都进行了详细的规定，《资源保护与回收法》及其法规中对公众参与的规定，主要集中在生产许可证及许可证变更申请审批程序期间开展。英国污染场地相关法律法规数量众多，构建相对完善的公众参与机制，地方政府对辖区内土地进行调查，识别污染土地，在认定污染并下达治理通知前，都需要进行公众参与，征询利益相关方意见；在规划法体制下，政府在编制地方规划时就需要考虑污染土地因素，规划编制过程中有明确的信息公开和公众参与程序。在开发商进行污染土地上开发项目的申请过程中，有关申请文件、污染土地治理方式、审批程序都需要依法公开，并收集公众意见[4]。

本节根据这两个国家法案关于污染场地治理公众参与的规定，结合不同类型污染场地的治理流程，就信息公开和公众参与的主体、方式等方面，介绍典型发达国家法律法规对污染场地治理过程中公众参与的具体要求。

(1) 信息公开的责任和主体

表8-1中总结梳理了典型发达国家信息公开的责任主体及内容，可以看到不同发达国家在信息公开责任主体、职责及相关要求方面存在一定的差异。

表8-1 典型发达国家信息公开的责任主体及内容

国家	信息公开责任主体	职责及相关要求
美国	环保署	建立并公开《国家优先控制场地名录》(NPL)；编制并公开《毒性物质排放清单》(TRT)，供公众、政府机构、研究人员及其他人员查询并开展研究
	司法部	根据超级基金法审批责任判决污染场地治理相关协议，对拟定判决书向公众公开并征询意见
	企业	根据《应急计划和社区知情权法》，填写《毒性化学品排放表》(TCRF)、《材料安全数据表》(MSDS)和《应急和有害化学品清单表》(EHCIF)，报告化学品存放地点和数量。上述信息，除部分保密外，应对公众开放
	实施机构	根据超级基金法和《国家应急计划》，应建立相应行政档案，并通过多种方式在场地公开。污染场地治理启动前，应根据项目情况编制《社区参与计划》，向公众公开并征询意见
	地方政府	公开污染场地治理过程中的各类文件

续表

国家	信息公开责任主体	职责及相关要求
英国	环境署	公开“特殊场地”相关的信息，编制并公示辖区内污染土地情况年报
	企业	公开相关企业活动过程中可能产生的污染物及废弃物相关信息
	当地政府	公开污染场地检查、认定、风险评估、治理过程中的各类文件，包括污染土地“策略化检查方案”、污染场地识别、评估、治理阶段的行政文件、风险总结、治理声明等
	私营部门	企业、开发商、场地业主等虽没有直接公开信息的义务，但污染土地治理过程中，私营部门向政府所提交的各类申请及附属文件，政府都需依法公开
	其他公开文件	环境影响评价报告、地方规划、社区规划、国家土地利用数据库等

（2）信息公开的方式/渠道

典型发达国家在信息公开的方式/渠道上具有较高的相似性，主要公开方式包括网站、公告、公开会议等，但在一些具体要求上仍存在差异，详见表 8-2。

表 8-2 典型发达国家信息公开的方式/途径

国家	信息公开方式/渠道	有关要求
美国	公告	公告通常用于发布重要通知，告知公众关于场地治理的重要里程碑事件、重大会议以及公众参与的机会等。公告的发布渠道包括联邦公报、地方主流报纸以及其他多种途径等
	简报/传单	环保署或其他治理实施机构通过简报开展信息公开。简报可以直接向公众发放，也可以存放在公共场所，如社区管理机构、加油站、社区小卖部、教堂等供公众领取，还可以电子形式，发送至邮件或社交媒体
	信息库	启动污染场地治理的项目现场必须建立信息库，用于保存项目相关资料以便社区居民随时查看，包括技术援助赠款申请程序等。公众可以免费从信息库中查阅项目各方面的信息。对于贫困社区和网络限制地区来说，信息库是一个非常实用的信息公开渠道
	公开会议	场地治理实施机构就治理方案、形成方案的分析及支撑信息等需在社区召开公开会议并收集公众的反馈意见
	网站	通过环保署官网和超级基金网站，公众可以查看所在地区场地污染情况、治理措施、治理结果、再开发利用方式和 5 年回顾报告
	机构发言人	在实施污染场地清理行动之前，实施机构应指派一名发言人，告知公众所采取的措施，回复公众问题以及提供污染物质释放的相关信息
	新媒体	随着新媒体的迅速发展，新媒体也被公众普遍使用，是传递信息较为有效的方式
英国	网站	公众可以在英国政府网站、环境署网站上查询污染场地管理的法律法规，地区污染土地现状报告，以及污染场地开发的程序
	公告	公告可以发布重要通知，或者告知公众污染场地治理的重要信息。公告可以通过媒体发布，也可以在网站、社交媒体等渠道发布
	数据库/台账	如国家土地利用数据库、环境许可台账、规划许可台账、棕地数据库等。所有数据库和台账都供公众免费在线查询
	发放信息单	污染场地治理时实施机构可以向周边居民发放信息单，告知公众污染场地的潜在风险、目前正在进行的行动，以及公众获取支持的途径
	公开会议	公开会议可以提供一个对话平台，向利益相关方传达更详细的信息，并现场解答公众疑问

(3) 信息公开的方式/渠道

基于上述对典型发达国家信息公开的责任主体、内容以及公开方式/渠道的梳理，本章进一步对公众参与的主体进行了调研。公众参与的主体包括地方政府、地方规划部门、环境署（环保署）、实施机构、利益相关群体（当地居民、土地业主、社会组织团体等）以及广义的公众和媒体等[9]。不同责任主体决定了在污染场地治理过程中公众参与内容的复杂性和多样性。表 8-3 进一步梳理了典型发达国家污染场地公众参与的具体内容。

表 8-3 典型发达国家公众参与的内容

国家	内容	有关要求
美国	场地调查/风险评估	在污染场地所在社区内工作或居住的、可能受到潜在污染物或污染物影响的任何人可以向环保署或相关机构提交公民请愿书，要求环保署对场地进行初步的评估调查
	《社区参与计划》编制	在场地调查之前，实施机构应对当地政府官员、社区居民、公共团体或其他利益相关方、受影响方进行访谈，编制《社区参与计划》，确保公众能通过合适的方式充分了解场地并参与污染场地治理决策过程
	NPL 制定	对于 NPL 中拟列入或删除的污染场地，环保署必须征询公众意见，并在最终决策确定后再次征询公众意见，征询时间不少于 30 天，并需对公众提出的重大意见或新信息作出回复
	治理方案技术讨论与决策	实施机构在必要时可以与潜在责任方及公众开展技术讨论，且污染场地治理过程中的任何计划或方案在实施之前都必须征询公众意见
	治理过程监督	在污染场地治理实施过程中，若产生重大变更或差异，实施机构需再次组织公众讨论并回复，且实施机构应就变更或差异产生的原因向公众作出解释
	治理后 5 年回顾	对场地修复效果与社区居民及其他利益相关方进行访谈或召开公开会议，获取公众意见
英国	污染场地管理	根据《污染土地管理示范程序》有关要求，在风险评估、方案比选、实施治理过程中均需要不同程度的公众参与
	规划许可审批	地方部门在审核规划许可前，需公示收到的规划申请，征询公众及附近居民的意见；在批准任何棕地发展项目之前，需进行公众咨询征求意见
	环境许可审批	《环境许可规定》中以下情形需要公众咨询：制定“标准许可”的审批标准；针对上述审批标准的风险评估；申请特定许可的；标准许可范围内的新建项目；特定许可范围内的重大改建项目；其他重大、与公众利益相关的申请
	环境影响评价审批	当建设需要进行环境影响评价，且项目涉及污染场地治理时，污染土地信息应纳入环境影响评价报告，并在环评程序中征集公众意见
	地方规划编制	地方规划部门必须尽早开始同所有对地方规划内容感兴趣的群体进行沟通，如地方规划编制阶段必须通知和邀请特定群体，制定《社区参与声明》；地方规划的公示和意见征集阶段应公示并征集公众意见
	社区规划编制	社区规划编制过程中，规划部门必须向可能受规划直接影响的群体咨询。其他感兴趣的公众，如公共群体、土地业主、工业发展机构等，也需要参与规划编制。社区规划草案必须公开征询公众意见

基于以上公众参与的内容和要求，公众参与的途径包括但不限于书面咨询、热线电话、论坛、公开会议等，具体参与途径见表 8-4。

表 8-4 典型发达国家公众参与方式

国家	参与方式	有关要求
美国	访谈	实施机构对利益相关方、受影响社区及感兴趣的社会组织开展访谈，了解公众的关切点、信息需求及参与需求
	决策文件审查评论	污染场地治理所有拟订的方案具有至少 30 天的评论期。在此期间，公众可以通过各种渠道获取相关信息，查看并提交书面或口头评论意见，提出疑问
	公开会议	通过参加实施机构在场地附近开展的公开会议进行现场讨论。公开会议的会议纪要将被纳入行政档案并面向公众公开
	咨询委员会	公众可以通过加入咨询委员会，对污染场地相关研究及培训计划进行审查与评论，为计划的实施提供沟通协调
	社区顾问组	社区顾问组是环保署在污染场地治理项目中指导社区设立的自治组织。该组织为各方主体提供了一个信息交流平台，方便社区成员表达并讨论他们的需求和意见，也方便社区与环保署、国家监管机构、联邦相关机构进行信息交流与上传下达
英国	书面咨询	书面咨询可以同重要的利益相关方建立直接联系，提供充分的信息，并且收集书面反馈。通常用于针对备选方案的意见征集
	热线电话	热线电话可以及时、方便地得到公众的意见。并且可以在电话中马上给予反馈
	焦点小组讨论/工作坊	焦点小组讨论和工作坊可以让持有不同观点的利益相关方聚在一起进行讨论，共同解决问题
	论坛	论坛是一种与利益相关群体的定期对话。可以更广泛深入地在利益相关方群体中进行议题讨论
	公开会议	公开会议可以当面将特定信息传达给广泛的群体，并且可以在会上收集利益相关方的意见和反馈
	互动网页/在线问卷	互动网页和在线问卷可以为感兴趣的群体提供一种方便的反馈途径，表达自己的意见。结构化的问卷也便于进行数据统计，更好地分析利益相关方意见
	信息“路演”	路演活动可以直接让利益相关方获取信息，展示正在考虑的概念信息。帮助社区了解相关知识，促进社会学习
	有针对性的联络	针对性联络可以使得不便联系的群体获得信息，直接将信息送达有特殊需要的群体
	入户沟通	入户沟通可以将特定信息直接传达到受影响区域内的每一户居民
	展览会	展览会通过生动的方式，向各利益相关方展示设计或规划，便于公众理解

除上述法律法规中对于公众参与的规范与要求，由于污染场地治理本身的复杂性及差异性，典型发达国家有其他法律法规对公众参与进行了规定。如美国《联邦行政程序法》中明确规定各联邦部门必须充分保障公众的信息知情权，此外，《信息自由法》《隐私权法》《阳光下的政府法》《电子的情报自由法》等信息公开立法同样为公众信息知情权、参与权提供了保障。英国《信息自由法案 2000》《环境信息条例 2004》《关于污染物排放与转移登记的基辅议定书》等法律同样对信息公开、公众参与等提出了具体的要求，这些相对健全的法律规范体制保障了公众参与实施的有效性，有力支撑了污染场地治理的顺利开展。

8.1.3　国外治理过程的公众参与

基于上述对相关法律法规体系的梳理与研究，本节梳理分析了典型发达国家在实际污染场地治理过程中公众参与的内容与途径，并进一步对比了相关组织机构设立的情况。

在美国，由于污染场地类型的不同，其治理过程中的公众参与过程也存在差异。对于超级基金场地，可分为修复型治理和清理性治理两大类。根据超级基金法的要求，污染场地治理过程中任何拟订方案最终决策并实施之前需对公众公开相关资料，征询公众意见并对公众意见的采纳与否进行回复。《国家应急计划》则对污染场地修复与清理过程中的公众参与进行了详细的规定。对于修复型污染场地，由于具有污染程度较高、治理周期较长的特点，在实施过程中，公众的关注度较高，公众参与的范围也比较广泛，公众参与主体更为多样，其公众参与过程如图 8-1 所示。

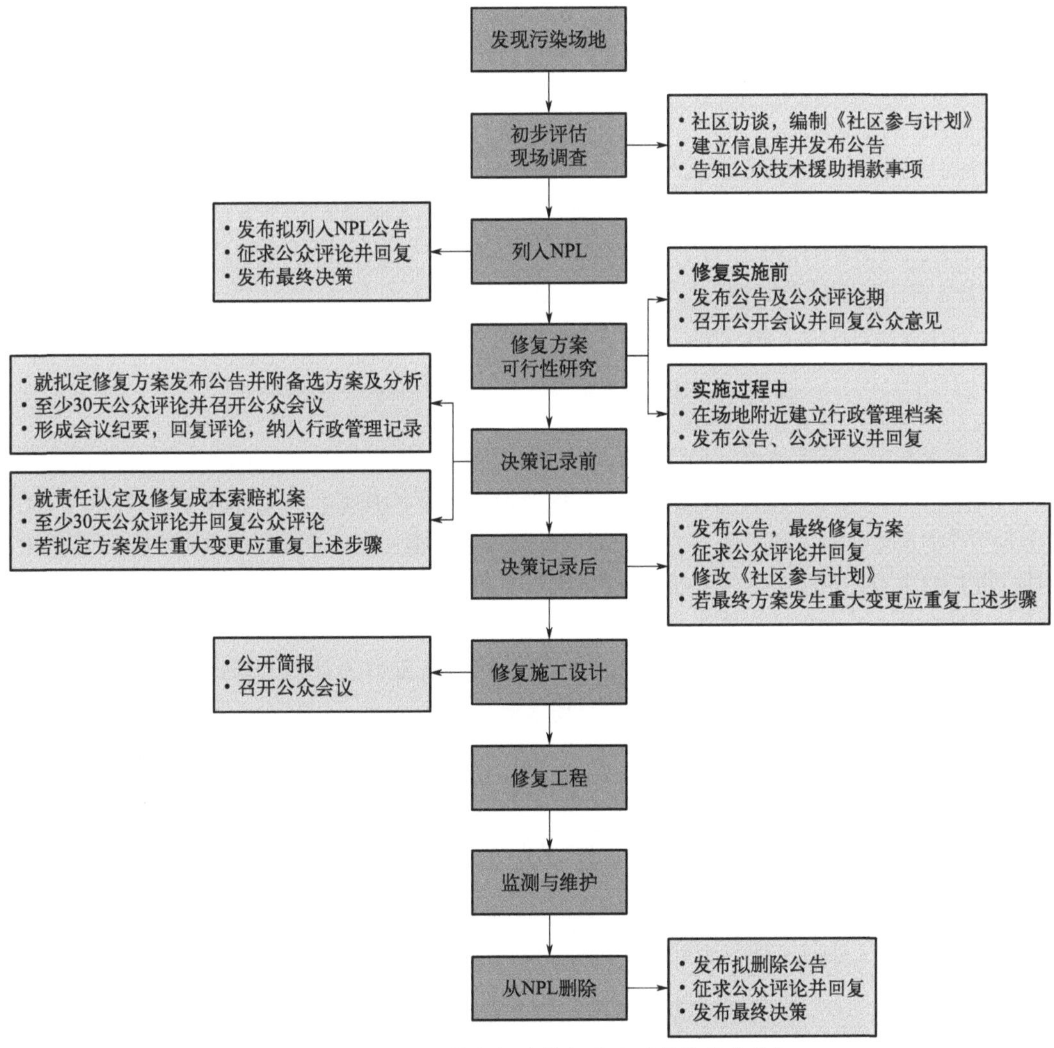

图 8-1　美国超级基金场地修复治理过程的公众参与

对于清理性治理的污染场地，根据《国家应急计划》按其污染程度的不同可分为紧急性清理、限期清理以及非限期清理三大类。其中，紧急性清理是指对泄漏或威胁环境安全的情况，要求立即清理，重点处理对人体健康和环境构成紧急威胁的事件。限期清理则是指在 6 个月内启动清理工作，包括拆除容器或清理轻微污染的土壤和固化物，一般可分为短期清理（120 天内完成）和长期清理（至少 120 天）。非限期清理则是指清理计划期至少为 6 个月，对公众健康无立即威胁。要求充分公众参与，进行详细的工程评估和成本分析，并接受公众查阅和评论。清理性污染场地治理过程中的公众参与如图 8-2 所示。

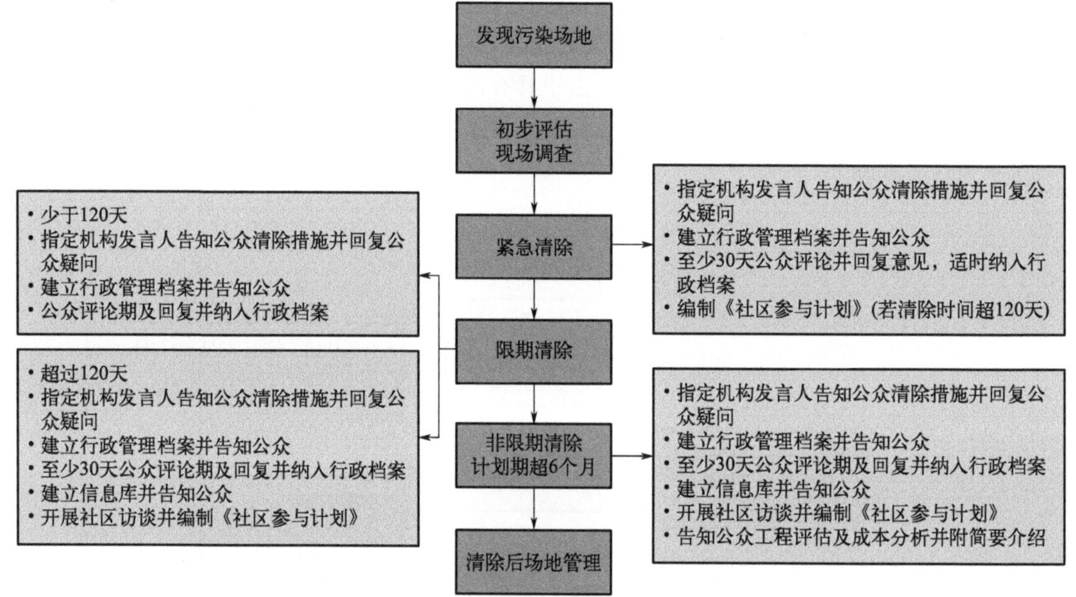

图 8-2　美国超级基金场地清理治理过程的公众参与

除超级基金污染场地外，RCRA 场地是美国的另一类污染场地。RCRA 场地是指受到《资源保护与回收法》监管的场地。RCRA 场地治理分两种情形：一是企业主动整改：二是企业不主动整改，地方政府强制要求开展的整改。对于第一类，企业在获取相关许可证或申请许可证变更前，审批机构需将企业涉及整改的相关文件向公众公开，接受公众审阅与评论，并贯穿整个场地整改过程。对于第二类，法律法规未给出明确的公众参与规定，但环保署建议其公众参与流程应与第一类一致。RCRA 对公众参与的渠道、形式等没有具体的要求，由于 RCRA 场地治理过程与超级基金场地治理过程相类似，RCRA 场地治理过程中的公众参与如图 8-3 所示。

除上述污染场地治理过程中对于公众参与的有关要求外，美国环保署还建议实施机构根据场地特殊性，现场团队还应评估是否需要开展额外的公众参与活动。这种场地的特殊性一般是指触发某些特殊情形，包括环境正义和部落问题，来自有毒物质和疾病登记机构健康顾问意见，收到居民关于泄漏（或可能的泄漏）并要求调查的抗议，社区广泛关注本场地，或有一个市民组织关注本场地，社区被另一个 NPL 场地影响，或受其他重要的环境问题影响，该场地涉及国会、州、部落或地方政府的利益，场地受媒体关注，场地离居民区、养老院、学校、医院或其他受污染泄漏影响的设施近以及场地对人群具有重大风险等。当触发上述特殊情形时，需要开展额外的公众参与活动。

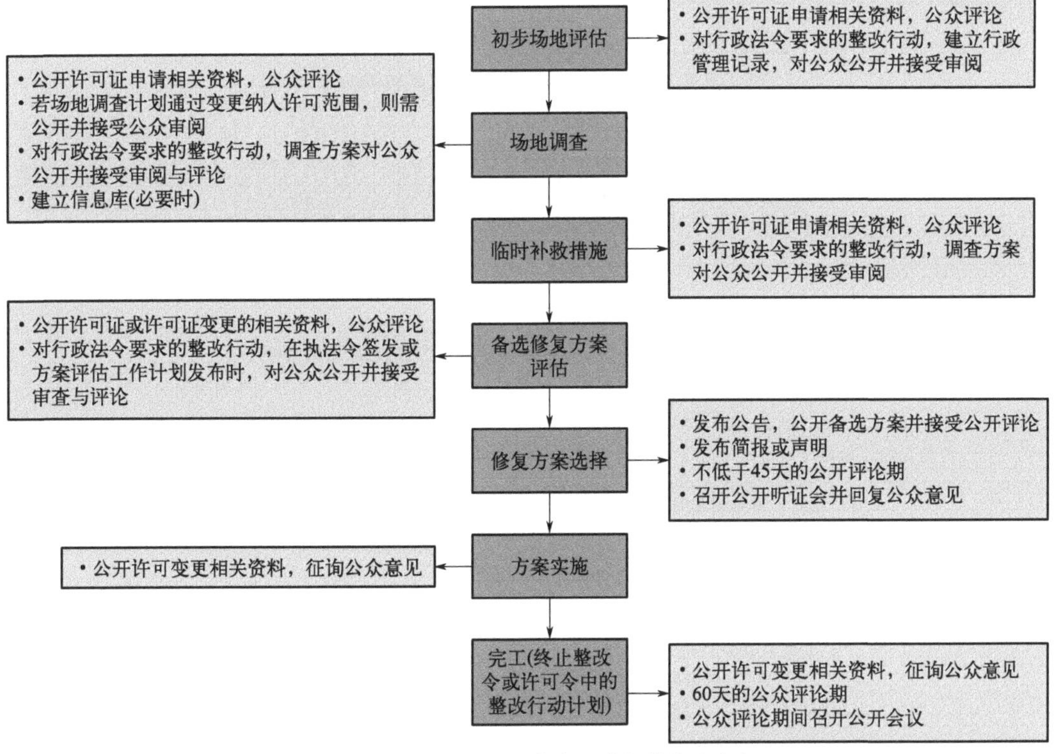

图 8-3　美国 RCRA 场地治理过程的公众参与

与美国不同，英国治理污染场地通常有责任人自愿治理、通过规划体制进行土地再开发和污染治理以及在污染场地造成“不可接受的”风险时根据《环境保护法》治理三种途径。在《环境保护法ⅡA》和《污染预防及控制法案 1999》生效后采用“综合污染预防及控制”方式管理，避免产生新的土地污染，具体管理途径如图 8-4 所示。这三种途径中公众参与的情况有所不同，但是在污染场地现场调查和治理过程中都采取类似的流程和标准。

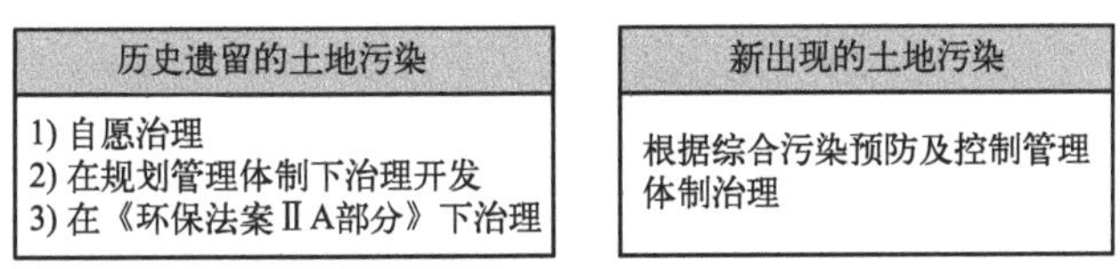

图 8-4　英国污染场地治理途径

对于自愿治理的污染场地，即治理实施主体为污染责任人，开展自愿治理不需要经过地方政府或环境署的审批。但由于治理要适合场地用途、达到或超过政府提供的标准、地方政府有义务确认污染场地治理已经完成，所以责任人在进行自愿治理时也需要同地方政府和环境署保持沟通。自愿治理过程中，法律没有强制性要求责任人必须开展公众参与。在实际操作中，当污染或治理活动本身可能影响其他利益群体时，责任人通常会同利益群体沟通，告知污染土地的风险，并且获得对治理工作的支持。自愿治理过程中涉及的公众参与过程如图 8-5 所示。

对于规划体制下污染土地的治理，公众参与的实施主体为地方规划部门。在规划体制下，政府（地方规划部门）通过规划审批流程监管污染场地治理。污染场地开发展需要进行风险评估，明确治理方案，并获得规划部门的同意后才可以获得规划许可。此外，如果污染土壤作为废弃物时，还需要申请环境许可，对于某些开发项目，还需要进行环境影响评价，并在环评中包括污染土地治理的内容。规划体制下公众参与流程如图 8-6 所示。

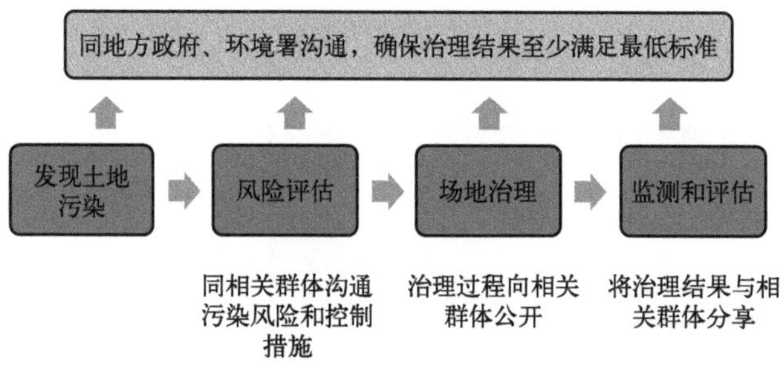

图 8-5 英国自愿治理污染场地流程及过程的公众参与

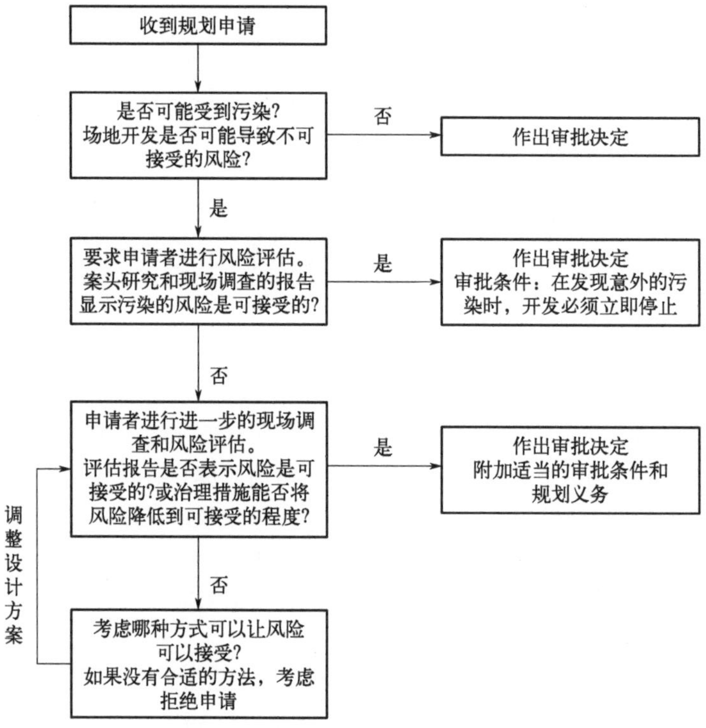

- 地方规划部门在审核规划许可时，需要公示收到的规划申请，征询公众及附近居民的意见。
- 地方规划部门必须在批准任何棕地发展项目之前进行公众咨询，向公众展示发展蓝图并邀请公众人士发表意见。

图 8-6 英国规划体制下的污染场地治理过程及公众参与

对于《环境保护法ⅡA》体制下的公众参与，实施主体为地方政府。地方政府主导进行场地调查、风险评估、责任划分、下达整改通知，以及在无法找到责任人的情况下进行场地治理并追缴费用。整个过程都由政府主导，在整个过程中法律都对信息公开和公众参与做出了要求。《环境保护法ⅡA》体制下公众参与流程如图 8-7 所示。

英国污染场地治理的三条途径都以风险评估和实施治理为核心，环境署专门颁布了《污染土地管理示范程序》（后简称《示范程序》）为风险评估、方案选择、实施治理过程提供了技术指导。《示范程序》中规定，在风险评估和场地治理过程中，也需要开展相应的公众参与活动。风险评估和场地治理中的公众参与流程如图 8-8 所示。

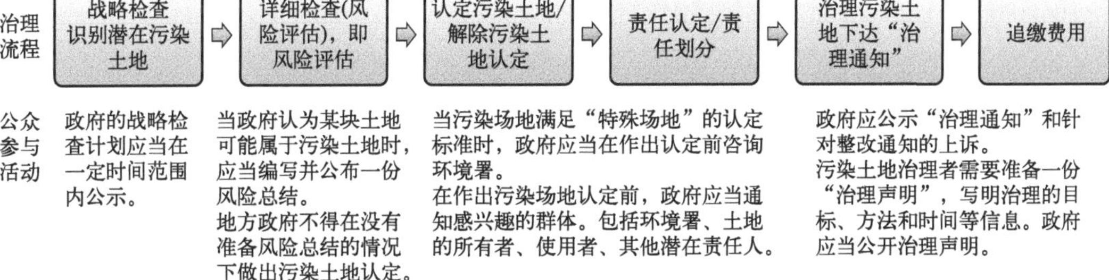

图 8-7　英国《环境保护法ⅡA》体制下的污染场地治理过程及公众参与

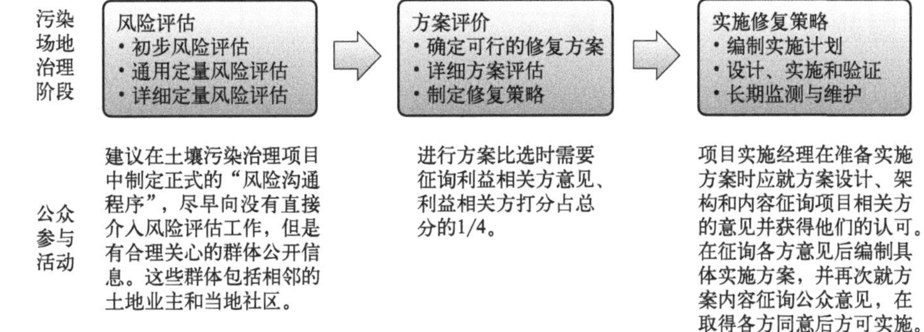

图 8-8　英国污染场地风险评估和场地治理的过程及公众参与

基于前文分析可知，典型发达国家在污染治理过程中的公众参与存在一定差异[10]：一方面是由于污染场地类型的不同；另一方面则是由于不同国家管理体系的差异，相关组织机构的设立均有所差异。美国污染场地治理过程的组织管理机构架构如图 8-9 所示，英国污染场地治理过程的组织管理机构架构如图 8-10 所示。

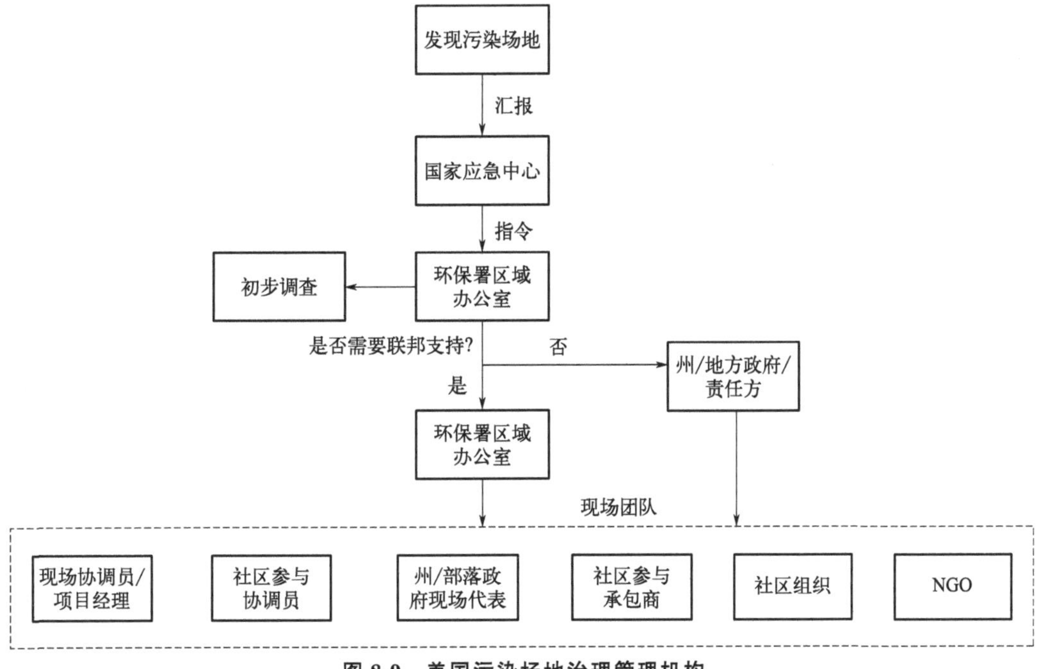

图 8-9　美国污染场地治理管理机构

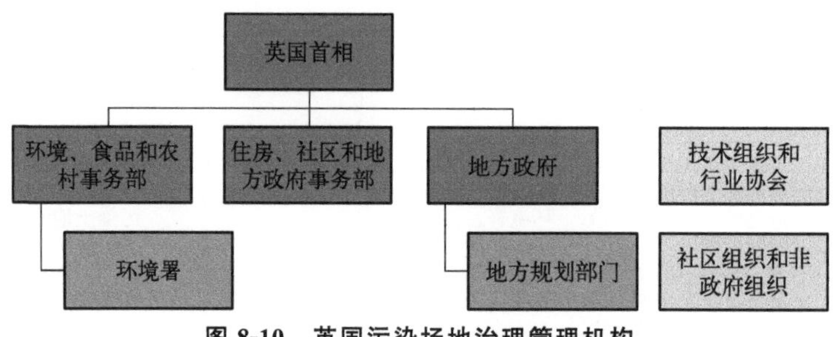

图 8-10 英国污染场地治理管理机构

8.1.4 国外管理过程经验分析

通过对上述美国和英国的污染场地治理公众参与相关法律法规、组织架构和运行情况的研究分析，可以看出美国和英国对污染场地的管理始于 20 世纪的 70～80 年代。经过几十年的实践和积累，各国都形成了符合本国国情的污染场地公众参与制度体系。由于美国、英国污染场地治理问题的出发点和政策各不相同，在污染场地治理过程中公众参与也各具特色。在美国，解决污染场地问题的出发点是保护环境及公众健康，治理污染场地的目标是使该场地变成“干净场地”。英国处理污染场地的出发点是重新开发利用该场地，场地治理是基于场地未来用途的“风险管控”，确有必要的“特殊场地”才要治理[11,12]。虽然由于污染场地治理目标的差异导致这两个国家在治理过程中公众参与有所差异，但是在公众参与的制度建设、参与内容形式、保障措施等方面有诸多共性，本节进一步总结了典型发达国家污染场地治理过程中公众参与的有关经验，以期更好地理解公众参与的内涵与意义。

公众参与是否能开展，除了从环境正义的角度去影响公众、企业和政府之外，必须要有法律的保障，使公众参与成为各方面必须履行的一种制度。健全的法律法规以及配套的指南规范是公众参与有效实施的前提。正是由于法律法规的保障，公众参与才行之有效，从而对项目的顺利开展起到积极的作用。对于如何实现公众的全过程有效参与，美国不仅从法律上进行了规范，还出台了相应的手册指南进行了细致的规定。《超级基金公众参与手册》和《资源保护和恢复法案公众参与手册》中，针对公众参与的方式、工具、不同类型的应对策略等有详细的指南，使美国场地治理公众参与具备很强的可操作性。

污染场地治理投入的资源往往是天文数字。为了避免错误决策导致的损失，除了要开展专业研究论证之外，公众意见要越早收集越好，在进行大规模投入之前，将应该考虑的因素充分反映到决策中来[13]。尽早开展公众参与，制定计划有助于公众参与的有序开展。公众参与的计划制定要确保遵守有关法律法规，并根据特定场地的实际情况一步一步落实，为场地治理制定专门的公众参与计划能确保公众参与有计划、有策略、有序有效地开展。

公众参与的关键是利益相关方参与，其中，利益相关方的识别要注意全面性、层次性、多样性和代表性。利益相关方的识别方式不是固定的，通常可以根据直接影响、间接影响、长期影响、短期影响等原则进行识别。在场地治理中要综合考虑不同利益层次公众的利益和诉求，注意多样性、全面性和代表性问题。除受场地直接影响的当地社区居民外，公众参与还包括外部公众的关注和参与，如其他政府人员、非政府组织、专家、媒体等，他们可能不会受到场地污染问题的直接影响，但出于环境保护或维护环境正义等其他原因，对场地治理具有影响作用。公众参与人员的构成上还可以考虑是否代表不同社区，是否具备不同的知识背景[1]，通过多渠道、多办法识别利益相关方。

应根据场地特点、社区特征和治理阶段的不同开展针对性的公众参与。场地特点是指开展公众参与时，应充分考虑污染场地的危害程度。紧急情况下，减缓公众的健康风险是减轻冲突的首要任务。超级基金法和《资源保护和恢复法案》中对污染场地调查发现需要采取紧急行动的，均要求在数小时或数日内采取紧急措施。社区特征的影响体现在需考虑社区中的弱势群体，避免其承受不成比例的健康和环境负面影响。在不同的利益群体中，弱势群体是一个特殊问题。美国场地治理公众参与的法律中，将弱势群体问题归入环境正义中进行管理，还专门制定法律规定，要求在各场地公众参与中要单独评估是否存在类似的环境正义问题。环境正义要求不能因为某种原因忽视某个群体的利益和权利，特别是对那些低收入人群、妇女、儿童、老人、少数民族、交通不便的偏远地区或其他相对处于某种劣势的人群。因为当污染或者灾难来临时，弱势群体由于某方面的劣势往往相对而言更多地（或不成比例地）承受了健康和环境负面影响。治理阶段的影响体现在治理不同阶段应针对性地开展公众参与活动，如治理后展示场地修复的成绩、庆祝修复成果也是一种有效的公众参与。与公众分享和庆祝场地污染治理成绩，感谢公众对污染场地治理的关注和贡献，效果十分明显。

多渠道并举开展信息公开和公众参与，避免公众参与形式化。信息传递和公众参与的形式要确保多样性和有效性。及时通过多种渠道向公众传达信息，沟通越有效，越有利于场地调查和治理的推进。不愿意倾听公众意见，或不重视公众不同意见，容易导致公众参与流于形式。形式化的公众参与是对公众的不尊重，必然导致公众的抵抗和敌视，也无法实现高效的公众参与[14]。

保证公开信息的可及性、有效性和可追溯性，建立信息档案制度。信息的公开、获取和有效理解是有效参与的基础[15]。美国污染场地治理信息公开的方式有网上公告、报纸公告、电视公告、定期发放简报、设置社区（社区内的办公室、教堂、小卖部、加油站等）信息库、召开公开会议、个别拜访、设置发言人、建立社交媒体平台等。美国在同一场地修复治理过程中，针对特定工作还会制定专门的“公众沟通策略”，例如对紧急清理场地采取清理前制定公众沟通策略，确保每位公众充分获取信息，特定情况下还要采取额外措施，确保公众充分理解信息。对于难以理解的技术信息，通过配套的技术保障手段加以弥补，例如通过环保署资金援助设立的社区技术小组，可以聘请相关专家提供指导，或安排小组成员参加相关培训，解决相应的技术问题。美国污染场地有严格的文件归档制度，环保署针对场地调查、评估和设计等各种报告，以及调查、评估、治理和后评价过程的所记录或发放的资料文件都有规定的格式和归档流程，环保署利用场地治理各环节的审批节点，考核归档是否按要求履行和完成。

注重公众参与的引导，重视公众参与的积极性和组织性。污染场地治理往往是漫长的，而且由于存在一定的技术性，现实中很多普通公众对身边的场地治理并不关心。要引导公众关注场地污染治理，需要环保署紧紧抓住公众的切身利益[16]。由于家庭情况、性格特征、个人偏好等存在差异，公众内部对待场地污染的态度不同[17]。再加上污染场地治理固有的一些特点，如时间长、范围广、技术手段专业等，要保证所有公众持续的关注和参与不现实。从发达国家的经验中可以看出，公众参与均经历了从各自为战到通过社区组织参与的过程。要实现持续地、有效地、有代表性地和有组织地参与，组织开展公众参与是一个较好的途径。

公众参与还需要资金保障、技术保障和司法救济保障。资金援助通常与技术援助紧密相关。美国环保署通过提供资金或直接为社区聘请第三方机构提供科学人员、工程师和其他专业人员，帮助社区对特定污染场地项目信息进行审查和解释说明，并鼓励高校等其他力量为社区提供技术援助。环保署提供详细的公众参与工具及所需资源，指导公民、社区及环保署工作人员具体在何时何地以何种方式参与到项目中，如公众参与工具箱与社区参与手册。英国通过资金援助、规划援助机构、市民学会、环境法律基金、邻里规划基金、发展信托等多种方式，为公众参与提供资金、技术、组织等各个方面的支持和援助。美国的《反对针对公众参与的策略性诉讼法案》、英国的《环境信息条例 2004》《信息自由法案》和日本的《日本环境法》《行政诉讼法》均保障公众可以通过司法诉讼的途径保障自己的知情权和参与权。

8.2
国内污染场地管理过程中的公众参与

本节研究我国污染场地治理公众参与机制的制度建设及其运行现状，以我国污染场地治理的公众参与为主要研究对象，同时从避免产生新的污染场地的视角，探讨在产企业环境污染管理的公众参与机制建设。

8.2.1　污染场地治理相关法律法规

我国早期关于防治土壤污染的要求分散在不同法律法规中，例如《中华人民共和国土地管理法》第三十二条要求进行“土壤改良”，第三十五条要求“防治污染土地”；《中华人民共和国农业法》第五十八条规定“合理使用化肥、农药、农用薄膜，防止农用地的污染”；《中华人民共和国环境保护法》要求加强土壤污染防治；《中华人民共和国水污染防治法》规定，利用工业废水和城市污水进行灌溉，应当防止污染土壤；《中华人民共和国固体废弃物污染环境防治法》第 35 条规定“产生工业固体废物的单位需要终止、变更的，应当事先采取污染防治措施，防止污染环境”等。早期的法律法规虽然涉及土壤污染防治问题，但并没有针对土壤污染防治制定系统性的专项法律法规，更没有明确土壤修复等相关规定，但土壤污染治理的制度体系在不断探索发展：2004 年颁布的《关于切实做好企业搬迁过程中环境污染防治工作的通知》是第一次在国家层面针对污染场地进行土壤修复的专项指导意见。该通知明确企业改变土地使用性质时应该经相关部门监测，要求执行土壤环境状况的调查，并初步界定各方责任。2008 年 1 月全国第一次土壤污染防治工作会议后，国家环保总局发布了《关于加强土壤污染防治工作的意见》，在政策层面对土壤污染防治工作进行安排和指导，确立了“预防为主、防治结合；统筹规划，重点突破；因地制宜，分类指导；政府主导，公众参与”的原则。明确了土壤污染防治的工作重点是农用地和污染场地。作好政府七个方面的工作部署。该意见提出建立监督档案和信息管理系统，并初步提出了污染土壤风险评估制度，进一步界定土壤修复主体的责任。2012 年环保部联合其他部门，发布了《关于保障工业企业场地再开发利用环境安全的通知》，针对工业企业场地变更利用方式、变更土地使用权人时所要求开展的环境调查、风险评估、治理修复等工作作出了规定，体现多部门综合治理、可操作性较强和内容全面系统的特点。自此政府开始建立污染场地数据库，并在 2016 年 4 月 17 日，环保部和国土部联合公布了《全国土壤污染状况调查公报》。自 2010 年起，国家环保部（现生态环境部）起草了一系列有关土壤污染与修复的文件，包括《污染地块土壤环境管理暂行办法》（2017 年 1 月 1 日生效）以及场地环境保护系列标准，并收集公众的意见，包括《污染场地环境监测技术导则》《污染场地土壤修复技术导则》《场地环境质量评价技术规范》《场地环境调查技术规范》《场地土壤污染风险评价技术导则》。2016 年 5 月 28 日“土十条”得以发布，从战略高度对我国土壤污染防治的十个方面进行规划。根据“土十条”的总体部署，地方各级人民政府要于 2016 年底前分别制定并公布土壤污染防治工作方案，确定重点任务和工作目标。各省的土壤污染防治工作方案或实施方案（即地方版“土十条”）都是根据国家目标来分解和细化的。2010 年开始起草，直至 2017 年 1 月 1 日生效的《污染场地土壤环境管理暂行办法》配合了“土十条”的总体规划，第一次系统地对污染场地的定义、环境调查时间范围、风险评估、修复治理流程做了具体规定和要求。2018 年 8 月 31 日通过的《中华人民共和国土壤污染防治法》（2019 年 1 月 1 日生效，后简称《土壤污染防治法》）结束了我国长期以来在土壤污染防治领域无单行法律的历史，结合“土十条”的战略部署和前期土壤污染防治的工作基础，界定了土壤污染的定义、土壤污染防治工作的基本原则，明确了责任主体、土壤污染管理制度、土壤污染防治保障和监督及法律责任等。

8.2.2　法律法规体系相关要求

《土壤污染防治法》第八条规定，各部门配合建立土壤环境基础数据库，构建全国土壤环境信息平台；第十条规定，各级人民政府及其有关部门、基层群众性自治组织和新闻媒体应当加强土壤污染防治宣传教育和科学普及，增强公众土壤污染防治意识，引导公众依法参与土壤污染防治工作。根据《污染地块土壤环境管理办法（试行）》（后简称《办法》）第三～第五章规定，土壤污染治理相关活动成果要及时上传系统向公众公开，《办法》还规定了应向社会公众公开土壤污染调查报告、风险评估报告、治理修复方案和治理后的效果评估报告等相关内容。《环境保护法》、《企业信息公示暂行条例》和《企业事业单位环境信息公开办法》明确企业要按照强制公开和自愿公开相结合的原则，及时、如实地公开其环境信息。《企业事业单位环境信息公开办法》第十条规定，重点排污单位应当通过其网站、企业事业单位环境信息公开平台或者当地报刊等便于公众知晓的方式公开环境信息。

除信息公开以外，《土壤污染防治法》和《污染场地土壤环境管理暂行办法》没有有关公众参与的具体内容。结合其他对土壤污染治理具有法律效力的法律法规的交叉分析，发现《场地环境调查技术导则》、《工业企业场地环境调查评估与修复工作指南》和《建设用地土壤环境调查评估技术指南》中，均就第一阶段的场地环境调查，明确要对场地管理机构和地方政府的官员、环境保护行政主管部门的官员、场地过去和现在各阶段的使用者以及场地所在地或熟悉场地的第三方（如相邻场地的工作人员和附近的居民）等进行“知情人访谈”或“人员访谈”，以便识别污染。除此以外，再无对土壤污染治理过程的公众参与有其他规定。《环境影响评价公众参与暂行办法》虽然对信息公开和公众参与有具体的规定，但根据 2017 年 9 月 1 日生效的《建设项目环境影响评价分类管理名录》，全部“污染场地治理修复”项目均只要求编制《环境影响报告表》，而《环境影响评价公众参与暂行办法》的适用对象为专项规划的环境影响评价公众参与和依法应当编制环境影响报告书的建设项目的环境影响评价公众参与，因此不包括“污染场地治理修复”项目的环境影响评价。此外，《环境影响评价公众参与暂行办法》针对项目环评阶段开展的公众参与，其公众参与目标和内容与污染场地治理各阶段所需的公众参与不尽相同。

下面进一步从主体、内容、方式等方面，梳理我国污染场地治理过程中信息公开与公众参与的有关规定。

(1) 信息公开的责任主体、内容及渠道

我国信息公开的责任主体、内容及渠道见表 8-5。

表 8-5 我国信息公开的责任主体、内容及渠道

责任主体	部门	信息公开内容	公开渠道
政府	(1)国家、省市、县、乡镇各级政府及环保部门 (2)社区/村社	(1)国家建立土壤环境信息共享机制,建立土壤环境基础数据库,构建全国土壤环境信息平台,实行数据动态更新和信息共享。 (2)设区的市级以上地方人民政府生态环境主管部门制定本行政区域《土壤污染重点监管单位名录》。 (3)县级以上环境保护主管部门与同级城乡规划、国土资源等部门实现信息共享。 (4)县级以上地方人民政府环境保护主管部门和其他相关负有监督管理职责的部门,将企业事业单位和其他生产经营者的环境违法信息记入社会诚信档案,及时向社会公布违法者名单	网络、报纸、电视等
土地使用权人	(1)过去使用者 (2)当前使用者	通过污染场地信息系统,在线填报并提交疑似污染场地和污染场地相关活动信息。及时上传信息系统,并将主要内容通过其网站等便于公众知晓的方式向社会公开,内容包括:初步调查报告;详细调查报告;风险评估报告;风险管控方案;治理与修复工程方案;治理与修复效果评估报告	网络、报纸、电视等
第三方机构	(1)调查单位 (2)评估单位 (3)施工单位 (4)其他参与治理的单位	修复施工期间,应当设立公告牌,公开相关情况和环境保护措施	公告等

(2) 信息公开的方式

在我国,公告是信息公开的主要方式,大部分的信息公开采取该方式。政府主要通过政府网站、公报、新闻发布会以及报刊、广播、电视等便于公众知晓的方式向公众公告。此外,《污染地块土壤管理办法》中多次提到,相关工作成果(如调查报告、评估报告等)向公众公开时,鼓励使用"便于公众知晓的方式"。参照《环境影响评价公众参与办法》,鼓励建设单位通过广播、电视、微信、微博及其他新媒体等多种形式发布相关信息。

(3) 公众参与主体、内容及方式

我国公众参与的主体、内容及方式见表 8-6。

表 8-6 我国公众参与的主体、内容及方式

阶段	主体	公众参与的内容	参与方式
场地调查和风险评估阶段	政府	无明确规定	无
	公众	场地初步调查阶段:接受相关单位访谈	当面交流、电话交流、电子邮件、书面调查表
		详细调查及风险评估阶段:无明确规定	无
		报告编制及公示阶段:无明确规定	口头申请、书面申请
	土地使用人	无明确规定	无
	第三方机构(调查和评估单位)	场地初步调查阶段:开展社区和公众访谈	当面交流、电话交流、电子邮件、书面调查表
		详细调查及风险评估阶段:无明确规定	无

续表

阶段	主体	公众参与的内容	参与方式
治理修复阶段	政府	无明确规定	无
	公众	无明确规定	无
	土地使用人	无明确规定	无
	第三方机构（治理修复单位）	无明确规定	无

除上述法律法规外，其他法律法规对于信息公开与公众参与也提出了一定的要求，如《中华人民共和国环境保护法》明确规定公民、法人和其他组织依法享有获取环境信息、参与和监督环境保护的权利。类似的，《中华人民共和国政府信息公开条例》《环境信访办法》对于信息公开和公众参与也有相应的规定。此外，《环境影响评价公众参与办法》对于公众参与的规定相对完善，但其对污染场地治理公众参与的指导意义有限。究其原因，一是涉及阶段不同，《环境影响评价公众参与办法》是项目启动前开展的工作，此阶段对场地污染状况了解不够完整，应该采用的修复技术和施工方案还不明确，因此无法设计有针对性的公众参与机制。二是目的不同，环境影响评价公众参与通常处于项目启动前期，其目的是对项目实施和运营阶段可能造成的各种污染进行识别和分析评价，并根据评价结论制定管理计划。而污染场地治理公众参与目的既包括通过公众参与获取场地调查和风险评估支撑信息，还包括在治理过程中告知项目信息，以便公众给予支持或对可能的影响和突发情况提前准备等。三是由于内容不同，环境影响评价公众参与更多是针对项目实施和运营期间可能造成的污染进行预测，并制定管理预案，是为实施提前准备的措施；而污染场地治理公众参与则是指治理过程中，针对不同场地不同治理阶段的公众反应开展的公众参与活动。

8.2.3　先行省市治理过程的公众参与

国内先行省市土壤污染治理公众参与的政策法规总体上与国家层面的法制状况一致，如《××省市环境保护条例》《××省/市土壤污染防治工作方案》《××省/市工业场地再开发利用环境管理办法/通知》等以及相关技术导则和规范。国内部分先行省市公众参与的基本状况如表 8-7 所列。

表 8-7　国内部分先行省市公众参与的基本状况

阶段	内容	信息公开方式	公众参与方式
场地调查	土壤污染重点监管单位名录	一般网站	网络评论
	初步调查报告	专门网站	当面交流、电话交流、电子或书面调查表
	详细调查报告	专门网站	无
风险评估	风险评估报告	专门网站	无
设计	风险管控方案	专门网站	无
	治理修复工程方案	专门网站	无
	场地土地利用方案/计划	普通网页、张贴	网络评议、公众抗议、座谈会、参访

续表

阶段	内容	信息公开方式	公众参与方式
治理修复	清理/移除	摆放告示	公众投诉、定期沟通、参访座谈
	修复治理		
修复效果评估	治理与修复效果评估报告	专门网站	无

8.2.4 国内管理过程的经验分析

我国污染场地治理公众参与的制度建设虽已起步，但尚需完善。随着对污染场地治理的紧迫性、重要性认识的不断提高，我国污染场地治理公众参与的制度建设已有所起步，早期相关规定分散在各种环境相关法律法规中。《土壤污染防治法》的出台明确了要增强公众土壤污染防治意识，引导公众依法参与土壤污染防治工作。当前，我国已初步建立污染场地信息系统，并制定了信息公开机制，落实了责任主体、信息公开的内容和方式等。在污染场地治理实践中，部分省市和某些污染场地治理机构已探索摸索出了一些行之有效的公众参与经验，但并未制度化和普遍化推广，且还远不够系统和全面。目前，虽然我国《土壤污染防治法》已经出台，《污染地块土壤环境管理办法（试行）》也已颁布，但是对污染场地公众参与的规定，仅对信息公开，包括主体、内容、时限、方式和法律责任等方面有较为具体的规范，而对公众参与仅是原则性要求，缺乏系统且具有操作性的法规和技术指导。在《场地环境调查技术导则》、《工业企业场地环境调查评估与修复工作指南》和《建设用地土壤环境调查评估技术指南》等技术指导性文件中，仅针对第一阶段的场地环境调查明确要求进行“知情人访谈”或“人员访谈”，以便识别污染，访谈对象包括场地管理机构和地方政府官员、环保部门官员、场地各阶段的使用者以及场地所在地或熟悉场地的第三方（如场地的工作人员和附近的居民等）。除此以外再无公众参与方面的其他规定。此外，法律法规对于污染场地治理公众参与的保障措施有所涉及，例如注重对公众的宣传教育，鼓励社会组织和个人参与到土壤防治建设中来，并在司法救济方面给予支持，但与之对应的配套政策还不健全，与可操作的常态化公众参与保障机制还存在较大差距[18]。

公众是污染场地修复过程中的“弱势群体”，但我国多数地区公众参与在很大程度上被忽略了，或仅处于信息“告知”阶段[19]。信息公开渠道的可及性、信息的长期可溯性有待提高。由于法律法规的不完善，我国污染场地治理公众参与在运行中的情况并不理想，仅有较少的污染场地治理项目开展了公众参与活动。即便是这些开展了公众参与活动的项目，总的来看，公众参与层级较低，还处于项目信息的“告知”阶段，少数项目达到了听取公众意见并进行反馈的“咨询”“协商”层次，缺乏制度保障[20]。通过案例调查发现，部分参照《建设项目环境影响评价公众参与办法》开展公众参与的项目，主要的公众参与活动体现在信息公开上。根据法规要求，信息公开可以网站、公报、新闻发布会以及报刊、广播、电视等便于公众知晓的方式向公众公告。但在实际过程中，信息公开的渠道过于单一，例如仅仅是网上公示，单一的渠道限制了参与的公众范围，公开的广度和效度受限；信息公开的内容没有明确，整个流程比较形式化和随意化；信息反馈的处理机制没有实质性建立起来，虽然针对公众意见作出了答复和解释，但由于并未采取行动（例如决策的调整）来处理公众的顾虑或者不同的声音，公众的意见并不能得到实质意义上的采纳；此外，信息公开的时间有限，绝大部分只是暂时性公开，希望了解污染场地历史信息的公众无法获取有效信息。参照雪莉·阿恩斯坦《市民参与阶梯》将公众参与按照参与强度由弱到强的 3 个阶梯划分（非参与、象征性参与和市民权利实现），我国的污染场地公众参与更多属于非参与层次，少数项目具备一定的象征性参与特征。

8.2.5　公众参与方案

通过对国内外污染场地治理先进经验的梳理分析，本节根据污染场地治理过程的各个阶段（场地调查与评估阶段、风险评估阶段、修复方案编制与实施阶段以及效果评估及长期监测阶段），总结具体的公众参与方案以供参考。

（1）场地调查与评估阶段

本阶段公众参与的目标为掌握场地周边居住环境和潜在的影响人群信息，通过资料收集和现场踏勘与走访，对信息进行核实和补充。基本的公众参与活动为实地走访、开展人员访谈，并做好记录备案。调查过程中，若发现在场地调查之前或调查期间发现曾经有居民对场地污染进行过举报或投诉，场地周边有学校、医院等公共设施、社会关注度较高，或场地污染对人体健康具有重大的暴露风险时，应当开展更翔实的公众参与活动，包括但不限于对场地业主和环境主管部门进行访谈、对场地周边受影响人群所在社区居委会/村委会进行走访等。如有必要，扩大利益相关方调查范围，增加问卷访谈内容及问卷访谈数量，并及时通过场地业主网站或其他媒体更新场地调查进展和结果。

（2）风险评估阶段

本阶段旨在告知公众风险评估结果和对策，咨询和回应公众关于风险评估的疑问和建议。首先需要做的就是以通俗易懂的语言在场地业主网站和场地周边社区公示风险评估报告关键信息（即场地污染情况和对人体健康的影响），并设置公众评论区，收集和回应公众的意见建议；及时公开后续工作计划并设置热线电话，接收公众意见与咨询。若通过风险评估发现场地污染严重，对人体健康可能造成影响，或场地周边人口密集且受影响群体较大，亦或是社区关注度和媒体关注度较高等情况，则可视情况开展额外的公众参与活动。如采取风险管控措施，严格限制周边人群在污染场地内活动；联系受影响人群所在社区居委会/村委会，共同组织召开社区会议，通过社区会议及问卷调查等方式了解受影响人群的顾虑与需求，并及时予以回应等。

（3）修复方案编制阶段

本阶段旨在告知公众场地修复拟订方案信息，并使公众了解场地修复期间可能对其造成哪些影响，收集公众的意见，完善修复方案，获取公众的支持与配合。基本的公众参与活动应包括，通过业主网站或其他渠道公示拟订的修复方案，设置公众评论区、热线电话或告知其他公众意见收集方式，征询公众意见并及时处理反馈，并对最终修复方案予以公示。若在修复方案制定阶段，发现公众对拟订方案合理性存在疑虑，公众关注度高，或场地施工工期长，对周边社区日常生活可能造成长期的不便，施工期间可能产生二次污染等情况时，应当视情况开展以下额外的公众参与活动，包括但不限于听取特定人群意见和建议开展焦点小组讨论，必要时可协助地方政府、社区居委会/村委会与各利益相关方、环境领域专家一起成立社区顾问团，参与到场地修复方案制定讨论与决策中，根据需要，可对场地修复方案拟订及选择进行宣传讲解。

(4) 修复工程实施阶段

本阶段应消除或减少公众疑虑，确保修复工程顺利实施，根据公众关注程度和关注点的变化，适时调整公众参与计划。具体包括：做好场地公示牌，同时在公示区设置公众评论栏、热线电话，设置公众接待中心，安排指定工作人员定期负责公众参与事务，收集反馈信息。此外，若场地周边居住人口密度大、活动人群多，场地修复工程对周边社区居民人体健康、日常生活、商业运营可能造成严重影响，如扬尘、异味、交通、噪声、搬迁、经济损失，公众投诉较多，二次污染或公众关注度高时，应当视情况开展额外公众参与活动，如邀请专业团队帮助开展公众参与活动，定期召开社区会议，定期与社区团体进行沟通，组织有兴趣的公众进行场地内参观走访，利用社会媒体实施更新场地内活动进展情况等。

(5) 效果评估及长期监测阶段

本阶段旨在告知公众修复效果，消除公众担忧，听取和收集公众的疑问和建议，并对公众建议进行回应。首先应通过场地业主网站和其他渠道公示场地修复效果评估报告，设置评论区、热线电话，接收公众意见与咨询。此外，若公众对效果评估结果存在不信任或质疑时，可考虑邀请社区代表或社区团体共同参与效果评估检测采样分析过程或邀请环境领域专家对效果评估结果进行解释说明。

8.3 国内外污染场地治理公众参与经验

国内外污染场地治理公众参与经验教训总结为以下几点。

(1) 完善的法规制度是国外先行国家污染场地治理公众参与机制的基石

本章通过对典型发达国家污染场地治理公众参与的研究分析，发现这些国家污染场地治理及公众参与的理念和思路存在差异，但一个共同特点是均基于一套系统的法规体制，并配套性地制定了便于实践操作的法规和操作指南[21]。美国超级基金法和《国家应急计划》对污染场地治理各环节的公众参与作出了具体明确的规定，并配套制定了《社区参与指南》和细致的保障措施，确保各类污染场地治理均能按构建的机制开展公众参与。英国《环境保护法ⅡA》以及《城乡规划法》针对污染场地治理过程中公众参与也制定了系统的规定，并配套了相应的司法诉讼和司法救济机制，确保相关责任方切实执行公众参与。为便于法律法规的实施，英国环境署专门颁布了《污染土地管理示范程序》，对污染场地修复过程中信息公开和公众参与的主体、内容、形式等进行明确。英国环境署还联合外部环境协会，编制发布了《污染场地风险沟通与理解》，进一步对《污染土地管理示范程序》中公众参与细节和操作进行解释。英国技术组织和行业协会联合编制的《社区利益相关方参与（指南）》被英国环境署评为“风险沟通的最佳实践”。

对比国内，即便在污染场地治理先行地区，也只有某些项目或某些实施机构在开展公众参与。在环境管理公众参与实践经验相对比较丰富的地区，也并未形成机制化、普遍化的管理制度。这种状态存在的根本原因在于缺乏法律法规制度规定和相应的操作指南。公众参与是我国污染场地治理的一项原则，是保障污染场地治理科学、合理、顺利实施的重要途径。要将公众参与的原则切实落实到我国污染场地治理过程中，并发挥其应有的功能，首先要完善相关法律法规，对公众参与的层次、主体、内容、形式、救济等进行全面系统地制度规范，并配套制定易于实施的操作指南或导则。

（2）公众参与在产运营企业的排污许可管理可有效预防新的污染场地的产生

美国《资源保护和赔偿法案》和英国《污染预防与控制法案》的综合污染预防控制体系，对危害废弃物处置等在产运营企业实施许可证管理，基于颁发或变更许可证的申请过程构建公众参与机制，确保公众真正成为污染企业日常环境管理的监督者，大大提高了预防产生新的污染场地的效率。我国环境保护和污染场地治理的相关法律法规，对在产运营相关企业的环境污染管理，要求政府、企业单位均要履行公开信息和接受公众监督。从调研情况看，企业自觉进行信息公开有待提高，且公开的信息内容不够通俗易懂、缺乏便于公众理解的考虑，也缺乏日常化的公开机制，仅在突发情况下，才会通过某种方式告知周边居民。这显然忽视了公众日常监督能弥补政府间歇式监督不足的重要性，也忽视了预防性日常监督比突发情况发生后的事后补救更为有效的重要认识。

（3）扎实的公众参与帮助项目顺利推进，形式化公众参与导致信任危机

美国环保署认为，公众参与到项目整个生命周期内所进行的一系列活动和行动，既实现了告知公众的目的，又使污染治理主体从中获取意见和支撑信息。在污染场地治理过程中，美国通过超级基金法等系列法规，使公众参与污染场地治理过程，并实现知情、协商、合作和决策的各层次参与，并通过强制法规形式制度化。正如污染场地治理《社区参与手册》所表明的，美国大量的污染场地治理经验表明，各级环保部门、公众以及污染治理实施机构均受益于规范化的公众参与流程。英国伦敦奥运场馆场地修复的实践证明，充分的公众参与，让土壤污染治理成为规划申请中的“加分”项目，赢得了公众对开发项目的支持。忽视公众参与或者形式化的公众参与，将导致公众的不信任甚至抵抗和敌视。从对美国污染场地治理案例的分析中可以看出，即便在制度建设如此完善的国家，人为的态度和执行法规把控力度可能使情况走向不同的方向。笔者及团队在浙江海盐县调研期间，当地政府的一个重要经验教训是，项目前期忽视了公众的反应，对听取公众意见、获得公众理解和支持重视不够，导致项目中止；将公众参与作为下一步工作的突破口，通过动员组织和扎实地开展公众参与，项目后期推进十分顺利。北京场地修复案例的初期，实施机构公众参与的概念淡薄，不断升温的公众关注未引起警惕，对其未采取积极应对措施，导致项目与周边社区关系越来越紧张，项目工期严重延误，后来改变了对公众参与的认识，并调整策略，问题逐步得以解决。从而可以看出，不仅要进行法律法规的完善，无论是环保部门、污染治理机构还是地方基层政府，均要加强对公众参与作用及重要性的认识，对程序化、形式化的公众参与保持警惕，只有扎实地开展公众参与才能真正使各方从中受益。

（4）提供资金、技术和司法援助，保障公众参与的有效性

为确保有效的公众参与，典型发达国家除进行法律法规上的制度建设，还制定了完善的援助和保障制度。主要包括资金援助、技术援助和司法援助。美国环保署的资金援助通常与技术援助紧密相关，通过提供资金或直接为社区聘请第三方机构提供科学人员、工程师和其他专业人员，帮助社区对特定污染场地项目信息进行审查和解释说明，并鼓励高校等其他力量为社区提供技术援助。环保署提供详细的公众参与工具及所需资源，指导公民、社区及环保署工作人员具体在何时何地以何种方式参与到项目中，如公众参与工具箱与社区参与手册。英国通过资金援助、规划援助机构、市民学会、环境法律基金、邻里规划基金、发展信

托等多种方式，为公众参与提供资金、技术、组织等各个方面的支持和援助。法律援助方面，当公众协商无法开展时，美国环保署法律顾问办公室的非诉讼解决机制法律部会从法律的角度提出建议和咨询服务，通过调节的方式协助双方澄清问题、探索解决方案并促使双方利益最大化。

我国法律法规关于污染场地治理公众参与的保障措施包括：注重对公众的宣传教育，鼓励社会组织和个人参与到土壤防治建设中来，并在司法救济方面给予支持。但相对于发达国家，我国的相关保障还处于政策鼓励和呼吁阶段，缺乏必要的政策制度支撑和配套保障措施，与实际需求存在较大差距[22]。由此可见，我国在构建污染场地治理公众参与机制过程中，应该借鉴发达国家的经验，完善相关保障制度和同步配套的保障措施。

（5）公众参与层次应视场地特点、社区特征和治理阶段的不同而变化

美国《国家应急计划》依据超级基金法，对各种类型的污染场地治理制定了层次化的公众参与策略。该策略对具体某个场地并非采取固定化的定级，而是对同类型场地首先实施“基本活动”，这也是法规要求必须执行的公众参与：在实施过程中，观察和评估随着场地治理阶段和公众特性变化，是否需要实施“额外的公众参与活动”，以升级公众参与层次或深度，例如影响到敏感的少数民族、低收入人群，或公众、媒体关注不断提高等情况。为帮助企业评估是否需要升级公众参与层次，也为了提高可操作性，美国环保署发布了多种配套工具，便于实施机构判断。英国对公众参与层次也有相关规定。《污染场地治理指导程序》《风险沟通与理解》等程序中，将公众参与分为“告知”、“咨询”和“参与”3个层次。在实施过程中，根据利益相关方的“关切程度”来设计最适合的沟通策略，并给出了“沟通网络”模型，来帮助组织者进行策略分析。

对比我国，由于场地周边情况各不相同，某些场地周边公众对场地治理并没有太多兴趣，或仅仅是好奇；而部分场地因某些特殊原因，公众关注度较高；同一污染场地，在治理的不同阶段公众的关注程度也有所不同。这一特征表明，应当结合场地特点、社区特征和治理阶段，制定不同层次的公众参与策略，并根据公众关注度的变化，实时评估是否需要提高公众参与层次和对应的公众参与活动。例如，对于公众关注度不高的场地，采用基本的公众参与策略，其公众参与活动可能仅包括一定程度的信息公开和解释，与地方基层行政组织建立联系等，开展一定形式和频率的社区沟通；而对于公众关注度高，或者发现公众关注度不断提高的情形，则应该及时采取更积极的方式，主动发现公众的顾虑、诉求和其他问题，尽早采取针对性措施加以解决，避免情况朝不利的方向进一步恶化。我国污染场地治理涉及的利益群体中，同样包括相对弱势的群体，如低收入人群、残疾人、少数民族、妇女和留守老人与儿童等，在治理过程中应该采取特殊的措施和行动，保障弱势群体的权益，避免他们承受不成比例的健康和环境风险压力或负面影响。

（6）制定与适时调整公众参与计划，并确保公众参与越早越好

美国超级基金法要求，对治理修复期间超过120天的场地均要求编制“公众参与计划”。公众参与计划要基于特定场地的污染情况和社区状况，制定信息公开和公众参与的工作计划，确保公众掌握场地评估和治理的信息，并通过恰当的方式参与治理修复方案制定、过程监督和治理效果评估[23]。公众参与计划要进行定期更新，使实施计划符合场地和公众情况的变化。现阶段我国污染场地治理并未制定针对性的公众参与计划。《环境影响评价公众参与暂行办法》对污染场地治理没有强制性要求，且因对应的阶段不同、目的不同和公众参与

内容不同，其对污染场地治理公众参与的指导意义不大。

公众是场地污染和治理结果的受众，场地污染和治理问题无法绕开公众，越早听取公众的意见，并在调查和修复设计中加以考虑，越能避免各方主体的时间和成本投入，去论证不被公众接受的方案。因此，公众参与计划的制定和实施通常越早越好。我国污染场地公众参与应借鉴美国的经验，为特定污染场地治理项目制定公众参与计划的模式，对场地治理公众参与进行全过程规划，并根据场地情况变化适时调整。公众参与计划的制定和实施应当尽早启动。

（7）信息公开应该做到可及性、多样性和历史可溯性

信息的公开、获取和有效理解是有效参与的基础。美国污染场地治理信息公开的方式多样，确保信息充分公开。美国在同一场地修复治理过程中，针对特定工作还会制定专门的“公众沟通策略”，例如对紧急清理场地采取清理前制定公众沟通策略，确保每位公众充分获取信息，特定情况下还要采取额外措施，确保公众充分理解信息。对于难以理解的技术信息，通过配套的技术保障手段加以弥补，例如通过环保署资金援助设立的社区技术小组，可以聘请相关专家提供指导，或安排小组成员参加相关培训，解决相应的技术问题。英国也是通过网站、公告、发放简报和公开会议来公开信息，几种信息公开方式通常也是同步进行的。在英国，为了确保地方规划部门增强公众参与的能力，政府提供规划补助金用于支持社区公众参与。通过志愿者组织等，为那些没有能力支付规划咨询费用和被规划在公众参与过程中被边缘化的社区和个人提供独立的专业咨询。

此外，美国污染场地有严格的文件归档制度，环保署针对场地调查、评估和设计等各种报告，以及调查、评估、治理和后评价过程的所记录或发放的资料文件都有规定的格式和归档流程，环保署利用场地治理各环节的审批节点，考核归档是否按要求履行和完成。而且归档的资料要确保长期可查。笔者在对美国污染场地治理案例调查期间，在环保署官方网站上能比较容易地查找每个超级基金场地各种类型的文件和资料，其中包括大量 20 世纪 80～90 年代的数据、报告、通信、会议纪要等资料。这对于关心某一场地污染历史的公众（或利益关切者）而言，例如治理后期的投资者，无疑是十分重要。从我国污染场地法律法规对公众参与的规定看，对信息公开的主体、内容、时限、方式和法律责任规定较为具体，且鼓励使用“便于公众知晓的方式”，如广播、电视、微信、微博及其他新媒体等多种形式信息公开。但实际操作中还存在一定问题，例如通过“普通网页”公示的信息，公众比较容易获取；通过“专业网站”（如污染场地信息系统）公示的信息，公众获取信息需要先登录或事先申请。在实际操作实施过程中，还存在公开方式过于单一的问题，如仅仅是网上公示，对公开效果不关心、不干预；信息公开时效上，短期公开、暂时公开比较普遍，加之公开的渠道对公众不明确、不畅通，公众往往还未成功获取信息，公示期已经结束，更别说理解信息、评论信息。对于希望购买或投资具体地块资产的公众，往往希望了解该场地的历史信息。我国现实的情况与公众的期望还相差甚远。

（8）加强组织机构建设，以包容开放的姿态引导公众积极且有组织地参与

美国环保署对每个污染场地均指派一名社区协调员（对清理型场地，社区协调员和现场经理为同一人），对场地调查、评估和治理机构实施全过程的指导和监督。当存在公众参与积极性不高、公众内部存在意见不统一、公众代表性不强等问题时，社区协调员会主动干预，通过对公众的指导教育使其理解场地治理与自身的关系，分享治理成果，引导公众积极

参与；告知公众可以成立公众组织，如“社区顾问组”，有组织、有效率地参与；告知公众可以通过向环保署申请，获得技术援助来解决能力不足等问题。通过这种方式，公众的参与能力得到快速提高，信息沟通和公众参与的效率显著提高。

现阶段我国污染场地治理公众参与存在积极性不高，组织性不强等问题。我国污染场地治理公众参与主要还是由土地使用人或污染场地治理实施机构在组织和实施，虽然大部分还未设置专门的公众参与机构和人员，但在摸索实践中，逐渐认识到公众参与的重要性，并开始有意作针对性的组织和人员安排。从国内调研的经验看，依托基层组织力量开展公众参与是符合我国国情的一种方式。同时，对公众内部具有影响力且代表不同群体的关键人物加强组织、宣传教育和解释说明，通过小规模的“公众咨询小组”等类似形式，能显著提高公众参与的积极性和效果。笔者对国内部分的研究分析，发现我国污染场地治理中，基层组织对污染场地治理的认知水平非常有限；与此同时，我国污染场地治理主体过多依赖基层政府，自身往往忽视对公众参与作专门的和必要的安排。从以上分析来看，我国污染场地治理在坚持政府主导、公众参与原则的过程中，需要加强污染场地所在地区基层行政组织的建设。同时，公众参与的关键是利益相关方参与，在依靠基层行政组织的同时，其他利益相关方，如污染土地使用人、污染治理实施机构以及公众内部，均应加强组织，实现有效参与[24]。

8.4 结论及建议

基于前文对国内外污染场地管理过程的调研与分析，本节总结梳理了具体对策建议，以支撑我国 POPs 污染场地修复管理，具体如下。

（1）信息公开方面

① 完善污染场地治理信息公开制度。针对目前我国多数省市现有污染场地相关的法律法规中并未对信息公开的渠道和方式进行明确的阐述，导致信息公开渠道随意性大，且信息公开法律法规条款过于抽象、简单，不便于操作等问题，建议结合《土壤污染防治法》明确污染场地信息公开的责任主体、公开内容、渠道和公开时限等要求，为各责任主体实施方提供明确指导。

② 加强政府和企业的污染场地信息管理能力。规范政府及企业有关污染场地信息发布、存档管理的要求，确保污染场地信息及时、有效、完备且便于公众查阅，为公众有效参与污染场地治理提供良好的信息基础。综合考虑污染场地治理与再开发之间的时间间隔及利益相关方差异因素，加强污染场地治理过程相关报告、资料等信息存档管理。

③ 设立污染场地信息公开考核机制。在规范污染场地治理信息公开制度基础上，制定信息公开考核机制，明确信息公开各责任主体相应责任与义务，制定考核指标，为污染场地信息公开制度落实提供保障。

（2）公众参与方面

① 考虑在现行法规中增加专门针对公众参与的相关规定。公众参与作为污染场地治理工作中重要的组成部分，建议出台相关法规条款，明确公众参与的基本原则，明确规定各级政府和企业在污染场地治理过程中必须开展公众参与，将污染场地治理公众参与纳入环境行政管理与监督中，为公众参与污染场地治理过程奠定法律基础；明确污染场地治理公众参与

的实施主体、参与主体、公众参与内容和渠道，逐步制度化、规范化污染场地治理公众参与的组织实施和监管。

② 制定污染场地治理公众参与技术指南，指导公众参与的具体实施。当前我国许多污染场地治理过程中，政府、企业和污染场地治理实施单位均缺乏相应的公众参与指导，大多数场地治理公众参与活动是为满足报告编制和备案审核，使公众参与流于形式，公众强烈的参与意愿与指导公众参与的标准规范滞后形成了强烈的反差。目前，环境行政主管部门、污染场地业主、调查评估单位、修复单位和从业人员在公众参与方面的经验较少。应在污染场地治理相关管理制度体系中，给出程序性的实施指南，明确公众参与的目的、范围、时间等基本内容，规范公众参与的具体程序。此外，环境行政部门还应安排不同类型和层次的培训课程，确保相关人员掌握污染场地治理公众参与指南及其相关工具的运用。

③ 建立试点，逐步推广污染场地治理公众参与。结合我国目前正在治理的或计划开展治理的污染场地，根据场地类型，选择典型场地建立污染场地治理公众参与试点，总结实践过程中的经验教训，促使相关公众参与技术规范的出台，为下一步推广污染场地治理公众参与的实施奠定基础。

④ 引导环保社会组织参与污染场地治理。环保社会组织在公众环境法律意识的培养方面发挥着重要作用。社会环保组织通过参与污染场地治理公众参与活动，为公众参与提供技术、资金和公益诉讼等支持，能促进污染场地治理法律法规的有效实施。建议我国在现有污染场地治理相关法律法规中明确相关条款，促进非政府组织和非企业社会团体等环保社会组织依法、有序推动公众参与。

参考文献

[1] Li X，Chen W，Cundy A B，et al. Analysis of influencing factors on public perception in contaminated site management：Simulation by structural equation modeling at four sites in China [J]. Journal of Environmental Management，2018，210：299-306.

[2] Hou D. Divergence in stakeholder perception of sustainable remediation [J]. Sustainability Science，2016，11 (2)：215-230.

[3] Hou D，Al-Tabbaa A，Chen H，et al. Factor analysis and structural equation modelling of sustainable behaviour in contaminated land remediation [J]. Journal of Cleaner Production，2014，84：439-449.

[4] Charnley S，Engelbert B. Evaluating public participation in environmental decision-making：EPA's superfund community involvement program [J]. Journal of Environmental Management，2005，77 (3)：165-182.

[5] Hamilton J T，Viscusi W K. How costly is "Clean"? An analysis of the benefits and costs of superfund site remediations [J]. Journal of Policy Analysis and Management，1999，18 (1)：2-27.

[6] Kavanaugh M C. An overview of the management of contaminated sites in the US：The conflict between technology and public policy [J]. Water Science and Technology，1996，34 (7-8)：275-283.

[7] Larson E T. Why environmental liability regimes in the United States，the European Community，and Japan have grown synonymous with the polluter pays principle [J]. Vand. J. Transnat'l L.，2005，38：541.

[8] 谷庆宝，颜增光，周友亚，等. 美国超级基金制度及其污染场地环境管理 [J]. 环境科学研究，2007 (05)：84-88.

[9] Feldman D L，Hanahan R A. Public perceptions of a radioactively Contaminated site：Concerns，remediation preferences，and desired involvement [J]. Environmental Health Perspectives，1996，104 (12)：1344-1352.

[10] Kaji M. Role of experts and public participation in pollution control：The case of Itai-itai disease in Japan [J]. Ethics in Science and Environmental Politics，2012，12 (2)：99-111.

[11] Hou D，Al-Tabbaa A，Guthrie P. The adoption of sustainable remediation behaviour in the US and UK：A cross country comparison and determinant analysis [J]. Science of the Total Environment，2014，490：905-913.

[12] Hou D，Al-Tabbaa A，Hellings J. Sustainable site clean-up from megaprojects：Lessons from London 2012. Proceedings of the Institution of Civil Engineers-engineering sustainability，Thomas Telford Ltd，2015：61-70.

[13] Rizzo E, Bardos P, Pizzol L, et al. Comparison of international approaches to sustainable remediation [J]. Journal of Environmental Management, 2016, 184: 4-17.

[14] Chess C, Purcell K. Public participation and the environment: Do we know what works? [J] . Environmental Science & Technology, 1999, 33 (16): 2685-2692.

[15] 刘锴，宋易南，侯德义. 污染地块修复的社会可持续性与公众知情研究 [J]. 环境保护，2018, 46 (09): 37-42.

[16] Harclerode M A, Lal P, Vedwan N, et al. Evaluation of the role of risk perception in stakeholder engagement to prevent lead exposure in an urban setting [J]. Journal of Environmental Management, 2016, 184: 132-142.

[17] Skanavis C, Koumouris G A, Petreniti V. Public participation mechanisms in environmental disasters [J]. Environmental Management, 2005, 35 (6): 821-837.

[18] Li X, Jiao W, Xiao R, et al. Contaminated sites in China: Countermeasures of provincial governments [J]. Journal of Cleaner Production, 2017, 147: 485-496.

[19] Hu H, Li X, Nguyen A D, et al. A critical evaluation of waste incineration plants in Wuhan (China) based on site selection, environmental influence, public health and public participation [J]. International Journal of Environmental Research and Public Health, 2015, 12 (7): 7593-7614.

[20] Li T, Liu Y, Lin S, et al. Soil pollution management in China: A brief introduction [J]. Sustainability, 2019, 11 (3): 556.

[21] Bond A, Palerm J, Haigh P. Public participation in EIA of nuclear power plant decommissioning projects: A case study analysis [J]. Environmental Impact Assessment Review, 2004, 24 (6): 617-641.

[22] Liu S, Wang X, Guo G, et al. Status and environmental management of soil mercury pollution in China: A review [J]. Journal of Environmental Management, 2021, 277: 111442.

[23] Drazkiewicz A, Challies E, Newig J. Public participation and local environmental planning: Testing factors influencing decision quality and implementation in four case studies from Germany [J]. Land Use Policy, 2015, 46: 211-222.

[24] Henningsson M, Blicharska M, Antonson H, et al. Perceived landscape values and public participation in a road-planning process—A case study in Sweden [J]. Journal of Environmental Planning and Management, 2015, 58 (4): 631-653.

第9章 污染土壤修复资金筹措机制[1]

[1] 本章作者为邓佳玉，任志远。

修复资金是土壤污染修复过程中值得关注的重要因素，也是我国污染场地治理目前存在的问题之一。为了解决该问题，本章旨在以重庆市污染场地现状和治理资金情况为基础，总结分析重庆市污染场地修复项目的特征和修复资金困境，掌握污染场地修复资金筹措相关制度的运行情况，提出推动重庆市污染场地修复资金筹措的建议，为我国污染场地修复资金筹措机制提供借鉴。

9.1 污染场地治理资金困境

9.1.1 土壤污染修复资金缺乏

2014年《全国土壤污染状况调查公报》显示，全国土壤总的点位超标率达16.1%，其中轻微污染点位、轻度污染点位、中度污染点位和重度污染点位比例分别为11.2%、2.3%、1.5%和1.1%；我国现有耕地中，有相当数量耕地受到中度、重度污染，土壤点位超标率接近20%，大多不宜耕种。据测算，我国耕地修复潜在市场达5.9万亿元，场地修复、矿山修复约1万亿元，资金需求巨大。截至2019年年底，中央累计拨付361亿元（包括重金属污染治理及土壤防治专项资金），仍不能满足污染场地治理需求[1]。在我国经济增速放缓、中央严控财政支出的背景下，可以预见未来土壤修复专项资金支出上升幅度有限；同时，以银行信贷和债券融资为主的社会资本投入短期内难以填补财政资金的缺口，我国的土壤污染修复仍将面临极大的资金缺口。

9.1.2 资金过度依赖财政拨款

在现有土壤污染治理责任主体规定下，存在大量责任主体不清或无法偿还的污染地块，需要由政府出资进行修复。据统计，近年来市场上公开招标的土壤修复项目中，政府出资比例占比保持在80%左右，污染责任人出资占比仅约为10%。由于待修复的地块商业价值大多不高，现有土地流转制度下难以打通土地一级二级开发流程，污染治理项目仅以工程项目投资为主，缺乏产业化途径和有效的投资回报机制，极大抑制了社会资本投资的积极性；有限的社会资金参与的项目，也主要以银行信贷资金和绿色债券融资为主，绿色基金、绿色PPP等模式运用不充分。

9.1.3 部分项目存在资金期限错配

以矿山治理为例，矿山治理项目通常涉及生态修复工程，废弃矿山治理、土地沙化和盐碱化治理、功能退化生态系统修复治理周期较长，特别是近年来，矿山治理项目往往包含在山水林田湖生态保护修复综合项目中，需要5～10年，甚至几十年的治理时间，才能逐步恢复生态系统原有功能。当前，矿山修复资金的公共资金来源依靠每年的中央和地方财政预算，受到经济发展情况、财政收入及其他财政支出的各种因素影响，规模大小具有不确定性，资金使用周期短且限制较多。社会资本则主要通过银行贷款、债券投资等模式来进行投资，绿色基金以及股权投资模式运用不足，由于资本追求盈利最大化，往往需要在较短的期限内实现本金和利润的兑现退出。例如，银行贷款周期通常是 1～3 年，债券周期稍长，但也以 3～5 年为主。近年来，矿山修复项目主要的回报模式为产业开发、耕地占补平衡交易等，但产业开发的收益率存在不确定性，该商业模式还在探索中，金融机构对此存疑，股权投资的介入更是十分有限。矿山修复项目的长周期和资金投资期限短的要求构成了一对张力，导致矿山修复项目面临资金期限错配的问题。

9.1.4　资金流向结构失衡

污染场地修复项目可分为公益性、准公益性和市场化项目，根据《土壤污染防治法》，中央土壤污染防治专项资金主要用于农用地土壤污染防治和土壤污染责任人或者土地使用权人无法认定的土壤污染风险管控和修复，即财政资金主要负责公益性（无收益）、准公益性（开发价值较低）的污染地块治理，且根据目前的治理需求，远远无法满足。社会资本主要流向具有较高开发价值，即地块位于中心城区、修复后用途变更为商住的用地。因此，不同类型项目资金流向结构存在一定失衡。

9.2
土壤污染状况及污染场地治理资金情况——以重庆市为例

本节以重庆市为例，开展污染场地现状调查，分析污染场地的土地权属、市场价格、治理费用等信息，测算重庆市污染场地治理在未来 5～10 年内所需要的资金量；分析重庆市和国内污染场地修复项目特征；掌握污染场地修复相关制度的运行情况；最后提出推动重庆市污染场地修复工作建议，旨在为我国污染场地修复资金筹措工作提供参考。

9.2.1　重庆市土壤污染状况及资金需求

9.2.1.1　重庆市土壤污染总体情况

（1）总体污染状况

重庆市位于中国内陆西南部、长江上游地区，幅员面积 8.24 万平方千米，辖 38 个区县。地貌以丘陵、山地为主，其中山地占 6%，属亚热带季风性湿润气候。2005 年 4 月～2013 年 12 月，我国开展了首次全国土壤污染状况调查。

目前，重庆市多部门从自身需求出发，已开展相关土壤调查工作，并获得较多研究数据。重庆市农业环境监测站开展了重庆市土壤中重金属污染现状调查，调查研究了耕地、园地、城市工业场地等 8 个类型的土壤，分析了 As、Cd、Cr、Cu、Hg、Ni、Pb、Zn 8 种重金属赋存量，评价了重金属污染状况。重庆市环境保护局（现重庆市生态环境局）于 2007 年启动并主持了《重庆市土壤污染状况调查》[2]，完成了 38 个区县的土壤调查，主要内容包括土壤普查、土壤背景点调查、重点区域土壤和农作物调查、重点区域放射性调查、污染土壤修复与综合治理试点、土壤污染调查信息系统建设。2016 年国务院印发《土壤污染防治行动计划》[3]，根据国家统一部署和安排，2018 年年底完成了农用地土壤污染状况详查，

2020年完成了重点行业企业用地土壤污染状况调查工作，全面查清了农用地和重点行业企业用地土壤污染状况。

1）建设用地污染状况

重庆市自2006年起开展污染场地环境管理工作，2008年启动工业污染企业的搬迁工作及原址地块的调查评估工作，截至2020年年底，累计投入调查评估资金上亿元，已完成或正在开展土壤污染状况调查或风险评估的搬迁或关停的工业企业原址地块约1118块，其中农用地或未利用地207块、工业企业用地911块。

按污染情况统计，207块农用地或未利用地符合规划用地土壤环境质量要求；在911块工业企业用地中，有357家工业企业原址地块已明确受到不同程度的污染（占工业企业用地调查总数的39.19%）。

根据2019年和2020年发布的《重庆市建设用地土壤污染风险管控和修复名录》[4]（下简称《名录》），2年来共有118个地块被列为风险管控和修复对象，截至2020年年底共有44块地块已经完成治理、20块地块正在开展治理修复工作。根据相关信息统计，共有93个地块完成了风险评估工作，总评估面积约840万平方米、总评估费用约7400万元；64个地块已完成或正在开展治理修复工作，总污染土壤方量约91万立方米、总治理修复费用约10.3亿元。

《名录》中风险评估及治理修复项目涉及的业主单位超过50个，国有土地开发平台公司是重庆市开展建设用地土壤调查评估和治理修复工作的主要出资方，按风险评估和治理修复项目招标金额总量排序，渝富集团下属企业曾在2年内以公开招标等方式投入资金2000多万元，项目数量为12项；治理修复项目投入约22495万元，项目数为6项。其次为重庆市地产集团（18951万元）、重庆机电控股（集团）公司（9754万元）、重庆高新技术产业开发区九龙园区管理委员会（6962万元）。

在已开展调查工作且超过相应筛选值的地块中，除去已纳入《名录》的118块地块和已经完成治理修复的地块，截至2020年年底调查结果显示疑似污染地块约210块，其中主城都市区165块，占比78.57%；渝东北三峡库区城镇群10块，占比4.76%；渝东南武陵山城镇群35块，占比16.67%。

2）耕地污染状况

2018年，全国农用地土壤污染状况详查完成。农用地土壤污染状况详查总共布设了55.8万个土壤采样点位，采集分析了近70万个样品，获得1000多万个数据。从农用地调查情况来看，我国农用地污染加重的趋势得到遏制，农用地的污染状况总体可控。

近年来，重庆市生态环境部门开展了土壤污染状况初步调查，农业农村部门开展了农产品产地土壤重金属污染普查，自然资源部门开展了重庆市土地质量地质调查。土壤污染状况初步调查共布设766个土壤环境点位，调查结果土壤污染以轻微污染为主、中度和重度污染比例低于全国平均水平。农产品产地土壤重金属污染普查共布设网格式监测点位25005个，采集和检测土壤样品26318个，普查工矿企业周边、大中城市郊区、污水灌区三类重点区域85.9万亩，普查一般农区3131.2万亩，获得检测数据156200个，初步掌握了重庆市农产品产地土壤重金属污染现状。调查结果显示，重庆市未受污染农用地面积占农用地总面积的93%以上，优于周边省份。据重庆市开展的相关土壤环境质量调查成果，土壤中Cd、Hg、As、Pb、Cr元素含量分布不均。总体上，渝东南地区土壤重金属5项含量总体偏高，渝东北地区次之，渝西及中部丘陵区较低。

3）废弃矿山状况

重庆主城“一岛两江三谷四山”地区（即长江、嘉陵江汇合的平行岭谷生态区）山地-江河生态系统特征明显。“一岛两江三谷四山”区曾为重庆主要建材供应基地和使用地，矿山开发集中、强度高。2007 年，重庆市政府颁布了《重庆市“四山”地区开发建设管制规定》（渝府令第 204 号）（已废止），关停了“四山”范围内数千家矿山。2018 年，重庆市政府办公厅印发了《重庆市历史遗留和关闭矿山地质环境治理恢复与土地复垦工作方案》[5]，明确了治理责任主体，要求坚持“自然修复为主、工程治理为辅”原则，快还旧账，不欠新账。组织开展了重庆市矿山地质环境调查，查明全市历史遗留和关闭矿山损毁土地总面积约为 4900hm^2，编制了《重庆市矿山地质环境保护与综合治理规划（2018～2022 年）》，矿山环境治理恢复与土地复垦同时开展。近年来重庆市已陆续开展了一些恢复治理工作，但由于矿山地质环境问题历史欠账多、情况复杂，矿山地质环境问题依然突出。

（2）土地权属

根据《中华人民共和国土地管理法》，我国实施土地的社会主义公有制，即全民所有制和劳动群众集体所有制。城市市区的土地属于国家所有；农村和城市郊区的土地，除由法律规定属于国家所有的以外，属于农民集体所有；宅基地和自留地、自留山，属于农民集体所有。因此，对于土地权属更多是关注土地的使用权。

① 建设用地方面，重庆市建设用地污染主要来自工业生产过程中造成的污染，2008 年至 2021 年重庆市已对 1118 块工业企业地块进行污染调查，其中发现有 357 家工业企业原址地块已明确受到不同程度的污染。受污染的地块土地权属（使用权）主要分为两种：一是属于企业所有，但企业不一定是该污染地块的污染责任人，由于历史原因，地块上原有企业多数属于各类国有工厂，经过多轮改制重组、兼并收购后，企业产权关系发生变动，但是从“谁受益，谁治理”的角度来说，拥有该地块使用权的企业同样是该地块污染治理的责任主体；二是属于区县土地整理储备中心所有，主要是企业搬迁后，将土地出让给所属地方的土地整理储备中心，后续土壤污染治理一般由重庆市国有土地开发平台公司负责，包括重庆渝富集团、重庆地产集团等。根据重庆市土地规划需求，从土地整理储备中心购买土地并按相关要求进行修复，达标后通过公开招拍挂将土地出让。根据重庆市 2016～2020 年完成的建设用地修复项目预测，完成的 89 块建设用地土壤污染的治理和修复项目中，企业（土壤污染责任人等）出资占比 49.8%，地方平台公司（土地储备或整理公司）招标总金额占比 46.6%，预测重庆市受污染地块中土地权属（使用权）属于企业的地块约为 179 块、属于区县土地整理储备中心的地块约为 178 块。

② 耕地方面，耕地所有权归农村集体，我国实行农村土地承包经营制度，农村集体经济组织成员有权依法承包由本集体经济组织发包的农村土地；承包方承包土地后，享有土地承包经营权，可以自己经营，也可以保留土地承包权，流转其承包地的土地经营权，由他人经营。在实施耕地修复项目时，涉及征用、占用耕地时，需要对该耕地原有承包人进行补偿，包括土地承包权租赁费用、青苗补偿费等。

③ 废弃矿山方面，废弃矿山属于历史遗留的工矿废弃地，主体部分属于国有建设用地，矿山废弃后土地权属收归国有，但一般废弃矿山所占区域较大，影响的范围包括周边的耕地、林地、草地等农用地，属于农村集体用地。根据自然资源部 2019 年 10 月发布的《关于建立激励机制加快推进矿山生态修复的意见（征求意见稿）》[6]，地方各级自然资源主管部门要结合第三次全国国土调查，据实调查矿区土地利用现状、权属，但目前各地矿区土地利

用现状和权属并未对外公布。废弃矿山进行修复后，可以根据其土地利用现状、资源利用潜力等，对矿区内原有农用地、建设用地和生态用地等各类空间的规模、结构、布局进行调整，优化矿区国土空间格局。

(3) 市场价格

建设用地方面，重庆市 357 块受污染的地块中，土地利用现状均属于工业用地，且 90%位于重庆市主城都市区。根据对 2020 年重庆市土地使用权成交公告进行统计，收集的 562 个交易中，有 282 个属于工业用地交易，其中有 46 个地块位于重庆市主城都市区，成交均价范围为 252～1438 元/m^2，平均成交均价 633.3 元/m^2。根据已公布的 118 块污染地块信息，土地面积约为 965.87 万平方米，土地市场价格约为 61.17 亿元。未列入名录的 210 块受污染地块，由于尚未进行污染风险评估，无法确定其污染面积，因此暂不对其进行市场价格测算。此外，根据对 562 个交易中位于重庆市主城都市区的 62 个居住用地、商业服务业设施用地交易信息统计，成交均价范围为 1505～48910 元/m^2，平均成交均价 8799 元/m^2，远高于工业用地价格。

耕地方面，耕地承包经营权流转土地的价格由流转双方协商确定，法律没有统一的标准，主要根据该土地常年农产品价值测定。

废弃矿山方面，废弃矿山土地所有权收归国有，其后续的市场价格主要依据地方对其规划，用作建设用地、农用地或是生态价值用地；若作为建设用地，市场价格可以参考重庆市公共资源交易网中用地性质、地块所处区域相近的交易结果进行测算；若用作农用地、生态价值用地，市场价格则由承包方与政府协商确定。

(4) 治理费用

根据对《名录》列举地块的相关信息统计，共有 93 个地块完成了风险评估工作，总评估面积约 840 万平方米、总评估费用约 7400 万元；64 个地块已完成或正在开展治理修复工作，总污染土壤方量约 91 万立方米、总治理修复费用约 10.3 亿元。

9.2.1.2　重庆市污染场地治理的资金需求估算

根据重庆市建设用地、耕地、废弃矿山场地现状以及治理进展，结合重庆市未来污染场地治理规划，预测重庆市未来 3 年、5 年、10 年、15 年污染场地治理资金需求（表 9-1）。由于政府部门在做规划时，从开展具体工作的角度考虑更多以近期规划为主（如 3～5 年的规划），中远期规划较少（5 年以上）。因此，在做重庆市未来污染场地资金需求估算时，近期测算主要参考重庆市相关规划，中远期测算主要依据现有治理现状与规划进行推测。

表 9-1　重庆市污染场地治理资金需求估算

土地性质	待治理体量	单位治理成本	资金需求/亿元				
			总需求	未来 3 年	未来 5 年	未来 10 年	未来 15 年
建设用地	719 万立方米	1200 元/m^3	86.28	51.76	86.28	86.28	86.28
耕地	171.54 万亩	2000 元/亩	34.31	10.8	18	34.31	34.31
矿山	4000hm^2	22.5 万元/hm^2	9	4.68	9	9	9
总计	—	—	129.59	67.24	113.28	129.59	129.59

建设用地污染场地治理领域，据《名录》统计，在 2019～2020 年被纳入《名录》的 118 块污染地块中，去除暂未开展风险评估和已完成修复或正在开展修复工作的污染地块，剩余地块污染土壤总方量约 544 万立方米；除《名录》外已开展风险评估工作的地块污染土壤总方量约 35 万立方米；此外，根据 2017 年和 2018 年重庆市潜在污染地块调查评估服务政府采购项目初步调查结果，约有 140 万立方米污染土壤待修复。根据重庆市政府相关部门对建设用地污染治理相关规划，该领域是污染场地治理的重点领域，预计未来 3 年完成 60%修复量，5 年完成全部修复工作，根据对重庆市污染场地修复单位成本估算结果，工业场地修复的均价约为 1200 元/m^3，重庆市建设用地土壤污染治理市场空间约 86.28 亿元，未来 3 年、5 年所需治理资金为 51.76 亿元、86.28 亿元。其中重点区域为大渡口重钢片区，长寿化工、沙坪坝民丰化工等项目。

耕地污染治理领域，根据重庆市规划和自然资源局 2020 年 8 月发布的《重庆市土地利用总体规划（2006～2020 年）调整方案》[7]，重庆市 2020 年耕地规划目标为 190.6 万公顷（约 2859 万亩）；重庆市生态环境部门、农业农村部门调查结果显示，重庆市耕地污染以轻度污染为主，重庆市未受污染农用地面积占农用地总面积的 93%以上，以点位超标率 6%计算，重庆市受污染的耕地面积约为 171.54 万亩，主要的防控措施为安全利用。根据“土十条”要求，重庆市 2016～2020 年间完成了 80 万亩农田的安全利用工作（年均 16 万亩），未来对农田污染治理的工作目标仍在制定中。假设未来将在原有工作基础上进一步加强对受污染农田的安全利用工作，每年完成 18 万亩农田安全利用工作，未来十年内能够完成存量所有受污染耕地的安全利用工作。根据对重庆市耕地修复成本测算，治理成本约为 2000 元/亩，总计资金需求为 34.31 亿元，未来 3 年、5 年、10 年所需治理资金为 10.8 亿元、18 亿元、34.31 亿元。

废弃矿山生态修复方面，重庆市历史遗留和关闭矿山损毁土地总面积为 4900hm^2，2020 年完成约 900hm^2 整治后尚有 4000hm^2（6 万亩）需要恢复治理和土地复垦。根据政府部门对矿山治理的相关安排，2021 年度完成治理面积 691.46hm^2；2022 年度完成治理面积 688.62hm^2。以此规划作为测算依据，预测重庆市每年将完成约 700hm^2 矿山生态修复工作，在 2026 年可以完成所有废弃矿山修复工作。根据对重庆市耕地修复成本测算，治理成本约为 15000 元/亩（22.5 万元/hm^2），总计资金需求为 9 亿元，未来 3 年、5 年所需治理资金为 4.68 亿元、9 亿元。

根据预测，未来重庆市建设用地、耕地、矿山等领域的污染场地修复资金需求约为 129.59 亿元。预计未来 10 年内能完成污染场地修复目标，未来 3 年、5 年、10 年的资金需求约为 67.24 亿元、113.28 亿元、129.59 亿元。

9.2.2 重庆市污染场地利益相关方出资机制

重庆市污染场地治理各利益相关方的污染场地修复相关职能、参与污染场地治理面临的困境以及对构建基金支持污染场地治理的出资机制情况如下。

（1）政府相关委办局

1）生态环境局

生态环境局是污染场地治理监管的主管部门，负责对污染地块的土壤污染状况调查、土壤污染风险评估、修复效果评估评审。一般来说，当土壤污染重点监管单位生产经营用地的用途变更或者其土地使用权收回、转让的，或是用途变更为住宅用地、公共管理与公共服务用地的地块，需要进行土壤污染状况调查和风险评估，根据相关结论将需要实施风险管控、修复的地块纳入《名录》。目前，重庆市生态环境局会同规划和自然资源局建立并实施建设用地土壤污染风险管控和修复名录制度，列入建设用地土壤污染风险管控和修复名录中的地块，不得组织土地供应。

目前存在的主要困境在于土壤污染治理财政压力较大，对于污染责任人认定不清且因土地开发价值不高没有使用权人的污染地块，由政府负责整治。目前该类型地块在污染场地中占大多数，修复资金只能依靠中央土壤修复专项资金及地方财政自筹，每年中央土壤修复专项资金无法满足全部既定的建设用地、耕地修复和风险管控目标，需要地方财政安排资金进行修复，地方财政压力较大无法完全满足治理需求。

在出资机制方面，根据《土壤污染防治基金管理办法》[8] 相关规定，所指的土壤污染防治基金是省、自治区、直辖市、计划单列市（以下简称省）级财政通过预算安排，单独出资或者与社会资本共同出资设立，采用股权投资等市场化方式，发挥引导带动和杠杆效应，引导社会各类资本投资土壤污染防治，支持土壤修复治理产业发展的政府投资基金；同时提出中央财政通过土壤污染防治专项资金对该办法出台后一年内建立基金的省予以适当支持。因此基金的政府出资主要由省级财政预算安排，同时也可以申请中央财政通过土壤污染防治专项资金的支持。

2）规划和自然资源局

规划和自然资源局（以下简称规资局）承担国土空间用途和建设规划职能，负责重庆市土地等国土空间用途转用、国有建设用地使用权划拨和有偿使用等工作。规资局同时负责统筹国土空间生态修复，负责重庆市国土空间综合整治、土地整理复垦、矿山地质环境恢复治理等工作，也是重庆市地票交易的主要监管部门。规资局中的生态修复处负责统筹重庆市2018年山水林田湖草试点工程建设，该工程共有289个子项目，其中有2个土壤污染修复的项目，治理面积750亩，安排资金0.2亿元。

规资局与生态环境局在污染场地治理工作职能上有部分交叉，根据财政部等三部门2020年9月发布的《山水林田湖草生态保护修复工程指南》[9]，今后污染治理工程将作为先导工程，资金不再用山水林田湖草资金来保障。目前场地污染修复主要是配合生态环境局，根据各部委资金专项专用的情况，土壤修复方面的资金主要依靠环保的专项资金。矿山修复以生态修复概念为主，在工作职责划分上属于自然资源局，前矿山的治理主要依靠政府财政，对财政压力较大，目前国内有较好的矿山修复后经过新增耕地、旅游开发、产业开发、修复过程中形成的资源售卖等方式获益，可以有效引入社会资本，化解财政压力，但是目前重庆市的案例还比较少。

规资局对应的资金为山水林田湖草专项资金，主要用于生态修复，若基金的性质为只针对污染场地修复，可能不适合进入基金中。若基金投资范围涵盖矿山修复，是属于规资局权责范围，但是截至2021年山水林田湖草专项资金没有通过基金渠道进行使用的案例。

3）财政局

财政局负责承担市级各项财政收支管理的责任，根据《土壤污染防治专项资金管理办法》，财政部、生态环境部负责组织实施防治资金全过程预算绩效管理；此外，财政局负责政府性基金管理，拟订和执行政府债务管理的制度和政策，统一管理政府债务，以及重庆市利用国际金融组织和外国政府贷款赠款的全过程监督管理。

财政局面临的主要困境在于与水、大气、固体废物防治有一定差别，土壤污染比较复杂且治理成本较高，土壤方面财政支持政策较少，管理方向以管控为主。目前重庆市的预算直接用于土壤污染治理的部分比较少，现在存量的污染地块，大多数是历史遗留问题，为无主地块，需要政府承担治理责任，财政负担较重。各区县申报土壤修复项目的积极性仍需加强，项目库储备不足，影响了土壤污染防治专项资金的使用。以往国际金融机构主权贷款使用，落脚点都是在项目上，地方财政为担保方负责偿还贷款本息，贷款宽限期为项目建设期间，项目建设期间不用还本只用还利息，项目建设结束形成收益后开始还本息；该模式对地方财政不会形成较大压力。而基金投资周期不定，投资回收期不确定，大多是基金清算时才能收回财政资金部分，无法设置贷款限期，若在基金清算前要求偿还贷款本息，地方财政的负担很大。

资金方面财政负责收支管理，若满足基金条件可以按照财政部、生态环境部以及重庆市要求进行注资，按照基金架构可以通过财政局直接注资，或是授权政府投融资平台注资模式。此外，财政局会同中国人民银行制定绿色金融改革创新试验区实施方案，对于建设绿色基金、支持污染场地修复是良好的契机。

4）发展和改革委员会世界银行办公室（后简称“发改委世行办”）

发改委世行办负责重庆市在建和新建世界银行贷款建项目的计划实施、监督管理，以及与世界银行的具体联系，会同有关处室负责项目实施过程中中期调整方案的编制与报批工作；参与组织世界银行贷款组织项目的贷款转贷、报账审查，以及协调国内配套资金的衔接落实工作。在污染场地修复基金平台中，世界银行贷款是其主要的潜在资金来源之一。

发改委世行办的主要困境在于污染场地修复项目盈利模式不清晰，修复后可以开发为商住用地的地块商业价值高，修复工作推动得较快，但是更多的开发价值低的地块未得到修复，需要寻找合理的路径平衡公益性、准公益性和市场化项目的关系。

在出资模式方面，一般来说，世界银行贷款可以通过商业信贷或者主权贷款两种模式支持项目建设，商业信贷利率较高，审核要求也较严格，因此在国内主要的出资模式还是主权贷款。对于构建污染场地治理基金，可以通过主权贷款模式，由财政部统一筹借、地方财政进行担保，由地方财政局或委托政府投融资平台对基金进行注资。

（2）地方融资平台

重庆市地产集团是市属国有重点企业，主要承担全市经营性土地整治和社会文化公益设施、公共基础设施、公租房建设等职责。地产集团更多收储一些企事业单位的土地，科研用地、教育用地，以及新增用地（城市开发新区的土地），近年进行污染场地整治的项目主要为水能机厂（主要污染物为重金属）和川东化工厂（主要污染物为磷）。

目前存在的主要问题在于，重庆市地产集团近几年才开始进行污染场地的整治工作，仍需要更多经验。2001年，重庆市土地收储和整治进行改革，成立了重庆市地产集团、重庆城投、渝富集团等不同土地整治平台。按照主要职能分工，重庆城投主要负责大型基础设施建设、重庆市地产集团主要负责企事业地块整治、渝富集团主要负责工业场地整治。2016年所有的土地储备主体统一到重庆市土地储备整治中心，重庆市地产集团根据重庆市用地规划安排，从重庆市储备中心购买相应土地进行整治，达到要求后进行招拍挂转让。

在出资模式方面，重庆地产集团下设有重庆市地产股权投资基金管理有限公司，并参股了重庆西证渝富股权投资基金管理有限公司，可作为基金的普通合伙人；此外也可以通过参股的方式注资进入基金。

（3）污染治理企业与研究机构

1）中化环境控股有限公司

中化环境控股有限公司是中化集团发展生态环境产业的主要平台，依托中化集团在化工行业长期的技术积累，在化工场地污染治理领域拥有坚实的技术支撑，承接了多项化工企业环保拆迁与场地污染治理项目，在重庆建设的标志性项目包括重庆长寿化工厂土壤修复项目、重庆西南合成制药土壤修复项目等。

存在的主要问题在于重庆市土壤修复市场曾存在一定的资质混乱情况，重庆市当地的场地治理公司资质为当地环保协会颁发，欠缺专门的环境工程资质，同污染土壤处理去向的水泥炉窑资质一样，都受到了整顿。由于财政资金不足，地方政府先通过适合的开发商确保污染地块修复后成本能够被覆盖，再以国有平台为单位寻找适合的修复企业进行修复。

在出资模式方面，预期通过直接参与土壤修复工程的模式。对于重庆市主要的重钢污染地块修复任务，其污染治理成本较高，可以考虑与后续开发商合作，或者中化环境控股有限公司直接带资进场，先行垫付土地修复资金，后续土地出让或开发后再收回工程款。

2）永清环保股份有限公司

永清环保股份有限公司（以下简称永清环保）成立于 2014 年，是湖南省首家 A 股上市的环保企业。永清环保在场地修复、农田修复方面拥有多项核心技术，在环境修复领域形成了相对完整的技术体系，已建立覆盖环境修复规划咨询、场地调查、环境监测、工程设计与施工以及药剂生产全过程的完整产业链，是国内拥有土壤修复成功案例最多的企业之一，承担了雄安新区 1 号生态修复工程——唐河水库污染治理与生态修复一期工程、国家级土壤修复示范试点工程——江苏靖江场地修复工程、运用两大修复技术联合治理的原江苏南通纺织场地修复工程、全国首个第三方农田治理项目——长沙市某区重金属污染耕地修复整区承包服务项目等多个项目。

土壤修复市场领域主要商业模式以设计采购施工（engineering procurement construction，EPC）总承包为主，耕地方面目前实施的项目资金全部来自政府资金（专项资金或地方财政），目前没有适合的引用社会资本的商业模式。城市建设用地曾经实施了标志性的“岳塘模式”PPP 案例，永清环保与政府、土地开发公司合作进行重金属污染土地的修复和开发，但是由于土地开发流程过长，最终工程款的支付存在困难，该模式存在一定问题。

在出资模式方面，预期依托永清环保先进的环境修复治理技术，通过技术出资承担污染场地修复工程。

（4）相关金融机构

1）重庆产业引导股权投资基金

重庆产业引导股权投资基金是重庆市为创新财政资金分配方式、推进产业结构优化升级设立的产业引导股权投资基金，该基金通过市场化合作机制，引入国内外优秀基金管理人和优质社会资本，共同发起设立的专项投资基金。截至 2019 年年底，重庆产业引导基金与国内外基金管理人共同发起市场化子基金 27 支，总规模 306.52 亿元，吸引社会资本近 240 亿元，覆盖工业、农业、现代服务业、科技、文化、旅游六大产业，累计投资项目 198 个，投资金额 113.5 亿元。截至 2021 年，重庆产业引导股权投资基金还未有投向土壤修复领域相关项目。

重庆市产业引导股权投资基金主要扶持实体经济。具体项目方面，如果投资涉及土地开发使用，农业小微企业和项目效益可能较差，此外农业种植、养殖受各种因素影响较大，比较难以把控，风险较高，需要一些保障条款。

在出资模式方面，可以通过设立子基金（参股不控股），也可以进行项目直投。

2）重庆环保产业股权投资基金

重庆环保产业股权投资基金于 2015 年成立，主要投资环保产业，分生产型企业、环保工程、环保运营企业三大类投资目标，截至 2020 年，对外投资项目 47 个，项目实现退出 5 个，收益率在 8.5%～100%之间，环保基金直投项目较少，更多通过母基金的方式进行投资，对外投资参与了 9 个子基金，对外投资中含重庆重交再生资源股份有限公司、重庆雅丽洁环保产业发展有限公司等循环经济、场地修复类企业。

在环保基金投资的过程中发现，重庆环保产业股权投资基金与政府平台合作再向外投资项目比较顺利，与社会资本合作投资流程较为复杂。在基金运作及子基金设立过程中，融资渠道较少，目前银行资金很难直接投资到基金中，保险资金要求较高体量的基金，环保基金往往达不到要求。环保基金及其所参与的子基金规模较小，大多情况下募资通道不易打开，高层次客户不易发展，大投资方的条件环保基金难以实现。

在出资模式方面，通过投资参与子基金，也可以进行项目直投。

3）重庆农村商业银行（下简称重庆农商行）

重庆农商行是我国第四家赤道银行，也是我国中西部首家赤道银行，2016 年就提出顶层设计，将绿色金融作为发展项目；重庆市农商行是全国规模最大的农商行之一，资产规模达 1.1 万亿元。目前行内绿色信贷余额超过 200 亿元，其中以对公为主，个人和小微较少；2020 年重庆农商行发行了 1.8 亿元绿债，通过债融通渠道实现了首单跨境绿色融资。

截至 2020 年，重庆农商行绿色信贷中暂时没有土壤修复相关项目，虽然接触了很多农业面源污染，但是主要面向农户，农户借贷进行治理工作；科研机构一般有科研资金，很少通过金融机构进行资金融资。

在出资模式方面，银行资金很难直接进到基金里，更多通过投贷联动支持项目建设。

4）中国建设银行重庆分行

2020 年以来，中国建设银行重庆分行发布了多项绿色金融政策，并推出了一系列绿色金融差别化支持政策，例如比一般贷款利率低的绿色信贷，设置优先审批、优先发放通道；目前该行绿色信贷余额超过 380 亿元。该行积极推动绿色金融发展模式探索，建设了万州建行分行的绿色金融试点行，并与万州政府签订了绿色金融战略服务能力。

截至 2020 年，信贷项目中关于污染治理方面，主要针对“三废”治理，支持重庆市无废城市治理的工作，以及污水、大气等项目推进；土壤治理项目较少。

目前银行资金很难直接进入基金里，更多通过投贷联动支持项目建设。中国建设银行支持远大环保脱硫脱硝项目时，通过国际贷款转贷款引入了国际低成本资金，其也可以作为国际低成本资金转贷平台。

9.2.3　国内及重庆市污染场地修复项目特征分析

9.2.3.1　国内污染场地修复项目特征分析

（1）国内污染场地治理项目以政府付费模式为主

国内污染场地治理主要原则为“谁污染，谁治理”“谁使用，谁治理”，当无法确定污染责任人且土地使用权归属国有时，则依靠政府付费。对于非政府付费模式需要满足两个条件：一是污染责任人或土地使用权有能力负担土壤修复成本；二是修复的地块拥有较高价值。另外，现有的耕地治理案例大多为政府付费，资金来源为土壤修复专项资金或地方政府自筹；部分由政府平台公司作为业主进行修复的地块，实质上修复后也可以通过出让获得收益，该类地块也具有一定价值。根据宝航环境修复统计信息，2019年统计的229个污染场地治理项目中，公共部门为业主的项目占比高达78%，其中业主类型排行前三的为政府投资公司、生态环境部门、地方人民政府，共占总项目数的67%左右，此外土地储备中心作为业主的项目占11%[10]。

（2）城市工业场地修复项目数量最多

根据土地性质的不同，污染场地土壤修复可以分为城市建设用地、耕地和矿山3种类型，以上3种土地因为其空间、开发价值、使用限制等存在较大差别，在治理商业模式上也存在较大区别。城市建设用地修复以后拥有较高的经济价值，视城市规划方案，建设用地修复完毕后可进行商业开发、住宅开发、公共设施开发等，盈利模式清晰，修复资金来源除政府方面还包括土地开发商，因此该领域开展的修复项目较多。耕地污染对人体健康具有重大的影响，因此耕地修复具有重要的价值，但修复后的地块经济价值相对较低，同时由于我国的土地政策限制，耕地难以转换成为开发价值较高的建设用地，修复资金来源主要为财政拨款。由于尚未解决耕地修复长效资金问题，耕地修复进展相对缓慢，目前主要以风险防控为主，《土壤污染防治法》提出对农用地以优先保护和农艺调控、替代种植等安全利用为主。矿区的土地性质虽然也属于建设用地，但是由于距离城区较远，土地经济附加值较弱，并不适用于增值流转模式，修复资金主要依赖政府财政。近年来，随着我国对生态环境保护的重视，以及生态产品价值实现路径的不断探索，矿山的“修复+开发”也出现了社会资本参与程度较高的商业模式，修复后可以进行生态农业、生态旅游等产业开发，也可以将矿山复垦为耕地，通过耕地占补平衡指标交易获得收益。宝航环境修复对2019年土壤修复市场229个项目统计信息显示，城市工业场地修复项目依然是主流，共计153个项目，占比63.75%；重金属污染修复项目37个，排名第二；非正规填埋场修复项目17个，排名第三；农用地修复项目15个，排名第四；石油石化和应急处置修复项目分列第五、第六名。

9.2.3.2 重庆市污染场地修复项目特征分析

根据对重庆市已完成的89块污染场地项目分析，污染场地中污染因子包括砷、镍、铜、铅、六价铬、锌、锰、镉、石油烃（C_{10}～C_{40}）、苯并［*a*］芘、苯并［*a*］蒽、苯并［*b*］荧蒽、二苯并［*a*,*h*］蒽等，其中15个地块为重金属等无机物污染、26个地块为有机物污染、48个地块为复合污染。已修复的地块主要分布在主城片区（86块），项目投资规模约84080万元；其次分布在渝东北山峡库区城镇群（2块）和渝东南武隆山区城镇群（1块），项目投资规模分别为1905万元和83万元。

在修复工程方面，其主要业主方为污染责任人与地方平台公司。修复工程涉及业主单位60个，其中渝富集团下属企业在4年间以公开招标等方式的项目总金额最多，为15839万元，项目数量为8项。其次按金额总量排序依次为：重庆紫光化工有限公司、重庆市地产集团、重庆金翔化工实业有限责任公司。89个项目中企业（土壤污染责任人等）出资占比49.8%，地方平台公司（土地储备或整理公司）招标总金额占比46.6%，政府财政直接支出占比0.04%。

重庆市的土壤修复商业模式相对单一，进行的土壤修复工程大部分为 EPC 模式，受制于重庆市现有土地流转管理制度，污染治理、土地整治、地块开发等各个环节较为独立，当前土地招拍挂等程序一定程度上制约了外部市场主体合规地打通土地一级二级开发，更难以借此形成成熟的融资产品。

与东南沿海城市污染地块修复技术相比，重庆市修复药剂的研发应用与修复装备的研发不足，土壤污染治理修复技术水平较低，为了追求高效化，以空间换时间，大多地块（尤其是重金属和复合污染地块）采取异位修复技术，主要为生活垃圾填埋场和水泥窑协同处置技术，化学淋洗、热脱附等技术在重庆市土壤修复中较少使用，土壤修复活动往往会受到生活垃圾填埋场容量和水泥窑协同处置能力的限制。

9.2.4　重庆市污染场地修复资金困境分析

重庆市污染地块治理再开发利用流程如图 9-1 所示，重庆市污染场地治理具有国内整体的一般性问题，同时也面临着资金不足、过度依赖财政、资金流向结构失衡等资金困境，因此对造成该资金困境的原因进行以下分析。

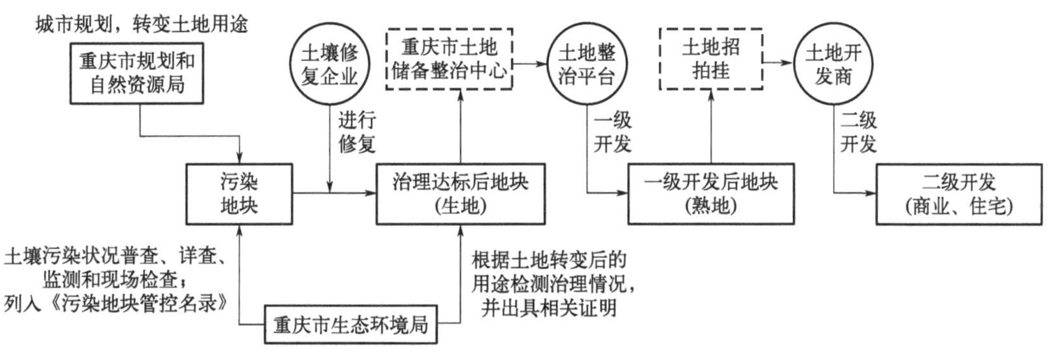

图 9-1　重庆市污染地块治理再开发利用流程

（1）土地流转监管制度影响社会资本参与

污染土地再开发需要依次进行土壤污染状况调查、土壤污染风险评估、土壤污染修复、修复效果评估，作为土地出让的前置环节；污染地块完成治理并通过评审后，由地方土地整治平台公司进行土地一级开发，由“生地”整理成为“熟地”以后进行招拍挂，进行土地的二级开发，此时社会资本才能够参与进来。土地二级开发前，业务方主要为公共部门，污染场地修复的规划、进展受制于财政或是政府平台公司的资金能力。《重庆市建设用地土壤污染风险管控和修复名录》[4]（2020 年 9 月）中显示，待修复的中心城区污染地块超过 40 块，理论上修复后的土地具有很高的开发价值，对社会资本有很高吸引力，且经过与土壤修复、场地开发等企业的访谈发现，企业也有意愿自筹资金参与土地的修复及开发工作。社会资本来源广泛、总体规模较大，但受制于目前的土地流转监管制度，无法在土地二级开发前进入土地流转过程，造成土地修复过度依赖财政、污染场地治理资金不足的现象。

（2）较为单一的工程模式制约各项金融工具使用

污染土地再利用土地和资金流转过程如图 9-2 所示，在现有土地流转制度下，土地二级开发前的环节分割为多个独立项目，每个独立项目多为 EPC 模式（或委托咨询）且周期较短，例如土壤污染状况调查、土壤污染风险评估等需要 1 个月左右，土壤污染修复项目需要半年至一年半，土地一级开发最长也不超过半年。资金来源包括地方财政资金、中央财政土壤修复专项资金、国有平台公司自筹、银行贷款、发行地方债或企业债等，可利用的金融工具较少。此外，资金流转节点较多，任何环节都可能存在资金不足的状况，一定程度上影响土地再利用进程，造成融资渠道较少、资金不足的问题。

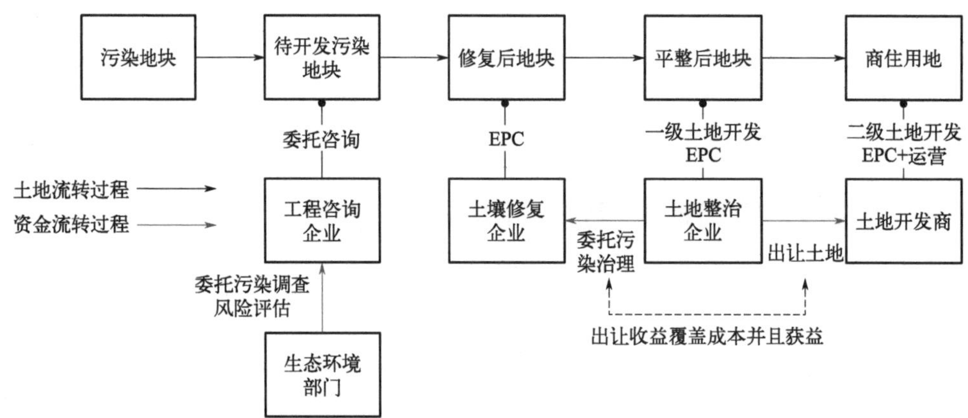

图 9-2 污染土地再利用土地和资金流转过程

(3) 以地方土地整治平台为治理业主主体一定程度造成资金流向失衡

地方整治平台虽然是代表政府进行污染场地的治理和整治，但是其更多属于经营性国有资产，在从重庆市土地储备整治中心收购土地时也更多考虑土地的开发价值，现有资金优先治理该类价值较高的土地，低价值污染场地以管控为主。此外，由生态环境部门管控的土壤污染专项治理资金，主要用于耕地修复等公益性污染场地修复。造成该资金流向失衡一部分是由于权责划分的问题，生态环境部门主要负责污染场地的监管，并推动污染场地治理工作，规划和自然资源部门更多关注城市规划，负责制定土地性质变更计划，地方土地整治平台更多服务城市建设的用地需求，部门间在污染场地治理方面有必要形成合力，避免出现部分公共部门资金流向收益性高地块，公益性和准公益性项目更加缺乏资金的状况。

9.3 污染场地修复资金筹措相关制度运行情况

9.3.1 地票制度

重庆市地票制度是《城乡建设用地增减挂钩管理办法》[11] 制度下重庆市政府作出的土地流转制度探索，2008 年实施至今，通过将农村集体建设用地复垦为耕地后产生的“建设用地挂钩指标”票据化，将农村闲置土地在市场上流转，实现重庆市土地资源有效配置的同时也惠及农民，为重庆市社会经济发展做出积极贡献。特别是 2018 年以来，重庆市提出拓展地票制度生态功能，为地票制度与矿山修复结合提供了可能性。

(1) 地票交易的目的和主要作用

在我国用地指标的行政计划配置制度基础上，地方土地利用规划变动空间较小，对地方政府而言，用地指标已经成为一种稀缺资源，并极大约束着城市化、工业化发展的速度和规模，因此如何获得更多工地指标就成为各地政府的重要任务。地票交易可以将农村闲置的建设用地复垦为耕地并将腾出来的建设用地指标用于解决城镇发展用地指标短缺的问题。根据《重庆市农村土地交易所管理暂行办法》[12]、《重庆市地票管理办法》等规定，购买地票的用途是“增加等量城镇建设用地”和“使用地票办理农用地转用手续的，不缴纳耕地开垦费和新增建设用地土地有偿使用费”。因此，地票实质上指的是城乡建设用地增减挂钩指标，地票的持有者所享有的是可以增加相应面积的城镇建设用地的“资格”。

(2) 地票制度运行机制

根据《重庆市地票管理办法》《重庆市农村土地交易所地票交易规则》，地票制度运转的流程主要分为指标的生产、交易和使用（落地）3 个阶段，并通过复垦申请与立项、复垦项目实施、复垦项目验收、复垦项目复核、地票交易、地票使用共 6 个步骤完成。

(3) 在污染场地修复项目的运行情况

重庆市地票制度自 2008 年开始实施以来，截至 2020 年年底共举办地票交易 133 场，累计交易地票超过 23.8 万亩，交易金额超 473.7 亿元，惠及 24 万以上农户，每亩地票的成交均价从最初的 8 万元升至 20 万元左右（数据来源为重庆农村土地交易所交易结果公示，但相关资料有缺失）。从地票供给区域来看，按照重庆五大功能区划分，以限制开发、保护生态为主要责任的渝东北和渝东南区是地票主要来源。截至 2020 年年底，渝东北生态涵养发展区合计供给地票 11.3 万亩；渝东南生态保护发展区合计供给地票 5.9 万亩；城市发展新区合计供给地票 6.3 万亩；其余地票由都市核心区及拓展区提供。

根据我国土地管理制度相关规定，地票指标来源为农村集体建设用地（主要为农户宅基地）的复垦，且早期复垦后的土地用途只能作为耕地，而污染场地修复主要是对工业用地的修复（即国有建设用地），因此 2018 年以前尚未有地票制度与污染场地修复结合的案例。地票制度实行过程中存在一些问题，并非所有农村集体建设用地都适合复垦为耕地，例如废弃矿山区域内部分土地属于集体建设用地，但是由于土地坡度、土壤性质、基础设施不完善等原因，该类土地不适宜复垦为耕地。针对这一问题，重庆市 2018 年 5 月发布《关于拓展地票生态功能促进生态修复的意见》，提出探索地票生态功能，即在确保耕地保护红线的前提下，复垦后的土地以因地制宜的原则，除复垦为耕地外也可以复垦为林地或草地，经验收合格后均可申请进行地票交易。根据拓展地票生态功能的交易制度和规则，按照“生态优先、农户自愿、因地制宜”的原则实施复垦，对不宜复垦为耕地的，如位于生态保护红线、林区、地质灾害点、重要饮用水水源地、25 度以上坡地、已退耕还林区域内的复垦点，要引导其复垦为林地等兼具生态功能的其他农用地，这为地票制度与矿山修复结合提供了可能性。

2019 年 7 月，重庆市规划和自然资源局发布《关于历史遗留废弃矿山复垦指标交易有关事项的通知》，明确提出符合相关复垦条件的历史遗留废弃矿山，通过工程措施生态修复后形成的减少建设用地指标，可作为地票进行交易。同年 10 月，重庆市完成首宗废弃矿山复垦指标地票交易，该地票复垦来源位于渝北区曹家山煤矿，曹家山煤矿于 2014 年政策性关闭，2017 年实施复垦治理，2018 年完成市级验收，项目总规模 21.16 亩，减少建设用地 13.83 亩，新增耕地 11.26 亩，总投资 150 万元，复垦后通过生态功能拓展产生的废弃矿山复垦指标 14 亩成功交易，交易额约为 280 万元。交易价款据实扣除复垦工程成本后，净收益的 15%（约 20 万元）划归村集体所有，用于发展村集体经济组织；剩余收益（约 108 万元）由区财政统筹，优先用于矿山生态修复及解决矿山历史遗留问题。

9.3.2 地方政府债券发行制度

地方政府债券是地方政府筹集资金建设某项具体工程而发行的债券，分为一般债券与专项债券，分别对应公益性项目与市场化项目，地方债的发行为社会资本提供了一条支持区域社会经济建设的重要渠道。近年来地方政府通过发行一般债券，以一般公共预算收入作为还本付息来源，支持民生、基础设施、生态环保等许多公益性项目。污染场地修复领域的项目中，建设用地治理具有一定市场化资金还款渠道，而耕地治理、废弃矿山修复等更多依靠政府投入，合理运用地方债可以解决短时间内资金不足的困境，推动相关治理工作进行。

（1）地方政府债目的和主要作用

地方政府债券由省级地方政府直接举借，凭借地方政府的信用，采用记账式固定利率付息形式，由地方财政局督查，采取承销和招标方式，在银行间债券市场和证券交易所上市交易。根据《国务院关于加强地方政府性债务管理的意见》[13]，地方政府债券主要作用体现在以下层面。

第一，明确债务边界。地方政府债券有助于“修明渠、堵暗道”，政府债务只能通过政府及其部门举借，不得通过企事业单位等举借。剥离融资平台公司政府融资职能。地方政府举债采取政府债券方式。对没有收益的公益性事业发展举借的一般债务，发行一般债券融资，主要靠一般公共预算收入偿还；对有一定收益的公益性事业发展举借的专项债务，发行专项债券融资，以对应的政府性基金或专项收入偿还。地方政府在国务院批准的分地区限额内举借债务，必须报本级人大或其常委会批准。

第二，置换存量债务。纳入预算管理的地方政府存量债务可以发行一定规模的地方政府债券置换。以一定规模的政府债券置换部分债务，是规范预算管理的有效途径，有利于保障在建项目融资和资金链不断裂，处理好化解债务与稳增长的关系，还有利于优化债务结构，降低利息负担，缓解部分地方支出压力，也为地方腾出一部分资金用于加大其他支出创造条件。

第三，支持区域融资。近年来，地方政府专项债，特别是项目收益与融资自求平衡的专项债取得较大发展。地方政府和金融机构使用专项债券进行融资获得政策支持，重点支持京津冀协同发展、长江经济带发展、“一带一路”建设、粤港澳大湾区建设、长江三角洲区域一体化发展、推进海南全面深化改革开放等重大战略和乡村振兴战略，以及推进棚户区改造等保障性安居工程、易地扶贫搬迁后续扶持、自然灾害防治体系建设、铁路、收费公路、机场、水利工程、生态环保、医疗健康、水电气热等公用事业城镇基础设施、农业农村基础设施等领域以及其他纳入国家规划内符合条件的重大项目建设。

第四，推动项目建设。地方政府专项债券可作为符合条件的重大公益性项目资本金。《关于做好地方政府专项债券发行及项目配套融资工作的通知》提出，对于专项债券支持、符合中央重大决策部署、具有较大示范带动效应的重大项目，主要是国家重点支持的铁路、国家高速公路和支持推进国家重大战略实施的地方高速公路、供电、供气项目，在评估项目收益偿还专项债券本息后其他经营性专项收入具备融资条件的，允许将部分专项债券资金作为一定比例的项目资本金，但不得超越项目收益实际水平过度融资，对于重大工程、重大项目建设形成有力支持。

第五，完善风险预警。规范地方政府债券发行不断完善相关制度，有助于提高地方政府动态监测、实时预警的能力，提前妥善做好政府债务风险事件应急政策储备，推进风险防控工作科学化、精细化，确保债权人和债务人合法权益，牢牢守住不发生区域性、系统性风险的底线。

（2）对污染场地治理项目的支持情况

污染场地治理项目公益性较强，部分场地在完成治理后可进一步开发，形成持续经营和盈利能力，由此探索形成投资收益相平衡的发展模式。因此，地方政府一般债券、专项债券对于污染场地治理支持具备较大发展空间。

1）非贴标绿色地方政府债券发行概况

中央财经大学绿色金融国际研究院绿色债券实验室对 2019 年以来发行的每只地方政府一般债券、专项债券进行了分析研判，以《绿色债券支持项目目录（2015 年版）》为依据，对募集资金投向项目进行筛选，将未经专门贴标但募集资金投向环境治理、生态修复等绿色产业的地方政府债识别为非贴标绿色地方政府债券。

从募集资金投向来看，一般政府债券募集资金投向较为广泛，地方政府发行一般债券用于绿色产业资金比重往往较低。伴随着相关政策指引对于优化新增专项债资金投向的支持力度不断加深，多个省份已发行多种符合绿色债券支持项目类型的专项债券。2019 年，31 个省份及新疆建设兵团共发行 287 只非贴标绿色债券，同比增长 51.9%；发行总规模达 1.28 万亿元，其中用于绿色产业规模达 2762.27 亿元。287 只非贴标政府债中，111 只为一般债券，募集资金用于绿色产业规模达 1159.79 亿元；176 只为专项债，募集资金 1602.48 亿元。各地专项债券可进一步细分为生态环保建设专项债、生态保护专项债、供水和污水治理专项债、防洪工程建设专项债、轨道交通专项债、水利设施专项债等。因此，多省市已具备将绿色属性与专项债充分结合的实践基础和项目储备。

2）贴标绿色地方政府专项债券发行情况

江西省、广东省作为绿色金融改革创新试验区已发行以项目收益作为偿付来源的绿色政府专项债，开创了市场实践先河。从现行绿色专项债发行及偿付机制来看，绿色专项债对财政偿付压力较小，可实现对绿色项目的精准支持。

2019 年 6 月，江西赣江新区发行了我国首单绿色市政债，信用评级 AAA，募资资金 3 亿元用于儒乐湖新城综合管廊和智慧管廊项目建设，获得市场超过 33 家机构认购，超额认购倍数达 12 倍，市场认可度较高。该债券期限长达 30 年，债券本息偿付资金来源于管廊项目产生的入廊使用费、管廊维护使用费、综合开发收入及财政补贴收入，2 个募投项目收益实现的本息覆盖倍数分别为 1.22 倍、1.59 倍，对地方财政形成的偿付压力较小。

2020 年 5 月，广东省政府发行“2020 年珠江三角洲水资源配置工程专项债券（绿色债券）”，募集资金 27 亿元，期限 10 年，发行利率为 2.88%，为广东省政府发行的首只绿色政府专项债券，同时也是全国水资源领域的首只绿色政府专项债券。该项目属于农林水利项目，拟将西江水系向珠江三角洲东部地区引水，解决广州、东莞、深圳三市生产生活缺水问题，建设输水线路总长预计为 113.1km，设计饮水流量 $80m^3/s$，项目建设期预计为 5 年，预计运营时间为 2024～2074 年共计 50 年，建设总投资预计为 339.4828 亿元。至 2040 年所有专项债到期时，项目累计收益扣除债券本息等投入后仍有结余 72.41 亿元，资金覆盖率为 1.29 倍，在有效满足债券偿付需要的同时，减轻地方政府资金压力，实现经济创收。

3）地方政府债券支持环境治理、生态修复类项目情况

2019 年 1 月～2020 年 10 月末，我国 31 个省份及新疆生产建设兵团累计发行 962 只非贴标绿色债券，发行规模 3.67 万亿元，募集资金用于绿色产业规模达 1.05 万亿元，体现了政府在支持地方产业绿色转型方面的关键作用。

962 只非贴标政府债券中，有 434 只债券募集资金用于污水处理、城镇生活垃圾处理、污染治理、城市黑臭水体综合整治、矿山土地复垦与生态修复、土地整治、土壤污染治理及修复等污染防治或环境修复项目，发行规模达 1.77 万亿元，募集资金用于绿色项目达 4730.92 亿元。但是由于为非贴标绿债，债券发行时只提到投向领域，对其具体项目与投向分类并没有公开，且后续也没有对债券募集资金投向进行披露，无法统计出政府债券用于污染场地治理领域的项目及资金占比。

9.3.3 建设工程优先受偿权制度

建设工程优先受偿权制度是保障工程施工方权益的重要内容，对维护市场公平、保障社会稳定有重要意义。目前国内污染场地治理主要以 EPC 模式为主，在工程承包过程中同样具有工程款项拖欠的隐患。因此，研究建设工程优先受偿权制度及运行情况，是保障污染场地治理项目施工方权益的制度基础，也是从资金机制方面完善污染场地治理商业模式的重要部分。

（1）建设工程优先受偿权制度目的和主要作用

《中华人民共和国合同法》第 286 条规定了建筑工程款优先受偿权：发包人未按照约定支付价款的，承包人可以催告发包人在合理期限内支付价款。发包人逾期不支付的，除按照建设工程的性质不宜折价、拍卖的以外，承包人可以与发包人协议将该工程折价，也可以申请人民法院将该工程依法拍卖。建设工程的价款就该工程折价或者拍卖的价款优先受偿。建设工程优先受偿权是指承包人对于建设工程的价款就该工程折价或者拍卖的价款享有优先受偿的权利，承包人行使受偿权优先于一般的债权。

我国建筑业市场发展繁荣，但繁荣的背后也存在很多问题，承包人的工程款项被拖欠就是较为严重的一个问题，1995 年我国发包人拖欠承包人工程价款的金额达到 60 亿元，承包人收不到工程款项，就会影响到承包企业的快速发展，也有可能会间接导致建筑工人的劳动报酬被拖欠，侵害民众的切身利益，引发一系列的社会问题。

建筑工程款优先受偿权规定发包人未按照约定支付工程款时，相对于其他债权，承包人具有优先受偿的权利。我国建设工程价款优先受偿权制度的核心内容之一，是对建筑工人这一弱势群体劳动工资的特殊保护。不同承包人可以理解为不同的建筑工人群体，在建设工程被折价或拍卖后以同一序列身份分配给各享有优先受偿权的承包人，而如果折价或拍卖的变现款额不足以全部清偿给所有享有优先受偿权的承包人时，则采取按债权比例的清偿办法进行分配。这样，无形中通过“牺牲”在先成立的拥有优先受偿权的承包人，而扩大了所有承包人偿付建筑工人更多工资的平均支付能力，从而体现立法对弱势群体的照顾和保护，能够更均衡地保障大多数施工工人的利益[14]。

(2) 生态环境领域及污染场地治理领域运用情况

目前，建设工程优先受偿权制度更多在房地产类项目中，房地产商由于对资金流高度依赖，一旦开发销售中任何一个环节出现问题，就有可能导致资金链断裂，进而影响工程款的偿付。在生态环境领域，目前通过建设工程优先受偿权制度进行债权清偿的案例较少，污染场地治理项目发展时间较短，且目前资金来源主要为政府方，资金来源和付款信用值得保证，鲜有发生运用优先受偿权制度的案例。

在生态环保项目领域，某环保电力有限公司、建筑安装工程有限公司与自然人吴先生曾经有建设工程优先受偿权追偿案例。环保电力有限公司与建筑安装工程有限公司签订了《××市垃圾填埋场渗滤液处理站改造项目土建部分施工合同》，发包人环保电力有限公司将项目承包给该建筑公司建筑施工。该建筑公司随后作为发包人与没有建筑施工资质的原告吴先生签订了《××市垃圾填埋场渗滤液处理站改造项目土建部分施工合同》。合同签订后，吴先生严格按照合同约定和被告的指令施工，2018 年 3 月，工程全部竣工验收合格并交付使用，工程决算总额为 13885380.25 元。建筑公司未支付原告任何工程款，经吴先生多次催要，建筑公司均以工程未中标为由拒绝支付。吴先生请求依法判令对所承建的工程享有优先受偿权并依法判令建筑公司向他支付工程款 13885380.25 元及利息 407917 元。经法院最终判决，由于吴先生不具有建筑施工资质，签订的施工合同违反了国家相关的法律规定，属无效合同。合同虽然无效，如果建设工程经竣工验收合格，吴先生仍然具有请求工程发包方参照合同约定支付工程价款的权利，但该工程的竣工验收合格只是涉案工程施工方、业主方和监理方三方参与的竣工验收，该竣工验收不符合《建设工程质量管理条例》第十六条对建设工程竣工验收相关规定的要求，不能作为该案所涉工程经竣工合格的认定依据。因此，吴先生所主张的要求建筑公司支付工程款的事实，不符合法律规定的情形，不予支持。

9.4 结论及建议

为了进一步推动我国污染场地治理工作的开展，针对我国土壤污染面临的资金困境，建议通过探索体制机制变通、创新商业模式、运用多项金融工具等多种方式，解决资金不足、财政投入占比过高、公益性和收益性项目失衡等问题。为推动我国污染场地修复资金筹措，提出建议如下。

(1) 寻求土地管理机制突破

现行基于《土壤污染防治法》的污染场地再开发土地流转制度保障我国用地安全，但一定程度上也制约了社会资本在土地二级开发前进入土地流转环节，造成土壤污染治理资金不足、过于依赖财政资金等问题。通过分析案例发现，在确定污染责任人、土地使用权人的基础上，社会资本较早进入污染土地治理和开发环节，有利于弥补财政资金的不足，同时可以引入多种金融工具相结合。中央在土地开发和资源配置方面推出多项政策措施，2020 年 3 月，国务院办公厅发布《关于构建现代环境治理体系的指导意见》，其中提出创新环境治理模式，对工业污染地块，鼓励采用“环境修复＋开发建设”模式；2021 年 1 月，国务院办公厅发布《建设高标准市场体系行动方案》，提出推动经营性土地要素市场化配置，完善建设用地市场体系，推动不同产业用地类型合理转换。地方层面，广东省率先开展污染土地流转机制创新，2020 年 11 月，广州市生态环境局发布《广州市加强出让储备用地土壤污染防治工作方案的通知》，其中提出储备建设用地先行先试，可先出让再修复，建设用地可先出让再开展土壤污染修复和管控，修复达标后开发建设（“净土开发”）。因此，建议考虑在现有制度基础上，探索“净土开发”模式，在满足一定条件的情况下，允许污染地块在修复前出让并由受让人承接土壤污染修复责任，以尽早确认场地治理及开发的各责任主体，社会资本更早进入土地流转环节；同时，在符合国土空间规划和用途管制要求前提下，合理规划受污染土地的用途，考虑将受污染的工业用地规划用作商住用地，通过商住用地的高价值推动市场资源聚集，可在一定程度上帮助解决污染场地治理资金需求。

（2）进一步拓展地票制度在废弃矿山修复领域的应用

地票制度是指农村集体建设用地经复垦后形成的农用地（包括耕地、林地、草地等）。根据对地票制度的运行机制、运行案例研究，目前在污染场地治理方面的主要应用领域为废弃矿山。2019 年重庆市首宗废弃矿山复垦指标地票交易案例表明，废弃矿山修复后复垦形成的地票指标通过交易可以覆盖矿山修复成本，并获得一定收益。因此，建议可以在废弃矿山修复领域进一步扩大地票制度运用规模，拓宽废弃矿山修复资金来源。

1）在符合年度地票规划前提下进一步拓展地票制度在废弃矿山修复领域的应用

废弃矿山所处的区域和自然条件通常适合复垦为林地、草地，截至 2020 年年底重庆市待修复的废弃矿山约为 4000hm^2，在《关于拓展地票生态功能促进生态修复的意见》《关于历史遗留废弃矿山复垦指标交易有关事项的通知》政策的支持下，可以在余下矿山修复工作中更多考虑将修复后的矿山因地制宜复垦为耕地、林地或草地，并按相关规定申请地票名额。自然资源部门作为地票制度的主管部门，做好年度地票额度安排工作，在满足每年地票发行限制（不超过新增建设用地 10%）的情况下安排更多地票指标在废弃矿山修复复垦领域。

2）进一步完善地票制度机制保障

建议自然资源部门协调农业、林业等部门，完善土地复垦、标准研究、事后监管等地票制度保障。对废弃矿山修复后复垦形成耕地、林地、草地的地块，自然资源部门组织农业、林业等部门，根据各自职责对其进行验收，研究制定更为详细的耕地、林地和草地复垦标准，确保复垦质量；定期对复垦后地块的使用情况进行审查，保障复垦后用地的农业价值、生态价值等。

（3）加强地方债对污染场地治理的支持力度

发行地方债是地方政府支持区域融资、推动项目建设的重要途径，对于更多依靠政府财政支出的污染场地治理项目，可以通过发行地方政府专项债的形式缓解短期内的资金需求。地方政府债券根据偿还资金来源分为一般债券和专项债券，分别对应公益性和市场化项目，其还款来源分别为地方的财政收入担保、项目建成后的未来收入。根据污染场地修复项目特征及现有案例运作情况，建议考虑一定程度上采用一般债券形式支持污染场地治理项目。

1）发行地方政府一般债券支持污染场地治理项目

根据现有的地方债发行及其支持项目运作情况来看，在绿色地方债领域，污水治理、垃圾焚烧、管廊建设等具有未来稳定现金流来源的项目倾向采用专项债的形式，而城市黑臭水整治、土地污染治理等偏公益性项目更多采用一般债券。财政部 2020 年 11 月发布的《关于进一步做好地方政府债券发行工作的意见》对现行地方债机制进行完善，要求严格落实收支平衡有关要求，目前地方普遍要求是项目收益要覆盖融资的1.2倍左右，而目前污染场地修复领域尚未形成盈利模式稳定、未来现金流有保障的商业模式，因此更适合发行地方政府一般债券。

2）审慎在污染场地治理领域发行地方政府专项债券

专项债券相较于一般债券，发行方式更加灵活，且对地方财政压力更小。基于我国土地管理及流转制度，目前污染场地治理项目中建设用地修复后可以进行转让，具有一定的经济效益，但是与专项债券“专项债期限原则上与项目期限相匹配”“鼓励发行长期专项债”等要求具有一定差距；耕地和废弃矿山更多依靠政府付费，更适用一般债券。湖南省2013年以政府平台公司为主体发布了一批重金属污染治理债券，主要以污染场地修复后土地出让金作为还款来源，取得了一定经验。但在目前对政府地方债监管环境进一步收紧的背景下，对专项债项目评估、期限结构设计等审查更加严格。因此，在污染场地治理领域尚未形成完善商业模式的情况下，不建议通过发行地方政府专项债券支持相关项目建设。

（4）构建“公益性＋盈利性”商业模式

经过案例分析发现，现有的污染场地治理商业模式中，盈利能力较强的模式为修复后开发为商住用地，其次为耕地占补平衡交易，这两类模式收益稳定、路径清晰，比较受社会资本青睐。此外还有修复后产业开发，主要存在于矿山修复等项目，但是与污水处理、垃圾焚烧等未来具有稳定现金流的环保设施运营项目相比，该类基于土地、林地运营权的产业开发存在较大不确定性，且前期投入较大、项目周期也比较长，多数社会资本还处于观望的状况。因此，想要推动污染场地治理公益性、准公益性项目建设，可以考虑通过开发价值较高的地块带动，具体来看就是能够开发成为商住用地或修复后能够形成耕地指标，并通过占补平衡进行交易的矿山修复项目，与开发价值较低的建设用地以及耕地进行打包，构建“公益性＋盈利性”兼具的项目包。由于土壤污染防治与城市建设规划分属生态环境部门、规划和自然资源部门管理，后续的商住建筑开发也会涉及住建部门，因此该项目包的设计需要相关部门协调推进，特别是通过城市建设规划引领，合理规划各块污染场地用地性质，最大化实现各个污染场地的价值，同时生态环境部门也需要加强用地性质转变前后的场地调查和风险评估，确保用地安全。

（5）试点先行探索专项基金模式

探索“净土开发”模式为社会资本从污染场地治理源头开始参与土地流转提供了可能，但因该模式相对弱化生态环境部门在其中的监管职能，具有一定风险，因此比较适合通过试点先行的方式进行探索，在确保土地安全的前提下再进行开发。若试点项目涉及建设用地、耕地、矿山等不同性质土地从污染治理到开发完成整个过程，周期会较长，新的商业模式下原来针对单个EPC项目银行信贷、发行债券等融资方式存在一定的期限错配问题。参考乌梁素海流域治理商业模式，建议通过构建专项基金的形式，以政府部门协调后设计的试点项目包为依托，利用土壤治理专项资金、地方财政资金以及利率较低的国际金融机构主权贷款等，引导社会资本通过基金模式参与该试点项目。

采用基金模式具有以下优势：

① 基金的潜在投资方多样，污染场地治理再开发全生命周期中涉及的各利益方都可以参与基金，能够提高项目设计的整体性和效率，减少土地流转过程中的多余环节，进而降低成本；

② 基金中包含土壤污染整治专项资金（生态环境局）、国有土地整治平台等公共部门，政府部门在基金中也能起到对土地流转过程的监管作用，保证土地的有效治理和安全开发利用；

③ 与 PPP 模式相比，基金模式退出机制灵活，在 PPP 投资模式下，资金方的退出或者转让需要 SPV 公司进行股权变更，相对手续烦琐，而基金模式不需要对 SPV 公司进行变动，基金内部的股权转让，只要各投资方达成协议，退出较易，也更受社会资本青睐。

参考文献

[1] 我国土壤修复市场空间过万亿 工业场地修复盈利模式及前景被看好，2020.

[2] 重庆市环境保护局．重庆市土壤污染状况调查［Z］．2007.

[3] 土壤污染防治行动计划［Z］．2016.

[4] 重庆市生态环境局．重庆市建设用地土壤污染风险管控和修复名录［Z］．2020. https：//sthjj. cq. gov. cn/zwgk _ 249/zfxxgkml/hjgl/trhjgl/jsydtrwrfxgkhxfml/202009/t20200929 _ 7930522. html.

[5] 重庆市历史遗留和关闭矿山地质环境治理恢复与土地复垦工作方案，2018. http：//jda. cq. gov. cn/szfwj/content _ 32157.

[6] 国土空间生态修复司．关于建立激励机制加快推进矿山生态修复的意见（征求意见稿）［Z］．2019.

[7] 重庆市规划和自然资源局．重庆市土地利用总体规划（2006～2020 年）调整方案［Z］．2021.

[8] 土壤污染防治基金管理办法，2020. https：//www. mee. gov. cn/xxgk2018/xxgk/xxgk10/202002/t20200228 _ 766623. html.

[9] 山水林田湖草生态保护修复工程指南（试行），2020. http：//gi. mnr. gov. cn/202009/t20200918 _ 2558754. html.

[10] 于琪，马骏，曲丹．分析了 873 个项目，土壤修复市场原来是这样的［R］．2020.

[11] 国土资源部．城乡建设用地增减挂钩试点管理办法［Z］．2008.

[12] 重庆市农村土地交易所管理暂行办法，2008. https：//www. gov. cn/gzdt/2008-12/10/content _ 1173675. htm.

[13] 国务院关于加强地方政府性债务管理的意见［Z］．2014.

[14] 建设工程价款优先受偿权若干实际问题探讨，2012. http：//xzzy. chinacourt. gov. cn/article/detail/2012/01/id/2110292. shtml.

第10章 在产企业土壤地下水隐患排查与自行监测方法[1]

[1] 本章作者为宋易南，张扬。

我国有约 248 万家在产工业企业[1]，工业企业在从事生产活动过程中，由于化学品储运设施渗漏、泄漏和突发事故等原因，容易造成土壤和地下水污染。污染源头防控是在产企业土壤和地下水环境治理的必要手段，主要通过隐患排查和自行监测，及时发现并控制污染风险源，大幅降低后期修复的投入。本章介绍了在产企业土壤地下水隐患排查与自行监测的总体要求和技术方法，并介绍了国外经验和国内典型案例，提出了隐患排查和自行监测的工作建议。

10.1 在产企业土壤地下水隐患排查与自行监测总体要求

10.1.1 国内要求

自改革开放以来，我国工业经历了 40 多年的快速发展，已由数量增长阶段转为了高质量发展阶段[2]。我国在产工业企业数量庞大，在产企业环境污染问题越来越受到关注。我国在产企业土壤和地下水环境管理相对滞后，2018 年发布的《中华人民共和国土壤污染防治法》（以下简称“土壤法”）要求，土壤污染重点监管单位应落实主体责任，建立土壤和地下水污染隐患排查和自行监测制度，防止企业生产经营活动造成土壤和地下水环境污染。为贯彻落实土壤法，生态环境部于同年发布了《工矿用地土壤环境管理办法（试行）》（以下简称《办法》)。《办法》第九条提出建立设施防渗漏管理制度，要求重点单位建设涉及有毒有害物质的生产装置、储罐和管道，或者建设污水处理池、应急池等存在土壤污染风险的设施，应当按照国家有关标准和规范的要求，设计、建设和安装有关防腐蚀、防泄漏设施和泄漏监测装置，防止有毒有害物质污染土壤和地下水。第十一条提出建立土壤和地下水污染隐患排查制度，要求重点单位应当建立土壤和地下水污染隐患排查治理制度，定期对重点区域、重点设施开展隐患排查。发现污染隐患的，应当制定整改方案，及时采取技术、管理措施消除隐患。隐患排查、治理情况应当如实记录并建立档案。重点区域包括涉及有毒有害物质的生产区，原材料及固体废物的堆存区、储放区和转运区等；重点设施包括涉及有毒有害物质的地下储罐、地下管线，以及污染治理设施等。

不同行业的在产企业土壤和地下水污染风险等级有所差异，因此我国对存在较高风险隐患的行业企业的土壤和地下水环境进行重点监管。2021 年，生态环境部发布了《重点监管单位土壤污染隐患排查指南（试行）》，要求根据有毒有害物质排放等情况，市级以上地方人民政府生态环境主管部门对确定纳入本行政区域土壤污染重点监管单位名录的单位进行定期排查。2022 年，生态环境部发布了《环境监管重点单位名录管理办法》，进一步明确了土壤污染重点监管单位的认定条件，包括：有色金属矿采选、有色金属冶炼、石油开采、石油加工、化工、焦化、电镀、制革行业规模以上企业；位于土壤污染潜在风险高的地块，且生产、使用、贮存、处置或者排放有毒有害物质的企业；位于耕地土壤重金属污染突出地区的涉镉排放企业。

10.1.2 国外经验

国外并未将污染场地区分为搬迁企业场地或在产企业场地，针对在产企业场地的土壤和地下水污染源头防控要求主要围绕地下储罐等存在风险隐患的设施进行部署。美国在 20 世纪 80 年代早期，发现大量地下储油罐泄漏并引起了地下水污染，自此之后政府开始采取系统性的应对措施。1984 年，美国国会对《资源保护与回收法》进行了修订，设置专项应对地下储油罐泄漏污染地下水的问题，从而减少未来的油罐泄漏事故，并针对油罐的设计、安装、泄漏检测、溢油防护和纠正措施以及油罐的停用，建立操作规程和技术标准。美国环保署建立了对地下储油罐的全面监管体系，要求所有地下储罐（under storage tank，UST）必须添置泄漏监测、溢流保护、防腐蚀和汽油气体回收等装置；所新装油罐必须为双层结构，并强制性每三年排查所有地下储油罐。

英国发布的《环境许可条例》分行业制定了一系列工业设施隐患排查与污染预防的指南，规定了化学原料和废料等的储存和处理的基本原则，以防泄漏。例如，在降低大型储罐污染的风险方面，需使用双层罐体并设置泄漏检测通道；工业企业需要在换热器和冷却系统中设置泄漏监控和腐蚀监控；英国工业污染源泄漏调查结果显示，90%的 VOCs 泄漏来源于阀门和管道泄漏，当地要求对在产企业地下管道、周边地表水、地下水进行有效的泄漏预防和监控。

澳大利亚标准中的《易燃易爆液体的储存和处理》（The Storage and Handling of Flammable and Combustible Liquids）和《地下储油系统的设计、安装和运行》（The Design，Installation and Operation of Underground Petroleum Storage Systems）介绍了储罐、管道等设施的相关监测经验，用于指导并排查隐患问题。澳大利亚在产企业隐患排查和监测主要对象包括地下水、储罐和管道，为此需要定期对监测设备完整性进行测试，并开展系统性的人员培训。

荷兰制定了《荷兰工业用地土壤污染防治指南》（Netherlands Soil Protection Guideline for Industrial Activities），要求可能污染土壤的设施应当设计和建设防渗漏设施和渗漏检测装置，并对土壤污染风险点定期排查，发现隐患及时排除，并详细描述了工矿企业的土壤污染的隐患点，包括散状液体储存、散状液体转运、散装和包装货物的储存和转运、生产区和其他活动区等，并提出制定重点设施设备及场所清单，梳理涉及可能造成土壤污染的设施设备，有针对性地制定土壤污染防治的措施与设施组合，从而降低土壤污染降低风险。

10.2 隐患排查技术要点

10.2.1 工作程序

隐患排查主要按照生态环境部发布的《重点监管单位土壤污染隐患排查指南（试行）》[3] 的要求执行，本节主要围绕该指南进行隐患排查技术要点介绍。隐患排查工作程序一般包括确定排查范围、开展现场排查、落实隐患整改、档案建立与应用等。首先通过资料收集、人员访谈，确定重点场所和重点设施设备，即可能或易发生有毒有害物质渗漏、流失、扬散的场所和设施设备。土壤污染隐患取决于土壤污染预防设施设备（硬件）和管理措施（软件）的组合。针对重点场所和重点设施设备，排查土壤污染预防设施设备的配备和运行情况，有关预防土壤污染管理制度建立和执行情况，分析判断是否能有效防止和及时发现有毒有害物质渗漏、流失、扬散，并形成隐患排查台账。根据隐患排查台账，制定整改方案，针对每个隐患提出具体整改措施，以及计划完成时间。整改方案应包括必要的设施设备提标改造或者管理整改措施。重点监管单位应按照整改方案进行隐患整改，形成隐患整改台账。隐患排查活动结束后，应建立隐患排查档案并存档备查。隐患排查成果可用于指导重点监管单位优化土壤和地下水自行监测点位布设等相关工作。

根据在产企业的生产情况，隐患排查的启动条件包括：原则上应对点监管单位每 2～3 年开展一次排查，并结合行业特点和生产实际，优化调整排查频次和排查范围；对于新、改、扩建项目，应在投产后一年内开展补充排查；土壤和地下水自行监测结果存在异常的，应及时开展土壤污染隐患排查；生态环境部门现场检查发现存在有毒有害物质渗漏、流失、扬散等污染土壤风险的，可要求重点监管单位及时开展土壤污染隐患排查，重点监管单位应按照该指南要求开展排查。

10.2.2 隐患排查范围

隐患排查的范围主要通过资料收集和分析确定，主要收集重点监管单位基本信息、生产信息、环境管理信息等，并梳理有毒有害物质信息清单。资料收集建议清单见表 10-1。必要时，可与各生产车间主要负责人员、环保管理人员以及主要工程技术人员等访谈，补充了解企业生产、环境管理等相关信息，包括设施设备运行管理，固体废物管理、化学品泄漏、环境应急物资储备等情况。

表 10-1　隐患排查与自行监测资料收集清单

项目	内容
基本信息	企业总平面布置图及面积、重点设施设备分布图、雨污管线分布图
生产信息	企业生产工艺流程图。化学品信息，特别是有毒有害物质生产、使用、转运、贮存等情况。涉及化学品的相关生产设施设备防渗漏、流失、扬散设计和建设信息；相关管理制度和台账
环境管理信息	建设项目环境影响报告书(表)、竣工环保验收报告、环境影响后评价报告、清洁生产报告、排污许可证、环境审计报告、突发环境事件风险评估报告、应急预案等。废气、废水收集、处理及排放，固体废物产生、贮存、利用和处理处置等情况，包括相关处理、贮存设施设备防渗漏、流失、扬散设计和建设信息，相关管理制度和台账。土壤和地下水环境调查监测数据、历史污染记录。已有的隐患排查及整改台账
重点设施设备管理情况	重点设施、设备的定期维护情况； 重点设施、设备操作手册以及人员培训情况； 重点场所的警示牌、操作规程的设定情况
水文地质信息	地面覆盖、地层结构、土壤质地、岩土层渗透性等特性；地下水埋深/分布/径流方向

在资料收集基础上，识别涉及有毒有害物质的重点场所或者重点设施设备，编制土壤污染隐患重点场所、重点设施设备清单，典型的重点设施包括地下储罐、传输管道、生产装置区、污水处理池等，具体见表 10-2。

表 10-2　隐患排查重点设施场所

重点设施	涉及生产活动
地下储罐、接地储罐、离地储罐、废水暂存池、污水处理池、初级雨水收集池	化学品、废水等液体贮存

续表

重点设施	涉及生产活动
散装液体物料装卸、管道运输、导淋、传输泵	化学品、废弃物转运，场内运输
企业生产装置	产品生产
废水排水系统、应急收集设施、车间操作活动、分析化验室、一般工业固体废物贮存场、危险废物贮存库	废水、废弃物管理

10.2.3 现场排查

开展现场排查，首先需检查重点场所和重点设施设备是否具有基本的防渗漏、流失、扬散的土壤污染预防功能（如具有腐蚀控制及防护的钢制储罐；设施能防止雨水进入，或者能及时有效地排出雨水），以及有关预防土壤污染管理制度建立和执行情况。当发生渗漏、流失、扬散的情况时，需排查企业是否具有防止污染物进入土壤的设施，包括普通阻隔设施、防滴漏设施（如原料桶采用托盘盛放），以及防渗阻隔系统等。此外，还需检查企业是否有能有效、及时发现并处理泄漏、渗漏或者土壤污染的设施或者措施。如泄漏检测设施、土壤和地下水环境定期监测、应急措施和应急物资储备等。普通阻隔设施需要更严格的管理措施，防渗阻隔系统需要定期检测防渗性能。现场排查技术要点和典型的污染预防措施详见表 10-3。排查完成后，重点监管单位应建立隐患排查台账，并编制土壤污染隐患排查报告。

表 10-3　现场排查技术要点

排查对象	主要风险隐患	污染预防设施	排查内容
储罐（地下/接地储罐）	罐体的内、外腐蚀造成液体物料泄漏、渗漏	单层钢制/双层储罐 阴极保护系统 地下水/土壤气监测井 检漏设施 阻隔系统	目视检查外壁是否有泄漏迹象；定期采用专业设备开展罐体专项检查；定期检查泄漏检测设施，确保正常运行；定期开展地下水或者土壤气监测；定期开展阴极保护有效性检查；定期开展防渗效果检查；日常维护
池体（地下/离地池体）	池体老化、破损、裂缝造成的泄漏、渗漏等；满溢导致的土壤污染	防渗池体 检漏设施 防渗阻隔系统	日常目视检查；定期检查泄漏检测和防渗设施，确保正常运行；日常维护
散装物料装卸（顶部/底部装卸）	液体物料的满溢；装卸完后，出料口及相关配件中残余液体物料的滴漏	阻隔设施 防滴漏设施 溢流保护装置	日常目视检查；定期清空防滴漏设施；定期开展防渗效果检查；设置清晰的灌注和抽出说明标识牌
传输管道（单层/双层管道）	管道的内、外腐蚀造成泄漏、渗漏	泄漏、渗漏检测设施	日常目视检查；定期检测管道渗漏情况（内检测、外检测及其他专项检测）；根据管道检测结果，制定并落实管道维护方案
导淋	排净物料时的滴漏	防渗阻隔系统 防滴漏设施	日常目视检查；定期清空防滴漏设施；日常维护
传输泵	驱动轴或者配件的密封处发生泄漏；润滑油的泄漏或者满溢	防渗阻隔系统 防滴漏设施 进料端关闭控制阀门	制定并落实泵检修方案；日常目视检查；定期清空防滴漏设施；日常维护
生产区	物料在设备中的泄漏、渗漏	防渗阻隔系统 防止雨水进入阻隔设施	定期防渗效果检查；日常目视检查；日常维护

10.2.4 隐患整改与建档

重点监管单位应依据隐患排查台账，因地制宜制定隐患整改方案，采取设施设备提标改造或者完善管理等措施，并明确整改完成期限，最大限度降低土壤污染隐患，如在防止渗漏等污染土壤方面，可以加强设施设备的防渗漏性能；也可以加强有二次保护效果的阻隔设施等。在有效、及时发现泄漏、渗漏方面，可以设置泄漏检测设施；如果无法配备泄漏检测设施，可以定期开展地下水或者土壤气监测来代替。如果在排查过程中发现土壤已经受到污染，应及时采取措施避免污染加重和扩散，并依法开展风险管控或修复。

隐患排查档案是开展土壤污染状况调查评估和管理部门监管的重要资料，重点监管单位应长期保存。土壤污染隐患排查档案包括但不限于土壤污染隐患排查报告、定期检查与日常维护记录单、隐患排查台账、隐患整改方案、隐患整改台账等内容。隐患排查制度建立和落实情况应按照排污许可相关管理办法要求，纳入排污许可证年度执行报告上报。

10.3 自行监测技术要点

10.3.1 工作程序

在产企业土壤和地下水环境自行监测隐患排查主要按照生态环境部发布的《工业企业土壤和地下水自行监测技术指南》（HJ 1209—2021）[4] 的要求执行，本节主要围绕该导则介绍自行监测的技术要点。在产企业土壤和地下水环境自行监测的工作程序主要包括：制定监测方案，根据隐患排查结果识别重点监测单元并对其进行分类，制定针对性的自行监测方案；建设与管理监测设施，根据监测方案确定的监测点位与监测指标，按照 HJ 164 的要求建设并管理地下水监测井；实施监测方案，按照监测方案，根据自身条件和能力自行或委托相关机构定期开展监测活动，并将相关内容纳入企业自行监测年度报告及排污许可证年度执行报告（仅限已核发排污许可证的企业）；质量保证与质量控制，建立自行监测质量体系，按照 HJ 1209 及相关技术规范要求做好各环节质量保证与质量控制；报送和公开监测数据，按照相关法规的要求，将监测数据报生态环境主管部门并向社会公开监测结果。

10.3.2 自行监测方案制定

（1）监测单元划分

制定方案前，需要对企业进行资料收集和现场踏勘，资料收集要求详见表 10-1。应通过现场踏勘，补充和确认待监测企业内部的信息，核查所收集资料的有效性。对照企业平面布置图，勘察各场所及设施设备的分布情况，核实其主要功能、生产工艺及涉及的有毒有害物质。重点观察场所及设施设备地面硬化或其他防渗措施情况，判断是否存在通过渗漏、流失、扬散等途径导致土壤或地下水污染的隐患。必要时，可通过人员访谈进一步补充和核实企业信息。访谈人员可包括企业负责人，熟悉企业生产活动的管理人员和职工，企业属地的生态环境、发展改革委、工业和信息化等主管部门的工作人员，熟悉所在地情况的人员，相关行业专家等。

在资料收集和现场踏勘的基础上，结合隐患排查，将隐患排查中可能通过渗漏、流失、扬散等途径导致土壤或地下水污染的场所或设施设备识别为重点监测单元，开展土壤和地下水监测工作，重点单元的划分依据详见表 10-4。重点场所或重点设施设备分布较密集的区域可统一划分为一个重点监测单元，每个重点监测单元原则上面积不大于 6400m^2。

表 10-4　重点监测单元分类依据

单元类别	划分依据
一类单元	内部存在隐蔽性重点设施设备的重点监测单元
二类单元	除一类单元外其他重点监测单元

注：隐蔽性重点设施设备，指污染发生后不能及时发现或处理的重点设施设备，如地下、半地下或接地的储罐、池体、管道等。

（2）监测点位布设

监测点位的布设应遵循不影响企业正常生产且不造成安全隐患与二次污染的原则。点位应尽量接近重点单元内存在土壤污染隐患的重点场所或重点设施设备，重点场所或重点设施设备占地面积较大时，应尽量接近该场所或设施设备内最有可能受到污染物渗漏、流失、扬散等途径影响的隐患点。根据地勘资料，目标采样层无土壤可采或地下水埋藏条件不适宜采样的区域，可不进行相应监测，但应在监测报告中提供地勘资料并予以说明。

一类单元涉及的每个隐蔽性重点设施设备周边原则上均应布设至少 1 个深层土壤监测点，单元内部或周边还应布设至少 1 个表层土壤监测点。每个二类单元内部或周边原则上均应布设至少 1 个表层土壤监测点，具体位置及数量可根据单元大小或单元内重点场所或重点设施设备的数量及分布等实际情况适当调整。监测点原则上应布设在土壤裸露处，并兼顾考虑设置在雨水易于汇流和积聚的区域，污染途径包含扬散的单元，还应结合污染物主要沉降位置确定点位。深层土壤监测点采样深度应略低于其对应的隐蔽性重点设施设备底部与土壤接触面。下游 50m 范围内设有地下水监测井并按照 HJ 1209 要求开展地下水监测的单元可不布设深层土壤监测点。表层土壤监测点采样深度应为 0～0.5m。单元内部及周边 20m 范围内地面已全部采取无缝硬化或其他有效防渗措施，无裸露土壤的，可不布设表层土壤监测点，但应在监测报告中提供相应的影像记录并予以说明。

企业原则上应布设至少 1 个地下水对照点。对照点布设在企业用地地下水流向上游处，与污染物监测井设置在同一含水层，并应尽量保证不受自行监测企业生产过程影响。临近河流、湖泊和海洋等地下水流向可能发生季节性变化的区域可根据流向变化适当增加对照点数量。每个重点单元对应的地下水监测井不应少于 1 个。每个企业地下水监测井（含对照点）总数原则上不应少于 3 个，且尽量避免在同一直线上。应根据重点单元内重点场所或重点设施设备的数量及分布确定该单元对应地下水监测井的位置和数量，监测井应布设在污染物运移路径的下游方向，原则上井的位置和数量应能捕捉到该单元内所有重点场所或重点设施设备可能产生的地下水污染。地面已采取了符合 HJ 610 和 HJ 964 相关防渗技术要求的重点场所或重点设施设备可适当减少其所在单元内监测井数量，但不得少于 1 个监测井。企业或邻近区域内现有的地下水监测井，如果符合 HJ 1209 及 HJ 164 的筛选要求，可以作为地下水对照点或污染物监测井。监测井不宜变动，尽量保证地下水监测数据的连续性。自行监测原则上只调查潜水。涉及地下取水的企业应考虑增加取水层监测。

（3）监测指标与频次

原则上所有土壤监测点的监测指标至少应包括 GB 36600 表 1 基本项目，地下水监测井的监测指标至少应包括 GB/T 14848 表 1 常规指标（微生物指标、放射性指标除外）。企业内任何重点单元涉及上述范围外的关注污染物，应根据其土壤或地下水的污染特性，将其纳入企业内所有土壤或地下水监测点的初次监测指标。

关注污染物一般包括：

① 企业环境影响评价文件及其批复中确定的土壤和地下水特征因子；

② 排污许可证等相关管理规定或企业执行的污染物排放（控制）标准中可能对土壤或地下水产生影响的污染物指标；

③ 企业生产过程的原辅用料、生产工艺、中间及最终产品中可能对土壤或地下水产生影响的，已纳入有毒有害或优先控制污染物名录的污染物指标或其他有毒污染物指标；

④ 上述污染物在土壤或地下水中转化或降解产生的污染物；

⑤ 涉及 HJ 164 附录 F 中对应行业的特征项目（仅限地下水监测）。

后续监测按照重点单元确定监测指标，每个重点单元对应的监测指标至少应包括：该重点单元对应的任一土壤监测点或地下水监测井在前期监测中曾超标的污染物，受地质背景等因素影响造成超标的指标可不监测；该重点单元涉及的所有关注污染物，土壤和地下水的监测频次参见表 10-5。

表 10-5　土壤和地下水自行监测频次

监测对象		监测频次
土壤	表层土壤	1 年 1 次
	深层土壤	3 年 1 次
地下水	一类单元	半年(季度[①])1 次
	二类单元	1 年(半年[①])1 次

注：1. 初次监测应包括所有监测对象。

2. 应选取每年中相对固定的时间段采样。地下水流向可能发生季节性变化的区域应选取每年中地下水流向不同的时间段分别采样。

① 适用于周边 1km 范围内存在地下水环境敏感区的企业。地下水环境敏感区定义参见 HJ 610。

10.3.3　监测结果分析

监测结果分析应至少包括下列内容：

① 土壤污染物浓度与 GB 36600 中第二类用地筛选值、土壤环境背景值或地方土壤污染风险管控标准对比情况；

② 地下水污染物浓度与该地区地下水功能区划在 GB/T 14848 中对应的限值或地方生态环境部门判定的该地区地下水环境本底值对比情况；

③ 地下水各点位污染物监测值与该点位前次监测值对比情况；

④ 地下水各点位污染物监测值趋势分析；

⑤ 土壤或地下水中关注污染物检出情况。

当有点位出现下列任一种情况时，该点位监测频次应至少提高 1 倍，直至至少连续 2 次监测结果均不再出现下列情况，方可恢复原有监测频次；经分析污染可能不由该企业生产活动造成时除外，但应在监测结果分析中一并说明：

① 土壤污染物浓度超过 GB 36600 中第二类用地筛选值、土壤环境背景值或地方土壤污染风险管控标准；

② 地下水污染物浓度超过该地区地下水功能区划在 GB/T 14848 中对应的限值或地方生态环境部门判定的该地区地下水环境本底值；

③ 地下水污染物监测值高于该点位前次监测值 30%以上；

④ 地下水污染物监测值连续 4 次以上呈上升趋势。

10.4 案例分析

(1) 案例 1[5]

某化工企业前期隐患排查将储罐区设为一个重点监测单元，该区主要的土壤和地下水污染隐患包括防渗地坪存在较多裂隙，储罐内装有化工原料、生产废水等有毒有害物质，废液废气焚烧炉等。由于罐区中的储罐均为离地储罐，每个储罐均设有基座，无隐蔽性设施设备，故识别为二类单元。在监测点位布设方面，考虑到企业地下水流向为自西北向东南，为了不影响企业正常生产活动，将水土复合点布设在罐区东南侧周边裸露的草坪中，且在钻孔过程中避免破坏企业正常线路设施。

该企业为初次开展水隐患排查和自行监测，自行监测应尽可能包含所有指标。在考虑 GB 36600、GB/T 14848 的基本项目基础上，再通过分析企业环评批复中土壤和地下水的特征因子、排污许可证中可能对土壤和地下水造成污染的指标、企业生产经营活动中的原辅材料及其在土壤和地下水中降解转化产生的污染物，结合化工行业特征，最终确定企业土壤初次监测指标包括 pH 值、重金属、挥发性有机物、半挥发性有机物、二噁英类、总石油烃，地下水监测指标为 pH 值等常规指标、重金属和无机物、挥发性有机物、半挥发性有机物、二噁英类、总石油烃。后续监测指标应根据初次监测情况确定。土壤和地下水监测频次根据二类单元要求确定为每年 1 次。

(2) 案例 2[6]

某化工企业位于化学工业园内，主要生产钛白粉，该主要原辅材料是钛铁矿、硫酸、铁屑、液碱、偏钛酸等，被列入土壤环境重点监管企业名单。其企业生产工艺为采用硫酸法生产钛白粉，所涉及的原辅料主要是酸、碱和金属矿物。

排查项目主要包含以下几个方面：区域内涉及的物质、区域用途、废气情况（是否产生、是否收集处理）、废水情况（是否产生、排放方式及去向）、排水沟情况（材质及防腐防渗）、固体废物情况（固体废物种类、是否暂存）、固体废物堆放（固体废物种类、防渗防雨、管理措施）、构筑物整体防腐防渗防雨情况（是否具备、地面是否有裂缝）、运输管道（材质、是否有“跑、冒、滴、漏”及污染防范措施）、储罐或储池（储存物质、材质及防腐防渗、是否有围堰溢流收集等防扩散设施）、运输方式（是否密闭或包装）、生产加工装置（是否密闭、是否有防腐防渗等）。根据排查结果，将以下区域选为重点关注区：硫酸亚铁仓库、配矿车间、酸解水解车间、水洗车间、废酸浓缩车间、石灰消化厂房、聚合硫酸铁厂房。

监测结果显示，土壤中有部分重金属和有机物检出，其检出项均未超出《土壤环境质量 建设用地土壤污染风险管控标准（试行）》（GB 36600—2018）中第二类用地筛选值。地下水有部分重金属和无机物检出，大部分优于《地下水质量标准》（GB/T 14848—2017）中Ⅳ类标准，个别地下水点位的 Mn 和硫酸盐达到地下水Ⅴ类标准。

根据现场排查情况，厂区大部分区域构筑物较为完好，具备防风防雨功能，地面基本为混凝土硬化，且设置有一定防渗功能的溢流沟，储罐、反应釜设有围堰，部分具备特殊功能的车间或仓库地面用防腐材料铺设。但是也有个别区域防范措施不够完善，土壤和地下水可能存在一定的污染隐患。如厂区的硫酸亚铁车间构筑物侧壁部分镂空，防风防雨防遗散功能缺失，地面硬化存在破损；配矿车间附近有未硬化地面，且地表集落有矿物粉尘；酸解澄清及结晶水解车间区域排水沟有部分出现腐蚀或破损，部分传输泵老旧，密封性不足，可能会产生“跑、冒、滴、漏”；石灰消化厂房和聚合硫酸铁厂房部分反应罐未设置围堰，存在粉末和液体渗漏情况。以上问题均对土壤环境存在一定的污染隐患。建议做好全厂区地面、容器、管道、泵、排水沟等防腐防渗工程，全厂反应罐、池等的围堰工程，做好重点区域的构筑物防水防雨工程，从源头降低土壤污染概率。

（3）案例 3[7]

某电子加工企业年产双层柔性印刷电路板 45 万平方米。厂内构筑物包括 2 栋 3 层生产厂房、污水处理站、化学品库、固废库、柴油储罐区、应急事故池等。企业产污环节包括钻孔产生的含尘废气，微蚀、镀铜、镀镍、镀金产生的酸雾类废气，印刷产生的有机废气，电镀、蚀刻及清洗产生的含铜、氰、镍废水，以及废槽液、污泥等危险废物。

根据资料收集、人员访谈和现场勘查，明确排查的重点场所、设施，对每个区域针对性选择排查项目并逐一排查，排查内容包括涉及的风险物质、区域用途、废气（是否产生及收集处理）、废水（是否产生、排放方式及去向）、排水沟（材质及防腐防渗情况）、固体废物（固体废物种类、防雨防渗、管理措施）、区域整体防腐防渗防雨（是否具备、地面有无裂缝或破损）、传输管线（材质、有无“跑、冒、滴、漏”及污染防范措施）、储罐或池体（储存物质、材质及防渗防腐、有无围堰等防扩散设施）、运输方式（是否密闭或包装）等情况。

企业厂区生产布局较紧凑，对厂区内 9 处涉及工业活动的设施及区域进行土壤隐患识别和排查，对地面、管线、沟槽、储罐等区域重点排查后，结合企业在产的实际情况，提出如下整改方案：①部分生产设备存在老化锈蚀的风险，注意及时检修和更换；及时修复污水处理站内围堰及地坪防腐防渗层局部有脱落或破损区域；②完善固体废物转运制度、加强巡视监管，转运期间及时清理遗撒的废物、避免扬散；③加强管理，完善土壤隐患日常排查制度，责任到人，建立土壤污染防治责任岗位操作规程及隐患排查、整改台账。

企业自建成后，尚未开展过土壤及地下水自行监测，依据自行监测技术指南，将污水处理站、柴油储罐、应急事故池等划分为一类单元，在周边布设 1 个深层土壤监测点，单元内部或周边布设 1 个 0～0.5m（表层）土壤监测点。将危废库、生产车间、化学品仓库等其余区域划分为二类单元，在周边布设 1 个表层土壤监测点。在不影响企业正常生产的前提下，避开地下强弱电、光纤、给排水等设施，共布设 3 个柱状土点位、6 个表层土点位及 3 个地下水点位，并依据地下水流向，在上游布设 1 个水土对照点位。为确保采样井深度达到地下水稳定水位以下 3m，结合土壤点位钻探深度，钻探深度定为 6m。地块内池体最大埋深 2.5m，满足“深度需至装置底部与土壤接触面以下”的要求。土壤监测指标为 GB 36600

表 1 中 45 项基本项目、pH 值、氰化物、氟化物、石油烃（C_{10}～C_{40}）；地下水监测指标为 GB/T 14848 表 1 中除微生物指标和放射性指标以外 35 项常规指标。土壤评价标准执行 GB 36600 第二类用地筛选值；地下水评价标准执行 GB/T 14848 中Ⅳ类限值，石油烃（C_{10}～C_{40}）执行《上海市建设用地土壤污染状况调查、风险评估、风险管控与修复方案编制、风险管控与修复效果评估工作的补充规定（试行）》中第二类用地筛选值。

监测结果显示，土壤及地下水钻探期间未发现异常的污染迹象，土壤样品中监测指标的检测值均满足第二类用地标准；地下水样品中监测指标的检测值均满足Ⅳ类水质量标准，且与对照点检测值相比无明显差异，表明企业投产以来对厂区内土壤和地下水的环境影响较小，厂区内土壤及地下水环境与区域环境背景基本一致。

10.5
结论及建议

针对我国在产企业土壤地下水隐患排查与自行监测方法总结问题和建议如下。

（1）存在的问题

① 尽管我国出台了土壤和地下水污染隐患排查和自行监测技术指南，标准体系日渐完善，但由于开展隐患排查和自行监测的时间相对较短，经验不足，在实际操作过程中仍存在一些问题[5]：如隐患排查质量有待提升，未能全面识别、精确查找到土壤和地下水污染隐患；企业自行监测方案的编制缺乏针对性，过分关注点位数量要求而在布设方面缺乏专业性等。

② 土壤和地下水污染具有隐蔽性和积累性，在污染源风险预警技术方法精度有限的条件下，若在产企业设施发生渗漏或泄漏，难以及时发现并开展应急处置，后续将产生高额的土壤和地下水污染风险管控和修复治理费用。

（2）建议

① 加强隐患排查和自行监测方案的针对性。目前生态环境部虽然发布了《重点监管单位土壤污染隐患排查指南》和《工业企业土壤和地下水自行监测 技术指南（试行）》（HJ 1209—2021），用于指导在产企业土壤和地下水污染源头防控工作的开展，但由不同企业所涉及的行业、规模、工艺、生产历史、场地水文地质条件等方面的差异，在实际操作时需要结合企业自身特点进行针对性的考虑。例如，在制定自行监测方案时，需要考虑特征污染物在特定水文地质条件下的迁移转化特征，并结合场地概念模型完善地下水监测点位的布设。

② 重视土壤气监测应用。VOCs 是在产工业企业的主要特征污染物之一，一旦发生泄漏在地下环境中易迁移、风险高[8]。通过对土壤气监测可有效判断土壤和地下水中的 VOCs 污染情况。与直接监测土壤和地下水相比，土壤气监测具有成本低、灵活性高的特点，由于土壤气监测井建井深度较浅，对在产企业的适用性较高。目前，我国对土壤气监测的应用和标准体系建仍需完善。

③ 加强隐患排查和自行监测的质量控制。隐患排查和自行监测的实施主体是企业自身，部分工作为日常开展，考虑到我国实施隐患排查和自行监测的时间较短，相关工作成果质量参差不齐[9]，为进一步规范和指导在产企业开展土壤和地下水监测工作，应加强相关工作的人员培训，并对自行监测方案组织专家评审，确保工业企业的自行监测工作过程规范、管理

得当、监督到位。

参考文献

[1] 生态环境部，国家统计局，农业农村部．第二次全国污染源普查公报 [R]. 2020.

[2] 史丹，李鹏．中国工业 70 年发展质量演进及其现状评价 [J]. 中国工业经济，2019，378 (9)：5-23.

[3] 生态环境部．重点监管单位土壤污染隐患排查指南（试行）. 2021.

[4] 生态环境部．工业企业土壤和地下水自行监测技术指南 . 2022.

[5] 高碧声．土壤和地下水污染隐患排查和自行监测研究 [J]. 资源节约与环保，2023，(2)：56-59.

[6] 糜仁，王园．某化工企业土壤隐患排查及整改措施 [J]. 石化技术，2021.

[7] 钱婧．某电子电路制造企业土壤隐患排查案例分析 [J]. 皮革制作与环保科技，2023，4 (1)：51-53.

[8] 侯德义．我国工业场地地下水污染防治十大科技难题 [J]. 环境科学研究，2022，35 (9)：11.

[9] 张增迎，周渝婷．工业企业土壤和地下水自行监测的思考 [J]. 中国石油和化工标准与质量，2023，43 (3)：3.

第11章 典型工业园区土壤和地下水污染预防预警方法[1]

❶ 本章作者为王世杰，张元，张文毓，张丹，杨小东。

环境保护部《关于加强产业园区规划环境影响评价有关工作的通知》(环发〔2011〕14号)要求“优化产业布局，重点污染企业搬迁入园”。随着化工企业入园，工业园区成为有毒有害化学品最主要聚集地，大气、地表水、土壤和地下水等环境污染问题突出[1-3]，2014年环境保护部和国土资源部联合发布的《全国土壤污染状况调查公报》[4] 显示，调查的146家工业园区的2523个土壤点位中，超标点位占29.4%。针对中国工业园区土壤和地下水污染严重、污染成因复杂和污染防治技术难度大等问题和挑战，《关于加强化工园区环境保护工作的意见》(环发〔2012〕54号)提出“化工园区规划环境风险预警体系”的要求。《“十三五”挥发性有机物污染防治工作方案》(环大气〔2017〕121号)要求“新建涉VOCs排放的工业企业要入园区。园区管理机构应根据区域环境承载力、生态保护红线、环境质量底线、资源利用上线等条件，制定本园区新建项目的环境准入‘负面清单’，建立企业、园区和周边水系环境风险防控体系，积极推动园区内高污染、高环境风险企业参加和开展有毒有害气体环境风险预警体系建设”。随着《有毒有害气体环境风险预警体系建设技术导则(征求意见稿)》、《化工园区大气环境风险监控预警系统技术指南(试行)》(DB 37/T 3655—2019)等相关技术规范出台，全国已经有19个国家级化工园区开展了有毒有害气体环境风险预警体系建设试点。

中国目前除了开展化工园区大气污染环境风险预警试点外，针对园区地下水污染问题，生态环境部在《化工园区地下水环境状况调查评估技术方案》(环办便函〔2021〕100号)中提出，2021年年底完成国家级化工园区地下水环境状况调查评估工作，2022年年底完成省级及其他类别的化工园区地下水环境状况调查评估工作，推动建立全国化工园区地下水环境监测网。环境保护部发布的《地下水污染防治区划分工作指南》《地下水污染健康风险评估工作指南》《地下水污染模拟预测评估工作指南》(环办函〔2014〕99号)、《地下水环境监测预警技术指南(征求意见稿)》为工业园区地下水污染预警预防提供了技术方法。

中国20世纪90年代才引入区域环境风险评价与管理理念，并逐步开展工业园区风险评价框架、预警系统、易燃易爆等突发性风险源的石化和化工类园区的风险研究点。生态环境部《2020年全国环境应急管理工作要点》明确提出，实现化工园区“实时监控、预防预警、应急响应、辅助决策”等功能，从而达到环境污染“第一时间发现、第一时间预警、第一时间响应”的目的。2017年全球环境基金“中国污染场地管理项目”在重庆长寿工业园区开展土壤和地下水预防预警系统试点。2018年《四川省工业园区水气土协同预警建设实施方案》要求开展污染综合预警试点，将涉及冶金、化工、电镀及电子机械等行业的100个工业园区划分为“全能型”“普通型”“简化型”三类，分别提出污染预警建设要求，强调“实时监控、预防预警、应急响应、辅助决策、指挥调度”五大核心功能。随着全国土壤污染状况详查专项开展，以及《工矿用地土壤环境管理办法》、《工业企业土壤和地下水自行监测技术指南(试行)》(HJ 1209—2021)等国家政策法规出台，中国逐步重视和加强在产企业污染源头防控。

欧美等国外发达国家普遍经历了“先污染后治理”向“末端治理向源头预防和控制”转变[5]。20世纪70年代国外开始针对区域风险源管理、工业过程环境风险预防、化工行业环境风险最小化等问题陆续展开研究。欧盟将土壤视作不可再生资源，欧盟土壤框架指令直接涵盖了污染场地的管理，分为预防与编制清单和修复两个部分。荷兰在1970年就着手起草了《土壤保护法》，对化工企业、加油站、化学物质储存设施等都提出了严格的土壤污染预防要求。欧盟及欧盟各国已有的法规和框架指令，包括填埋指令（Landfill Directive）、综合污染预防和控制指令（Integrated P. P. C. Directive）、水框架指令（Water Framework Directive）、环境责任指令（Environmental Liability Directive）、土壤框架指令（Soil Framework Directive）草案，均提出了防止已经污染的土壤和地下水的污染加剧和扩散、严禁产生新的土壤和地下水污染。

目前，国内外对工业园区或集聚区等重点区域污染监测及风险预警研究尚处于摸索阶段，主要是由于污染源点多面广、种类多，污染状况不清，不同类型"源"的污染成因复杂和污染程度的差异性较大，污染物在包气带-含水层间的迁移转化机制尚不明晰，缺乏能够精准识别土壤和地下水污染环境因子的方法，缺乏有效的包气带-地下水系统协同预警监测技术，缺乏系统性的区域土壤和地下水污染风险评估方法[6]，在区域大尺度土壤和地下水污染的预警指标选取、赋值、预警等级划分和预警模型构建等方面尚未形成完善的方法体系。因此，为了能够及时发现污染、高效研判污染演变趋势、有效采取污染防治措施，为化工园区环境安全提供精细化管理抓手，亟须建立典型化工园区土壤和地下水污染预防预警方法。

11.1 工业园区土壤和地下水污染预防预警技术框架

11.1.1　工业园区土壤和地下水污染预防预警基本原则

预防预警管理：按照统筹规划的原则，兼顾整个工业园区的土壤和地下水污染预防预警以及重点污染企业（重点污染源）的土壤和地下水污染预防预警。

预防预警责任：按照"谁使用、谁负责"的原则，工业园区与企业签订污染预防预警的管理责任，将土壤和地下水污染预防预警纳入企业的环境风险防控体系内，一旦造成土壤和地下水污染，应承担损害评估、治理与修复的法律责任。

预防预警范围：按照"整体布置、重点突出"的原则，土壤和地下水污染预防预警范围覆盖整个工业园区，其中，污染源企业是监测预警的重点区域。

预防预警时间范围：工业园区土壤和地下水污染主要发生在建设施工、投产运营和关闭搬迁三个阶段，但是，污染预防要采用"全生命周期管理，按阶段监管落实"，即从企业设计审批、建设阶段、运营阶段、关闭搬迁、调查评估和修复治理阶段。

11.1.2　工业园区土壤和地下水污染预防预警技术框架

工业园区土壤和地下水污染预防预警技术框架如图 11-1 所示，主要包括工业园区基础调查、土壤和地下水污染监测、工业园区污染风险评估、工业园区污染预防及工业园区污染预防预警监管信息平台等内容。

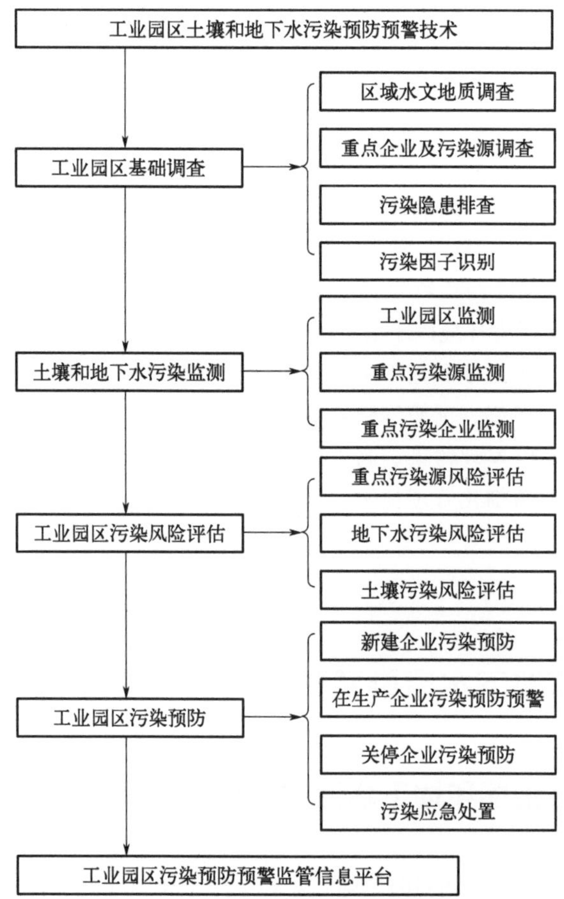

图 11-1 工业园区土壤和地下水污染预防预警技术框架

11.2 工业园区污染识别

11.2.1 工业园区资料收集及分析

（1）工业园区资料收集

资料收集主要包括工业园区基础资料、工业园区和企业产排污及污染监测相关资料以及其他辅助资料。

① 工业园区基础资料：基础资料包括园区规划环境影响评价报告、园区重点企业环境影响评价报告书、园区水文地质勘察报告及工程勘察报告、工业园区企业名录及重点监管企业名录、工业园区及重点企业清洁生产审核报告、工业园区企业安全评价报告、工业园区及企业平面布置图和管网布置图等。

② 工业园区和企业产排污及污染监测相关资料：工业园区及企业产排污资料主要包括园区企业排放污染物申报登记表和排污许可证、园区企业环境统计报表、区域企业环境保护

验收监测报告等。

污染监测相关资料主要包括企业日常污染排放监测数据、重点行业企业用地土壤污染状况调查成果数据、园区内企业土壤和地下水环境自行监测数据，以及园区内关闭搬迁企业地块土壤污染状况调查数据、第二次全国污染源普查数据和全国地下水基础环境状况调查评估数据等。

③ 其他辅助资料：其他辅助资料包括园区环境污染事故应急预案、园区化工企业污染隐患排查报告、园区化工企业污染事故记录、园区企业环境污染处罚及责令改正通知等。

(2) 工业园区资料分析

根据获取的资料分析工业园区内企业变迁及企业历史沿革等相关信息。重点关注工业园区内曾发生泄漏或地下水环境污染事故的企业或区域，调查企业生产、储存及运输等设施的完整情况，分析原料、产品及生产废物等堆放处置管理状况，生产车间、墙壁或地面存在污染的遗迹、变色情况等，识别已经污染或可能存在污染的企业或区域。

根据资料收集和现场踏勘结果，分类梳理工业园区内重点企业各个产排污环节。特别关注对土壤及地下水可能造成潜在污染风险的重点工艺环节，明确生产原料、产品制备工艺、排污方式及排污量、雨污管道布设及污水处理相关设施的运行情况等。

根据收集的资料初步分析工业园区所处区域的地貌类型与分区、地层岩性、地质构造，包气带岩性、厚度与结构，地下水系统结构、岩性、厚度，含水层、隔水层的岩性结构及空间分布，地下水补径排条件，为监测布点提供依据。

11.2.2　工业园区重点污染源识别

(1) 工业污染源企业

考虑到工业污染源涉及行业门类众多、环境管理水平各异、污染排放状况复杂等特点，凡满足下述原则之一的工业企业列入重点污染源清单：

① 属于石油加工/炼焦、有色金属冶炼、化学原料及化学品制造等重污染行业，且运行年限 10 年以上（含 10 年）的工业企业。

② 位于地下水型饮用水源保护区、补给区和径流区内且涉及重污染的工业企业。

③ 发生过污染物泄漏、污染事件的工业企业或废弃场地。

④ 已有资料或前期调查结果表明工业企业土壤和地下水中特征污染物超标。

(2) 危险废物处置场和生活垃圾卫生填埋场

工业园区内的所有危险废物处置场以及位于地下水型饮用水源保护区、补给区和径流区内的生活垃圾卫生填埋场列入重点污染源清单。

(3) 加油站

工业园区内加油站符合以下筛选原则的列入重点污染源清单：

① 已确认发生过油品泄漏事故的加油站。

② 尚未确认是否发生过油品泄漏的加油站：a. 位于地下水型饮用水源保护区、补给区和径流区内的加油站均进行重点调查；b. 在上述区域外，优先选择初始建站时间在 20 年以上的加油站进行重点调查，有条件的地方可以选择初始建站时间较短的加油站。

11.2.3 工业园区污染隐患排查

工业园区污染隐患排查主要针对的重点污染源如下。

(1) 隐患排查重点区域

① 生产区：主要包括涉及有毒有害物质的生产区或生产设施。

② 液体存储区：主要包括地下或半地下池体、地下储罐、接地储罐、离地储罐、地下管道、污水处理池等设施。

③ 存储和转运区：主要包括物料装卸、管道导流、物料分装、物料运输区、物料存储和暂存等区域。

④ 其他区域：废水处置排放区、分析化验室、危险废物存储库、一般工业固体废物存储场等区域。

(2) 隐患排查重点工作内容

① 排查重点设施设备是否具有基本的防渗漏、流失、扬散的土壤污染预防功能（如具有腐蚀控制及防护的钢制储罐；设施能防止雨水进入，或者能及时有效排出雨水)。

② 排查重点区域在发生渗漏、流失、扬散的情况下，是否具有防止污染物进入土壤的设施，包括普通阻隔设施、防滴漏设施（如原料桶采用托盘盛放)，以及防渗阻隔系统等。

③ 排查重点区域是否具备能有效、及时发现并处理泄漏、渗漏或者土壤污染的设施或者措施。如泄漏检测设施、土壤和地下水环境定期监测、应急措施和应急物资储备等。普通阻隔设施需要更严格的管理措施，防渗阻隔系统需要定期检测防渗性能。

(3) 隐患排查的主要方法

隐患排查的主要方法是现场检查，一般包括企业生产、储存及运输等重点区域的设施设备的状况及防渗情况，物料装卸等区域的状况及防渗情况，一般固体废物和危险废物存储设施和防渗情况，污染防治设施设备的配备和运行情况等内容。现场检查过程中应注意观察重点区域的构筑物、墙壁或地面是否存在污染痕迹和特殊的气味等，注意观察储罐、管道等重点设施是否存在“跑、冒、滴、漏”等情况，可使用便携式X射线荧光光谱分析仪、PID气体探测器等辅助。

隐患排查现场检查还包括相关环境管理制度落实情况，包括企业“三废”排放管理制度、排污许可证制度、土壤和地下水自行监测制度、隐患排查台账和整改制度等。

11.2.4 工业园区特征污染物

(1) 工业园区特征污染物筛选

工业园区特征污染物需要结合园区企业生产工艺、原辅材料、中间体等资料信息，按照以下要求筛选生产过程中涉及的有毒有害物质：

① 列入《中华人民共和国水污染防治法》规定的有毒有害水污染物名录的污染物。

② 列入《中华人民共和国大气污染防治法》规定的有毒有害大气污染物名录的污染物。

③《中华人民共和国固体废物污染环境防治法》规定的危险废物。

④ 国家和地方建设用地土壤污染风险管控标准管控的污染物。

⑤ 国家重点管控污染物名录内的污染物。

⑥ 其他国家优先管控污染物，包括但不限于日本特定物质名单Ⅰ和Ⅱ中的化学品、美国超级基金修正案（CERCLA）国家优先污染物名单中污染物、欧盟 REACH 中高关注度物质清单中污染物等。

（2）工业园区特征污染物确定

针对初步建立的有毒有害名录中污染物，需要根据污染物的可检测性进一步筛选：

① 有国家或行业标准测试方法的。

② 可参照 ISO、EPA 等国外相关标准测试方法的。

③ 可参照国内外相关文献，能够被定性和定量检测分析污染物。

11.3 工业园区污染调查与监测

工业园区污染调查与监测点位按照与污染源企业位置距离，分为重点污染源企业内部、重点污染源企业外部、工业园区边界三类进行布设。

11.3.1　重点污染源企业内污染调查与监测点布设

重点污染源企业内污染调查与监测点布设应遵循以下基本要求：

① 应根据重点污染源企业的污染影响类型、影响途径及可能的影响范围，综合考虑所在地区地形地貌、气象条件、地下水径流方向、占地规模、工业利用时间、平面布局、污染物排放及迁移扩散情况、历史监测与调查结果以及现场踏勘结果等因素，有针对性地开展土壤和地下水污染调查与监测点布设。

② 点位应在不影响周边设施正常使用且不造成安全隐患或二次污染的情况下，以尽可能捕获污染为原则，布设在潜在污染可能性最高、对周边环境影响最大的位置，应能充分反映重点污染源企业土壤和地下水污染扩散风险情况，及其对周边生态环境和公众健康造成的影响情况。

③ 污染源企业内部每个重点设施周边布设 1～2 个土壤监测点，每个重点区域布设 2～3 个土壤监测点，每个存在地下水污染隐患的重点设施周边或重点区域应布设至少 1 个地下水监测井，具体数量可根据设施大小或区域内设施数量等实际情况进行适当调整。

11.3.2　重点污染源企业外污染调查与监测点布设

11.3.2.1　重点污染源企业外土壤污染调查与监测点布设

（1）调查与监测总体布点原则

结合重点污染源企业周边地形地貌、水文和气候特征，在保证土壤监测点位的代表性、科学性和合理性的基础上，布点时应遵循以下原则：

① 重点污染源企业周边四个方位均设有监测点，优先布设在潜在污染风险较高区域。

② 应考虑污染源企业周边 1000m 范围内的保护敏感目标，优先布设周边农用地。

③ 为保持历史监测数据的可比性，尽量选择历史监测结果超过土壤风险筛选值的点位和污染监测数据呈上升趋势的点位。

（2）基于污染传输的布点方法

根据重点污染源企业排放特征划分为大气污染影响型、水污染影响型和固体废物污染影响型。

1）大气污染影响型单位监测点布设

① 在距离企业边界 50m 范围内，四个方位各布设 1 个监测点，布设在布点区域内大气污染物影响最大的位置。

② 在主导风向下风向，根据污染物扩散情况，在距离厂界 50～100m 和 100～500m 范围内至少各布设 1 个监测点，大气污染物沉降影响范围超过 500m 时，每 500m 范围增设 1 个监测点。

③ 在主导风向下风向距离企业 1000m 范围内的敏感目标，每个敏感目标至少布设 1 个监测点。

④ 有必要时，可在其他敏感目标增设监测点。

2）水污染影响型单位监测点布设

① 在距离企业边界 50m 范围内，四个方位各布设 1 个监测点。

② 在地下水流向下游，在距离企业边界 50～100m 和 100～500m 范围内至少各布设 1 个监测点。

③ 企业周边存在地表水体的，在地表水流向下游，在距离企业边界 50～100m 和 100～500m 范围内至少各布设 1 个监测点。

④ 在地表水流向下游距离企业 1000m 范围内有饮用水源保护区的，每个饮用水源保护区至少布设 1 个监测点；有必要时，可在其他敏感目标增设监测点。

⑤ 工业废水外排口附近必须布设监测点，且在工业废水外排口附近布设的监测点和其他存在污染痕迹的监测点应采集深层样品。

3）固体废物污染影响型单位监测点布设

① 在距离企业边界 50m 范围内，四个方位各布设 1 个监测点。

② 在距离企业 1000m 范围内的固体废物运输途径上的敏感目标周边靠近企业一侧布设 1 个监测点。

③ 有必要时，在其他存在污染痕迹的监测点应进行深层采样。

11.3.2.2 重点污染源企业外地下水污染调查与监测点布设

（1）调查与监测总体布点原则

1）反映调查监测范围内地下水总体水质状况

根据化工园区所处区域的地下水类型、园区内重点污染源企业分布、地下水流场流向、地下水补径排和污染物迁移等因素，采用点线面结合、网格式、随机定点或辐射式等布点方式，在工业园区地下水上游、重点污染源企业的地下水流向下游、垂直于地下水流方向两侧、园区边界布设监测点，反映调查监测范围内地下水总体水质状况。

2）以浅层地下水为主，兼顾水文地质条件

① 工业园区地下水污染调查与监测以浅层地下水为主。

② 若园区跨多个水文地质单元，每个水文地质单元单独布点。

③ 岩溶区监测点的布设重点在于追踪地下暗河，有条件的区域可采用物探等手段辅助判断岩溶通道（暗河）走向。按地下河系统径流网形状和规模布设采样点，在主管道露头、天窗处，适当布设采样点，在潜在污染源分布区适当加密。

④ 裂隙发育的调查区，监测布点应布设在相互连通的裂隙网络上。

（2）基于污染羽空间分布的布点方法

污染羽流纵向布点：根据污染物排放时间、地下水流向和流速，初步估算地下水污染羽流的长度（长度＝渗透速度/有效孔隙度×污染物运移时间），在污染羽流下游边界处布设监测点。

污染羽流横向布点：对于水文地质条件较为简单的松散地层，可以按照污染羽流宽度和长度之比为 0.3～0.5 的原则初步确定污染羽流的宽度，在羽流轴向上增加 1～2 行横向取样点。

污染羽流垂向布点：对于厚度≤6m 的污染含水层（组），一般可不分层（组）采样；对于厚度＞6m 的含水层（组），应根据调查区含水层的水力条件、污染物的种类和性质，确定具体的采样方式，原则上要求分层采样。

（3）地下水监测井深度设置

① 地下水监测以浅层地下水为主，钻孔深度以揭露浅层地下水且不穿透浅层地下水隔水底板为准；若浅层地下水污染严重，且存在深层地下水时，可在做好分层止水的条件下增加 1 口深井至深层地下水，以评价深层地下水的污染情况。

② 对于调查对象附近有地下水型饮用水源时，应兼顾主开采层地下水。

③ 如果调查区内没有符合要求的浅层地下水监测井，则可根据调查结论在地下水径流的下游布设监测井。

④ 存在多个含水层时，应在与浅层地下水存在水力联系的含水层中布设监测点，并将与地下水存在水力联系的地表水纳入监测。

（4）布点位置与数量

1）孔隙水

上游对照点：工业园区上游至少布设 1 个监测点，设在工业园区地下水流向上游，以最大限度地靠近工业园区而又不受污染源影响，能较好地代表上游地下水环境质量状况的位置为宜。

内部监测点：工业园区内部至少布设 3～5 个/10km^2 监测点，若面积＞100km^2，每增加 15km^2 监测点至少增加 1 个。内部监测点主要布设在识别的潜在污染源企业地下水下游方向，在企业占地红线之外并尽量靠近污染源。

污染扩散监测点：工业园区周边至少布设 5 个监测点，垂直于地下水流向呈扇形布设，在工业园区的地下水下游方向布设不少于 3 个，在工业园区两侧至少各布设 1 个监测点，污染扩散监测点尽量布设在园区边界处且不超出园区红线边界范围为宜。

2）裂隙水

裂隙发育的调查区，监测布点应布设在相互连通的裂隙网络上。

3）岩溶水

岩溶暗河分布区监测点的布设需重点追踪地下暗河，初步确定工业园区及周边地下河的分布。

原则上，在位于调查区域内的主管道上布设不少于 3 个监测点，根据地下河的分布及流向，在地下河的上、中、下游布设 3 个监测点，分别作为对照监测点、内部监测点及污染扩散监测点。

上游监测点以明显不受园区污染影响的地方或距离较近的暗河入口处，布设不少于 1 个监测点。内部监测点位于识别的潜在污染源附近，布设不少于 1 个监测点。下游监测点位于化工园区的地下水下游方向（或距离较近的暗河出口），布设不少于 1 个监测点。

岩溶发育完善，地下河分布复杂的地区，可根据现场情况增加 2～4 个监测点，一级支流管道长度≥2km 布设 2 个点，一级支流管道长度＜2km 布设 1 个点。

（5）其他要求

① 以园区已有地下水监测井为基础，尽可能地利用园区及周边范围内民井、生产井及泉点设置监测点。

② 发现污染已扩散至厂界外的地下水途径影响型重点监管单位，可在地下水流向下游方向距离厂界 50m、100m、200m 处设置土壤和地下水监测点位，以初步判断污染扩散的范围。

③ 重点监管单位同时涉及上述多种情形的，可以优化整合监测点位，设置符合上述各情形布点原则的共用点位。

④ 2 个以上重点监管单位集中分布并同步开展周边监测工作的，影响范围内敏感目标相同或污染物迁移扩散途径一致的，可按照上述各情形布点原则，结合各重点监管单位分布情况，统筹规划监测点位，设置的共用点位应能充分反映所代表的重点监管单位土壤和地下水污染扩散风险情况及对周边的影响情况，共用点位的监测项目应覆盖各重点监管单位监测项目。

11.4 工业园区污染风险综合评估方法

根据工业园区重点污染源、水文地质相关信息，建立基于污染源荷载风险、污染源潜在危害性及地下水脆弱性的地下水污染风险评估方法。

11.4.1 污染源荷载风险的评价

（1）单个污染源荷载风险评价

单个污染源荷载风险指数的计算公式为：

$$P = KQLD \tag{11-1}$$

污染源荷载风险（P）评价指标体系：污染源种类 K（包括毒性、污染物衰减能力、溶解性等）、产生量 Q（主要考虑降水量、污染源尺寸等）、污染物释放可能性 L（有无防护措施）、污染缓冲距离 D。其中，污染源种类 K 的取值、污染缓冲距离 D 的取值详见表 11-1；

污染物产生量 Q 的取值详见表 11-2；污染物释放可能性 L_1 的取值详见表 11-3，污染物到达地下水的可能性 L_2 分为 0、0.5、1，L 为 L_1 和 L_2 之和。

表 11-1 污染源种类 K 值及污染缓冲距离 D 值分级表

K	工业污染源	其他类型污染源	污染缓冲距离 D 值
9	石油化工、炼焦	未衬砌防护的危险废物处置场	2
8	化学原料及化学制品制造、电镀	未衬砌防护的危险废物存储场	2
7	有色金属冶炼	加油站、石油产品存储区	1.5
6	黑色金属冶炼	未衬砌防护的一般废物处置场	1
5	制革、造纸	未衬砌防护的一般废物填埋场	1.5
4	金属制品制造	地下水水位较高一般废物填埋场	0.5
3	纺织	—	1
2	食品类	—	0.5
1	其他行业	地下水水位较低的山谷一般废物填埋场	0.5

表 11-2 污染物产生量 Q 值分级表

污染源(污染物产生量)	污染物产生量区间	污染物产生量 Q 值
工业 [废水排放量/(10^3t/a)]	≤1	1
	(1～5]	2
	(5～10]	4
	(10～50]	6
	(50～100]	8
	(100～500]	10
	>500	12
废物处置场[处置量/(10^3t/a)]	≤1	2
	(1～10]	4
	(10～50]	7
	(50～100]	9
	>100	12
填埋场 (填埋量/10^3m^3)	≤1000	4
	(1000～5000]	7
	>5000	9
加油站、石油产品存储区 (容量≥30m^3 油罐的数量/个)	1	1
	(1～10]	3
	(10～50]	7
	(50～100]	9
	>100	12

表 11-3　污染释放可能性 L_1 分级表

污染源	释放可能性	污染释放可能性 L_1
工业	建厂时间在 2011 年之后	0.2
	建厂时间在 1998～2011 年之间	0.6
	建厂时间在 1998 之前或无防护措施	1
废物处置场	正规危险废物处置场	0.4
	无防护措施危险废物处置场	1
	正规一般废物处置场	0.1
	无防护措施一般废物处置场	0.2
填埋场	≤5 年，正规Ⅰ级	0.1
	>5 年，正规Ⅰ级	0.2
	≤5 年，正规Ⅱ级	0.3
	>5 年，正规Ⅱ级	0.4
	≤5 年，正规Ⅲ级	0.5
	>5 年，正规Ⅲ级	0.6
	非正规、简易防护Ⅳ级	0.8
	非正规、无防护Ⅴ级	1.0
加油站、石油产品存储区	≤5 年，双层罐或防渗池	0.1
	(5～15]年，双层罐或防渗池	0.2
	>15 年，双层罐或防渗池	0.5
	≤5 年，单层罐且防渗池	0.3
	(5～15]年，单层罐且防渗池	0.6
	(5～15]年，单层罐且无防渗池	0.8
	>15 年，单层罐且无防渗池	1.0

（2）多个污染源荷载风险的评价

针对多个污染源荷载风险，假设各污染源之间不存在拮抗作用和协同作用，采用风险值最高的污染源的风险作为 GIS 叠加结果。

（3）污染源荷载风险分级

污染源荷载综合指数分成 5 级，其中具体污染源荷载风险分类等级如表 11-4 所列。

表 11-4　污染源荷载风险分类标准

污染源载荷风险指数	[0,20]	(20,40]	(40,60]	(60,80]	(80,200]
P	低	较低	中等	较高	高

11.4.2　污染源潜在危害性评估

（1）污染源潜在危害性评估指标体系

污染源潜在危害性评估参数指标体系包括一级指标和二级指标（见表 11-5）。污染源潜在危害性评价参数的衡量及其等级划分具体见表 11-6。所有参数的等级范围为 1～10，等级越高，对地下水危害性越大。

表 11-5　污染源潜在危害性参数

总体指标	一级指标 A	二级指标 B
污染源潜在危害性评价	污染物的性质	毒性、迁移性、持久性、等标负荷
	污染源的特性	排放位置、污染发生概率、影响面积、污染持续时间

表 11-6　污染源潜在危害性参数

毒性	等级	迁移性	等级	持久性	等级	等标负荷	等级	排放位置	等级	污染发生概率	等级	影响面积比例	等级	持续时间	等级
ND	1	$K_{OC}>2000$	2	≤15d	1	＜1	2	—	—	密封	1	＜0.1%	2.5	小时	2
D	2.5	$500<K_{OC}\leqslant 2000$	4	15～60d	3	1～10	4	地表	2.5	—	—	0.1%～1%	5	天	4
C	5	$150<K_{OC}\leqslant 500$	6	60～180d	7	10～100	6	—	—	部分密封	5	1%～10%	7.5	月	6
B	7.5	$50<K_{OC}\leqslant 150$	8	180～360d	8	100～1000	8	—	—	—	—	10%～100%	10	年	8
A	10	$K_{OC}\leqslant 50$	10	360～720d	9	＞1000	10	地下	10	暴露	10	—	—	几十年	10
—	—	—	—	＞720d	10	—	—	—	—	—	—	—	—	—	—

（2）污染源潜在危害性评估

污染源对地下水环境造成潜在危害的评价公式如下：

$$S_j=\sum_{i=1}^{n}C_{ij}\times Q_{ij} \tag{11-2}$$

$$C_{ij}=T_{ij}W_T+M_{ij}W_M+D_{ij}W_D+L_{ij}W_L+S_{ij}W_S+P_{ij}W_P+A_{ij}W_A+C_{ij}W_C \tag{11-3}$$

式中，S_j 为污染源 j 对地下水环境造成污染能力的定量表征，称为污染源危害性；C_{ij} 为污染源 j 的第 i 种特征污染物 8 种自身属性的定量表征，称为特征污染物危害性；Q_{ij} 表示风险源 j 排放的第 i 种污染物能够进入地下水环境的数量，称为排放量；T_{ij}、M_{ij}、D_{ij}、L_{ij}、S_{ij}、P_{ij}、A_{ij}、C_{ij} 分别为特征污染物 i 的毒性量化指标、迁移性量化指标、降解性量化指标、等标负荷量化指标、排放位置量化指标、污染发生概率量化指标、影响面积量化指标、持续时间量化指标；W_T、W_M、W_D、W_L、W_S、W_P、W_A、W_C 分别为毒性、迁移性、降解性属性、等标负荷、排放位置、污染发生概率、影响面积、持续时间的权重值，污染源潜在危害性参数的权重采用层次分析法确定，其中，$W_T=0.2650$，$W_M=0.1325$，$W_D=0.1325$，$W_L=0.1100$，$W_L=0.1943$，$W_P=0.0957$，$W_A=0.0350$，$W_C=0.0350$。

根据研究侧重点确定 8 种属性的权重，并筛选出所需评价污染源的特征污染物，在此基础上确定其 8 种属性的量化指标，即可依据式（11-3）进行特征污染物的量化。

11.4.3　地下水易污脆弱性评估

美国的得克萨斯州、怀俄明州、罗得岛、马萨诸塞州、威斯康星州、内布拉斯加州、特拉华州、南达科他州等地区采用了 DRASTIC 方法进行含水层脆弱性评价。根据国际水文地质学家协会地下水委员会与联合国教科文组织联合编制的《地下水脆弱性评价与编图指南》，DRASTIC 方法中各参数的等级范围为 1～10，等级值越高，则地下水防护能力越差，越容易受到污染。各参数的具体等级划分见表 11-7。

表 11-7 DRASTIC 方法中各参数的等级值

地下水埋深		净补给量		含水层介质		土壤介质		地形坡度		包气带介质类型		水力传导系数	
D/m	等级	*R*/mm	等级	*A*	等级	*S*	等级	*T*/%	等级	*I*	等级	*C*/(m/d)	等级
0～1.5	10	0～50.8	1	块状页岩	1～3(2)	薄层或缺失	10	0～2	10	粉土/黏土	1～2(1)	0.04～4.1	1
1.5～4.6	9	50.8～101.6	3	变质岩、火成岩	2～5(3)	砾石	10	2～6	9	页岩	2～5(3)	4.1～12.2	2
4.6～9.1	7	101.6～177.8	6	风化的变质岩、火成岩	3～5(4)	砂	9	6～12	5	灰岩	2～7(6)	12.2～28.5	4
9.1～15.2	5	177.8～254.0	8	薄层状砂岩、灰岩、页岩	5～9(6)	胀缩性黏土	7	12～18	3	砂岩	4～8(6)	28.5～40.7	6
15.2～22.9	3	＞254.0	9	块状砂岩	4～9(6)	砂质壤土	6	＞18	1	层状的灰岩、砂岩、页岩	4～8(6)	40.7～81.5	8
22.9～30.5	2	—	—	块状灰岩	4～9(6)	壤土	5	—	—	含较多粉粒和黏粒的砂砾石	4～8(6)	＞81.5	10
＞30.5	1	—	—	砂砾石	6～9(8)	粉质壤土	4	—	—	变质岩、火成岩	2～8(4)	—	—
—	—	—	—	玄武岩	2～10(9)	黏质壤土	3	—	—	砂砾石	6～9(8)	—	—
—	—	—	—	岩溶发育灰岩	9～10(10)	非胀缩性黏土	1	—	—	玄武岩	2～10(9)	—	—
—	—	—	—	—	—	—	—	—	—	岩溶发育灰岩	8～10(10)	—	—

注：表中等级下的数字代表可选择的赋值区间范围，括号中数字代表等级。

DRASTIC 易污脆弱性指标对应的 7 项水文地质参数评价指标分别为：地下水埋深（depth to the watertable，D）、含水层净补给（net recharge，R）、含水层的岩性（aquifer-material，A）、土壤类型（soil type，S）、地形（topography，T）、渗流区的影响（impatct of the vadose zone，I）、含水层水力传导系数（hydraulic conductivity of aquifer，C）。DRASTIC 地下水易污性指标（DRASTIC 指数）由下式计算：

$$DI=D_{W}D_{R}+R_{W}R_{R}+A_{W}A_{R}+S_{W}S_{R}+T_{W}T_{R}+I_{W}I_{R}+C_{W}C_{R} \tag{11-4}$$

式中，W 为该参数的权重，R 为该参数的评分。

为了使地下水易污脆弱性指数与污染源潜在危害性指数的取值区间一致，将 DRASTIC 模型中各参数权重进行归一化，处理后各参数的权重值分别为 $D_{W}=0.22$、$R_{W}=0.17$、$A_{W}=0.13$、$S_{W}=0.09$、$T_{W}=0.04$、$I_{W}=0.22$、$C_{W}=0.13$。

根据 DRASTIC 地下水易污脆弱性计算结果进行分级管理，如表 11-8 所列。

表 11-8 地下水易污脆弱性分级

值域范围	等级
61～88	易污脆弱性极低区
89～115	易污脆弱性低区
116～142	易污脆弱性中等区
143～169	易污脆弱性高区
170～197	易污脆弱性极高区

11.4.4 污染风险综合评价

污染风险综合指数，具体见式（11-5）：

$$R(x,y)=S(x,y)\times D(x,y)\times P(x,y) \tag{11-5}$$

式中，$R(x,y)$ 为第（x,y）个单元格的污染风险综合指数；$S(x,y)$ 为第（x,y）个单元格的污染源危害性指数；$D(x,y)$ 为第（x,y）个单元格的易污脆弱性指数；$P(x,y)$ 为污染源载荷风险评价值。

利用 GIS 中的栅格计算器功能，将污染源潜在危害性评价的栅格图、易污性的栅格图、污染源载荷风险的栅格图进行乘积计算，得出地污染风险源综合指数。

$$R=\sum W_i\times R_i \tag{11-6}$$

式中，R 为多个污染源地下水污染风险综合指数；W_i 为第 i 个污染源权重，W_i 按照污染源分类分级赋值如表 11-9 所列；R_i 为第 i 个污染源地下水污染风险指数。

表 11-9 不同类型污染源地下水污染风险指数权重

指标	工业源			废物处置场		填埋场		加油站、石油产品存储区	
	石油化工、炼焦、化学原料及化学制品制造、电镀	有色金属冶炼、黑色金属冶炼、制革、造纸、金属制品制造	纺织、食品类及其他类	危险废物处置场	一般废物处置场	危废填埋场	一般废物填埋场	加油站	规模化石油产品存储区
权重	5	4	1	3	2	4	3	2	3

11.5 污染预警等级设定方法

11.5.1 污染预警原则

通过收集土壤和地下水的污染警情数据，利用地统计学和水质模型分析污染时空变化规律，判断污染强度、污染范围、污染历时、污染机理、污染源发生地点等，辨识警兆，发布污染预报预警。

（1）预警等级划分原则

为满足预警评价的要求，首先建立预警评价的指标体系，然后制定预警的警限。确定警度的关键在于综合考虑污染物类型、污染物浓度升高程度、污染源类型、污染物垂向和水平方面扩散距离等因素，确定警限，提出预警等级划分。

（2）分类预警原则

根据不同预警目的，污染风险预警可按照空间、时间和项目进行分类，具体如下。

1）空间预警

指在某一特定时间，区域污染空间上分布变化情况，又称状态预警。根据评价区域范围可分为：

① 全区域预警，即对全区域范围内做出预警，一般针对整个工业园区。

② 亚区域预警，即对相对独立的区域单元做出预警，一般针对重点污染源。

2）时间预警

是指污染随时间的动态变化及演化情况，又称趋势预警。趋势预警不仅要考虑区域土壤和地下水污染状况，还要经过长期的观测和研究，不断地积累大量的时间序列数据，便于变化趋势预测。

3）预警项目

根据预警因子数量可以分为单项预警和综合预警。

① 单项预警：仅就某一评价因子的演化趋势、速度和后果做出预警。

② 综合预警：通过若干评价因子的综合分析和预测，对其总的演化趋势、速度和后果做出预警。

（3）预警方式设定

1）恶化趋势预警

生产过程中的“跑、冒、滴、漏”或者环境污染防护措施失效，引起土壤和地下水污染浓度变化缓慢，虽未达到恶化或危害程度，但在不采取措施的情况下，会开始向恶化或退化方向变化。恶化趋势预警就是根据土壤和地下水连续监测数据，若污染物浓度存在稳定、明显上升趋势，则提出风险警报。

2）恶化速度预警

若发生大规模事故泄漏，地下水中污染物浓度突然成倍或者数量级升高，即对从比较好或不好的状态向恶化方向发展，且恶化趋势迅猛，有可能在较短的时间内达到恶化或危害程度的地下水水质，则提出风险警报。

3）不良状态预警

不良状态预警即将对已处于恶化或对人类活动造成危害的地下水水质做出预警，可进一步分为较差状态预警和恶劣状态预警。

4）阈值预警

从保护人体健康、生态安全角度，按照污染物扩散趋势是否可控、不同浓度污染物降解去除速率等要求，设置不同预警的阈值。

11.5.2 污染预警分级

基于以上预警评价的原则和要求，首先建立预警评价的指标体系，然后制定预警的警限。确定警度的关键在于综合考虑污染介质属性、污染源和污染物类型、污染物浓度变化及程度、污染物垂向和水平方面扩散距离及分布特征等因素，确定警限，提出预警等级划分。针对土壤、地下水、企业和园区分别进行预警度分级和预警。

11.5.2.1 土壤污染预警分级

综合污染物毒性、污染程度、污染点数量及污染点位置等要素，建立预警等级评价矩阵，如图 11-2 所示。具体步骤如下。

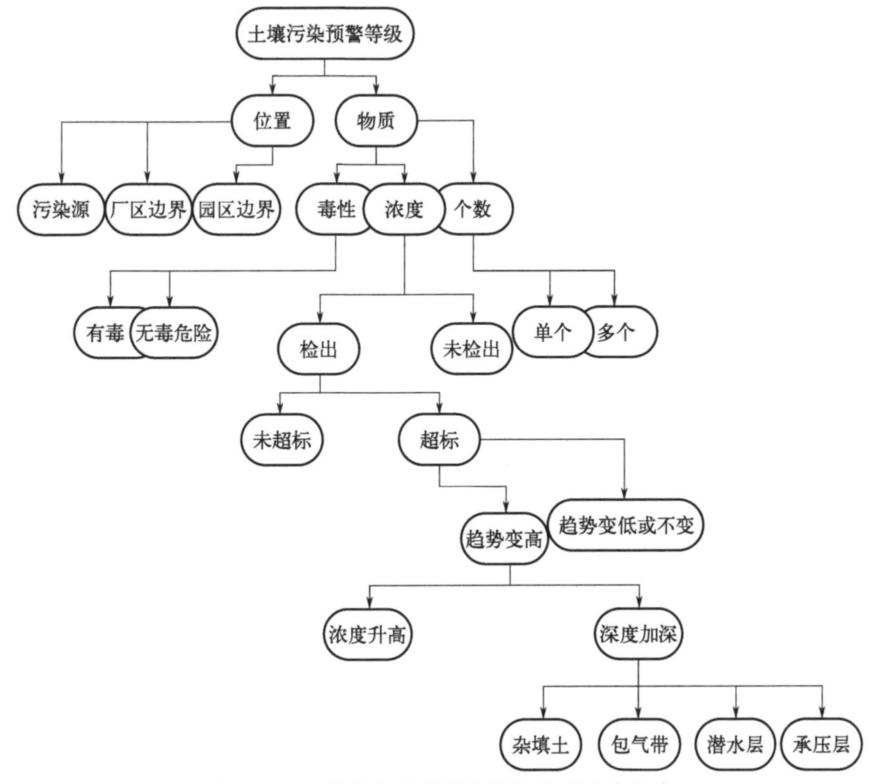

图 11-2　土壤污染预警等级指标体系层次示意

① 根据土壤污染点与污染源、企业边界及园区边界的相对位置进行分类。

② 按照污染物有毒和无毒进行分类，污染物毒性参照毒性数据库分值进行分类考虑。

③ 按照是否检出污染、污染程度是否超标、超标污染物种类和数量及污染物演变趋势对污染物进行分类，浓度首先根据符合标准要求的实验室检测方法对应的检出限，确定是否检出，对于检出的物质进一步对照《土壤环境质量 建设用地土壤污染风险管控标准（试行）》（GB 36600—2018）确定超标情况，超标情况下进一步判断超标的浓度趋势和污染层位的空间变迁趋势，污染物浓度升高或者污染向地层深部迁移，则定义为污染趋势恶化，否则为减轻或不变，不再做进一步分类。

④ 首先确定该点所有土壤污染物 $[a_1, a_2, \cdots, a_n]$ 预警等级 L_i，汇总合集 $L=\{L_1, L_2, \cdots, L_n\}$ 并排序，取最高预警等级作为该点土壤污染预警等级。不同分类对应不同污染预警等级，其中，污染预警等级包括无预警等级、低预警等级、较低预警等级、中预警等级、高预警等级、较高预警等级及巨高预警等级，对应 7 种颜色（绿色、青色、蓝色、黄色、橙色、红色和砖红），建立预警度判别矩阵见表 11-10（书后另见彩色版）。

⑤ 按照相同方法，评价园区内所有监测点的土壤污染预警等级。

表 11-10　土壤污染预警等级对照表

监测点位置	未检出	有检出											
		无毒						有毒					
		无标准趋势降或不变	不超标趋势降或不变	无标准趋势升	不超标趋势升	超标趋势降或不变	超标趋势升	无标准趋势降或不变	不超标趋势降或不变	无标准趋势升	不超标趋势升	超标趋势降或不变	超标趋势升
污染源	绿色	青色	青色	蓝色	蓝色	黄色	红色	蓝色	蓝色	橙色	橙色	红色	砖红
厂区边界	绿色	青色	青色	蓝色	蓝色	黄色	红色	蓝色	蓝色	橙色	橙色	红色	砖红
厂区外园区内	绿色	青色	青色	黄色	黄色	橙色	砖红	黄色	黄色	红色	红色	砖红	砖红
园区边界	绿色	蓝色	蓝色	黄色	黄色	橙色	砖红	黄色	黄色	红色	红色	砖红	砖红

11.5.2.2　地下水污染预警分级

综合污染物毒性、污染程度、污染点数量及污染点位置等要素，建立预警等级评价矩阵，如图 11-3 所示。具体步骤如下。

① 根据地下水污染点与污染源、企业边界及园区边界的相对位置进行分类。

② 按照污染物有毒和无毒进行分类，污染物毒性参照毒性数据库分值进行分类考虑。

③ 按照是否检出污染、污染程度是否超标、超标污染物种类和数量及污染物演变趋势对污染物进行分类。浓度首先根据符合标准要求的实验室检测方法对应的检出限，确定是否检出，对于检出的物质进一步对照《地下水质量标准》（GB/T 14848—2017）确定超标情况，超标情况下进一步判断超标的浓度趋势和污染层位的空间变迁趋势，污染物浓度升高或者污染向深层地下水迁移或者地下水污染范围扩大，则定义为污染趋势恶化，否则为减轻或不变，不再做进一步分类。

④ 确定该点所有地下水污染物 $[a_1, a_2, \cdots, a_n]$ 预警等级 L_i，汇总合集 $L=\{L_1, L_2, \cdots, L_n\}$ 并排序，取最高预警等级作为该点地下水污染预警等级。不同分类对应不同污染预警等级，其中，污染预警等级包括无预警等级、低预警等级、较低预警等级、中预警等级、高

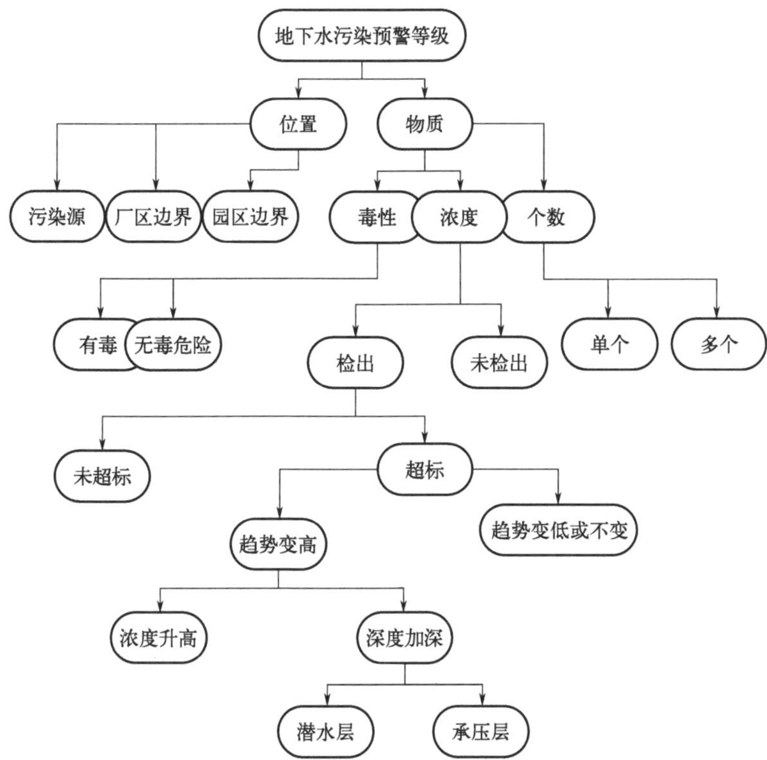

图 11-3　地下水污染预警等级指标体系层次示意

预警等级、较高预警等级及巨高预警等级，对应 7 种颜色（绿色、青色、蓝色、黄色、橙色、红色和砖红），建立预警度判别矩阵见表 11-11（书后另见彩色版）。

表 11-11　地下水污染预警等级对照表

监测点位置	未检出	有检出											
		无毒						有毒					
		无标准趋势降或不变	不超标趋势降或不变	无标准趋势升	不超标趋势升	超标趋势降或不变	超标趋势升	无标准趋势降或不变	不超标趋势降或不变	无标准趋势升	不超标趋势升	超标趋势降或不变	超标趋势升
污染源	绿色	青色	青色	蓝色	蓝色	黄色	红色	蓝色	蓝色	橙色	橙色	红色	砖红
厂区边界	绿色	青色	青色	蓝色	蓝色	黄色	红色	蓝色	蓝色	橙色	橙色	红色	砖红
厂区外园区内	绿色	青色	青色	黄色	黄色	橙色	砖红	黄色	黄色	红色	红色	砖红	砖红
园区边界	绿色	蓝色	蓝色	黄色	黄色	橙色	砖红	黄色	黄色	红色	红色	砖红	砖红

11.5.2.3　企业污染状况预警分级

根据企业内所有监测点的土壤和地下水污染预警等级，建立企业污染预警等级评价矩阵（表 11-12，书后另见彩色版），分为 7 个预警度：无预警、低、较低、中、较高、高和巨高。对应 7 种颜色（绿色、青色、蓝色、黄色、橙色、红色和砖红）。

表 11-12　企业污染状况预警等级对照表

因子预警等级		土壤监测点等级						
		绿色	青色	蓝色	黄色	橙色	红色	砖红
地下水监测点等级	绿色	绿色	青色	蓝色	黄色	橙色	红色	砖红
	青色	青色	蓝色	蓝色	黄色	橙色	红色	砖红
	蓝色	蓝色	蓝色	黄色	黄色	橙色	红色	砖红
	黄色	黄色	黄色	黄色	橙色	橙色	红色	砖红
	橙色	橙色	橙色	橙色	橙色	红色	红色	砖红
	红色	红色	红色	红色	红色	红色	砖红	砖红
	砖红	砖红	砖红	砖红	砖红	砖红	砖红	砖红

① 企业内无土壤和地下水监测点，此单独一类为棕色预警，提示园区和企业布设点位，开展监测。

② 企业内只有土壤监测点或者地下水监测点，采用土壤或地下水污染预警等级作为企业污染状况预警等级。

③ 企业内既有土壤监测点也有地下水监测点，需综合考虑土壤和地下水污染预警等级作为企业污染状况预警等级。

11.5.2.4　园区综合预警分级

根据园区内所有监测点的数量、位置分布及每个监测点污染预警等级，建立园区污染预警等级矩阵。

① 将园区内所有监测点分为两类：A 类为距离园区边界不大于 500m 的点位，B 类为距离园区边界超过 500m 的点位。

② 根据 A 类工业园区边界的监测点数量 k_i 及污染预警等级分类，参照表 11-13（书后另见彩色版）确定园区边界污染预警等级 a，分为无预警、低、较低、中、较高、高 6 个预警度，对应 6 种颜色（绿色、蓝色、黄色、橙色、红色和砖红）。

表 11-13　园区污染状况初步预警等级 a 对照表

因子特征		园区边界监测点等级						
		绿色	青色	蓝色	黄色	橙色	红色	砖红
监测点等级个数	1～3 个	绿色	蓝色	黄色	橙色	红色	砖红	砖红
	4～6 个	绿色	黄色	橙色	红色	砖红	砖红	砖红
	7 个及以上	绿色	橙色	红色	砖红	砖红	砖红	砖红

分析 A 类监测点预警等级，对无预警赋值 2、低预警赋值 6、较低预警赋值 10、中预警赋值 16、较高预警赋值 20、高预警赋值 30；根据 A 类工业园区边界的监测点数量 k_i，无预警点个数 k_1、低预警点个数 k_2、较低预警点个数 k_3、中预警点个数 k_4、较高预警点个数 k_5、高预警点个数 k_6；定义 A 类监测点总个数为 K，即 $K=\sum_{i=1}^{7}k_i$，根据如下公式得到 A 类监测点污染预警分值 G：

$$G=2k_1+6k_2+10k_3+16k_4+20k_5+30k_6 \tag{11-7}$$

基于不同等级赋值，采用预警区间指数映射变形方法分区，A 类监测点污染预警等级定义为 a 级：$2K \leqslant G < (137K/49)$ 对应无预警，$(137K/49) \leqslant G < (250K/49)$ 对应低预警，$(250K/49) \leqslant G < (440K/49)$ 对应较低预警，$(440K/49) \leqslant G < (706K/49)$ 对应中预警，$(706K/49) \leqslant G < (1049K/49)$ 对应较高预警，$(1049K/49) \leqslant G < (1466K/49)$ 对应高预警。

③ 根据 B 类位于园区内部的监测点数量 n_i 及污染预警等级分类，参照表 11-14（书后另见彩色版）确定园区内部污染预警等级 b，分为无预警、低、较低、中、较高、高和巨高 7 个预警度，对应 7 种颜色（绿色、青色、蓝色、黄色、橙色、红色和砖红）。

表 11-14 园区污染状况初步预警等级 b 计算表

因子预特征	非园区边界监测点等级						
	绿色	青色	蓝色	黄色	橙色	红色	砖红
赋予分值	1	3	5	8	10	15	20
对应的监测点个数	n_1	n_2	n_3	n_4	n_5	n_6	n_7
园区内部分值计算公式	$1n_1+3n_2+5n_3+8n_4+10n_5+15n_6+20n_7$						
园区内部预警度等级	绿色	青色	蓝色	黄色	橙色	红色	砖红
预警度等级对应的分值区间	$S<(20/7N)$	$(20/7N) \leqslant S < (40/7N)$	$(40/7N) \leqslant S < (60/7N)$	$(60/7N) \leqslant S < (80/7N)$	$(80/7N) \leqslant S < (100/7N)$	$(100/7N) \leqslant S < (120/7N)$	$(120/7N) \leqslant S < (20N)$

注：定义园区内监测点总个数为 N，园区内分值区间为 S。

分析 B 类监测点预警等级，对无预警赋值 1、低预警赋值 3、较低预警赋值 5、中预警赋值 8、较高预警赋值 10、高预警赋值 15、巨高预警赋值 20；根据 B 类位于园区内部的监测点数量 n_i 及污染预警等级分类，无预警点个数 n_1、低预警点个数 n_2、较低预警点个数 n_3、中预警点个数 n_4、较高预警点个数 n_5、高预警点个数 n_6、巨高预警点个数 n_7；定义园区内监测点总个数为 N，即 $N=\sum_{i=1}^{7} n_i$，按式（11-8）计算得到 B 类监测点污染预警分值 S：

$$S=1n_1+3n_2+5n_3+8n_4+10n_5+15n_6+20n_7 \tag{11-8}$$

基于不同等级赋值，采用预警区间指数映射变形方法分区，B 类监测点污染预警等级定义为 b 级：$N \leqslant S < (68N/49)$ 对应无预警，$(68N/49) \leqslant S < (125N/49)$ 对应低预警，$(125N/49) \leqslant S < (220N/49)$ 对应较低预警，$(220N/49) \leqslant S < (353N/49)$ 对应中预警，$(353N/49) \leqslant S < (524N/49)$ 对应较高预警，$(524N/49) \leqslant S < (733N/49)$ 对应高预警，$(733N/49) \leqslant S < 20N$ 对应巨高预警。

④ 取 a 和 b 二者中的最高级为园区预警等级。

11.6
结论及建议

将该套预警技术应用于行业中还需注意以下几个事项。

① 可考虑调查和监测点位布设的动态性原则，即当需要了解土壤和地下水环境质量动

态变化时，需继续对涉及有毒有害物质的企业及园区周边点位进行监测，以便预警体系能够及时捕捉并响应污染。

② 当监测结果出现异常时，可相应提出隐患点的污染防治措施，并进行异常情况下的长期监测。

③ 在实际场地的数据分析中，对土壤和地下水污染进行预警分析，还可考虑结合基于水文地质概念模型、地下水流数值模型和溶质运移模型的地下水污染扩散预测模型。

④ 针对突发性污染事故或事件、异常污染等控制和处置，必须制定土壤和地下水污染风险应急方案。

参考文献

[1] 樊新刚，米文宝，马振宁，等．宁夏石嘴山河滨工业园区表层土壤重金属污染的时空特征 [J]. 环境科学，2013，34（05）：1887-1894.

[2] 孙琳婷，赵祯，唐建辉．典型氟工业园周边河流沉积物中全（多）氟化合物的分布特征 [J]. 环境科学，2020，41（09）：4069-4075.

[3] 王红丽，高雅琴，景盛翱，等．基于走航监测的长三角工业园区周边大气挥发性有机物污染特征 [J]. 环境科学，2021，42（03）：1298-1305.

[4] 环境保护部，国土资源部．全国土壤污染状况调查公报 [R]. 2014.

[5] 陈建新，王静康．绿色化学化工与和谐社会的发展 [J]. 现代化工，2007，(12)：1-6.

[6] 陈卫平，谢天，李笑诺，等．中国土壤污染防治技术体系建设思考 [J]. 土壤学报，2018，55（03）：557-568.

第12章 农药行业污染场地识别与防治[1]

[1] 本章作者为张凯凯，赖劲宇。

农药作为重要的农业生产资料，在农产品生产以及林业、草原和卫生害虫防控等方面发挥着重大作用。我国农药行业历经近 70 年的发展，产业体系不断健全，产品结构不断优化，在稳定农业生产与发展、保障粮食安全等领域发挥了不可替代的作用。

12. 1 农药行业发展现状与趋势

12. 1. 1 农药行业发展现状总体概况

（1）产业体系基本形成

我国农药工业起步于新中国成立初期，经过近 70 年的发展，经历了农药产业从无到有、从弱到强的发展历程。目前我国已逐步形成了包括科研开发、原药生产、制剂加工、原材料及中间体配套的完整产业体系。我国农药生产企业数量多。据中国农药工业协会数据，截至 2022 年年底，农药企业有 1800 多家。其中原药企业 500 多家。大部分农药企业规模较小。从中国农药工业协会 2023 年发布的“2023 全国农药行业销售百强榜”可以看出，2022 年销售额 10 亿元以上的企业仅有 77 家，大部分农药企业属于中小企业[1]。杀虫剂、杀菌剂、除草剂等主要农药产品满足国内需求的同时，还出口到 188 个国家和地区，出口量占我国农药生产总量的 60%；其中有 10 家农药企业进入全球 20 强（表 12-1），综合实力和国际竞争力有所增强。目前，我国已经成为全球农药生产和出口的第一大国。

表 12-1 2023 年全国农药行业销售前 10 销售额对比（数据来源：中国农药工业协会）

单位：亿元

2023 年排名	企业名称	2022 年销售额	2021 年销售额	增长销售额	2022 年排名
1	安道麦股份有限公司	337.69	280.47	57.22	1
2	江苏扬农化工股份有限公司	155.55	117.10	38.45	2
3	山东潍坊润丰化工股份有限公司	144.60	96.81	47.79	3
4	中农立华生物科技股份有限公司	116.87	88.06	28.81	4
5	连云港立本作物科技有限公司	104.90	75.99	28.91	6
6	浙江新安化工集团股份有限公司	95.96	76.40	19.56	5
7	利尔化学股份有限公司	92.17	59.99	32.18	10
8	安徽广信农化股份有限公司	90.62	33.61	57.01	21
9	湖北兴发化工集团股份有限公司	86.70	75.48	11.22	7
10	北京颖泰嘉和生物科技股份有限公司	79.96	72.88	7.08	8

（2）产品结构逐步优化

“十三五”期间，随着“零增长”战略的不断推进，我国农药产品结构持续优化。据中国农药工业协会数据[2]，截至 2022 年 12 月 31 日，我国在有效登记状态的农药有效成分达到 751 个（包括仅限出口的新农药），登记产品 44811 个，其中大田用农药 41935 个，卫生用农药 2876 个，较 2021 年同比增加了 0.47%。从农药类别看，如图 12-1 所示，杀虫剂占 23.6%、除草剂占比 32.4%、杀菌剂占比 22.3%、植物生长调节剂占比 13.3%。从农药毒性看，高毒/中毒农药占比 14.1%、低毒微毒农药占比 85.9%。从农药剂型看，乳油、可湿性粉剂等传统剂型产品持续下降，年均下降率分别为 4.29%和 2.96%。悬浮剂、可分散油悬浮剂、水分散粒剂等环保剂型产品占比一直在上升，年均增长率分别为 14.3%、7.85%和 5.40%。

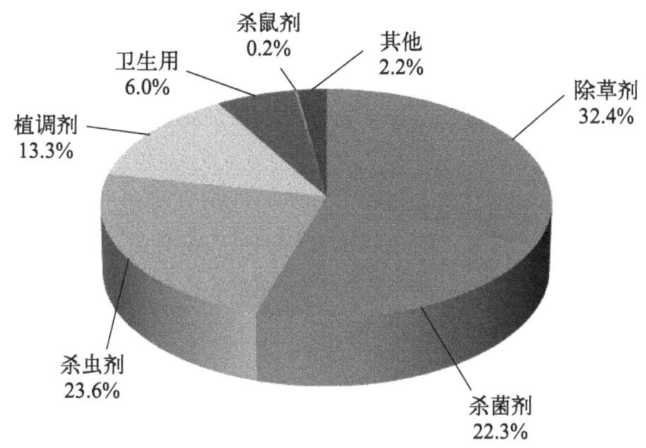

图 12-1　2022 年各类农药登记数量与当年新登记数量占比

（3）农药产量稳中下降

根据我国的统计资料数据，1978 年我国农药总产量仅 20 万吨左右（折百，即折合 100%纯度时的量），1999 年超过 50 万吨（为 58.6 万吨），2005 年超过 100 万吨（为 103.9 万吨），2009 年达 226.2 万吨，2012 年超过 300 万吨，2016 年更是达到 377.8 万吨。随着农业部（现农业农村部）“到 2020 年实现化肥、农药使用量零增长”政策的实施，亩用量较大的农药品种被逐步淘汰，农药总产量略有下降。2020 年全国累计生产农药 214.8 万吨[3]。与此同时，我国农药产品向着高效、低毒、环境友好方向发展。农药产业正从高效低毒低残留时代向高效低风险时代发展，农药产品正在朝水性化、粒状化、缓释化、低毒化和多功能化方向发展。如图 12-2 所示，我国农药行业原药生产主要分布在东部地区[3,4]。2021 年年底，我国农药企业主要集中在山东省、江苏省、河南省、河北省、浙江省，原药生产企业主要集中在江苏省、山东省、浙江省。对比 2015 年和 2020 年我国各地区农药企业数量，如图 12-2 所示，无论是农药企业数量还是原药企业数量，整体均呈下降趋势，仅有内蒙古自治区农药企业数量和原药企业数量是增加的。近年来，随着我国供给侧改革及安全环保政策的频繁出台，我国农药产业升级、兼并重组不断加速，一些小企业也逐步退出，同时也可以看出，我国农药企业有逐步从东部向西部搬迁的趋势[5]。

（4）农药研发创新取得新进展

我国农药发展的起步总体上要比国外晚 5～10 年。滴滴涕和六六六的研制和生产标志着我国现代农药工业发展的序幕就此拉开。我国农药在发展过程中，随着农药的应用、政策的变革经历了几个关键时期，分别是禁产禁用有机汞（1972～1973 年）、有机氯（20 世纪 50～80 年代），禁产禁用六六六、滴滴涕（1978～1992 年）[6]，禁产禁用 5 种高毒有机磷杀虫剂（2007 年）和逐步替代高毒农药[7]。我国农药工业经历了有机氯、有机磷、高效、低毒、环境友好型农药的变迁，不同历史时期生产产生的污染物也不同，如有机氯农药如六六

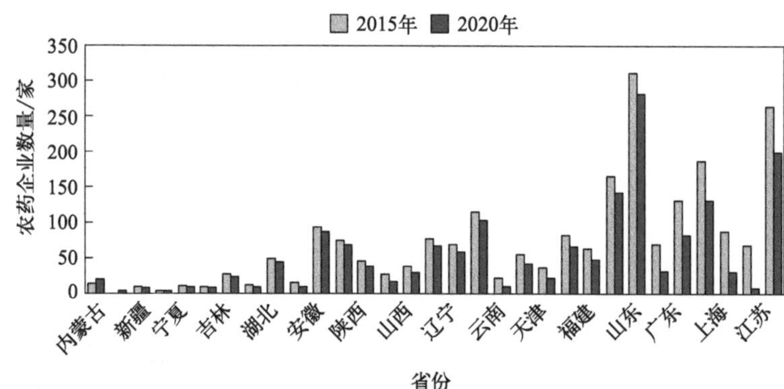

图 12-2　我国各地区农药企业数量统计（数据来源：中国农药工业协会）

六、滴滴涕，有机磷农药如甲胺磷、对硫磷、甲基对硫磷、久效磷、磷胺等多数为高毒、高残留农药，属于国际持久性有机污染物，2007 年以后，一方面，我国低毒、低残留、环境友好型农药逐步成为我国农药的主流品种；另一方面，随着我国环境管理水平的逐步提升，我国农药行业污染物处置和控制水平也逐步提升。截至目前我国国内使用的 600 多个农药化合物中，90%以上的农药品种实现本土化生产。其中丁吡吗啉、乙唑螨腈、环吡氟草酮和双唑草酮等 50 多个农药品种具有自主知识产权。此外，农药合成、生物发酵等新工艺、新剂型、新技术的研究也取得了新进展，为农药自主创新提供了有力支撑。

（5）农药经营与管理体系逐步规范

目前全国农药经营门店布局区域合理，并实现了禁限用农药定点经营和购销台账管理。通过“双随机一公开”监督抽查，农药质量合格率逐年提高，假冒伪劣产品逐年减少。同时，农药科学安全使用水平逐步提高，主要作物的农药利用率逐步提高，蔬菜、水果、茶叶等主要农产品农药残留合格率稳定在 98%以上，农产品质量安全水平显著提升。

2017 年，国务院修订了《农药管理条例》，农业农村部制修订了《农药登记管理办法》等 5 个配套规章和 6 个规范性文件[8,9]，农药管理迈入法治化、规范化轨道。新修订的《农药管理条例》实施后，将原来由工信、质检等多个部门负责的农药生产管理职能划归农业农村部一个部门统一管理，管理体系进一步理顺。目前，已初步形成国家、省、市、县四级农药管理服务体系，承担农药生产许可、登记管理、市场监管、安全使用等法定职责。

12.1.2　农药生产技术及清洁生产情况

（1）农药生产特点

我国农药生产具有以下几个特点：

① 农药行业属于精细化工行业，位于整个化工产业链的末端。农药中间体、农药原药合成和农药制剂加工构成完整的农药产业链。农药生产包括农药原药生产和农药制剂加工。其中原药生产又分为化学农药原药生产及生物农药生产。

② 我国农药生产以非专利期的仿制产品为主，工艺路线基本成熟。国内绝大部分相同品种的生产均采用同样的工艺路线，个别品种根据企业的具体情况采用与其他企业不同的工艺路线或个别的反应步骤采用不同的原料。

③ 农药生产原料种类多、大多数工艺过程较长、化学反应种类多、副反应及副产品种类多、“三废”产生量较大[10,11]。

④ 农药生产产生的“三废”成分复杂，处理难度大。

(2) 农药清洁生产情况

改革开放以来，我国农药工业从小到大，行业技术水平不断提升。过去家庭手工作坊式的生产装备已基本淘汰，很多企业已实现设备大型化、工艺连续化、操作自动化、生产清洁化，甚至出现生产现场无人、仅需远程自动监控的黑灯车间。农药生产逐渐向园区化、规模化、集约化发展，“三废”集中处理达标排放。与此相对应的，行业重点企业的环保管理不断规范，环保投入持续加大，企业管理水平不断提升。新的清洁生产工艺及污染治理策略的转变（由“末端治理”转变为“源头治理”）可帮助确保废水的达标排放。新型技术的开发有助于特征污染物的治理、专用的高浓度废水预处理、废水的末端治理及废水中农药原药活性成分的回收处理[12]。针对行业废气，为减少排放废气对周边环境和社区居民的影响。对于有组织排放的废气进行资源回收，近些年出现了许多回收技术，例如各种溶剂、甲苯、二甲苯、二氯乙烷、DMF（N,N-二甲基亚胱胺）、DMSO（二甲基亚砜）的回收等，大大节约了成本。对无组织排放废气的治理，主要是加强车间管理、完善收集和治理设施，尽可能使无组织排放变为有组织排放[13,14]。对于有毒气体例如光气等，重点企业都建有完善的处理与保障措施。针对废渣，很多符合条件的企业建立了废渣焚烧系统，通过采用焚烧工艺来处理农药生产过程产生的各种废渣、蒸馏釜残渣、废溶剂、高浓度废液、废包装袋、生化系统的剩余污泥等[15,16]。

(3) 农药生产发展趋势[17]

1) 绿色合成技术将进一步应用

应用绿色化学，采用绿色有机合成技术，从源头减少“三废”的产生。例如：寻找可再生并对人体健康和环境无害的新原料；发明新型无害催化剂，特别是生物催化剂，避免或减少在反应中有机溶剂的使用；从分子结构、毒性机理及作用机理来设计更安全的新农药；研究新的合成方法，提高主产物的产率，简化甚至免除分离过程等。

2) 生产装备连续化将进一步普及

随着国家绿色智能制造的进一步推进，农药行业连续化、自动化整体技术水平将有较大提高，“十四五”期间，大型企业主导产品的生产将实现连续化、自动化；制剂加工、包装全部实现自动化控制；大宗原药产品的生产实现生产自动化控制和装备大型化。

3) 农药制剂将进一步转型升级

农药制剂产品将向水基化、无尘化、控释、缓释等高效、安全的方向进一步发展。原来占绝对统治地位的乳油、粉剂及可湿性粉剂所占比例将进一步降低，水分散粒剂、悬浮剂、水乳剂等水性化和固体化新剂型以及植物油助剂、植物油溶剂等不含有毒有害有机物的助剂和溶剂使用逐步增加，应用纳米技术及其他可降解高分子材料制成的缓释、控释农药产品将逐步广泛应用。此外，生物农药、植物生长调节剂、水果保鲜剂和用于非农业领域的农药新产品、新制剂也将迅速发展[18]。

4) 对“三废”处理研究成为新方向

根据农药行业“三废”的特殊性，开发处理效果更好、工艺稳定性更强、运行费用更低的“三废”处理工艺，成为行业环保技术领域的发展方向。

12.2 农药行业场地污染特征和识别方法

12.2.1 典型农药产品筛选

对于我国历史遗留农药行业重点场地的识别，以典型产品为研究对象，筛选相关典型品种及筛选依据如下：考虑到我国农药生产历史情况，我国农药发展经历了有机氯农药时代（20 世纪 50～80 年代）、有机磷农药时代（20 世纪 80 年代～2007 年）及高效、低毒、环境友好型农药时代（2007 年至今）。考虑历史生产情况，从列入 POPs 清单、农药的高毒剧毒性及生产时间久几个方面重点考虑有机氯农药、已经禁用的 5 种高毒有机磷农药，以及当前还在生产的高毒农药三类农药产品。

（1）POPs 中涉及的典型农药产品筛选

筛选依据：POPs 清单中涉及的农药主要为有机氯杀虫剂。包括六六六（包括林丹）、滴滴涕、氯丹、灭蚁灵、艾氏剂、狄氏剂、异狄氏剂、七氯、毒杀酚、硫丹等[19]。上述有机氯杀虫剂我国现在均已停产。有机氯杀虫剂在我国主要生产时间为 20 世纪 50～80 年代，其中产量最大的六六六最高年产量达 35 万吨，滴滴涕最高年产量 2.5 万吨，其余有机氯杀虫剂艾氏剂、狄氏剂、异狄氏剂、七氯、氯丹、毒杀芬等年产量合计 3 万吨左右。根据农药产量与污染物排放量呈正向的关系，有机氯杀虫剂典型产品考虑选取六六六和滴滴涕。

（2）5 种禁用的高毒有机磷农药产品筛选

2007 年，我国全面禁用了甲胺磷、对硫磷、甲基对硫磷、久效磷和磷胺 5 种高毒有机磷农药[20]。这 5 种农药也在《鹿特丹公约》（PIC 公约）清单中。

（3）正在生产高毒剧毒农药

目前，除生物农药、杀鼠剂外，我国生产、使用的高毒农药还有 10 种，包括甲拌磷、涕灭威、水胺硫磷、甲基异柳磷、灭线磷、氧乐果、磷化铝、克百威、灭多威、氯化苦。现有高毒农药的使用范围主要集中于地下害虫或抗性害虫等难防作物害虫的防治上。根据《中共中央国务院关于深化改革加强食品安全工作的意见》（中发〔2019〕17 号），5 年内将分批淘汰上述 10 种高毒农药。

综上情况，筛选的典型农药产品如表 12-2 所列。

表 12-2 典型农药产品列表

序号	产品名称	类别	生产时期
1	六六六	有机氯杀虫剂	20 世纪 50 年代～1983 年
2	滴滴涕	有机氯杀虫剂	20 世纪 40 年代～1983 年
3	甲胺磷	有机磷杀虫剂	20 世纪 50 年代～2007 年
4	对硫磷	有机磷杀虫剂	20 世纪 50 年代～2007 年
5	甲基对硫磷	有机磷杀虫剂	20 世纪 60 年代～2007 年
6	久效磷	有机磷杀虫剂	20 世纪 70 年代～2007 年

续表

序号	产品名称	类别	生产时期
7	磷胺	有机磷杀虫剂	20 世纪 50 年代～2005 年
8	甲拌磷	有机磷杀虫剂	20 世纪 50 年代至今
9	涕灭威	氨基甲酸酯类杀虫剂	20 世纪 80 年代至今
10	水胺硫磷	有机磷杀虫剂	20 世纪 80 年代至今
11	甲基异柳磷	有机磷杀虫剂	20 世纪 80 年代至今
12	灭线磷	有机磷杀虫剂	20 世纪 80 年代至今
13	氧乐果	有机磷杀虫剂	20 世纪 60 年代至今
14	磷化铝	无机杀虫剂	20 世纪 60 年代至今
15	克百威	氨基甲酸酯类杀虫剂	20 世纪 80 年代至今
16	灭多威	氨基甲酸酯类杀虫剂	20 世纪 70 年代至今
17	氯化苦	土壤熏蒸剂	20 世纪 50 年代至今

12.2.2　“三废”排放及环境影响

我国上述典型产品的生产企业多数在 20 世纪 60～70 年代建成，建厂初期生产工艺落后，厂房简陋，企业没有污染治理设施，生产过程中“三废”不经处理直接排放到环境中。80 年代后，我国 POPs 化学品生产受到禁止，部分高毒、大多数 POPs 农药生产企业停产关闭。关闭后的企业多数进行了生产设备和场地的拆除，清理出来的有毒有害废弃物无法处理，大多堆放在厂区内或外围区域，堆放场地基本没有防护措施。

随着我国环境保护体系的建立和不断完善，上述典型产品涉及的在产企业的污染预防和防治水平有了大幅度的提升，按照当前我国相关法律法规要求达标排放。但是由于生产设备更新、技术改造不及时，部分农药生产企业生产过程中的“跑、冒、滴、漏”“三废”排放等对周围环境仍然存在造成污染的可能性。车间设备清洗过程及物料、成品的堆放、运输过程都会污染车间地面以及周围的土壤[21,22]。

六六六、滴滴涕、甲胺磷、对硫磷、甲基对硫磷、久效磷、磷胺、甲拌磷、涕灭威、水胺硫磷、甲基异柳磷、灭线磷、氧乐果、磷化铝、克百威、灭多威、氯化苦这 17 个典型产品生产过程的“跑、冒、滴、漏”、废水、废气和固体废物的排放可能造成车间及其周边土壤及地下水的污染，因此，对生产过程涉及的原（辅）料、成品及副产品等进行梳理，具体见表 12-3。

表 12-3　原（辅）料及产品列表

序号	原药、原(辅)料、中间体及副产物名称	CAS 号	涉及的产品
1	六六六	6108-10-7	六六六
2	滴滴涕	50-29-3	滴滴涕
3	久效磷	6923-22-4	久效磷
4	甲基对硫磷	298-00-0	甲基对硫磷
5	甲胺磷	10265-92-6	甲胺磷

续表

序号	原药、原(辅)料、中间体及副产物名称	CAS号	涉及的产品
6	磷胺	13171-21-6	磷胺
7	对硫磷	56-38-2	对硫磷
8	水胺硫磷	24353-61-5	水胺硫磷
9	甲基异柳磷	99675-03-3	甲基异柳磷
10	氧乐果	1113-02-6	氧乐果
11	甲拌磷	298-02-2	甲拌磷
12	灭线磷	13194-48-4	灭线磷
13	克百威	1563-66-2	克百威
14	灭多威	16752-77-5	灭多威
15	涕灭威	116-06-3	涕灭威
16	磷化铝	20859-73-8	磷化铝
17	氯化苦	76-06-2	氯化苦
18	苯	71-43-2	六六六
19	氯气、液氯	7782-50-5	六六六、氯化苦、久效磷、克百威、灭多威
20	三氯乙醛	75-87-6	滴滴涕
21	氯苯	108-90-7	六六六、滴滴涕
22	硫酸	7664-93-9	滴滴涕、水胺硫磷
23	氯化氢、盐酸	7647-01-0	滴滴涕、灭多威、甲基对硫磷、涕灭威、水胺硫磷、氧乐果、克百威
24	氯乙烷	75-00-3	滴滴涕、甲拌磷
25	对氯苯磺酸	98-66-8	滴滴涕
26	甲醇	67-56-1	甲胺磷、甲基对硫磷、水胺硫磷、甲基异柳磷、氧乐果
27	三氯硫磷	3982-91-0	甲胺磷、甲基对硫磷、水胺硫磷、甲基异柳磷
28	氢氧化钠、液碱	1310-73-2	涕灭威、水胺硫磷、灭多威
29	氨气、氨水	7664-41-7	甲胺磷、水胺硫磷
30	碘代甲烷	74-88-4	甲胺磷
31	硫酸二甲酯	77-78-1	甲胺磷
32	*O*-甲基硫代磷酰二氯	2523-94-6	甲胺磷、甲基对硫磷、水胺硫磷、甲基异柳磷
33	*O*,*O*-二甲基硫代磷酰胺	17321-47-0	甲胺磷
34	氯化铵	12125-02-9	甲胺磷、氧乐果
35	对硝基酚钠	824-78-2	对硫磷、甲基对硫磷
36	*O*,*O*-二乙基硫代磷酰氯	2524-04-1	对硫磷
37	三乙胺	121-44-8	对硫磷、甲拌磷、水胺硫磷、灭多威
38	三甲胺	75-50-3	对硫磷
39	氯化钠	7647-14-5	对硫磷、甲基对硫磷、久效磷

续表

序号	原药、原(辅)料、中间体及副产物名称	CAS 号	涉及的产品
40	紫铜粉	—	甲基对硫磷
41	碳酸钠、纯碱	497-19-8	甲基对硫磷、灭线磷、克百威、甲基异柳磷
42	甲苯	108-88-3	甲基对硫磷、水胺硫磷、甲基异柳磷、氧乐果
43	*O*,*O*-二甲基硫代磷酰氯	2524-03-0	甲胺磷、甲基对硫磷
44	一甲胺	74-89-5	久效磷、涕灭威
45	双乙烯酮	674-82-8	久效磷、磷胺
46	二氯乙烷	1300-21-6	久效磷
47	尿素	57-13-6	久效磷
48	亚磷酸三甲酯	121-45-9	久效磷、磷胺
49	*N*-甲基乙酰基乙酰胺	20306-75-6	久效磷
50	氯代乙酰乙酰甲胺	4116-10-3	久效磷
51	二乙胺	109-89-7	磷胺
52	磺酰氯	7791-25-5	磷胺
53	α,α-二氯代-*N*,*N*-二乙基乙酰乙酰胺	50433-06-2	磷胺
54	硫氢化钠	16721-80-5	甲拌磷、涕灭威
55	乙醇	64-17-5	甲拌磷、涕灭威、灭线磷
56	五硫化二磷	1314-80-3	甲拌磷、灭线磷
57	甲醛	50-00-0	甲拌磷
58	乙硫醇	75-08-1	甲拌磷
59	*O*,*O*-二乙基二硫代磷酸酯	298-06-6	甲拌磷
60	氯甲烷	74-87-3	涕灭威、氧乐果
61	异丁烯	115-11-7	涕灭威、克百威
62	亚硝酸钠	7632-00-0	涕灭威
63	光气	75-44-5	涕灭威
64	甲硫醇钠	5188-07-8	涕灭威、灭多威
65	2-氯-2-甲基-丙醛肟二聚体	—	涕灭威
66	2-甲基-2-(甲硫基)丙醛肟	1646-75-9	涕灭威
67	异氰酸甲酯	624-83-9	涕灭威、克百威、灭多威
68	水杨酸(邻羟基苯甲酸)	69-72-7	水胺硫磷、甲基异柳磷
69	异丙醇	67-63-0	水胺硫磷、甲基异柳磷
70	氯化亚砜	7719-09-7	水胺硫磷
71	水杨酸异丙酯	607-85-2	水胺硫磷、甲基异柳磷
72	二氧化硫	7446-09-5	水胺硫磷
73	异丙胺	75-31-0	甲基异柳磷
74	二甲苯	1330-20-7	甲基异柳磷、克百威

续表

序号	原药、原(辅)料、中间体及副产物名称	CAS 号	涉及的产品
75	溴代丙烷	106-94-5	灭线磷
76	氢氧化钾	1310-58-3	灭线磷
77	硫化氢	7783-06-4	灭线磷
78	二乙基二硫代磷酸	—	灭线磷
79	*O*,*O*-二乙基-*S*-丙基二硫代磷酸酯	18882-44-5	灭线磷
80	*O*-乙基-*S*-丙基-二硫代磷酸钾盐	—	灭线磷
81	三氯化磷	7719-12-2	氧乐果
82	硫磺粉	7704-34-9	氧乐果
83	液氮	7727-37-9	氧乐果
84	氯乙酸甲酯	96-34-4	氧乐果
85	氯仿	67-66-3	氧乐果
86	*O*,*O*-二甲基一硫代磷酸铵	40633-14-5	氧乐果
87	*O*,*O*-二甲基-*S*-(甲氧基羰基甲基)硫代硫酸酯	57212-78-9	氧乐果
88	赤磷	7723-14-0	磷化铝
89	铝粉	7429-90-5	磷化铝
90	五氧化二磷	1314-56-3	磷化铝
91	邻苯二酚	120-80-9	克百威
92	甲代烯丙基氯	563-47-3	克百威
93	邻(2-甲基烯丙氧基)苯酚	4790-71-0	克百威
94	2,3-二氢-2,2-二甲基-7-羟基苯并呋喃	1563-38-8	克百威
95	盐酸羟胺	5470-11-1	灭多威
96	乙醛	75-07-0	灭多威
97	乙醛肟	107-29-9	灭多威
98	灭多威肟	13749-94-5	灭多威
99	甲硫醇	74-93-1	涕灭威、灭多威
100	氢氧化钙	1305-62-0	氯化苦
101	苦味酸(2,4,6-三硝基苯酚)	88-89-1	氯化苦

对于土壤污染风险，需要考虑以下 3 个方面：

① 已经被列入 POPs 清单中的有机氯杀虫剂滴滴涕、六六六等污染物；

②《土壤环境质量 建设用地土壤污染风险管控标准（试行）》（GB 36600—2018）中涉及的挥发性有机物甲苯、二甲苯、苯、氯苯等污染物[23]；

③ 恶臭类物质，恶臭类物质作为农药污染场地一类典型的污染物，有的具有较为显著的人体健康影响，有的虽不具有明显的人体健康危害，但具有极强的环境影响[24]。

根据上述污染物污染的特性，将污染物等级分为 3 类：

① Ⅰ类污染物为 POPs、SVOCs 土壤半衰期长（DT_{50}≥2 个月）、剧毒、高毒或“三致”

（致癌、致畸、致突变），以及 GB 36600—2018 中列出的污染物；

② Ⅱ类污染物为 SVOCs 土壤半衰期短（DT_{50}<2 个月）、高毒或中等毒、水溶性好的污染物；

③ Ⅲ类污染物为 SVOCs 土壤半衰期短（DT_{50}<2 个月）、高毒或中等毒、水溶性差的污染物。

根据高毒农药产品生产过程中产生的污染物特性，筛选出有土壤污染风险的高毒农药产品 15 种：六六六、滴滴涕、甲胺磷、对硫磷、甲基对硫磷、久效磷、磷胺、甲拌磷、涕灭威、水胺硫磷、甲基异柳磷、灭线磷、氧乐果、克百威、灭多威。相关原（辅）料及成品的土壤污染风险见表 12-4。

表 12-4　潜在土壤污染物列表

序号	产品名称	污染物类别		
		Ⅰ类	Ⅱ类	Ⅲ类
		POPs、SVOCs 土壤半衰期长（DT_{50}≥2 个月）、剧毒、高毒或"三致"、国标中列出的污染物	SVOCs 土壤半衰期短（DT_{50}<2 个月）、高毒或中等毒、水溶性好	SVOCs 土壤半衰期短（DT_{50}<2 个月）、高毒或中等毒、水溶性差
1	六六六	六六六、苯、氯苯类	—	—
2	滴滴涕	滴滴涕、氯苯	三氯乙醛、硫酸、氯化氢	—
3	甲胺磷	硫酸二甲酯	甲胺磷、氨气	碘代甲烷、*O*,*O*-二甲基硫代磷酰胺
4	对硫磷	—	—	对硫磷、对硝基酚钠
5	甲基对硫磷	甲苯	盐酸	甲基对硫磷、对硝基酚钠
6	久效磷	—	久效磷、一甲胺	—
7	磷胺	—	磷胺	—
8	甲拌磷	甲拌磷、甲醛	硫氢化钠	—
9	涕灭威	涕灭威	盐酸、一甲胺、硫氢化钠、亚硝酸钠、甲硫醇钠	异氰酸甲酯
10	水胺硫磷	甲苯	硫酸、盐酸、氨水	水胺硫磷
11	甲基异柳磷	甲苯、二甲苯	—	甲基异柳磷
12	灭线磷	—	氢氧化钾	灭线磷
13	氧乐果	甲苯	氧乐果、盐酸	氯乙酸甲酯
14	克百威	克百威、二甲苯	盐酸、邻苯二酚	异氰酸甲酯
15	灭多威	—	氯化氢、甲硫醇钠、盐酸羟胺、乙醛肟	灭多威、异氰酸甲酯

12.2.3　厂区内污染场地识别

（1）厂区内主要污染源

按照典型产品生产过程中的污染物排放情况，农药生产企业疑似污染场地可以划分为以下几类：生产车间、产品包装车间、辅助车间、污水处理厂、质检和试验室、原料仓库或堆放场、产品仓库、污水管网、物料管线、物料运输通道、固体废物暂存库、废气处理区、行政办公区等，如表 12-5 所列。

表 12-5　潜在污染场地汇总表

序号	潜在污染场地	潜在污染物	迁移途径
1	生产车间	生产过程中涉及的原辅材料、农药成品及副产品等所有污染物	渗漏、迁移扩散
2	原料仓库或堆放场	生产过程中涉及的原辅材料	渗漏、迁移扩散、大气沉降
3	产品仓库	农药	渗漏、迁移扩散
4	固体废物暂存库	生产过程中涉及的原辅材料、农药成品及副产品等所有污染物	渗漏、迁移扩散
5	物料运输通道	生产过程中涉及的原辅材料、农药成品及副产品等所有污染物	渗漏、迁移扩散
6	物料管线	生产过程中涉及的原辅材料	渗漏、迁移扩散
7	污水处理装置	生产过程中涉及的原辅材料、农药成品及副产品等所有污染物	渗漏、迁移扩散
8	污水管网	生产过程中涉及的原辅材料、农药成品及副产品等所有污染物	渗漏、迁移扩散、大气沉降
9	废气处理区	生产过程中涉及的原辅材料、农药成品及副产品等所有污染物	渗漏、迁移扩散、大气沉降

（2）厂区内功能区潜在污染场地分析

1）生产车间

农药制造一般包括反应（一般为间歇和半连续）、分离（包括蒸发、精馏、过滤等）、结晶等工艺，车间厂房分为密闭式和敞开式（一般框架结构），生产工艺装置旁一般设有原料和中间体储罐。按照国家工程设计标准，储罐周围设有围堰或防火堤，可以防止泄漏的物料渗漏。

生产车间导致土壤污染的污染物排放途径如下。

① 反应工序：设备、管道的“跑、冒、滴、漏”、固体物料投料过程中的遗撒、设备清洗液排放、装置事故性泄漏、消防水渗漏等。产生的污染物较为复杂，可能是原材料、催化剂、中间体、产品、副产品、废液、废渣等。

② 分离工艺：设备、管道的“跑、冒、滴、漏”、固体物料转移过程中的遗撒、设备清洗液排放、装置事故性泄漏、消防水渗漏、精馏残液排放等，污染物可能是有机溶剂、中间体、产品、副产品、废液、废渣等。

③ 结晶工艺一般与离心分离工艺结合，排放方式主要是固体物料转移过程中的遗撒、设备清洗液排放等，污染物可能是有机溶剂、中间体、产品、副产品等。

因此，生产车间及周围土壤是厂区内的重点污染场地。

2）产品包装车间

产品包装车间的污染途径一般是产品（包括副产品和溶剂）的遗撒、设备清洗液排放等。车产品包装车间及周围土壤也是重点污染场地之一。

3）辅助车间

辅助车间包括动力车间、冷冻车间、机修车间等，直接接触污染物的情况较少，冷冻车间主要污染物涉及氨，可能由设备清洗造成。

4）污水处理装置区

污水处理装置区的污染途径主要是污水的泄漏、生化处理固体废物的遗撒及预处理和深度处理所需化学药剂的泄漏、其他固体废物的遗撒、检修时清洗液的排放等。主要污染物有VOCs物料、SVOCs物料以及氮、磷等。污水处理厂是重点污染场地。

5）质检和试验室

质检和试验室的污染途径主要是产品、中间体、副产品及溶剂的遗撒。污染物的量微小。

6）原料仓库或堆放场

原料仓库或堆放场的污染途径主要是液体泄漏、固体遗撒、消防水渗漏。原料仓库或堆放场是重点污染场地。

7）产品仓库

产品仓库的污染途径主要是液体产品（包含溶剂）泄漏、固体遗撒、消防水渗漏。产品仓库是重点污染场地。

8）污水管网

污水管网有架空和地埋两种，地埋管网的污染风险更高，主要是管道泄漏。

9）物料管线

物料（包括原料、产品、副产品、中间体）管线多为架空铺设，污染途径主要是管道法兰泄漏、检修时清洗液的排放等。

10）物料运输通道

物料运输通道的污染途径主要是物料装卸、转运过程中的泄漏和遗撒。

11）固体废物暂存库

固体废物暂存库的污染途径主要是固体废物的遗撒。固体废物暂存库及周边是主要污染场地之一。

12）废气处理区

废气处理区污染途径包括处理液的泄漏、废气吸附剂（活性炭、树脂等）的遗撒、设备清洗液排放等。

13）行政办公区

行政办公区直接接触污染物的情况不多，即使有遗撒，一般也会当即移除，所以，只要没有地下水迁移，不会造成污染。

（3）污染途径分析

典型农药产品生产场地土壤和地下水的污染途径为渗漏、迁移扩散，具体包括以下 3 个方面。

① 遗撒和渗漏引起的污染物水平和纵向迁移造成的污染：主要包括场地内生产过程的“跑、冒、滴、漏”，原料和产品储存过程及固体废物临时存放过程的遗撒和渗漏，污水输送管线和污水处理设施的渗漏等过程。污染物的遗撒和渗漏会造成场地表层土壤的污染，然后再通过雨水的淋溶下渗，向下迁移至深层土壤和地下水，造成土壤和地下水的污染。地下水中的污染物还会在水流作用下通过弥撒、扩散等迁移造成污染范围的扩大。

② 大气污染物干湿沉降造成的污染：厂区内的生产过程会产生大气污染物，其无组织排放和有组织排放会通过干湿沉降降落至下风向的地面，造成地表土壤的污染，并通过垂直

迁移造成深层土壤和地下水的污染。

③ 土壤和地下水中挥发性有机物的再扩散：在场地受到挥发性有机物污染的情况下，场地局部区域的污染物会因其挥发作用产生水平和纵向迁移，造成污染范围的进一步扩大或再分布，或重新逸出地表。

(4) 厂区内污染场地识别

通过对六六六、滴滴涕、甲胺磷、对硫磷、甲基对硫磷、久效磷、磷胺、甲拌磷、涕灭威、水胺硫磷、甲基异柳磷、灭线磷、氧乐果、磷化铝、克百威、灭多威、氯化苦生产历史、主要原（辅）材料使用、生产工艺、污染排放、潜在污染物等资料的分析，初步确认农药生产企业厂区内污染场地。

① 主要污染途径：包括物料贮存、运输、加工过程中的“跑、冒、滴、漏”，污水管网及污水处理设施的渗漏，大气污染物的干湿沉降等过程。该过程可能造成场地表层土壤的污染，并通过污染物的纵向迁移污染深层土壤和地下水。

② 主要污染源及污染物：主要污染源包括生产车间、原料仓库或堆放场、物料运输通道、固体废物暂存库、产品仓库、污水处理装置区、污水管网、物料管线、废气处理区等；场地中的污染物种类主要包括挥发性有机物、半挥发性有机物、持久性污染农药类等污染物。

③ 主要污染介质：主要为表层土壤，但由于污染物在土壤中的纵向迁移作用，长此以往，表层土壤中的污染物会逐渐进入深层和地下水中，导致深层土壤和地下水的污染。

典型产品场地内污染场地识别情况如表 12-6、表 12-7 所列。

表 12-6　六六六厂区污染场地识别

序号	潜在污染场地	潜在污染物	迁移途径	污染介质
1	生产车间(包括产品包装区)	六六六、苯、氯苯	渗漏、迁移扩散	土壤、地下水
2	原料仓库或堆放场	苯、氯苯	渗漏、迁移扩散、大气沉降	土壤、地下水
3	产品仓库	六六六	渗漏、迁移扩散	土壤、地下水
4	固体废物暂存库	六六六、苯、氯苯	渗漏、迁移扩散	土壤、地下水
5	物料运输通道	六六六、苯、氯苯	渗漏、迁移扩散	土壤、地下水

表 12-7　克百威厂区污染场地识别

序号	潜在污染场地	潜在污染物	迁移途径	污染介质
1	生产车间	克百威、甲苯、二甲苯、2-甲氧基乙醇(乙二醇单甲醚)、邻苯二酚、一甲胺(甲胺)	渗漏、迁移扩散	土壤、地下水
2	原料仓库或堆放场	甲苯、二甲苯、2-甲氧基乙醇(乙二醇单甲醚)、邻苯二酚、一甲胺(甲胺)	渗漏、迁移扩散、大气沉降	土壤、地下水
3	产品仓库	克百威	渗漏、迁移扩散	土壤、地下水
4	固体废物暂存库	克百威、甲苯、二甲苯、2-甲氧基乙醇(乙二醇单甲醚)、邻苯二酚、一甲胺(甲胺)	渗漏、迁移扩散	土壤、地下水
5	物料运输通道	克百威、甲苯、二甲苯、2-甲氧基乙醇(乙二醇单甲醚)、邻苯二酚、一甲胺(甲胺)	渗漏、迁移扩散	土壤、地下水

续表

序号	潜在污染场地	潜在污染物	迁移途径	污染介质
6	物料管线	克百威、甲苯、二甲苯、2-甲氧基乙醇(乙二醇单甲醚)、邻苯二酚、一甲胺(甲胺)	渗漏、迁移扩散	土壤、地下水
7	污水处理装置	克百威、甲苯、二甲苯、2-甲氧基乙醇(乙二醇单甲醚)、邻苯二酚、一甲胺(甲胺)	渗漏、迁移扩散	土壤、地下水
8	污水管网	克百威、甲苯、二甲苯、2-甲氧基乙醇(乙二醇单甲醚)、邻苯二酚、一甲胺(甲胺)	渗漏、迁移扩散、大气沉降	土壤、地下水
9	废气处理区	甲苯、二甲苯、2-甲氧基乙醇(乙二醇单甲醚)、一甲胺(甲胺)	渗漏、迁移扩散、大气沉降	土壤、地下水

12.2.4 历史遗留场地识别

通过初步调查和识别我国历史上高毒农药生产场地分布情况、场地现状和污染特征，帮助建立高毒农药潜在污染场地清单，为后续的场地调查、污染识别、风险评估（或场地修复）提供建议。

根据污染物危害的分类，高毒农药产品污染场地修复需要侧重以下几点。

① 重点关注土壤污染风险：含Ⅰ类污染物的场地。

② 重点关注地下水污染风险：含Ⅱ类污染物的场地。

③ 关注代谢产物去向及环境行为的非重点关注目标：含Ⅲ类污染物的场地。

根据上述原则，磷化铝和氯化苦 2 种农药生成流程不涉及 12.2.2 部分提及的 3 类污染物，不需要重点关注。对其他 15 种有土壤污染风险的高毒农药产品，筛选出了潜在污染场地清单，并进行了污染物危害等级分类。

12.2.5 污染场地重点区域识别方法及验证

（1）污染场地重点区域识别方法

农药行业历史遗留场地重点区域识别方法在该污染场地的产品生产历史清楚的条件下，污染场地分为三类，具体如下。

① 第一类：生产或使用过Ⅰ类污染物的场地，在企业场地调查与污染修复中应将Ⅰ类污染物作为目标污染物重点关注。

② 第二类：生产或使用过Ⅱ类污染物的场地，Ⅱ类污染物不仅导致土壤污染，还容易迁移到地下水，在企业场地调查与污染修复中应同时关注土壤和地下水，且企业在生产期间应该做好地面防渗等污染防治措施。

③ 第三类：生产或使用过Ⅲ类污染物的场地，Ⅲ类污染物本身不易导致土壤污染，在企业场地调查与污染修复中应重点关注其代谢产物去向及环境行为。

（2）农药污染场地风险预评估

农药污染物的威胁包括对人身健康和对生态环境的威胁两方面。

对人身健康的威胁包括：① 污染物随大气迁移对周边和场地上工作、生活人员的伤害；② 对场地周边敏感人群（幼儿园、敬老院等）的影响；③ 污染物通过地下水和地表水对人体的伤害。

对生态环境的威胁包括：① 进入周边生态系统，包括农田、森林、湖泊、河道；② 对生态敏感区的实际或潜在不良影响，生态敏感区包括自然风景、名胜古迹、珍稀动物栖息地。

结合污染物危害特性和污染威胁两个维度，对特定农药污染场地进行综合评价（详见表 12-8），判断该场地所处风险类别。有证据表明已经造成污染的场地，直接判定为“重大风险”场地。资料不全的场地，必要时进行现场检测，以获取土壤污染数据。

表 12-8　农药污染场地风险预评估矩阵

污染威胁 污染物危害特性						
	人身健康	-场地用作工业用地； -周边居民不会闻到异味； -周边不存在敏感人群； -场地或周边不存在饮用水源或食物供给	-场地用作工业用地； -周边居民不会闻到异味； -周边不存在敏感人群； -场地或周边不存在饮用水源或食物供给	-场地用作商业、工业用地； -周边居民偶尔闻到异味； -周边不存在敏感人群； -周边不存在饮用水源或食物供给	-场地用作农业用地或住宅、公园、学校等公共场所用地； -周边居民偶尔闻到异味	-周边居民经常闻到异味； -周边存在敏感人群； -场地或周边存在饮用水源或食物供给
	生态环境	-不会进入周边生态系统	-进入周边生态系统的可能性很小； -周边不存在生态敏感区域	-可能进入周边生态系统； -周边不存在生态敏感区域	-极可能进入周边生态系统； -周边是生态敏感区域，有潜在不良影响	-进入周边生态敏感区域
SVOCs 土壤半衰期短（DT_{50}<2 个月）、高毒或中等毒、水溶性差			一般风险			
SVOCs 土壤半衰期短（DT_{50}<2 个月）、高毒或中等毒、水溶性好				较大风险		
POPs、SVOCs 土壤半衰期长（DT_{50}≥2 个月）、剧毒、高毒或“三致”，以及 GB 36600 中列出的污染物						重大风险

12.3
农药行业场地污染防治对策

12.3.1　农药在产企业土壤污染防治对策

（1）从源头减少有毒有害物质的使用

① 建议研究制定《农药行业有毒有害原料替代品及替代工艺目录》，引导企业持续开发、使用低毒低害和无毒无害原料，减少产品中有毒有害物质含量，从源头削减或避免污染

物产生。鼓励在产企业通过技术创新，从源头减少农药生产过程中使用的有毒有害原（辅）料，主要有农药行业生产中排放的有毒有害水污染物、有毒有害大气污染物、建设用地土壤污染风险管控标准管控的污染物及优先控制化学品名录内的物质等。这类物质部分作为农药生产中的溶剂使用，部分用于原料生产。一方面应鼓励企业采用环保型溶剂替代有毒有害溶剂的使用；另一方面，鼓励通过工艺创新，采用绿色原料替代有毒有害原料，实现绿色发展。

② 逐步淘汰高毒农药的生产，鼓励企业转产。目前，除生物农药、杀鼠剂外，我国生产、使用的高毒农药还有 10 种，包括甲拌磷、涕灭威、水胺硫磷、甲基异柳磷、灭线磷、氧乐果、磷化铝、克百威、灭多威、氯化苦。现有高毒农药的使用范围主要集中于地下害虫或抗性害虫等难防作物害虫的防治上。高毒农药是控制粮棉油地下害虫、储粮害虫等病虫害的重要手段之一，国内外均有不同程度的使用。替代高毒农药，面临不少困难和问题。停止生产高毒农药会影响企业的经营效益。技改转产需要大量的资金。根据中国农药工业协会测算，中等生产规模（1000t/a）的高毒农药企业改进生产设备和工艺，转产高效低毒农药需要资金 1 亿元以上[25]。这对因停产效益大幅下滑的农药企业来说是难上加难。建议将高毒农药替代转产技术改造纳入中央预算内投资技术改造等支持方向，支持企业更新生产设备、改造生产工艺、升级安全环保设施。

（2）在产企业落实《重点监管单位土壤污染隐患排查指南（试行）》

2021 年 1 月，生态环境部为贯彻落实《中华人民共和国土壤污染防治法》，规范土壤污染重点监管单位土壤污染隐患排查工作，制定并发布了《重点监管单位土壤污染隐患排查指南（试行）》。农药行业作为土壤污染重点监管单位，应积极落实《重点监管单位土壤污染隐患排查指南（试行）》[26]。具体包括以下几个方面。

① 将农药生产企业应建立土壤污染隐患排查制度纳入农药生产管理中。农药生产应获得农药生产许可证，农药生产许可证有效期为 5 年，农业农村部制定了《农药生产许可管理办法》及《农药生产许可审查细则》，为进一步落实好《重点监管单位土壤污染隐患排查指南（试行）》，农药生产企业应建立土壤污染隐患排查制度并将其纳入农药生产许可的准入中，配备专门的管理和技术人员，并配备相关的自行检测设备，建议企业在 6～8 月生产淡季及设备维修期间，进行隐患排查。

② 制定《农药行业涉及有毒有害物质清单》。根据《重点监管单位土壤污染隐患排查指南（试行）》提到的相关污染物，梳理研究农药行业生产中使用或产生的有毒有害物质清单。

③ 建立农药行业《有潜在土壤污染隐患的重点场所及重点设施设备》名单。结合农药生产实际和生产特点，建立农药行业不同类型农药（如化学农药、生物农药原药生产、制剂加工等）生产的重点场所及重点设施设备，并梳理农药行业主要涉及的设备清单。

（3）进一步完善农药行业相关污染物控制标准

① 根据梳理的《农药行业涉及有毒有害物质清单》，进一步修订《排污单位自行监测技术指南 农药制造工业》（HJ 987—2018）中“周边环境质量影响监测指标最低监测频次”土壤及地下水的检测指标[27]。

② 制定并尽快发布《农药工业水污染物排放标准》[28]。应重点增加农药活性成分的排放指标、DMF、萘及综合毒性指标。对可吸附有机卤化物如二氯乙烷等应加严排放限值。

12. 3. 2 农药企业污染场地拆除过程中二次污染防治对策

我国是农药生产和使用大国，据国家统计局统计，农药生产和使用大省主要集中在东部的江苏、山东、河南、湖北、湖南、安徽、广东、江西、河北、黑龙江等省。随着《土壤污染防治行动计划》《中华人民共和国土壤污染防治法》等法律法规深入实施，在很多城郊出现了大量由于企业搬迁、关闭导致的农药污染场地，据统计仅在长江三角洲地区（江苏省、浙江省、安徽省、上海市）就有近500家。经调查，许多农药企业在拆除搬迁过程中存在偷排、偷倒“三废”及不规范拆迁等行为，导致化学品泄漏和扩散等事故的发生，给生态环境安全和人体健康带来了极大的风险隐患。因此，有必要针对农药厂拆除活动进行规范，预防企业搬迁或拆除过程中的二次污染及其他环境事故的发生。

（1）拆除活动前预防措施

① 农药企业拆除前应该进行场地清理，包括剩余物料清理、排污设施清理、物料装卸和储存等特殊区域及其他潜在区域的清理，安全移除场地内的有毒有害及危险化学品或废物，防止拆除过程中产生二次污染、污染扩散，并遵守国家及地方相关规定。

② 对于不能确定是否属于危险废物或危险化学品的，应首先进行分析鉴定，再进行相应处置。对不慎泄漏的物料或污染物必须加以收集和处理，不得随意堆放或遗弃。

③ 针对周边环境特别是环境敏感点的保护，落实拆迁过程中不产生二次污染的要求。防止挥发性有机物、有毒有害气体污染大气，落实扬尘管理要求［包括现场周边围挡、物料堆放覆盖、路面硬化、出入车辆清洗、渣土车辆密闭运输，建（构）筑物拆除施工实行提前浇水闷透的湿法拆除、湿法运输作业］等。

④ 统筹考虑并落实农药厂拆除方案，并完善拆除过程中可能出现的环境污染应急预案。

⑤ 组织实施拆除活动业主单位可自行组织拆除工作或委托具备相应能力的施工单位开展拆除工作。特种设备、装备的拆除和拆解需委托专业机构开展。实施过程中，应当根据现场的情况和土壤、水、大气等污染防治的需要，及时完善和调整拆除方案。

（2）拆除过程中环境污染预测及防治措施

1）固体废物产生情况及安全处置

拆除活动中应严格遵守《固体废物处理处置工程技术导则》（HJ 2035—2013）[29]，尽量减少固体废物的产生。对遗留的固体废物，以及拆除活动产生的建筑垃圾、第Ⅰ类一般工业固体废物、第Ⅱ类一般工业固体废物需要现场暂存的，应当分类贮存，贮存区域应当采取必要的防渗漏（如水泥硬化）等措施，并分别制定后续处理或利用处置方案。

2）危险废物产生情况及安全处置

拆除活动中应严格遵守《危险废物处置工程技术导则》（HJ 2042—2014）[30]。对遗留的危险废物需要现场暂存的，应当分类贮存，贮存区域应当采取必要的防渗漏（如水泥硬化）等措施，并分别制定后续处理或利用处置方案。为避免危险化学品的贮存或封存在企业搬迁出现管理上的混乱，导致环境污染事件的发生，企业对搬迁过程中如多氯联苯（PCBs）废物这样尚在封存中的危险废物应给予足够的重视，贮存或封存的危险化学品应妥善移交管理。危险废物应交有资质的单位进行处置，在危险废物接收、转移、运输、处理的每个环节都应该严格控制，避免对环境造成危害。

3）废水产生、减排与治理措施

拆除活动中应严格遵守《污水综合排放标准》（GB 8978—1997）及地方污水排放要求。应充分利用原有雨污分流、废水收集及处理系统，对拆除现场及拆除过程中产生的各类废水（含清洗废水）、污水、积水收集处理，禁止随意排放。没有收集处理系统或原有收集处理系统不可用时，应采取临时收集处理措施。针对物料放空、拆解、清洗、临时堆放等区域，应设置适当的防雨、防渗、拦挡等隔离措施，必要时设置围堰，防止废水外溢或渗漏。对现场遗留的污水、废水以及拆除过程产生的废水等，应当制定后续处理方案。

4）废气排放及防治措施

拆除活动中应严格遵守《大气污染物综合排放标准》（GB 16297—1996）[31]。农药生产企业在拆除活动中应控制废气排放，可采用吸附法、燃烧法等有效回收废气中的有机物，实现废气的有效控制。

5）环境噪声产生及防治措施

拆除活动中应严格遵守《建筑施工场界环境噪声排放标准》（GB 12523—2011）[32]。拆除活动应尽量减少噪声干扰，要充分考虑噪声对社区当前、潜在和可能的人类健康风险，避免加重对社区环境和人体健康的影响。

6）受污染的设施设备拆除

对于农药企业遗留的设备应该进行类别归类。曾经用于生产、处理处置或盛装有毒有害物质、危险废物、第Ⅱ类一般工业固体废物等可能导致人体健康和生态环境受损的物质，以及沾染了以上物质的设备属于高环境风险设备；而曾用于生产、处理处置或盛装非有毒有害物质、第Ⅰ类一般工业固体废物的设备，以及给水、中水回用、供电等的辅助性设备归为一般性废旧设备。对于生产使用信息不完整，但可能受到有毒有害物质污染、位于突发污染事故（如物料泄漏）影响区域，以及表面有污染痕迹等可能存在环境风险的设备，应当进行采样分析和论证后进行归类。

在设备拆除/拆解过程中避免或减少废水、废气、废渣的排放及扬尘、噪声的产生，拆除或拆解下来的设备应妥善堆放或保存，防止二次污染。特殊行业管道、设备拆除可参照安装资质由专业人员进行拆除，并对现场作业人员对拆除区域风险级别及防止二次污染的注意事项进行培训。

（3）建立健全二次污染防控体系

减少二次污染是绿色可持续修复理念的一个最重要的目的。在一定情况下二次污染带来的负面效应可能远超修复本身带来的正面效应。在防控技术上，建立源—途径—受体的全过程二次污染防控体系，重点开发和应用高效源清除-过程阻断削减技术、装备和药剂；在制度上，建立区域预警和场区预警两级预警及响应联动机制，根据项目所在区域的大环境空气质量，在拆除过程中有针对性地采取措施，当区域环境空气质量较好时，重点关注场区周边的环境空气质量，并依此设计不同的响应等级，确定项目停工、有限施工或正常施工模式。

（4）农药污染场地调查与修复中异味污染控制

我国是农药生产大国，农药产品繁多，绝大部分为有机化合物。近年来，随着城市快速发展和产业升级的需要，大批农药企业开始搬迁。农药行业遗留的场地污染问题非常严峻，其中异味问题尤为突出。公众对异味投诉的比例越来越大，在我国异味投诉仅次于噪声排在第二位，且呈逐年递增的趋势。农药行业作为主要的异味污染贡献行业，其生产过程中涉及的原辅材料、中间体、产品及降解产物，经过“跑、冒、滴、漏”或泄漏事故等方式进入场地土壤及地下水环境，导致退役后的农药场地成为新的异味污染源。

目前农药类污染场地中众多异味物质的识别和评价方法较为缺乏、清除与控制技术缺乏、现有药剂和治理技术针对性不强、评估效果单一等问题导致农药场地异味管理和控制效果不佳。应针对农药场地异味物质识别、异味扩散控制的功能材料和抑制剂、开发原位源清除技术及治理效果评估方法等方面提出相应对策，以便为农药场地异味物质的控制和治理提供一定的参考。

(5) 构建农药异味物质识别体系

针对农药行业场地异味物质组成复杂、识别困难等问题，笔者及团队在分析农药行业生产工艺和产排污的基础上，梳理了有机氯、有机磷等典型农药的生产工艺与产排污环节，总结了原辅材料和中间产物等化学物质，初步识别了场地可能产生的异味物质种类；通过嗅觉阈值、环境风险等指标进行筛选，建立了基于权重赋值的筛选指标体系和综合评价方法；结合激发态质子转移超灵敏 VOC 在线质谱和精密色谱技术方法，搭建了异味物质筛查和识别方法体系，验证了场地异味物质组成，建立了农药行业场地异味物质多层次组成清单。

1) 建立农药行业污染物数据库

通过文献资料整理、农药企业实地调研等方式，梳理各类农药的生产工艺与产排污环节，分析涉及的原辅材料、中间产物、产品、废气、废水、废渣等化学物质，全面总结农药行业有机污染物的组成特征并形成数据库，为异味污染物识别及筛查提供初始物质名单。

2) 构建异味物质筛选方法体系

针对农药类污染物嗅阈值数据缺乏导致无法准确识别关键异味物质的问题，采用我国恶臭感官标准测定方法，测定农药特征污染物的嗅阈值；综合考虑物质的理化性质、嗅觉阈值、环境行为、气味安全级别和健康毒性等是否列入国内外相关污染物控制名录等多方面因素，建立筛选指标；通过评价模型的建立、因素权重系数的赋予和专家评分等手段，建立基于模糊数学的评估方法，通过专家多轮复审筛选结果，识别主要的异味污染物，提出我国农药行业场地异味污染物组成名录。

3) 典型农药场地异味物质组成及清单建立

利用激发态质子转移超高灵敏在线质谱筛查大气、土壤气和土壤中挥发性有机物，对异味物质已知组分进行浓度水平的预估和未知组分的全面识别；根据在线质谱获得的物种信息指导基于色谱技术的异味物质检测方法的搭建，建立适用于特征异味物质的前处理方式和 GC-MS 离线分析技术，建立一套异味物质定性/定量检测识别方法；按照农药类型、产品种类、生产工艺等多方面因素设计多层次矩阵式异味物质清单结构，涵盖农药类别、物质组分、嗅阈值、气味安全级别等重要基础数据，最终形成农药场地土壤和大气中的异味物质多层次组成清单，并编制农药场地异味物质识别技术指南。

(6) 加强农药异味控制材料的研发

针对农药行业传统异味控制材料针对性差、时效短、生物降解性低等技术瓶颈，有关部门应鼓励支持企业建立技术中心，与研究单位、高等院校等组成产学研实体。引导企业、科研单位和高等院校在明确农药行业异味物质多层次组成清单的基础上，探明典型异味物质的衰减和释放机制；研发长效控制生物降解材料和高稳定强阻隔气味抑制剂。

1）研发非扰动界面异味物质长效控制生物降解材料

针对农药行业非扰动场地释放通量区域性差异大、持续扩散时间长等问题，突破传统异味控制材料针对性差、时效短、生物降解性低等技术瓶颈，研发具强阻隔、强吸附和氧化功能的聚乳酸型多效阻隔改性膜材料；对于低释放通量区域，研发具备强黏结性、高保水性和强渗透性的氨基酸型多维渗透水凝胶材料。

通过材料长效性能表征、控制效果验证，明确长效性能和界面释放抑制效果的关键影响因素，反馈并优化材料配方；优化生产工艺，开展规模化生产线的物质流和能量流的仿真模拟研究，提升关键设备运行效率，提高产品成品率，降低生产成本。

2）研发扰动界面异味扩散过程高稳定控制药剂与快速阻控技术

针对农药行业扰动场地暴露面持续形成、释放通量短期激增等特点，突破传统异味抑制剂的简单空气隔绝、暴露面逸散孔道难以高效封闭、制备成本高等技术瓶颈，研发具吸附-缓释氧化功能的缓释氧化异味抑制剂；针对低释放通量区，研发强吸附-高阻隔抑制剂；验证药剂对气味的抑制效果，反馈并优化药剂配方，降低生产成本。

（7）研发低能耗、绿色的、针对性强的异味物质原位源清除和净化技术

针对农药场地异味物质组分复杂、空间浓度变异大、治理成本高等问题，应采用分区治理策略；针对高浓度异味区域，开发电-热耦合化学清除技术；针对低浓度异味区域，开发空气注入-生物刺激绿色清除技术；针对农药尾气异味，研制高效净化多级孔结构的新型吸附材料，开发异味抽提尾气“吸附浓缩-脱附-催化/燃烧”高效净化技术，以实现异味物质从源头开始清除治理的低能耗、环境友好的技术体系。

1）农药原位化学清除技术的开发

针对农药场地含硫、含氮化合物和苯系物等易氧化异味物质高浓度异味区域，研发电-热耦合化学氧化技术，并不断优化电场强度、氧化剂注入浓度、注入量和注入方式等条件，提高去除率，降低运行成本。

针对农药场地含卤代烃等易水解异味物质高浓度异味区域，开发电-热耦合水解技术。在电-热耦合化学氧化条件下，优化电流输入方式、电场强度、温度、氧化药剂注入浓度和注入方式等因素，提高去除效率，优化运行成本。

2）加强农药绿色清除技术的开发

针对农药原药/中间体等低逸散性异味物质，从典型农药场地污染土壤中分离得到高效降解异味物质的菌属，经以特征异味物质为碳源的定向驯化，获得异味物质高效降解菌，从而对农药原药/中间体等低逸散性异味物质进行降解。

此外，通过高通量测序、水化学指示分析和异味物质定量分析等方法，识别微生物强化过程需要添加的关键外源物质，研究空气注入对强化微生物降解效果，研发空气注入-生物刺激的强化微生物降解技术。

3）加强农药绿色清除技术的开发

针对抽提异味尾气风量低、水汽含量高、浓度波动大的特点，研发疏水性强、吸附容量大、循环使用寿命长的多级孔结构的新型吸附材料，旨在高效富集、浓缩与解吸异味物质。

研发无机蜂窝状基材（陶瓷、金属等）负载型催化材料，提高催化材料对抽提废气中不同异味分子的广谱净化活性；同时，提高材料的耐水、耐热以及抗中毒能力，使催化燃烧工段在抽提尾气净化过程中能够高效、稳定地运行。

针对尾气抽提的不连续特性，开发“吸附浓缩-脱附-催化/燃烧”处理工艺，开展技术

工艺优化以实现节能、高效、即时的异味物质分解净化。

4）加快覆盖封闭技术与应用装备开发

研发针对不同类型场地的差异化覆盖封闭技术，开发基于定量的原位智能膜材料配置与喷施的覆盖封闭技术。

研发基于黏稠液体材料的一体化喷施设备，综合考量各种因素，实现不同黏稠度药剂下喷射压力、喷嘴流量和流速的智能模块化控制，实现柱状/雾状射流智能切换技术。

（8）建立异味物质识别-治理管控-削减效果全过程评估体系

各有关部门应联合建立异味物质识别-治理管控-削减效果全过程评估体系，选择典型的有机磷、有机氯农药单一和复合污染场地，开展材料和技术应用效果评估，着重考察异味物质清单应用性、阻控材料的有效性、控制和清除技术的可行性及配套设备的可靠性，构建农药场地异味物质识别-治理管控-效果评估体系，为农药场地异味物质的控制和治理提供理论和技术支撑，促进我国农药行业污染场地修复工程的绿色可持续发展。

12.4 农药企业污染场地识别验证案例分析

企业农药生产概况，山东××农化有限公司（以下简称“××农药厂”）位于山东省某市，总占地面积为 572 亩，由农药厂区（391 亩）、氯碱厂区（150 亩）、储罐区（22 亩）和厂区东北侧铁路用地（9 亩）4 个场地组成。2013 年 8 月，该厂根据市、区政府的有关规定，实施停产搬迁，并将土地用于住宅和学校建设。××农药厂于 1949 年建厂，同时开始进行农药和化工产品的生产。

此前，场地所在区域为农田。1949～1958 年在现厂区的西侧（现为维修车间、锌粉炉、污水处理厂）开始建设生产区域。1984 年建成污水处理厂。此后经过多次扩建，形成现有生产布局。主营化学农药、氯碱，兼营其他业务。农药产品有杀虫剂、杀螨剂、杀菌剂、除草剂、植物生长调节剂五大系列几十个品种，年生产能力 3 万吨；化工产品有烧碱、盐酸、液氯、二氯苯等几十个品种，烧碱年生产能力 10 万吨。主要生产单位包括农药厂、氯碱厂和储罐区，其中农药片区主要生产车间包括：敌敌畏车间、敌百虫车间、三氯化磷车间、三氯乙醛车间、百草枯车间、氯甲烷车间、除草剂车间、三乙膦酸铝车间、氯化钡车间、菊酯车间、甘氨酸车间、甘氨酸乙酯盐酸盐车间、包装车间等。此外，厂区铁路专用线位于场地北部，向东延伸至场地东北角的 9 亩地位置。

××农药厂委托第三方，对农药场地环境开展初步调查和详细调查两阶段工作，调查检测结果如下。

（1）土壤污染状况

共钻探 225 个土孔，采集检测土壤目标样品 1501 个，分析指标包括无机污染物、挥发性有机物（VOCs）、半挥发性有机物（SVOCs）、总石油烃（TPH）。该场地两阶段共检出污染物 128 种，其中无机类污染物 13 种（包括重金属、游离氨、氨氮、氰化物）、挥发性有机物（VOCs）52 种、半挥发性有机物（SVOCs）62 种、总石油烃类（TPH）污染物 1 种。

从超标情况看，超过场地土壤筛选值的污染物 41 种，其中包括 VOCs 23 种，SVOCs 17

种，TPH 1 种。无机类污染物虽均有检出，但污染物浓度均未超过该场地的土壤筛选值标准；超标的 23 种挥发性有机物分别为苯、乙苯、间二甲苯、对二甲苯、邻二甲苯、1,2,4-三甲基苯、1,2-二氯丙烷、氯乙烯、四氯化碳、1,2-二氯乙烷、三氯乙烯、1,1,2-三氯乙烷、四氯乙烯、1,2,3-三氯丙烷、1,2-二溴-3-氯丙烷、六氯丁二烯、氯苯、1,3-二氯苯、1,4-二氯苯、1,2-二氯苯、1,2,4-三氯苯、1,2,3-三氯苯、氯仿和溴二氯甲烷；超标的 17 种半挥发性有机物分别为五氯酚、萘、苯并［*a*］蒽、二苯并［*a*,*h*］蒽、邻苯二甲酸二（2-乙基己酯）、五氯硝基苯、六氯苯、α-六六六、β-六六六、γ-六六六、δ-六六六、环氧七氯、狄氏剂、*p*,*p*′-滴滴依、*p*,*p*′-滴滴滴、滴滴涕和三氯杀螨醇。

统计结果表明，场地土壤无机污染和有机污染并存，其中 6 种 VOCs（氯仿、氯乙烯、苯、三氯乙烯、1,4-二氯苯和 1,2,4-三氯苯）和 6 种 SVOCs（α-六六六、β-六六六、滴滴涕、*p*,*p*′-滴滴依、六氯苯和 *p*,*p*′-滴滴滴）超标点位较多、分布较广、超标倍数较大，是场地的主要污染物。

超标点位主要位于场地的生产车间区域、成品罐区和包装区域等，其中 VOCs 超标范围重点分布在敌敌畏生产区域、三氯乙醛蒸馏、三氯乙醛氯化、百草枯生产区域、敌百虫生产区域、二氯苯生产区域、氯甲烷生产区域、氧乐果生产区域和污水处理区域；SVOCs 超标范围重点分布在锌粉炉、敌百虫提纯、敌百虫包装线、三氯乙醛蒸馏、三氯乙醛氯化、二氯苯生产区域、敌敌畏生产区域、维修区域、氯甲烷生产区域、甘氨酸生产区域和氧乐果生产区域等；局部点位的总石油烃（C_{10}～C_{40}）浓度超标。

场地东北侧铁路用地（9 亩）范围内，土壤检出污染物浓度均未超过该场地选用的土壤风险筛选标准。

（2）地下水污染状况

场地环境初步调查和详细调查两阶段共设置 58 口地下水监测井（其中 15 口为组井），共采集地下水目标样品 73 个，分析指标包括无机类、挥发性有机物（VOCs）、半挥发性有机物（SVOCs）、总石油烃（TPH）等。

调查两阶段共检出污染物 96 种，其中无机类污染物 15 种（包括重金属、氯化物、亚硝酸盐、硝酸盐、硫酸盐、氨氮、游离氨）、挥发性有机物（VOCs）37 种，半挥发性有机物（SVOCs）43 种和总石油烃类（TPH）1 种。

两阶段共有 55 种污染物超过该场地地下水筛选值，其中无机类污染物 11 种［包括重金属铜、铬（六价）、镍、锌、铅、镉、砷、汞、钡、氯化物、亚硝酸盐、硝酸盐、硫酸盐、氨氮、游离氨］；挥发性有机物（VOCs）23 种（包括苯、甲苯、乙苯、1,2,4-三甲基苯、二甲苯、1,2-二氯丙烷、氯乙烯、1,1-二氯乙烯、二氯甲烷、1,1-二氯乙烷、四氯化碳、1,2-二氯乙烷、三氯乙烯、1,1,1,2-四氯乙烷、1,2,3-三氯丙烷、1,2-二氯乙烯、氯苯、1,3-二氯苯、1,4-二氯苯、1,2-二氯苯、三氯苯、氯仿和二硫化碳），半挥发性有机物（SVOCs）20 种（苯酚、2-氯苯酚、3-甲基苯酚、4-甲基苯酚、2,4-二氯苯酚、苯并［*b*］荧蒽、苯并［*k*］荧蒽、茚并［1,2,3-*cd*］芘、邻苯二甲酸二丁酯、异佛乐酮、1,3-二硝基苯、五氯硝基苯、二（2-氯乙基）醚、六氯乙烷、六氯丁二烯、六氯环戊二烯、1,2,4,5-四氯苯、七氯、滴滴涕、三氯杀螨醇和对氯苯磺酸）和总石油烃类（TPH）。

统计结果表明，场地地下水中无机污染与有机物污染并存，其中无机污染物以氯化物和氨氮为主，有机污染物包括 6 种 VOCs（氯乙烯、苯、氯仿、氯苯、1,4-二氯苯和三氯乙烯）、5 种 SVOCs［二（2-氯乙基）醚、三氯杀螨醇、1,2,4,5-四氯苯、滴滴涕和七氯］和总石油烃，这些污染物超标点位较多、分布较广、超标倍数较大，是场地地下水中的主要污染物。

超标点位主要分布在氧乐果车间、百草枯车间、敌百虫提纯、除草剂车间、敌敌畏厂房、甘氨酸车间、基建维修南侧、氧化制氯车间、菊酯包装、三氯化磷厂房、防腐车间、敌敌畏包装、罐区等区域。

（3）结论

从以上检测结果，××农药厂除了行政办公区和场地东北侧铁路用地的土壤和地下水检出污染物浓度未超过该场地选用的风险筛选标准外，其他场地土壤和地下水污染物超标均较严重，属重大风险。这与采用风险预评估矩阵评估的风险近似（风险预评估矩阵评估时，将铁路用地按照物料运输通道评估，被评为重大风险）。

参考文献

[1] 炼晨.2023 全国农药行业销售 TOP100 发布 2023 全国农药行业制剂销售 TOP100 同时发布 [J]. 中国农资，2023 (11)：16.

[2] 李友顺，白小宁，李富根，等.2022 年及近年我国农药登记情况和特点分析 [J]. 农药科学与管理，2023，44 (02)：1-12.

[3] 王灿，邵姗姗，徐莉莉.2020 年中国农药工业运行概况 [J]. 世界农药，2021，43 (03)：1-9.

[4] 段又生.2015 年中国农药行业运行情况及 2016 年发展预测 [J]. 中国石油和化工经济分析，2016，(04)：40-42.

[5] 王灿，邵姗姗.2019 年中国农药工业运行概况 [J]. 世界农药，2020，42 (03)：1-6.

[6] 华小梅，单正军.我国农药的生产、使用状况及其污染环境因子分析 [J]. 环境科学进展，1996 (02)：33-45.

[7] 中华人民共和国农业部办公厅.《2007 甲胺磷等 5 种高毒有机磷农药管理工作方案》[R].

[8] 中华人民共和国农业农村部.《农药登记管理办法》[R].2017.

[9] 刘建.《农药管理条例》解读 [J]. 农村实用技术，2020 (10)：1-2.

[10] 熊言开，闫纪宪，王逵.农药制造行业常见农药产品危险废物产生和污染特性研究 [J]. 山东化工，2022，51 (13)：212-216.

[11] 张焱鑫，孙佳薇，席劲瑛，等.农药行业污染场地挥发性有机物释放能力及其评价方法研究 [J]. 环境科学学报，2022，42 (03)：450-456.

[12] 曲江升，刘绪东，任丽开.基于循环经济的农药化工企业发展模式研究 [J]. 中国经贸导刊，2013 (35)：27-29.

[13] 吴晓薇.农药行业无组织 VOCs 排放的源头控制 [J]. 环境与发展，2019，31 (08)：28-29，31.

[14] 吴晓薇.农药行业无组织 VOCs 的收集与输送 [J]. 环境与发展，2019，31 (10)：52，60.

[15] 王韧.我国农药行业清洁生产现状、存在的问题和建议 [J]. 世界农药，2016，38 (04)：35-40.

[16] 罗劲松，任雪娇.含氰废渣高温焚烧处置技术研究 [J]. 环境科学导刊，2021，40 (02)：75-77.

[17] 滕玥.农业农村部、生态环境部等八部委：推进“十四五”农药产业绿色化，环境敏感区严控农药生产项目建设 [J]. 环境与生活，2022 (06)：10-13.

[18] 席涵，刘秀，刘东源，等.农药剂型研发及发展趋势 [J]. 广东化工，2023，50 (14)：57-61.

[19] 中华人民共和国生态环境部.重点管控新污染物清单（2023 年版）[R].2022.

[20] 韩克铭.甲胺磷等 5 种有机磷高毒农药全面禁用 [N]. 辽宁日报，2007-03-30 (002).

[21] 北京市地质勘察技术院.东方化工厂 DF-01 DF-02 地块土壤和地下水污染初步调查报告 [R]. 2018.

[22] 江苏科易达环保科技有限公司.盐城市第二农药厂退役地块土壤污染状况初步调查报告——简本 [R]. 2019.

[23] GB 36600—2018 土壤环境质量 建设用地土壤污染风险管控标准（试行）[S].2018.

[24] 李佳音，李伟芳，宁晓宇，等.某有机磷农药场地异味 VOCs 污染特征与关键致臭物质识别 [J]. 环境化学，2022，41 (09)：3075-3082.

[25] 国研智库、《中国发展观察》杂志社联合课题组.我国农药行业存在的主要问题及相关政策建议 [J]. 中国发展观察，2021 (05)：51-52，58.

[26] 中华人民共和国生态环境部.重点监管单位土壤污染隐患排查指南（试行）[R].2021.

[27] HJ 987—2018 排污单位自行监测技术指南 农药制造工业 [S]. 2019.

[28] 中华人民共和国生态环境部. 农业工业水污染物排放标准（二次征求意见稿）[S]. 2022.

[29] HJ2035—2013 固体废弃物处理处置工程技术导则 [S]. 2013.

[30] HJ 2042—2014 危险废物处置工程技术导则 [S]. 2014.

[31] GB 16297—1996 大气污染物综合排放标准 [S]. 1997.

[32] GB 12523—2011 建筑施工场界环境噪声排放标准 [S]. 2012.

第13章 电镀行业污染场地识别与防治❶

❶ 本章作者为王刘炜，陈文静。

电镀行业作为我国工业产业链中不可缺少的一个重要组成部分，在机械、电子、轻工业、汽车、航空、航天、家用电器、建筑工业及相应的装饰工业等产业中都有着很广泛的应用。电镀行业生产过程中需要使用化学药品，部分生产工艺需要使用有毒、有害原辅材料，基体材料携带的有机污染物冲刷进入周边环境，酸雾脱除环节需要使用特定的 POPs 类铬雾抑制剂等，往往造成电镀行业场地 POPs 污染严重的问题。本章分析了电镀行业发展现状与趋势及场地污染特征，识别出了电镀行业对土壤环境质量影响的关键环节，提出了有针对性的场地污染防治措施。

13.1 电镀行业发展现状与趋势

电镀是近代发展起来的新工艺，涉及化学、电学、电化学诸多学科，是一项复杂的电加工工艺技术。中国人在 1865 年开始掌握电镀工艺，十余年间该工艺在我国发展很快。1880 年时，电镀不仅在上海，在其他城市也有应用。电镀具有复制阴极外形的功能，最初应用的重点是制造印刷字模、装饰花纹、唱片模板和各种图案模板，以及花草、动物、器皿等艺术品。最初的电镀应用，仅有镀金、镀银、镀铜三种。至于防锈、装饰和其他功能，则是后来的事[1]。改革开放以来，我国经济进入了全面工业化的发展阶段。改革开放初期，全国各地电镀厂点的数量开始明显增加，因各地工业发展水平而有所不同。一些大城市的电镀厂点为 100～600 个。据初步统计，当时上海约有 600 个、北京约有 400 个、天津约有 300 多个、武汉有 400 多个、沈阳有 244 个、长沙有 100 多个、兰州有 80 多个。中等城市的电镀厂点，平均约为 120 个。20 世纪 70 年代末至 80 年代初，我国电镀企业数量一度高达 4 万多家，但是也对环境造成了污染，难以持续发展。各省/市经过多年的关停、调整等治理措施，现存电镀企业的总数量基本稳定在 15000 多家的水平上。我国现有的 15000 多家电镀企业，具有规模以上的企业年实现产值 1100 亿元，电镀加工年产量 10.775 亿平方米，详见表 13-1。

表 13-1　地区产量产值统计表

地区	企业数量/家	年产值/亿元	年产量/平方米	产品对象
北京	77	10	450 万	航空、航天、机械五金、电子器件、汽车、特种材料
上海	273	80	4000 万	汽车五金等、电子器件、机械五金
天津	221	10	1000 万	汽车、摩托车、机械加工、五金灯饰
重庆	363	60	7000 万	汽车、摩托车、机械加工、五金、航空、航天
广东	3380	500	3 亿	五金灯饰、电子器件、水暖器材、卫生洁具
浙江(温州地区除外)	1600	100	1 亿	水暖器材、电子电器，五金等
浙江温州地区	676	50	8000 万	打火机、眼镜行业；锁具、汽车、摩托车配件、纽扣拉链、水暖器材、电子电器、五金等系列产品
无锡地区	471	40	2000 万	五金电器、电子元器件、汽车轮毂、水暖器材
苏州地区	866	100	8000 万	电子元器件、五金、水暖器材

续表

地区	企业数量/家	年产值/亿元	年产量/平方米	产品对象
辽宁	314	18	8000 万	航空、航天、机械加工、电子电器
黑龙江	128	12	4000 万	航空、航天、机械加工、电子电器
吉林	150	12	1500 万	航空、航天、机械加工、电子电器
陕西	220	10	1000 万	水暖器材、航空、航天、五金电器
山东	1341	70	9800 万	水暖器材、电子电器、五金等系列产品
四川	206	12	8400 万	航空、航天、电子电器、水暖器材
贵州	45	5	600 万	水暖器材、电子电器、航空、航天
其他地区	约 5000	约 15	约 4000 万	航空、航天、电子元器件、水暖器材、五金
全国合计	15331(含中间工序)	1104	10.775 亿	机械、电子元器、汽车、水暖器材、五金、航空、航天、洁具

目前，我国电镀加工涉及多种镀种工艺，主要的镀种工艺有镀锌、镀铜、镀镍、镀铬等，其中镀锌占 47.50%，镀铜、镍、铬占 30%，镀金、银、锡及合金约占 5%，铝阳极化膜占 15%，其他镀种约占 2.50%。见图 13-1。统计数据表明，我国规模以上电镀企业年产值达 1100 多亿元，加工产量按面积计算超 10 亿平方米，从规模上看，我国已经成为一个电镀工业大国。随着各地区政府部门对重污染企业的规范整治，电镀企业数量略有减少，但年产值和加工产量（面积）是逐年增长的。

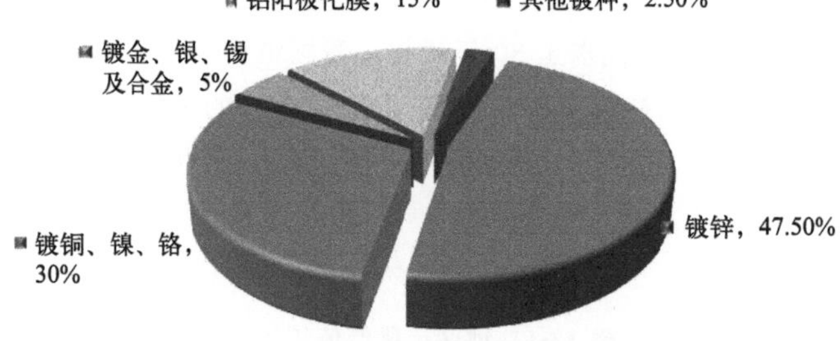

图 13-1　我国电镀镀种现状分布图

目前，我国的电镀企业在全国各地都有分布，几乎覆盖了所有省市，但主要集中在华东、华南等沿海地区和少数内地工业发达地区，其中广东省、江苏省、浙江省、山东省、河北省等地区分布的电镀企业最多。

随着我国工业的发展，电镀产业也在飞速发展，电镀企业数量大、分布广。多年来，我国各地政府为了加强电镀行业的规划和集约化管理，不少地区建立和筹划建立了电镀园区或电镀集中区，将原先零散的电镀企业集中在一个区域内，实行电镀生产的合理分工与协作，同时对产生的废水、废渣和废镀液进行统一收集，集中处理与处置。电镀园区建设始于 20 世纪 90 年代末期，江苏省是我国最早进行电镀园区建设的地区。就电镀园区的营运而言，主要有三种模式：一是政府引导、就地改造，这类园区是在政府监管下，某个大企业就地扩建形成污水集中处理区，即所谓的电镀集中区，如浙江余姚、温州后京等；二是政府、企业联合建设，这类园区一般是污水处理等基础设施建设、企业管理由政府投资和主导，厂房由企业或第三方建设，如广东高平电镀集中区、无锡杨市表面处理工业园、苏州黄桥、安徽芜湖等；三是专业投资单位建设营运，这类园区是在政府的统一规划下，由第三方全面负责园区的建设、营运和管理服务，如江苏镇江华科电镀专业区、南京红山表面处理工业园、广东崖门电镀基地等。2010 年以来，各地蓬勃兴建的电镀园区或电镀集中区（包括已建成、在建、通过环评批复）已超过 100 家，主要分布在广东、江苏、浙江等省区，其中，70%集中在江苏、浙江、广东等经济发达地区，还有一大批园区尚在筹备、规划阶段。国内部分电镀园区分布情况见表 13-2。

表 13-2　全国部分电镀园区统计表（2020 年）

序号	省份(园区个数/家)	地市(园区个数/家)	镀园区或电镀集中区
1	江西 5	南昌市 1	南昌市文港金属表面处理有限公司(南昌市文港电镀集控区)
2		宜春市 1	江西金茂环保科技有限公司(江西宜春电镀集控中心)
3		吉安市 1	吉水县电镀集控区环保开发有限公司(江西吉水电镀集控区)
4		赣州市 1	赣州中联环保科技开发有限公司(赣州中联环保电镀园)
5		九江市 1	万利通(九江)金属表面处理技术有限公司[万利通(九江)电镀工业园]
6	浙江 46	温州市 15	鹿城仰义后京电镀园区
7			瓯海电镀基地
8			龙湾兰田电镀基地
9			温州市龙湾环科电镀污水处理厂
10			温州嘉鸿废水处理有限公司
11			平阳海源污水处理有限公司
12			瑞安电镀工业园
13			瑞安市洁达废水处理有限公司
14			瑞安市绿净污水处理有限公司
15			乐清环保产业园
16			乐清市荣禹污水处理有限公司
17			永嘉县桥头南片电镀污水处理有限公司
18			永嘉县桥头北片电镀污水处理有限公司
19			永嘉县益企污水处理有限公司
20			永嘉县东瓯污水处理有限公司
21		宁波市 17	宁波镇海创业电镀有限公司
22			宁波德洲精密电子有限公司
23			宁波市浙东表面处理有限公司(浙东表面处理工业园)
24			宁波市奉化诚欣环保科技有限公司
25			宁波市涌鑫环保科技有限公司
26			宁海县环保工业发展有限公司
27			慈溪联诚电镀园区
28			慈溪市杭联水处理有限公司

续表

序号	省份(园区个数/家)	地市(园区个数/家)	镀园区或电镀集中区
29	浙江 46	宁波市 17	宁波市镇海蛟川水处理运营有限公司
30			浙江宁波北仑区电镀区
31			余姚市龙腾表面处理有限公司
32			余姚市五星金属电镀有限公司
33			象山城东工业园表面处理有限公司
34			宁波市鄞州绿舟物业管理服务有限公司
35			宁波市鄞州七欣物业管理服务有限公司
36			宁波市鄞州互环物业服务有限公司
37			宁波新鄞州电镀工业园
38		金华市 4	武义泉湖电镀集中区
39			武义县碧水环保科技有限公司
40			武义县新禹水处理有限公司
41			东阳四合水处理有限公司
42		杭州市 3	杭州富阳华丰表面精饰科技有限公司(杭州富阳华丰表面精饰科技园)
43			杭州富阳新登五金电镀厂(杭州新登新区电镀园)
44			五马洲电镀废水集中处理站
45		衢州市 3	常山中持环保设施运营有限公司
46			龙游华盈污水处理有限公司
47			衢州市安成污水处理有限公司
48		台州市	浙江之恩环保产业园有限公司
49		嘉兴市	平湖联祥电镀科技有限公司
50		湖州市	湖州长辉电镀有限公司
51		丽水市	青田众鑫污水处理有限公司
52	江苏 15	南通市 3	海安市润邦金属表面处理中心管理有限公司
53			如皋市宏皓金属表面水处理有限公司
54			如东开元污水处理有限公司(江苏如东经济开发区电镀园)
55		泰州市 2	泰州市高港区创伟金属表面处理有限公司
56			靖江市华晟重金属防控有限公司(靖江市经济开发区)靖江市电镀集中区
57		无锡市 1	无锡金属表面处理科技工业园
58		徐州市 1	电镀工业园
59		镇江市 3	镇江华科生态电镀科技发展有限公司(镇江经济开发区) 镇江环保电镀专业区

续表

序号	省份(园区个数/家)	地市(园区个数/家)	镀园区或电镀集中区
60	江苏 15	镇江市 3	镇江市和云工业废水处置有限公司(丹阳电镀园区)
61			扬中市永新镀业有限公司
62		苏州市 5	昆山市千灯电路板工业园(含配套企业)
63			苏州工业园区托普来表面技术有限公司
64			苏州工业园区荣昌金属表面处理有限公司
65			苏州市邱舍污水处理有限公司
66			太仓市双凤电镀污水处理有限公司
67	山东 12	泰安市 1	泰安电镀园
68		聊城市 1	山东鸿达电镀产业园有限公司
69		临沂市 1	山东华业鲁蓝表面科技生态示范园
70		烟台市 1	烟台莱阳宏利电镀园
71		青岛市 6	青岛丛林电镀工业园
72			青岛开发区电镀工业园
73			青岛平度秀水表面处理中心
74			青岛胶南电镀工业园
75			青岛即墨电镀园(青岛宏泰表面处理园)
76			青岛胶州电镀工业园
77		潍坊市 1	潍坊广德机械有限公司电镀中心
78		滨州市 1	滨州电镀工业园
79	天津 2	市辖区 2	山江电镀工业园
80			天津滨港电镀园区
81	河北 4	廊坊市 1	霸州清朗环保科技园
82		衡水市 1	华融(安平)电镀集控园区
83		邯郸市 2	河北聚银企业管理服务公司
84			邯郸市永年县荣辉电镀工业园区
85	陕西 2	西安市 2	西安表面精饰工程园
86			西安户县沣京工业园表面精饰基地
87	福建 4	泉州市 1	南安华源电镀集控区
88		厦门市 1	厦门电镀集控区
89		晋江市 1	晋江华懋电镀集控区(42)
90		福州市 1	福州电镀工业园
91	安徽 5	合肥市 1	合肥华清方兴表面技术有限公司(合肥华清高科表面处理基地)
92		宣城市 2	安徽得奇环保科技股份有限公司
93			安徽恒科污水处理有限公司

续表

序号	省份(园区个数/家)	地市(园区个数/家)	镀园区或电镀集中区
94	安徽 5	芜湖市 1	安徽水韵电镀废水处理有限公司(芜湖新芜电镀产业园)
95		六安市 1	中新联科环境科技(安徽)有限公司(舒城联科电镀工业园)
96	广东 20	清远市 1	清远市龙湾电镀工业园
97		揭阳市 1	揭阳市表面处理生态工业园
98		东莞市 3	东莞麻涌豪丰电镀基地
99			东莞电镀工业园
100			长安锦厦河东电镀城
101		肇庆市 2	四会市龙甫电镀工业园
102			四会南江工业园电镀城
103		中山市 2	中山市小榄镇电镀城
104			三角镇电镀工业园
105		深圳市 1	深圳电镀工业园
106		云浮市 1	天创(罗定)双东环保工业园
107		惠州市 2	惠州博罗龙溪电镀基地
108			汤泉侨兴电镀工业园区
109		汕尾市 1	海丰县合泰电镀工业园
110		广州市 2	罗岗区电镀城
111			增城田桥电镀城
112		江门市 1	新财富崖门电镀基地
113		珠海市 1	珠海富山工艺区电镀工业园
114		佛山市 2	佛山顺德华口电镀城
115			三水区白妮西岸电镀城
116	重庆 12	市辖区 12	晏家表面处理工业园生产废水治理项目(重庆长寿电镀园区)
117			重庆荣昌板桥工业园电镀集中加工区
118			重庆南川安平电镀集中加工区
119			重庆璧山工业园电镀基地
120			重庆大足县表面处理电镀集中加工区
121			重庆合川电镀集控区
122			重庆细水源汽车零部件有限公司
123			重庆青凤水处理工程有限公司
124			重庆藏金阁物业管理有限公司
125			重庆智伦电镀有限公司
126			重庆重润表面工程科技园
127			重庆巨科环保有限公司(重庆潼南环保电镀工业园)

续表

序号	省份(园区个数/家)	地市(园区个数/家)	镀园区或电镀集中区
128	四川 1	德阳市 1	四川祥云机电配件有限公司
129	广西 1	柳州市 1	广西柳州汽车城电镀工业园(广西柳州鹿寨江口工业园)
130	上海 1	市辖区 1	上海金都电子科技园
131	辽宁 2	大连市 1	大连表面精饰科技园
132		辽阳市 1	庆阳电镀工业园
133	湖南 1	常德市 1	常德市安瑞环保科技有限公司(湖南常德表面处理产业园)
134	湖北 3	荆门市 1	荆门市永诚环保科技有限公司
135		荆州市 1	金源(荆州)环保科技有限公司
136		十堰市 1	十堰张湾区电镀工业园

从表 13-2 分析来看，电镀园区或电镀集中区的分布和数量同样集中在沿海和经济发达的省份和地区，例如广东省、浙江省、江苏省、重庆市、山东省等地，一个重要的原因是这些地区的专业电镀厂数量多，比较分散，单独设置废水、废渣、废镀液的处理措施成本高，也不便管理，特别适合建立集中处置的机构，未来会有更多的电镀园区或电镀集中区出现。通过近几年的实践，电镀园区建设已逐步显现出较好的经济效益、环境效益和社会效益，是解决电镀行业重金属污染治理这一“小行业、大问题”的有效模式，是电镀企业经营发展的主战场，是电镀行业未来的发展方向。

通过对电镀企业的关停并转，统一规划、统一建设、集中经营、集中治理、企业化管理、社会化服务，使得电镀企业“安心、省心”“高效率、低成本”运行，电镀行业逐步走出了“经济发展要以牺牲环境为代价”“环境保护只能先污染后治理”的误区。对电镀企业而言，是一次脱胎换骨的转型升级，在很大程度上改善了企业的技术、装备、管理水平和资源利用效率，可提高企业经营规模、提升市场竞争力；对社会而言，避免了重复投资、重复建设，集约使用了土地资源，集中进行了环境治理，促进了信息化和工业化融合，改善了当地的区域环境，获得了行业发展的规模效益。电镀园区建设符合产业发展规律，是适应国情的成功发展模式，对加快走中国特色新型工业化道路具有十分重要的意义。

2015 年 9 月 11 日，中共中央政治局召开会议，审议通过了《生态文明体制改革总体方案》，为加快建立系统完整的生态文明制度体系，加快推进生态文明建设，增强生态文明体制改革的系统性、整体性、协同性等指明了发展方向。2016 年，国务院先后印发了《“十三五”生态环境保护规划》《“十三五”节能减排综合工作方案》等重要文件，对电镀行业规模根据区域资源环境条件提出了限制要求，明确了电镀企业应向社会公开生产排放、环境管理和环境质量等信息，强化节能环保标准约束，严格行业规范、准入管理和节能审查，对电镀等行业中，环保、能耗、安全等不达标或生产、使用淘汰类产品的企业和产能，要依法依规有序退出等硬性规定，并要求积极推动电镀等行业重金属等非常规污染物削减，加快有毒有害原料（产品）替代品的推广应用等。2015 年 10 月国家发改委、环保部、工信部三部委联合发布了《电镀行业清洁生产评价指标体系》，工信部发布了《电镀行业规范条件》，对电镀行业未来的发展产生了重要影响。2015 年 4 月 2 日，国务院印发的《水污染防治行动计划》（国发〔2015〕17 号）提出“专项整治十大重点行业。制定造纸、焦化、氮肥、有色金属、印染、农副食品加工、原料药制造、制革、农药、电镀等行业专项治理方案，实施清洁化改造。新建、改建、扩建上述行业建设项目实行主要污染物排放等量或减量置换”。在电镀企业分布方面，建设电镀工业园区（集中区），电镀集中区建设专门的电镀污水处理厂，对集中区废物进行统一收集、管理、处置，实施产业集群化将是电镀行业发展的必然趋势。在地方政府对电镀行业强化管理下，将涌现更多的电镀集中区，更多的涉镀企业入园，实现涉镀企业的集中管理。

据此，下一步的电镀行业发展趋势为：在工艺上，往低毒、低污染工艺发展，如无氰（或微氰）电镀取代含氰电镀，发展无铬（尤其是六价铬）、无铅、无镉等电镀新工艺；发展低毒、低温、低浓度电镀新工艺；在工艺过程中实施行之有效的节能、节水、节约金属的新工艺，减少电镀过程产生污染物，如多级逆流漂洗、在线回用、中水利用等，用高频开关电源代替晶闸管电源，金属回收装置与再利用，加强有效的末端治理与废弃物资源化循环利用等，向“零排放”资源化或微污染排放资源化前进；在产品上，从低端产品向高端产品发展；在电镀装备上，向自动化、智能化、大型化连续生产线发展；在布局上，独立电镀企业逐步向电镀集中区（或电镀工业园区）转移。

13.2 电镀行业场地污染特征与识别方法

13.2.1 电镀分类与生产工艺流程

(1) 电镀分类

电镀工艺按镀层的组成成分可分为单一金属镀层、合金镀层和复合镀层三类[2]。单金属电镀至今已有 180 多年历史，元素周期表上已有 33 种金属可从水溶液中电沉积制取。常用的有电镀锌、镍、铬、铜、锡、铁、钴、镉、铅、金、银等十余种[3]。它是复合电镀、非金属电镀、电镀合金、刷镀及电镀稀贵金属等特殊电镀加工的基础。在阴极上同时沉积出两种或两种以上的元素所形成的镀层为合金镀层。合金镀层具有单一金属镀层不具备的组织结构和性能，如非晶态 Ni-P 合金，相图上没有的 Cd-Sn 合金，以及具有特殊装饰外观，特别高的抗蚀性和优良的焊接性、磁性的合金镀层等。复合镀是将固体微粒加入镀液中与金属或合金共沉积，形成一种金属基的表面复合材料的过程，以满足特殊的应用要求。

根据镀层与基体金属之间的电化学性质不同，电镀层可分为阳极性镀层和阴极性镀层两大类。凡镀层金属相对于基体金属的电位为负时，形成腐蚀微电池时镀层为阳极，故称阳极性镀层，如钢铁件上的镀锌层；而镀层金属相对于基体金属的电位为正时，形成腐蚀微电池时镀层为阴极，故称阴极性镀层，如钢铁件上的镀镍层和镀锡层等[4]。

按用途分类电镀层可分为防护性镀层、防护性装饰镀层、装饰性镀层、修复性镀层、功能性镀层。防护性镀层，如 Zn、Ni、Cd、Sn 和 Cd-Sn 等镀层，是耐大气及各种腐蚀环境的防腐蚀镀层；防护性装饰镀层，如 Cu-Ni-Cr、Ni-Fe-Cr 复合镀层等，既有装饰性，又有防护性；装饰性镀层，如 Au、Ag 以及 Cu-Zn-Sn 仿金镀层、黑铬、黑镍镀层等；修复性镀层，如电镀 Ni、Cr、Fe 层常用来修复一些造价颇高的易磨损件或加工超差件；功能性镀层，包括 Ag、Au 等导电镀层，Ni-Fe、Fe-Co、Ni-Co 等导磁镀层，Cr、Pt-Ru 等高温抗氧化镀层，

Ag、Cr 等反光镀层，黑铬、黑镍等防反光镀层，硬铬、Ni-SiC 等耐磨镀层，Ni-Pb-Sn-C、Ni-C（石墨）减磨镀层，Pb、Cu、Sn、Ag 等焊接性镀层，以及防渗碳镀 Cu 等[5]。

（2）电镀生产工艺流程

电镀生产工艺大致可以分为镀前处理、电镀以及镀后处理三个环节。典型电镀生产工艺流程可大致描述为：镀前处理→镀件清洗→电镀处理→镀件清洗→镀后处理→镀件清洗。

镀前处理工序（除油、除锈）、电镀工序和镀后处理工序（除氢、钝化）等各阶段均有污染物排放，主要的排放方式为废水和废气。典型电镀企业工艺流程及产污环节如图 13-2 所示。

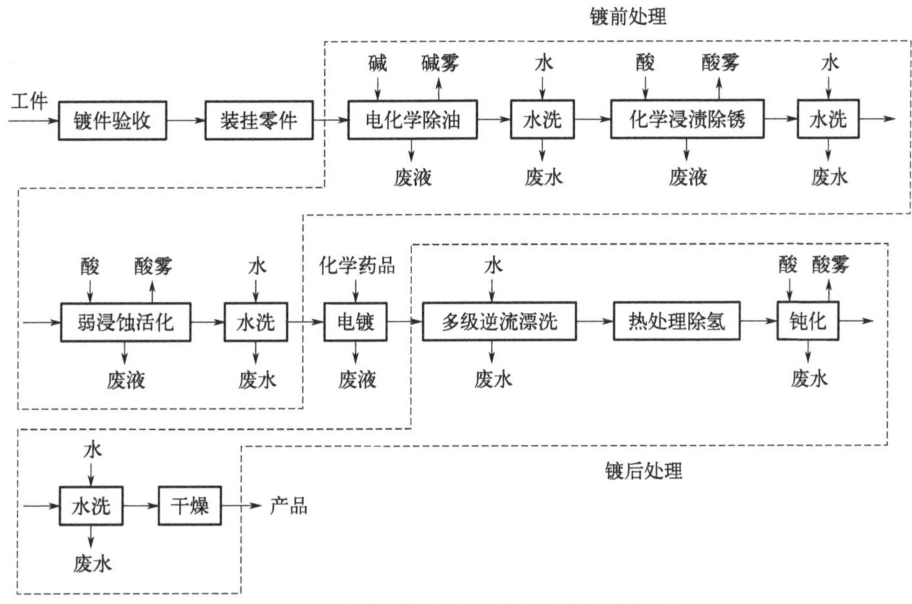

图 13-2 典型电镀企业工艺流程及产污环节

① 镀前处理就是通过整平、除油、除锈、活化等手段，使基体表面状态适合进行电镀操作。电镀生产中根据基体的情况选择镀前处理工序，并非都要经过所有工序。通常所说的整平处理是对基体材料的粗糙表面进行机械整平，包括磨光、抛光、刷光、滚光、喷砂等方法。此过程主要为机械物理过程（不包括化学抛光和电化学抛光），因此不涉及化学品的使用。但是在对金属部件的机械抛光过程中会产生金属粉尘，处置不当可能产生污染。基体材料表面的油污会影响电镀覆盖层与基体材料的结合力，造成镀层结合不牢，而出现起皮、起泡等现象。因此，电镀之前必须清除零件表面上的油污。根据基体材料表面油污性质不同，所选用的除油工艺可分为有机溶剂除油、化学除油、电化学除油和其他方法。除锈是电镀前准备工作的主要组成部分之一。基体材料表面除锈的方法主要有机械法、化学法、电化学法和盐浴法四类[6]。机械法除锈过程与整平处理相同，通过机械物理过程（磨光、抛光等）剥离基体表面锈层。化学法（化学浸蚀）和电化学法（电化学浸蚀）主要利用酸或碱溶液对基体材料进行浸蚀处理，通过化学作用和浸蚀过程产生氢气泡的机械剥离作用去除基体表面锈层，在浸蚀液中添加缓释剂，能有效减少浸蚀（主要为酸浸蚀）过程中基体材料的溶解[7]。根据镀种的不同，在电镀操作前，部分基体材料还需经过一定的活化。例如，电镀铬前，需要用硫酸、硫酸铵、磷酸等活化基体材料；电镀镍时，一般要进行弱浸蚀/活化处理等。

② 电镀锌是电镀行业生产最多的金属镀种，具有经济性和易镀覆等优点。电镀锌常用于保护钢铁件，提高钢铁的耐蚀性及使用寿命，特别是防止大气腐蚀，同时增加产品的装饰性外观。电镀铜是在电镀工业中使用最广泛的一种预镀层，主要作为镀镍、镀银和镀金的底层或中间镀层，用于改善基体金属和表面电镀的结合力，减少镀层孔隙，提高镀层的耐腐蚀性能等。电镀镍主要用作防护装饰性镀层。钢铁基体材料的镀镍层孔隙率高，需要足够厚（40～50μm）才能起到相应的防腐蚀作用，或预镀铜层作为底层电镀。电镀铬广泛用于防护-装饰性镀层体系的外表层和功能镀层。镀铬层拥有良好的化学稳定性，在碱、硫化物、硝酸和大多数有机酸中均不发生反应，且能长久不变色，保持良好的反射能力。锡镀层由于其优良的抗蚀性和可焊性已被广泛应用于电子工业中作为电子元器件、线材、印制线路板和集成电路块的保护性和可焊性镀层。

③ 镀后处理主要是为了提高镀层的耐腐蚀性能或者保持镀层原有的特性，其中主要的镀后处理包括除氢处理、钝化处理、出光处理和退镀处理。基体材料在除锈、电化学除油和电镀过程中会形成游离态氢渗入镀层和基体材料的晶格中，产生氢脆现象，影响产品使用寿命。除氢处理一般都是采用热处理的方式把原子态的氢驱逐出来，这个工序一般是在钝化之前，这样不会导致钝化层的破裂。钝化处理是指在一定的溶液中进行化学或电化学处理，在镀层上形成一层坚实致密、高稳定性薄膜的表面处理方法，钝化使镀层的耐腐蚀性能进一步提高并增加表面光泽和抗污染能力。出光处理是为了完善镀件的外观，使镀层表面平整、光亮、有钝化膜光泽。一般出光处理所使用的化学药剂包括稀硝酸、盐酸、柠檬酸、硫酸、铬酐等。当镀件的镀层不合格时，镀件需根据其基体材质和镀层种类选择合适的方式进行退镀处理，其处理方式包括电解处理、浸渍处理和溶解处理等[8]。

13.2.2 主要产排污环节

电镀是我国重污染性行业之一，目前我国电镀行业的15000多家电镀厂每年排放约4亿吨含重金属的电镀废水、5万多吨固体废物，资源浪费和环境污染十分严重。

在电镀生产过程中涉及污染物排放的设备主要包括电镀镀槽设备、输送设备、通风及废气处理设备、过滤设备、锅炉设备和废水处理设备等。

电镀镀槽设备是电镀生产工艺中主要的生产设备，也是电镀原辅料的反应容器，按照不同的功能可以分为除油槽、清洗槽、浸蚀槽、电镀槽[9]。按镀槽的结构材质可分为金属材质电镀槽、有机高聚物材质电镀槽和砖石材质电镀槽三种（图 13-3），具体有钛电镀槽材质（耐酸碱类溶液腐蚀）、聚丙烯材质（PP）、聚氯乙烯材质（PVC）、聚偏二氟乙烯材质（PVDF）、玻璃钢槽材质、不锈钢槽材质、砌花岗岩材质、聚四氟乙烯材质（可以在任何酸里使用）等各种材质的槽体。而早期小企业所使用的砖砼结构槽体已在《电镀行业规范条件（2015 年）》中被列为淘汰设备。电镀槽用来装置溶液，是电镀反应发生的容器。阴极移动电镀槽由钢槽衬软聚氯乙烯塑料的槽体、导电装置、蒸汽加热管及阴极移动装置等组成。槽体也可用钢架衬硬聚氯乙烯塑料制造，槽体结构的选择取决于电镀槽液的性质和温度等因素。制作电镀槽衬里所用材料由所盛装电解液的性质决定，常用的有聚氯乙烯、聚丙烯硬（软）板材、钛板、铅板、陶瓷等。当衬里发生损坏时容易产生镀液泄漏，尤其是镀铬槽的铅衬里易因机械震动出现损坏，导致镀铬液的渗漏和铅酸渗出，造成严重的污染。

(a) 钢铁材质电镀槽体　(b) PVC材质电镀槽体

(c) 花岗岩材质电镀槽体　(d) 混凝土砖结构槽体

图 13-3　四种常规材质电镀镀槽

电镀中需要大量使用强酸和强碱等溶液，根据用量的不同通常采用人工运输和管路输送。人工运输一般为手推车配合卸酸装置，卸酸装置可为卸酸泵或压缩空气输送装置等。常用的管路输送包括高位槽自流输送装置、负压吸酸装置等（图 13-4）。运输管路的腐蚀泄漏和工人运输过程的不规范操作是电镀生产中产生污染的环节之一。

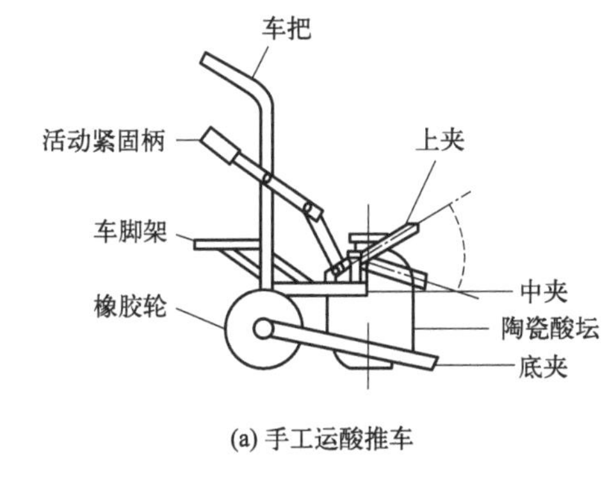

(a) 手工运酸推车

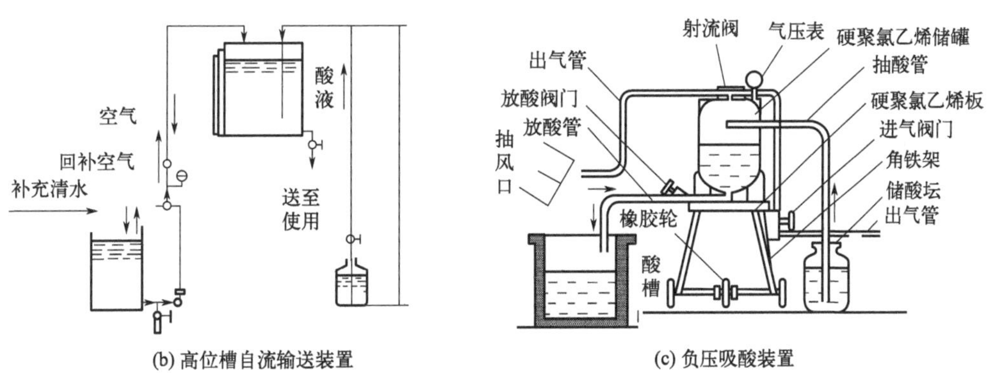

(b) 高位槽自流输送装置　(c) 负压吸酸装置

图 13-4　手工/管路运输装置及其原理示意

通风设备主要用于去除电镀车间磨抛光工段、浸蚀、除油工段以及电镀工段产生的有毒有害气体和粉尘。按《电镀行业规范条件（2015 年）》规定，电镀企业必须配备废气净化装置，废气排放符合国家或地方大气污染物排放标准。目前废气净化装置主要为喷淋塔和吸收塔，主要工作流程包括：

① 将废气由通风管路吸入，自下而上穿过填料层；

② 循环吸收剂由塔顶通过液体分布器，喷淋到填料层；

③ 废气中的有害物质与循环吸收剂接触并溶解吸收后，随吸收剂进入循环水箱，无法被吸收的气体到达塔顶被排出。

过滤设备主要用于过滤镀液，以获得洁净的镀液，通常采用加压过滤法（图 13-5）。过滤产生的含高浓度污染物污泥是电镀产生的主要固体废物之一。

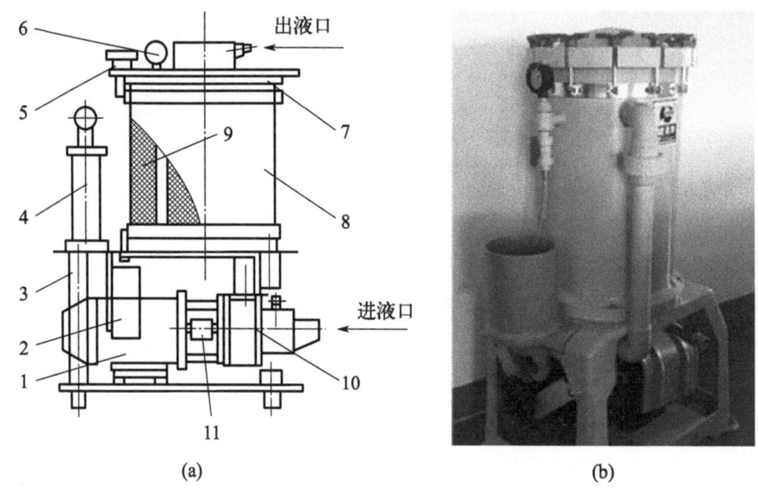

图 13-5　过滤设备结构及机器展示

1—电动机；2—磁力起动器；3—机架；4—抽气装置；5—压紧手柄；6—压力表；7—筒盖；8—滤筒；9—滤芯；10—水泵；11—连轴节

锅炉设备主要用于需进行加热处理的电镀生产工艺中，如除油、退镀处理等。根据能源不同，分为燃煤式和燃气式锅炉两种。其中燃煤锅炉设备常见于生产工艺落后、技术水平较低的手工电镀企业，但煤炭堆放会引起相应的污染。

我国处理电镀废水常用的处理方法有化学法、生物法、物化法和电化学法等，其中化学法由于设备简单、投资少，被广泛应用。常用的化学法有中和沉淀法、中和混凝沉淀法、氧化法、还原法、钡盐法、铁氧体法等[10]。电镀废水处理设备按构筑物形式可以分为地埋式装置和地上装置两类。中小型电镀企业多采用地埋式废水处理装置，典型地埋式电镀废水处理装置如图 13-6 所示，主要包括生化反应池、沉淀池和污泥池等，具有占地面积小、能耗低、运行经济、操作简单、投资费用低等优点。但是地埋装置的腐蚀渗漏较为隐蔽，一旦发生，会直接对土壤和地下水产生污染，因此设备的防腐防渗措施显得尤为重要。相对而言，地上装置的土壤、地下水污染风险相对较小，污染状况易于发现。

电镀工艺中的废水中主要含有酸、碱、氰化物、各类重金属离子（六价铬、铜、镍）、POPs 物质等[11]，这些物质都具有不同程度的生物毒性，威胁环境和人类安全。废水主要来源如下。

① 镀件清洗水：来自各级清洗槽，是电镀前处理和电镀后处理环节基体材料的清洗废水，也是主要的废水来源，其污染物主要为重金属离子和少量的有机物，具有浓度低、数量大、排放频繁等特点。

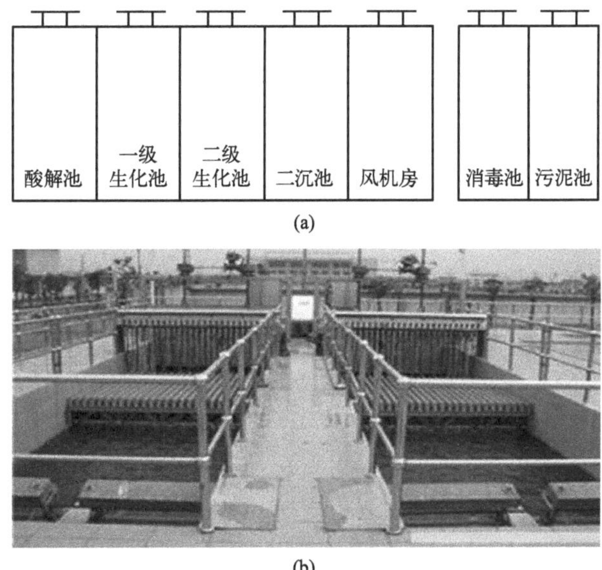

(a)

(b)

图 13-6　地埋式电镀废水处理装置及现场图

② 废镀液排放水：主要包括工艺上所需的倒槽、过滤镀液后的废弃液、失效的电镀溶液等，其污染物以重金属离子为主，具有浓度高、污染大、回收价值高等特点，目前电镀行业清洁生产要求该废水用于资源再利用。

③ 镀前/镀后处理工艺废液排放：电镀前处理和电镀后处理各工艺环节的废液排放，其主要成分随处理工艺不同而差异较大，通常为各类强酸、强碱和有机溶剂等。

④ 辅助工序废水：废气洗涤废水、纯水制备系统树脂再生废水、实验室排水等。

⑤ 冲刷废水和生活污水：生产车间冲洗废水、初期雨水以及职工生活污水等。

电镀生产过程中产生大量废气，可分为含尘废气、含有毒物质废气两大类。含尘废气主要来自喷砂、磨光、抛光等工序。含有毒物质废气按其中有毒物质种类又可分为酸性废气、碱性废气、氮氧化物废气、含铬废气及含氰废气等，主要来自除油、酸洗、电镀等工艺。为了抑制酸性废气的产生，国内外通常向电解槽中加入全氟辛基磺酰类化合物（PFOS）类物质，因此不可避免地造成 POPs 污染。下文将详细介绍。

电镀企业的工业固体废物包括一般固体废物和危险废物两类。一般固体废物主要为生产过程中产生的废包装物和生活垃圾等。危险废物主要有两个来源。

① 电镀生产中产生的固体废物：主要为电镀槽中阳极溶解产生的泥渣和过滤残渣，此类固体废物较少，含大量重金属，具有回收价值。

② 废水/废气处理中产生的固体废物：此类固体废物是电镀企业主要的固体废物来源，尤其是采用化学法和沉淀处理法处理电镀废水时，会产生大量的沉淀污泥，含有多种重金属成分，具有成分复杂、数量大、处理难等特点。

13.2.3　电镀行业主要 POPs 污染物排放情况

在我国电镀行业中，最突出的污染物是 PFOS[12]。PFOS 物质是在电镀环节的酸雾抑制与铬雾抑制工艺中被引入的，其虽然作用量较小，但其在电镀过程中具有良好的分散、润湿作用，特别对次生污染的防治与工人健康的保护具有重要作用[13]。在镀硬铬生产过程中，由于电化学作用，阴极产生的氢气与阳极产生的氧气会以气体形式逸出，进而导致含有铬的酸雾产生。据测算，含铬酸雾造成5%～10%的铬元素损失，其较大的酸性与腐蚀性也对车间其他表面处理电解槽造成严重的腐蚀[14]。在早期，通常采用人工通风的方式来抑制铬酸雾的产生，但这一方法不仅消耗大量能源，且不能从根源上解决酸雾问题，只是对污染进行了稀释。自20世纪80年代起，电镀行业逐渐开始采用PFOS物质进行含铬酸雾的抑制，这类物质的代表为F-53B，其化学式为$C_8ClF_{16}O_4SK$[15]。通过将其微量加入电解槽，可以大幅降低电解液的表面张力，进而使氢气、氧气更加方便地与电解液分离并逸出；此外，在电解槽中F-53B的投加能够产生一层致密的泡沫层，进一步阻挡铬元素的夹带逸出。除F-53B外，起到类似作用的铬雾抑制剂还包括F-53（化学式$C_8F_{17}O_4SK$）、FC-80（化学式$C_8F_{17}O_3SK$）、FC-248（化学式$C_{16}H_{20}F_{17}O_3NS$）等[16]。添加PFOS物质进而抑制酸雾的这一工艺目前是国际主流的电镀工艺。据统计，PFOS物质在我国电镀行业年使用量为30～40t，涉及600亿～700亿元产值[14]。

在电镀行业场地开展的现场监测证实了PFOS物质在环境介质的长期赋存。以温州市的电镀场地开展的分析为例，F-53B在电镀厂废水中的浓度达到65～112μg/L，其通过传统废水处理工艺后排出的浓度也高达43～78μg/L（图13-7）[16]。在该市的地表水体中，也检出了从电镀厂地排出的F-53B，浓度为10～50ng/L（图13-8）[16]。针对电镀行业释放的F-53B开展的全国尺度研究结果表明，每年预计有10～14t F-53B释放进入环境，尤其是电镀厂密布的中国东部地区。由于该类物质的持续积累，电镀厂周边地表水体中F-53B的预测浓度将达到2.3mg/L[12]。各种实验数据表明，PFOS物质在环境中几乎不发生分解，此类化合物被公认为世界上最难分解的有机物质之一[17,18]。电镀行业排放的PFOS类铬雾抑制剂的环境风险不容小觑。

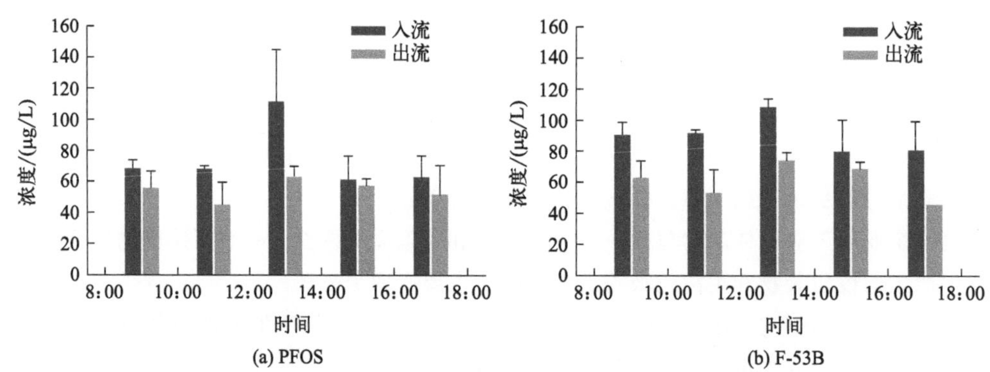

图13-7 温州市某电镀厂地废水处理入流与出流PFOS与F-53B浓度

此外，电镀涉及基体材料自身携带的POPs类物质，如多氯萘、多氯联苯、氯化石蜡等，在除油等镀前处理环节被释放到周边环境，造成场地土壤和地下水严重的有机污染，在我国普遍存在[19,20]。由于电镀基体材料自身性质的差异，以及电镀工艺渗漏环节的不同，其释放规律更加难以测算和预测，带来的环境风险不亚于PFOS类物质。因此，针对该类POPs物质，通过下文所述的现场踏勘、人员访谈、污染识别与预判、特征污染物确定等步骤进行场地初步调查，是合理管控其环境风险的关键。

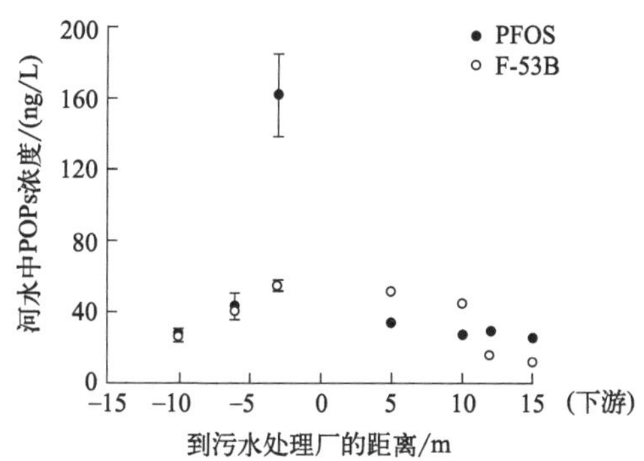

图 13-8　河水中 PFOS 与 F-53B 浓度

13.2.4　电镀行业场地污染物迁移转化规律

污染物迁移是指污染物在环境中发生空间位置的移动及其引起的污染物富集、扩散和消失的过程。污染物在土壤环境中的迁移方式有机械迁移、化学迁移和生物迁移三种。污染物在环境中的迁移受到两大方面因素的制约：一是污染物自身的物理化学性质；二是外界环境（电镀场地）的物理化学条件。

有机污染物在土壤中的迁移转化过程主要包括吸附与解吸附、渗滤、挥发和降解[21]。化合物自身的理化性质和所处的环境因素均会影响有机污染物的环境行为，如污染物的亲脂性、挥发性、化学稳定性和土壤温度、含水率、质地组成等。POPs 类污染物因疏水性较强容易与土壤颗粒发生吸附作用，因此其分配系数（K_d）也通常大于挥发性有机物（VOCs）类物质[22]。不同土壤质地对污染物的吸附性能从强至弱为：黏质土＞壤质土＞砂质土[23]。电镀行业污染场地的酸碱性对 POPs 类物质的迁移转化具有关键影响。一方面，酸碱度变化对土壤中微生物群落结构和活性会产生巨大影响。过酸和过碱环境均不利于大部分微生物生长，会降低 POPs 在土壤中的自然衰减过程（尽管较难完全降解，但生物作用仍不可忽视）[24]。另一方面，对于一些可离子化的 POPs 类物质，适宜的酸碱环境会增强其在土壤环境中的纵向迁移能力，进而威胁地下水安全，如含磺酸基、羧基等的 POPs 物质在酸性环境中溶解性更高，容易发生迁移[25]。

此外，需要注意到场地污染的复杂性特征。不同的地下水污染源，具有不同的污染过程与特点。例如，由电镀固体废物堆填造成的地下水污染，是由废弃物中的污染物随降雨向地下迁移造成的，此类污染空间上是从包气带进入含水层，时间上是间歇的，因此污染显著受到地表径流的影响，污染分布的空间连续性相对较差。但是由电解槽或管线泄漏造成的污染，污染物直接从地下排放，此类污染空间上可能是从包气带进入含水层，也可能是直接进入含水层，时间上是连续的，因此污染分布相对连续和集中。电镀场地土壤和地下水污染具有高度的复杂性，这主要是由其复杂的含水层特点造成的。第一，电镀场地土壤地下水污染是由点到面的过程，电镀厂通常面积较小，因此所关注空间尺度较小，有时需要精确到数十米或数米范围，场地地层结构的异质性会显著影响污染物的分布。例如，重非水相液体（DNAPL）会在低渗透地层中滞留，而在高渗透地层中会持续向下迁移[26]。第二，场地尺度的地下水流场较为复杂，场地地势、人为填埋、地下构筑物的存在（如地下排水管、输送管线、地埋式电镀废水处理装置等）、地层结构、周边水体、降雨等因素都可能会影响地下水流向，导致场地地下水流向不统一或动态变化，从而影响污染物的迁移扩散。第三，特殊的地层结构（如基岩裂隙）或电镀场地的地下管线区域可能成为污染物的优先通道，使污染物沿着特定方向从土壤快速迁移至地下水[27,28]。与不存在优先通道情形相比，污染物的迁移速度通常高几个数量级[29,30]。因此，掌握工业场地地层结构特点是了解土壤地下水污染情况，进而实现其风险管控与精准修复的前提条件。

13.2.5　电镀行业重点污染场地及污染识别方法

13.2.5.1　电镀行业重点污染场地

通常工业场地污染分点源污染和面源污染两种形式。点源污染一般由特定的排放点产生，具有浓度高、面积小、污染浓度呈扩散状分布等特点。面源污染一般由分散的排放点产生，具有污染面积广、浓度相对较低等特点。场地污染形式的不同直接影响后续修复治理的体量和修复工艺的强度。电镀行业污染场地通常以点源污染为主，但在生产管理和工艺水平落后的电镀遗留场地（如手工作坊式企业），污染物在砂质土层大面积扩散会出现面源污染。场地污染分布与电镀生产过程密切相关，主要的污染区包括电镀生产车间、污水处理设施周边、废水和雨水排放系统、仓储区和固体废物堆放区等。

电镀生产车间是电镀污染发生的主要区域，污染主要为以下两种途径。

① 生产车间地下排水管发生腐蚀和损坏，导致电镀废水排放过程中产生渗漏。此类污染非常隐蔽，且一般污染区域在地下排水管周边及深层土壤，表层土壤污染较轻。

② 电镀生产过程中的“跑、冒、滴、漏”现象，对车间地面产生腐蚀并渗漏进入土壤中，常发生于地面无防腐防渗措施的场地以及硬化地面出现腐蚀或破损的场地，此类污染较为明显，可以观察到地表腐蚀情况，污染浓度呈现随土层深度逐渐递减的趋势，图 13-9 为某电镀企业污染场地车间情况及硬化地面破损情况。当污染物渗透过地表硬化层，根据场地土壤性质的不同，污染物可能会被土壤截留、富集或进一步渗透进入地下水系统，影响地下水安全。

(a) 车间情况

(b) 硬化地面破损情况

图 13-9　某电镀企业污染场地车间情况和硬化地面破损情况

地埋式污水处理设施是污水处理设施区域的重要污染源，这也是小型电镀企业常见的土壤污染源。污水收集池受到强酸性电镀废水腐蚀导致设施损坏，进而引起的电镀废水长期向地下渗漏污染土壤，调查过程应对此予以重点关注。而地上式污水处理设施的损坏和废水渗漏情况易于发现，形成大面积污染的可能性相对较低。

电镀生产废水及生活污水通常通过地下管路或沟渠排放和收集。地下管路泄漏及沟渠腐蚀引起的渗漏是电镀企业污染土壤的重要途径之一。电镀废水和生活污水性质差异巨大，对地下管路和沟渠的材质要求各有不同，因此需分开处理。但长期以来，传统电镀企业的雨污分流系统往往建设不足，电镀生产过程中产生的污水和雨水混合进入排放系统，导致雨水排放系统受到污染，同时也意味着电镀污水可能通过地表径流造成更大范围的污染。

仓储区，尤其是酸储罐区，也是重要的土壤污染源。不合适的仓储设施和运输设备是导致污染的主要原因。酸储罐区污染主要是运输或存储不当引起的酸液滴漏。此外，部分镀件基体原料库房也可能存在污染，主要是表面带有大量油污的基体材料不合理堆放导致油污污染。

电镀企业产生的固体废物主要包括电镀生产过程中产生的电镀废渣和污水处理过程中产生的电镀污泥，二者均属于含高浓度污染物的危险废物。对于中、大型电镀企业，此类固体废物常存放在相应的车间或区域。而大部分小型电镀企业，此类固体废物常以麻袋或尼龙袋等袋装的形式堆放在废水处理设施或电镀车间附近，存在对周边环境造成污染的风险。

电镀生产需要使用水资源，因而部分电镀企业选择在河流、湖泊或水渠等附近建厂，以便于取水和废水排放。电镀行业土壤污染不仅包括厂内的污染，同时也可能涉及周边环境的污染。电镀废水排放口附近河道的污染状况，也是污染场地现场踏勘识别的重点部位。

综上所述，电镀行业企业土壤污染重点场地（或疑似区）主要如下。

① 电镀生产车间：地下排水管发生腐蚀和损坏，电镀生产过程中的“跑、冒、滴、漏”现象，对车间地面产生腐蚀并渗漏进入土壤中。

② 污水处理设施区域，重点监测地埋式污水处理设施区域。

③ 废水和雨水排放系统，电镀生产废水及生活污水通常通过地下管路或沟渠排放和收集，地下管路泄漏及沟渠腐蚀引起的渗漏是电镀企业污染土壤的重要途径之一。

④ 仓储区，尤其是酸储罐区，也是重要的土壤污染源，部分镀件基体原料库房也可能存在污染。

⑤ 固体废物堆放区一般存放电镀生产过程中产生的电镀废渣和污水处理过程中产生的电镀污泥，二者均属于含高浓度重金属的危险废物，存在对周边环境造成污染的风险。

⑥ 污染场地周边区域，尤其是电镀废水排放口附近河道的污染状况。

13.2.5.2　电镀行业场地污染识别方法

在具体实践中，电镀行业场地污染识别方法包括现场踏勘、人员访谈、污染识别与预判、特征污染物确定等[31,32]。

（1）现场踏勘

现场踏勘主要是对场地水文地质条件、重要污染源、井（地下水监测井、民用水井等）、监测情况、管理状况、土地利用及周边环境等情况进行考察，踏勘范围由现场调查人员根据电镀企业土壤污染状况调查范围以及污染物可能的迁移距离来判定。现场踏勘任务主要如下。

① 应核实场地水文地质条件、污染源信息（电镀、酸洗、氧化、磷化等表面处理车间，

地下生产废水输送管路)、电镀生产工艺(包括镀种、漂洗工艺、电镀工艺等)、电镀槽的材质和埋深、地下水井(位置、规格、水位等)、污染防治设施运行情况等是否与收集的资料一致。

② 应调查对象周边环境敏感目标情况，包括位置、类型、分布、规模等，明确所处环境功能区及地下水、地表水使用情况。

③ 宜配备简易采样和检测仪器(便携式土壤采样器、多参数水质测试仪、便携式 X 射线荧光检测仪等)，开展现场检测。

④ 应核实生产设施现状：生产设备及工艺布局是否与平面布置图一致；生产车间硬化地面是否破损或腐蚀、是否满足防渗防漏要求；生产设施是否符合行业清洁生产标准要求；现场设施有无明显破损、出现外溢和渗漏情况；污水排出口附近水体颜色、气味、生物生长情况是否正常；固体废物是否安全处置、化学药剂是否存在泄漏或不合理堆放。

(2) 人员访谈

人员访谈是指对场地相关人员(企业工作人员、地方环境和政府管理人员等)、周边居民或历史知情人进行访谈，考证已有资料，补充相关信息，了解场地环境和生产相关异常事件，作为潜在污染评估的参考。具体包括：

① 场地利用历史；

② 场地归属及变更情况；

③ 场地生产历史，包括电镀槽类型、沟槽形式、排放方式、排放沟槽路线、排放口等；

④ 是否曾发生污染事件或生产安全事故；

⑤ 与环境污染和安全生产相关的异常操作情形，如化学试剂的运输方式、电镀生产中的“跑、冒、滴、漏”等；

⑥ 周边是否曾发生环境污染事故。

(3) 污染识别与预判

根据资料收集、现场踏勘、人员访谈等，结合场地现场实际情况，应初步分析判断调查场地潜在污染情况。具体包括：

① 识别疑似污染源及疑似污染区域；

② 结合电镀生产工艺预判潜在特征污染物类型；

③ 初判各潜在污染位置土壤可能受到污染的严重程度及污染深度；

④ 初判各潜在污染位置地下水可能受到污染的严重程度及污染层位；

⑤ 初判各潜在污染物空间分布范围。

(4) 特征污染物确定

针对典型电镀工艺，收集原辅料和典型工艺流程，分析特征污染物。

13.3 电镀行业场地污染防治对策

13.3.1 加强源头防控

针对现在电镀行业中的能源浪费大和污染严重的特点，各个国家都在努力研究开发能代替电镀的新型表面处理技术，并使整个生产过程实施清洁生产，以最大限度地降低电镀过程给人体和环境带来的危害。采用绿色电镀技术和清洁生产技术能最大限度地减少和消除传统电镀给环境带来的污染和危害[33,34]。绿色电镀的内涵就是探讨绿色电镀技术如何贯穿于电镀过程的生命周期，针对电镀行业在减少污染、合理利用资源、节约能源以及在应用环境无害化等方面的技术要求，分析电镀行业清洁生产的潜力，提出电镀工业实现清洁生产的途径。采用绿色电镀技术和清洁生产技术能最大限度地减少和消除传统电镀给环境带来的污染和危害。

电镀工厂排出的废水主要来源于镀件的漂洗水、废槽液、镀液的“跑、冒、滴、漏”、设备冷却水和冲洗地面水等。如何把废物控制在最低限度，这就需要实施绿色生产战略。清洁生产能使自然资源和能源利用合理化、经济效益最大化、对人类和环境的危害最小化。清洁生产是采用先进的技术与工艺，把污染物消除在工艺流程中，尽量采用低温低浓度、低毒（或无毒）工艺，槽边处理加以多道逆流漂洗，喷淋（反喷淋）工艺。同时大力采用电镀废水微排放（零排放）电镀生产自动线，节约能源，回收电镀化工原料。现在一些合资企业和外资企业，引进了国际先进水平的全套生产设备，全自动、全密闭生产系统的清洁程度相当高，其中包括电镀工艺部分，代表了先进的清洁生产水平，以事实改变了“电镀等于污染”的固有概念。电镀行业清洁生产的实现途径如下：

① 在产品设计和原料选择时以保护环境为目标，不使用有毒有害的原料，防止原料及产品对环境的污染。

② 替代电镀清洁技术，如物理气相沉积（真空蒸气镀、离子镀、气相镀）、热喷涂（塑种喷涂、粉末喷涂）、热浸镀、粉末渗镀、机械镀等。

③ 改善生产工艺，更新生产设备，提高原材料和能源的利用率，减少污染物的排放。采用水基清洗剂代替溶剂脱脂，酸性盐代替酸性溶液进行弱腐蚀等清洁生产工艺。

④ 延长溶液使用寿命（采用去离子水、连续过滤、补加调整溶液、定期去除溶液中的杂质，减少杂质的带入）；减少工业溶液的带出和蒸发量（工艺槽之间加挡液板、延长镀件出槽的停留时间，控制浓度在低限范围、控制溶液温度、镀件的合理装挂、气刀吹除、增加带出液回收槽）；减少清洗水的用量（逆流清洗、喷淋清洗、搅拌清洗、清洗水的复用、控制用水量）。

⑤ 建立生产闭合圈，对排放物进行回收及循环利用。

⑥ 进行科学的生产管理，建立和健全环境管理体系，完善有环境指标的岗位责任制考核办法，建立物料的系统管理程序，加强设备的维护和检查，加强培训、提高职工素质。

对于生产过程废物的处理：a. 最重要的是尽量回收再生利用，让废物重新变为有用的物质；b. 在处理废物的过程中，应采用对环境不造成二次污染的处理方法，对于实在不能回收处理的废物采取安全的填埋或焚烧处置。通过绿色处理，使废物得到最大限度的控制和利用，真正实现废物的减量化、减容化、最小化和资源化，进而从源头防控电镀行业场地污染问题。

13.3.2　提高污染治理技术水平

电镀场地 POPs 物质治理存在若干技术难点，亟需提升污染治理技术水平，对已污染场地实施有效的风险管控与修复治理。

POPs 物质的化学惰性强、固-液分配系数大，难以通过常规化学氧化、土壤淋洗、生物修复等传统场地修复手段进行解毒或去除[35]。现有高锰酸钾、臭氧、过氧化氢等场地修复常用的化学氧化药剂难以将电镀场地中普遍存在的 F-53B、PCBs 等 POPs 物质有效降解[36]；与 VOCs 物质不同的是，这些 POPs 物质倾向在土壤固相而非液相或气相中分配，可以长期固持在场地土壤的颗粒中，并作为潜在次生污染来源逐渐扩散至周围土壤与地下水介质中[37]；POPs 物质由于具有较多芳香环、较多难降解卤素官能团，通常难利用场地的土著微生物对其进行原位生物修复，目前这些物质的功能降解微生物仍处于实验室研发阶段，尚未得到商业推广[38]。在这种情形下，采用固化/稳定化的方式，通过投加活性炭、生物炭、沸石等多孔吸附剂，通过物理吸附、疏水相互作用等机制，将这些有机污染物的可迁移性与生物有效性进一步降低，进而实现其暴露途径的切断，是一个可行的途径[39,40]。一些场地治理现场工作的结果也表明，这些多孔吸附剂可以有效实现 POPs 物质的钝化[41,42]。值得注意的是，固化/稳定化处理后的土壤中 POPs 的总量并未去除，因此，在工程实践中需要配合长期监测[43,44]。

电镀场地自身的复杂水文地质条件以及电镀环节所致共存污染问题，进一步给污染治理带来了巨大挑战。场地地上、地下管线与储罐交错密布，一方面给污染土壤开挖带来了困难；另一方面产生了人工的优先流，促进污染物的垂直迁移，进而增加地下水污染风险[45,46]。因此，在场地治理时，需要综合考虑污染土壤修复与地下水保护，采用土-水协同的修复技术管控 POPs 垂直迁移风险。此外，电镀厂地普遍存在六价铬污染问题，六价铬迁移性极强，其能够作为 POPs 物质迁移的载体，进一步加剧 POPs 物质的释放与扩散[47]。亟须提高电镀场地复合污染的协同治理技术水平，方能实现多介质风险管控。

此外，与矿山、钢铁冶炼、有色金属采选冶炼等场地相比，电镀场地通常具有更小的面积与更集中的污染。部分区域（如前文所述地埋式污水处理设施）POPs 污染浓度可能超标成百上千倍[48,49]。受到场地施工面积的制约，部分修复技术（如生物堆、土耕法、异位热脱附、土壤淋洗）等技术的适用性较差。亟须针对此类场地面积小、污染重的特点，有针对性地开发经济、灵活、长效的修复治理技术及其配套工艺装备。

13.3.3 政府优化管理

第一，建立重点监管制度。对产生和排放重金属污染物的电镀企业建立重点监管制度，纳入所在地土壤污染重点监管单位名录，坚持“预防为主、保护优先”。土壤污染重点监管单位名录内的电镀企业应严格控制有毒有害物质排放，并按年度向所在地生态环境主管部门报告排放情况；应建立土壤污染隐患排查制度，保证持续有效防止有毒有害物质渗漏、流失、扬散；应制定、实施自行监测方案，并将监测数据报所在地生态环境主管部门。土壤污染重点监管单位名录内的电镀企业的土壤污染隐患排查制度，应定期对重点区域、重点设施开展隐患排查。发现污染隐患的，应当制定整改方案，及时采取技术、管理措施消除隐患。隐患排查、治理情况应当如实记录并建立档案。其中，重点区域包括涉及有毒有害物质的生产区，原材料及固体废物的堆存区、储放区和转运区等；重点设施包括涉及有毒有害物质的地下储罐、地下管线，以及污染治理设施等。土壤污染重点监管单位名录内的电镀企业在隐患排查、监测等活动中发现土壤和地下水存在污染迹象的，应当排查污染源，查明污染原因，采取措施防止新增污染，并参照建设用地土壤环境管理有关规定及时开展土壤和地下水环境调查与风险评估，根据调查与风险评估结果采取风险管控或者治理与修复等措施。土壤污染重点监管单位名录内的电镀企业还应当对监测数据的真实性和准确性负责。所在地生态环境主管部门发现电镀企业土壤污染重点监管单位监测数据异常，应当及时进行调查。设区的市级以上地方人民政府生态环境主管部门应当定期对电镀企业土壤污染重点监管单位周边土壤进行监测。土壤污染重点监管单位名录内的电镀企业存在拆除设施、设备或者建筑物、构筑物的，应当制定包括应急措施在内的土壤污染防治工作方案，报所在地人民政府生态环境、工业和信息化主管部门备案并实施。土壤污染重点监管单位名录内的电镀企业的生产经营用地的用途变更或者在其土地使用权收回、转让前，应当由土地使用权人按照规定进行土壤污染状况调查。土壤污染状况调查报告应当作为不动产登记资料送交所在地人民政府不动产登记机构，并报所在地人民政府生态环境主管部门备案。

第二，纳入排污许可制度。纳入所在地土壤污染重点监管单位名录的电镀企业的有毒有害物质排放报告、土壤污染隐患排查、制定和实施自行监测方案等义务应当在排污许可证中载明。产排污环节对应排放口及许可排放限值、污染防治可行技术及运行管理要求等应参考《排污许可证申请与核发技术规范 电镀工业》（HJ 855—2017）中的相关要求。对其排污浓度和总量实施严格控制，严格按照国家、地方规定的监察、监测频次进行精细化管理；注重日常监管的同时加大抽查力度，对于抽查中发现违法行为的，发现一起、处罚一起、曝光一起。

第三，建立信息公开制度。通过建立统一的环境监管信息公开平台，将电镀企业基本信息、污染排放及监测情况、监察执法和行政违法等情况及时向社会公布。土壤污染重点监管单位名录内的电镀企业开展过土壤污染状况调查的，应当将土壤污染状况报告主要内容通过其网站等便于公众知晓的方式向社会公开。通过信息公开，实现阳光管理；改进环境监管方式，按照环境公开的要求对现有的环境现场执法和监测采样方式进行规范，使每一次行政执法都经得起公众检验；积极引入第三方信息公开模式，指导行业协会建立企业环境信息公开和形象展示平台，要求有关企业及时将本公司履行环保义务、社会责任的情况进行公布和展示。

第四，建立信用管理制度。通过信用管理强化电镀企业的主体责任，使企业逐步建立起对社会负责、对公众负责和对自己负责的重金属污染防治自律自治管理模式；并建立黑名单管理制度，将有行政处罚违法记录、擅自改变生产规模或生产地址、增设电镀镀种镀槽等情形的企业纳入黑名单，对列入黑名单的企业加大抽查监管力度和信息通报频次。

第五，完善法规标准体系。积极完善 POPs 污染防治、有毒有害化学品环境管理、POPs 污染生态环境损害赔偿等方面的法律法规；建立健全水、大气、土壤等 POPs 环境质量评价体系和 POPs 污染物产生、排放的环境影响评价体系，将项目周边地表水、土壤等纳入电镀项目竣工验收范围；不断完善电镀行业的清洁生产及污染治理的标准与规范，为电镀行业重金属污染的防治工作提供操作依据。

第六，对涉重点 POPs 排放的电镀企业和电镀园区或电镀集中区所在地进行抽检，抽检不合格列为潜在污染场地。过去和现在土地的拥有者和使用者必须对土地的污染负责并有消除污染的义务，对土壤污染采取“谁污染、谁治理”的原则，即任何把污染物排放到土壤和地下水的个人和单位，都有修复土壤和地下水的责任和义务。如果没明确的污染者，该责任将转移给土地当前的所有者和使用者；场地调查由地方政府负责，生态环境局给地方政府提供技术支持。法律允许当事人提供关于排除和污染有关责任的证据。

13.3.4 企业加强自律

第一，持续推行清洁生产。鼓励电镀企业持续深入地将清洁生产的理念落实到生产和管理之中，从生产源头入手，减少污染物的产生和排放。积极推广电镀行业清洁生产技术，开发应用 PFOS 替代酸雾抑制工艺技术和环境标志产品，全面提升电镀企业的清洁生产水平。优先支持先进清洁生产技术示范，建立由政府引导、以企业为主体、产学研相结合的清洁生产技术创新与成果转化体系。对采用先进清洁生产技术的电镀企业在财政资金、科技资金、上市等相关方面给予倾斜和优先。对电镀企业开展强制清洁生产审核，并向社会公布评估及验收结果，使骨干企业达到国际先进水平，大中型企业达到国内先进水平，全行业整体清洁生产水平得到提高。

第二，强化企业内部环境管理。要求电镀企业规范内部环境管理，实行 F-53B 等特征污染物“日常监测制度”，建立 POPs 污染物产生、排放详细台账，要求其委托监测机构对废气、废水等污染物排放情况进行监测，定期向当地环保部门报告监测结果。建立完善的应急预案和应急管理体系，对各类生产和消防安全事故制定环保处置预案，建设环保应急处置设施，加强交通运输、转移危险废物过程引起的 POPs 污染事故防范措施，储备必要的应急物资，定期开展事故演练，提高 POPs 污染事故应急响应能力。

第三，规范污染治理设施专业化运营。根据企业环保信誉情况或污染设施规模，出台相关引导政策和税收减免政策，推动电镀企业污染治理设施运营专业化。通过污染治理设施委托运营，解决电镀企业自行运营存在的技术力量不足、稳定达标困难、回用水设施闲置、药剂和设备利用率低等问题，降低资源能源消耗和 POPs 污染物排放量，提高达标排放率和回用率。

13.3.5 公众舆论监督

鼓励市民通过关注环境监管信息公开平台等途径参与重点电镀企业日常环境监管。充分发挥新闻媒体和社会公众对电镀行业 POPs 污染防治工作的监督作用，定期向社会公布有关 POPs 的环境信息，通过环保举报热线、新闻媒体、网络等多种形式接受群众的投诉举报，对有关电镀企业 POPs 污染的问题及时核实并认真处理。

13.3.6 行业协会充分发挥监管指导和引领作用

充分发挥电镀相关的行业协会的监督管理作用，在相关行业协会平台公开展示电镀企业的环境信息，督促企业履行环保义务和社会责任。对积极履行环保义务、污染物减排成效显著的企业，在行业内部树立标杆，进行宣传示范。充分发挥电镀相关的专业学会的技术研发优势，研究开发电镀行业 POPs 减排、清洁生产技术，并在典型企业示范应用，为电镀企业实施清洁生产提供必要的指导。

电镀相关行业协会应在清洁生产、污染治理等方面对电镀企业予以技术支持。利用技术汇编、培训交流、现场指导、在线服务等多种形式，向电镀企业提供清洁生产技术培训，提高企业清洁生产意识，鼓励企业主动淘汰落后产能，引导企业清洁生产水平不断提升。在污染治理设施建设或改造之前，对设计方案进行技术评估，对不合理、不完善的环节提出改进建议；污染治理设施建设或改造完成后，对实际运行处理情况进行现场评估，确保设施按相关标准要求建设运行，并满足电镀行业最新的排放标准。

电镀行业作为必要的配套行业，已广泛应用到工业生产和社会生活各个领域，在我国经济发展中起着不可替代的作用，但作为重污染行业，电镀行业也是产生和排放 PFOS 等 POPs 污染物的主要来源。在电镀企业 POPs 污染防治的环境管理方面，建议综合考虑电镀企业对产业经济的配套支撑作用，创新环境管理思路，构建政府优化监管、企业加强自律、公众舆论监督、行业组织搭台、技术机构支持的全方位环境管理体系，最终实现电镀行业土壤地下水污染防治工作取得一个又一个的进步。

13.4 案例分析

调查场地原为双流县黄甲金具厂，该厂成立于 1985 年，生产地址在四川省成都市双流县黄甲镇一里坡，行业类别为 33 金属制造业中 3360 金属表面处理及热处理加工，主要从事机械零部件加工及电镀生产。该企业于 2012 年停产，停产后改为丙二类仓库，主要存储普通固体材料，未存放过化学品。场地历史使用情况见表 13-3。场地占地面积约 9600m^2。目前处于废弃状态。双流区黄甲金具厂疑似污染场地位于双流区黄甲镇一里坡双公路，坡地最顶端北侧与本项目地势持平，东、西、南侧地势较本项目低 5～8m。场地东侧紧邻双公路，公路对面为农户；西侧紧邻乡道及农户，乡道对面为墓地；北侧紧邻农户，场地南侧约 50m 有一处农户和池塘，项目南侧 300m 为青兰沟，最终流向府河。

表 13-3　场地历史使用情况

时间	企业名称	土地用途	行业	建设内容
1985 年之前	—	农用地	—	—
1985～2012 年	双流金具厂	工业用地	金属表面处理及热处理加工	—
2012 年至今	—	工业用地	—	荒废

经现场勘查，本场地位于黄甲街道一里坡，处于正公路南侧约 140m，成雅高速公路西侧约 120m，场地南侧约 300m 为青兰沟，本场地海拔高度高出正公路约 10m，高出青兰沟河水面约 30m。场地共占地约 9600m^2，生产厂区占地约 4700m^2，办公用房约 480m^2，闲置地约 3200m^2，其他为内部道路。本次场地地质勘查主要针对生产厂区范围内，厂区中心位置勘查深度为 18m，其余位置勘查深度为 2.5m。生产厂区内地面均进行了硬化，硬化层厚度为 10～30cm，硬化层以下存在 50～150cm 回填土层，回填土层以下为黏土层，厂区中心位置黏土层厚度大于 16m。厂区内原有地层可能不平整，在建厂时低洼地带进行了回填，回填厚度不均匀，厂区东北侧地势较高，回填厚度为 30～50cm，生产厂区东南侧地势较低，回填厚度约 1.5m，因回填土以下为黏土层，黏土层防渗性能较好，地面水通过黏土层难以向下渗透，因此厂区东南侧低洼回填地带，硬化层以下 30～150cm 存在地表积水。根据厂区人员访谈及现有资料可知，双流金具厂成立于 1985 年，在此之前，该场地为普通农田。建厂时，场地内回填情况较少，场地基本保持建厂前的地形。经现场勘查及当地居民人员访谈，场地周边敏感目标详见表 13-4。厂界与周边敏感点见图 13-10（书后另见彩图）。

表 13-4 场地周边敏感目标

距离	方位	周围情况	影响人数
200m	西北	4 家农户、1 座墓园(一里坡墓园一期)	约 12 人
	西南	9 家农户	约 27 人
	东南	3 家农户	约 9 人
	东北	14 家农户	约 42 人
500m	西北	6 家农户、1 个果园(杨明琼果园)、1 座墓园(一里坡墓园一期)	约 21 人
	西南	10 家农户	约 30 人
	东南	22 家农户	约 66 人
	东北	15 家农户	约 45 人
1000m	西北	29 家农户、1 个果园(杨明琼果园)、1 座墓园(一里坡墓园一期)	约 92 人
	西南	108 家农户、1 座墓园(一里坡墓园一期)	约 416 人
	东南	90 家农户、1 家企业(成都银龙油料贸易有限公司)	约 290 人
	东北	50 家农户、1 家企业(加德纳航空(成都有限公司))	约 170 人

图 13-10 厂界与周边敏感点（A～G 为厂界范围拐点）

在双流区黄甲政府的协助下，对场地现状以及周边区域进行现场调查，调查对象主要为街道管理人员、环保局工作人员、场地周边住户等。现场踏勘的主要内容包括：场地的现状与历史情况，相邻场地的现状与历史情况，周围区域的现状与历史情况，区域的地址、水文地质条件和地形的描述等。现场踏勘的重点对象包括：有毒有害物质的使用、处理、储存、处置；生产过程和设备，储槽和管线；恶臭、化学品味道和刺激性气味，污染和腐蚀的痕迹；排水管或渠、污水地或其他地表水体、废物堆放地、井等。同时观察和记录场地及周围是否有可能受污染物影响的居民区、学校、医院、饮用水源保护地以及其他公共场所，并明确记录其与场地的位置关系。采取当面交流、电话交流、书面调查等方式进行人员访谈和公众调查。受访者为场地现状或历史的知情人，包括场地管理机构和地方政府的官员、环境保护行政主管部门的官员、场地所在地或熟悉场地的附近居民。

经现场踏勘，场地内共分为办公室、生产厂区、闲置绿地三个功能区。办公室占地约 480m²，生产区占地约 4700m²，闲置地占地约 3200m²，其他为内部道路。厂房内地面全部进行了硬化，没有发现防渗涂料地面。有电镀槽遗迹 4 座，在镀槽位置，地面有锈迹存在，镀槽内堆满了废弃建渣，主要以破碎砖头为主，夹杂部分生石灰及底泥等固体废物。部分硬化地面被破坏，经现场勘查及人员访谈，本场地在 2017 年进行过土壤监测，地面破坏处为其监测点位。车间内有贮存池 2 个，内有遗留废水，生产车间西南侧发现废弃废水处理站 1 座，池内有遗留废水。场地现状见图 13-11，可能的污染源见表 13-5。

正门　污水处理站　电镀槽遗留液　遗留生石灰

危化品仓库　生产车间　储罐　清洗池

疑似酸碱池　疑似库房　电镀槽内废弃石灰　电镀槽内疑似底泥废弃物

图 13-11　场地现状

表 13-5　可能的土壤地下水污染源

项目组成		建设内容及规模	主要环境问题
主体工程	生产车间	2 间，位于厂区中部，1 层，底部为砖混结构，上部为钢构厂房，占地面积约 4700m²，包含电镀生产线、碱洗槽等	固体废物、噪声、废气、危废、废水
	储罐区	位于项目生产车间内南侧，占地面积约 200m²，设置 2 座容积约为 60m³ 的储罐	

续表

项目组成		建设内容及规模	主要环境问题
辅助工程	办公室及门卫	1层，砖混结构，占地面积 480m^2，位于项目东北处	生活垃圾、生活废水
	食堂	1层，占地面积约 120m^2，位于项目北侧	废水、废气
仓储工程	库房	占地面积 30m^2，位于车间东侧。存放五金配件等杂物	—
	机油库房	占地面积 30m^2，位于车间东侧。存放机油	—
公共工程	供水	市政供水	—
	供电	市政供电	—
	排水	农灌	—
环保工程	废水处理	经污水处理站处理后直排	废水、固体废物
	废气处理	观察到有相关废气处理设施	废气
	固废处置	未观察到相关固废处置设施	危险废物
	地下水防范	厂区进行了水泥硬化，其他重点区域未观察到相关重点防范设施	地下水

经过现场勘查及人员访谈（图 13-12），原双流黄甲金具厂仅进行镀锌工艺，其他工艺不涉及可能的原辅料为钢材、锌板、硝酸、硫酸、盐酸、氯化钠、氯化锌、氢氧化钠、酸雾抑制剂、稀释稳定剂等。根据人员访谈及电镀行业相关资料，原双流金具厂仅进行镀锌生产工艺，推测可能的生产工艺为下料、机械加工、抛光、清洗、脱脂、二次清洗、碱蚀、清洗、阳极氧化、清洗、挂镀锌、滚镀锌等。

图 13-12　人员访谈

经过现场勘查原址发现有污水处理设施一套。经人员调查访谈，废水处理后排入西南侧青兰沟，最后流向府河。废气产生及治理经现场勘查原址发现废气排放管道一根，约 18m。经现场勘查原址内有固体废物存放间一处。经勘查遗留办公室，找到相关遗留文件（真实性未知）危废处置协议及危废台账，危险固废可能定期运走，由有资质的单位处置。

通过对资料的整理、分析及现场勘探。项目生产车间的管道、阀门、泵传输等位置可能存在“跑、冒、滴、漏”等风险；储罐等可能因地坪磨损、沿裂等地面渗漏问题导致厂内土壤污染。场地内地面 1.5m 以下主要为黏土层，污染物难以通过黏土层污染地下水，本场地内污染物主要通过地面和地面下回填土层向四周低洼处扩散。为后续该场地的详细调查提供了相关基础。

参考文献

[1] Boulanger C. Thermoelectric material electroplating：A historical review [J]. Journal of Electronic Materials，2010，39 (9)：1818-1827.

[2] 陈亚．现代实用电镀技术 [M]. 北京：国防工业出版社，2003.

[3] 储荣邦，王宗雄，吴双成．简明电镀工手册 [M]. 北京：机械工业出版社，2013.

[4] 姚素薇，张卫国，王宏智．现代功能性镀层 [M]. 北京：化学工业出版社，2013.

[5] 宣天鹏．材料表面功能镀覆层及其应用 [M]. 北京：机械工业出版社，2008.

[6] 冯立明，王玥．电镀工艺学 [M]. 北京：化学工业出版社，2018.

[7] 张允诚，胡如南，向荣．电镀手册 [M]. 北京：国防工业出版社，2011.

[8] 刘仁志．电镀层退除技术 [M]. 北京：化学工业出版社，2007.

[9] 傅绍燕．电镀车间工艺设计手册 [M]. 北京：化学工业出版社，2017.

[10] 贾金平，谢少艾，陈虹锦．电镀废水处理技术及工程实例 [M]. 北京：化学工业出版社，2003.

[11] 王宏杰，赵子龙．电镀废水处理技术与工艺研究 [M]. 北京：中国建筑工业出版社，2021.

[12] Ti B，Li L，Liu J，et al. Global distribution potential and regional environmental risk of F-53B [J]. Science of the Total Environment，2018，640：1365-1371.

[13] Liu J，Cui Y，Lu M，et al. 6：2 Chlorinated polyfluoroalkyl ether sulfonate as perfluorooctanesulfonate alternative in the electroplating industry and the receiving environment [J]. Chemosphere，2022，302：134719.

[14] 林安，李训生．持久性有机污染物在电镀行业减量化与替代 [J]. 新技术新工艺，2008 (12)：10-13.

[15] Briels N，Ciesielski T M，Herzke D，et al. Developmental toxicity of perfluorooctanesulfonate (PFOS) and its chlorinated polyfluoroalkyl ether sulfonate alternative F-53B in the domestic chicken [J]. Environmental Science & Technology，2018，52 (21)：12859-12867.

[16] Wang S，Huang J，Yang Y，et al. First report of a Chinese PFOS alternative overlooked for 30 years：Its toxicity，persistence，and presence in the environment [J]. Environmental Science & Technology，2013，47 (18)：10163-10170.

[17] Zhang Z，Sarkar D，Biswas J K，et al. Biodegradation of per-and polyfluoroalkyl substances (PFAS)：A review [J]. Bioresource Technology，2022，344：126223.

[18] Zareitalabad P，Siemens J，Hamer M，et al. Perfluorooctanoic acid (PFOA) and perfluorooctanesulfonic acid (PFOS) in surface waters，sediments，soils and wastewater—A review on concentrations and distribution coefficients [J]. Chemosphere，2013，91 (6)：725-732.

[19] Niu S，Tao W，Chen R，et al. Using polychlorinated naphthalene concentrations in the soil from a southeast China e-waste recycling area in a novel screening-level multipathway human cancer risk assessment [J]. Environmental Science & Technology，2021，55 (10)：6773-6782.

[20] Zhang J Y，Qiu L M，Jia H，et al. Occurrence and congeners specific of polychlorinated biphenyls in agricultural soils from Southern Jiangsu，China [J]. Journal of Environmental Sciences，2007，19 (3)：338-342.

[21] Lapworth D，Baran N，Stuart M，et al. Emerging organic contaminants in groundwater：A review of sources，fate and occurrence [J]. Environmental Pollution，2012，163：287-303.

[22] 王亚韡，曾力希，杨瑞强．新型有机污染物的环境行为 [M]. 北京：科学出版社，2018.

[23] 朱利中．土壤有机污染物界面行为与调控原理 [M]. 北京：科学出版社，2015.

[24] 黄巧云，林启美，徐建明．土壤生物化学 [M]. 北京：高等教育出版社，2015.

[25] 杜世勇，崔兆杰．多环境介质中持久性有机污染物的特征及环境行为 [M]. 北京：科学出版社，2013.

[26] Ajo-Franklin J B，Geller J T，Harris J M. A survey of the geophysical properties of chlorinated DNAPLs [J]. Journal of Applied Geophysics，2006，59 (3)：177-189.

[27] Guo L，Lin H. Addressing two bottlenecks to advance the understanding of preferential flow in soils [J]. Advances in Agronomy，2018，147：61-117.

[28] Jarvis N，Koestel J，Larsbo M. Understanding preferential flow in the vadose zone：Recent advances and future prospects [J]. Vadose Zone Journal，2016，15 (12)：1-11.

[29] Allaire S E，Roulier S，Cessna A J. Quantifying preferential flow in soils：A review of different techniques [J]. Journal of Hydrology，2009，378 (1-2)：179-204.

[30] Clothier B，Green S，Deurer M. Preferential flow and transport in soil：Progress and prognosis [J]. European Journal of Soil

Science，2008，59（1）：2-13.

[31] 李培中．场地环境精准调查技术与应用［M］．北京：化学工业出版社，2021.

[32] 李晓勇．污染场地评价与修复［M］．北京：中国建材工业出版社，2020.

[33] 屠振密．绿色环保电镀技术［M］．北京：化学工业出版社：2013.

[34] Scarazzato T，Panossian Z，Tenório J A S，et al. A review of cleaner production in electroplating industries using electrodialysis [J]. Journal of Cleaner Production，2017，168：1590-1602.

[35] Abhilash P，Dubey R K，Tripathi V，et al. Remediation and management of POPs-contaminated soils in a warming climate：Challenges and perspectives [J]. Environmental Science and Pollution Research，2013，20（8）：5879-5885.

[36] Gan S，Ng H K. Current status and prospects of Fenton oxidation for the decontamination of persistent organic pollutants（POPs）in soils [J]. Chemical Engineering Journal，2012，213：295-317.

[37] Ren X，Zeng G，Tang L，et al. Sorption，transport and biodegradation-An insight into bioavailability of persistent organic pollutants in soil [J]. Science of the Total Environment，2018，610：1154-1163.

[38] Bajaj S，Singh D K. Biodegradation of persistent organic pollutants in soil，water and pristine sites by cold-adapted microorganisms：Mini review [J]. International Biodeterioration & Biodegradation，2015，100：98-105.

[39] Ni N，Kong D，Wu W，et al. The role of biochar in reducing the bioavailability and migration of persistent organic pollutants in soil-plant systems：A review [J]. Bulletin of Environmental Contamination and Toxicology，2020，104（2）：157-165.

[40] Hu B，Ai Y，Jin J，et al. Efficient elimination of organic and inorganic pollutants by biochar and biochar-based materials [J]. Biochar，2020，2（1）：47-64.

[41] Rakowska M I，Kupryianchyk D，Koelmans A A，et al. Equilibrium and kinetic modeling of contaminant immobilization by activated carbon amended to sediments in the field [J]. Water Research，2014，67：96-104.

[42] Denyes M J，Rutter A，Zeeb B A. In situ application of activated carbon and biochar to PCB-contaminated soil and the effects of mixing regime [J]. Environmental Pollution，2013，182：201-208.

[43] Wang L，O'Connor D，Rinklebe Jr，et al. Biochar aging：Mechanisms，physicochemical changes，assessment，and implications for field applications [J]. Environmental Science & Technology，2020，54（23）：14797-14814.

[44] 侯德义．我国工业场地地下水污染防治十大科技难题［J］．环境科学研究，2022，35（09）：2015-2025.

[45] 徐宗恒，徐则民，曹军尉，等．土壤优先流研究现状与发展趋势［J］．土壤，2012，44（06）：905-916.

[46] Beven K. A century of denial：Preferential and nonequilibrium water flow in soils，1864—1984 [J]. Vadose Zone Journal，2018，17（1）：1-17.

[47] Ling X，Yan Z，Liu Y，et al. Transport of nanoparticles in porous media and its effects on the co-existing pollutants [J]. Environmental Pollution，2021，283：117098.

[48] 卢然，王宁，伍思扬，等．电镀地块污染成因分析与源头防控对策［J］．电镀与涂饰，2020，39（23）：1682-1686.

[49] 陈志良，周建民，蒋晓璐，等．典型电镀污染场地重金属污染特征与环境风险评价［J］．环境工程技术学报，2014，4（01）：80-85.

第14章 铜铅锌行业污染场地识别与防治❶

❶ 本章作者为杨小东，任志远。

铜铅锌是与人类关系十分密切的有色金属，被广泛应用于电气工业、机械工业、军事工业、冶金工业、化学工业、轻工业、医药业、建筑和国防等领域。铜铅锌行业在采选冶过程中会产生严重的重金属污染，同时金属再生生产过程和深度加工过程会产生 POPs 污染。本章分析了铜铅锌行业发展现状与趋势、铜铅锌行业场地污染特征，识别出了铜铅锌行业对土壤环境质量影响的关键环节，提出了有针对性的场地污染防治措施。

14.1 铜铅锌行业发展现状与趋势

铜从矿石转化为产品，通常经历铜矿石、精矿、精铜、铜加工产品等几个阶段。首先从铜矿石采选产出精矿。精矿经过冶炼和电解生产出精铜。最后，精铜经过加工形成各种铜产品。铅从矿石转化为产品，也同样需要经过铅矿石采选产出精矿。精矿经过冶炼生产出98%以下的粗铅，冶炼过程中可回收铜、砷、锑、铋、镉、锗、铊等有价金属。粗铅经过电解生产出精铅，精铅经过加工形成铅产品。锌矿常与铅矿伴生，经过冶炼生成精锌，进而加工成产品。

2017 年 7 月，国务院印发了《禁止洋垃圾入境推进固体废物进口管理制度改革实施方案》，同时 2017～2019 年国家经济发展结构进行了调整。以上政策均影响了铜铅锌行业的发展，因此主要选择 2018 年进行铜铅锌行业现状的分析，以对比前后的变化情况。

14.1.1 铜铅锌行业发展现状

（1）铜

根据中国有色金属工业协会和世界金属统计局数据，2018 年世界上铜矿产量集中在智利、秘鲁、中国、刚果和美国 5 个国家，占世界总产量的 50%以上。我国铜矿资源储量少，对外依赖程度高，为主要的铜进口国之一。我国的铜矿产资源储量位居全球第六位，储量约为 3000 万吨，占全球储量的 4.29%。据国家统计数据，2008～2016 年铜储量变化总体呈现下降趋势（图 14-1）。据 2018 年《中国矿产资源报告》数据显示，我国铜探明资源量 10608 万吨，铜矿储量 2709 万吨。

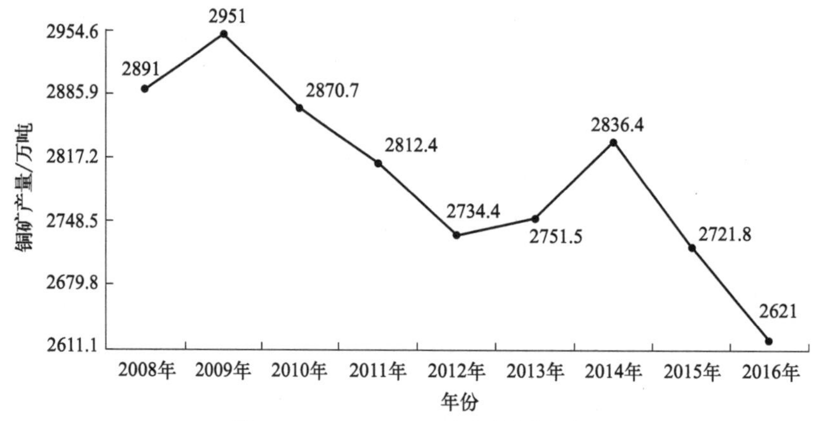

图 14-1 2008～2016 年铜储量变化

2017 年产量较 2011 年增长了 30.7%，年均增速达 5.1%。2019 年国内的铜精矿金属产量为 163 万吨。2019 年国内的铜精矿产量较 2018 年同期产量略有上升（图 14-2）。2011～2019 年，国内铜精矿产量总体保持增长趋势，但是过程存在一定的波动。铜精矿产量随铜价波动，如在铜价持续下跌的 2015 年，国内铜精矿的产量出现一定幅度的下滑。2017～2019 年，随着国家经济发展结构的调整，铜精矿产量回落至 2015 年前水平，并呈进一步回落的趋势。

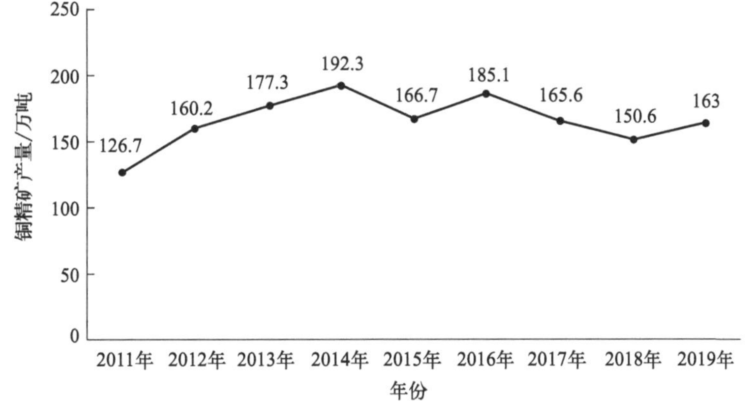

图 14-2 2011～2019 年中国铜精矿产量

资料来源：中国有色金属工业协会（CNIA）及工信部官网数据

我国铜冶炼工业属于资源-能源-污染密集型的行业，高速发展的生产能力与我国铜矿产资源缺乏极不协调，虽然生产集中度较高，14 家大型铜冶炼企业生产全国 83.2%精炼铜，但仍有 16.8%的产品由为数众多的小冶炼企业所生产。随着中国铜企业的快速发展，铜产业集中度明显提高。江西铜业集团公司、铜陵公司、云南铜业公司、大冶有色金属公司、金川集团公司、白银公司等大企业已发展成为大型铜联合企业。

2011～2019 年，国内精铜年产量由 524.02 万吨增加至 978 万吨，累计增长 86.6%，年均增速为 9%以上（图 14-3）。其中 2011～2014 年，精铜产量增长较快，年均增长 15.3%；2015～2018 年，随着国家经济发展结构的调整，精铜产量增速放缓，年均增长 5.8%；2019 年精铜产量 978 万吨，与 2018 年产量相比精铜产量有所增长。2018 年我国精铜产量 902.8 万吨，其中矿产精铜 668.1 万吨、再生精铜 234.7 万吨，再生铜占比总精铜产量的 26%。再生铜按照铜含量分为 1 号废铜（含铜量 99%），以电缆线和铜制品加工边角料为主；2 号废铜（含铜量 99%）以线、重废铜或结节的形式出现；低铜（含铜量 92%）以纯铜表面被涂料、涂层覆盖的排水管、水口、被严重氧化的锅炉、茶壶，还可能包含少量的铜合金；精炼黄铜制品（含铜量 61%）以及其他各类含铜低的原料和废料。上述类别的废杂铜均可以作为再生铜冶炼的原料。国内的再生铜冶炼原料的供应分为进口和自产两部分，2016 年我国进口废杂铜量 335 万吨（铜金属量约 130 万吨），约占废铜供应量的 60%以上。2017 年 7 月，国务院印发了《禁止洋垃圾入境推进固体废物进口管理制度改革实施方案》；2018 年 4 月将七类废铜调入《禁止进口固体废物目录》；12 月将六类废铜调入《限制进口类可用作原料的固体废物目录》，自 2019 年 7 月 1 日起执行。再生铜冶炼的原料中进口废杂铜的比例有一定程度的下降，而随着国内循环经济的发展，国内自产废铜量有望增速加快，能有效弥补进口量下滑带来的影响。

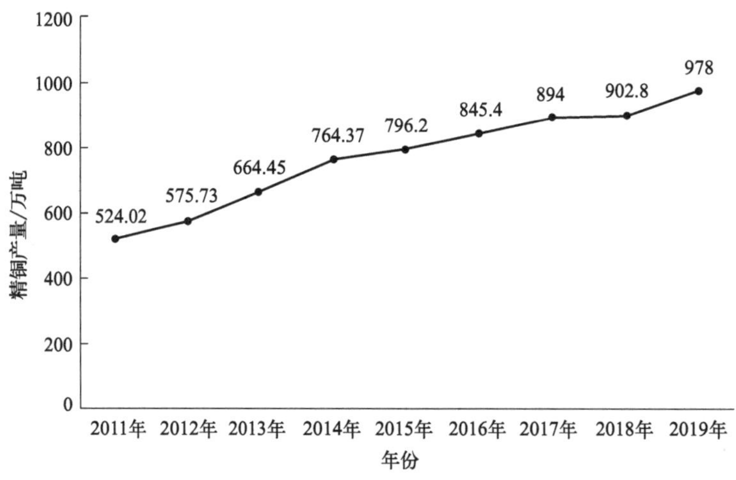

图 14-3　2011～2019 年我国精铜产量

资料来源：中国有色金属工业协会（CNIA）及工信部官网数据

（2）铅锌

据国土资源部发布的《2018 年中国矿产资源报告》，目前我国铅矿查明资源量为 8546.77 万吨，锌矿查明资源储量为 17752.97 万吨。我国锌资源储量约为 4400 万吨，占全球总保有量的 19%，位居全球第二。从储量分布来看，云南、内蒙古、甘肃、广东、湖南、广西 6 省（自治区）是中国主要铅锌资源分布地，储量占全国总量的 75%以上。其中内蒙古白音诺尔、云南兰坪金顶、广东凡口、湖南常水和湘西、甘肃西河、四川是中国主要铅锌资源分布地，其储量都超过 100 万吨。

2011 年以来，我国铅精矿（以铅金属计）产量变化趋势主要分为上升和下降 2 个阶段，2011～2013 年，随着国内铅消费的需求增加，铅精矿产量年均增长 10.4%。2013 年以后，由于环保政策的压力，中国铅精矿产量出现下降趋势，平均降幅在 4.8%（图 14-4）。从全国分地区产量看，内蒙古、江西、湖南、广西和云南 5 地是全国主要的铅精矿产区，2018 年上述 5 地产量为 87.8 万吨，占全国总产量的 60%。

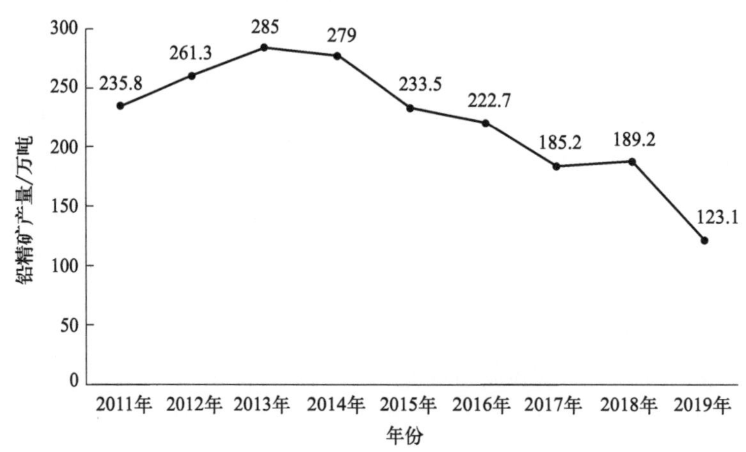

图 14-4　2011～2019 年我国铅精矿产量

资料来源：中国有色金属工业协会（CNIA）及工信部官网数据

2011 年以来，我国锌精矿产量变化呈“M”形，整体为下降趋势。2014 年和 2016 年为两个峰值，2015 年，我国环保整治关停小型矿山，使锌精矿产量降低，2016 年由于消费的刺激，锌精矿短期回暖。2017 年继续下滑降低至 386.8 万吨，2018 年降至 372.1 万吨，2019 年降至 280.6 万吨，呈持续下降态势（图 14-5）。从全国分地区产量看，内蒙古、云南、湖南、甘肃、陕西和广西 6 地是全国主要的锌精矿产区，2018 年 6 地产量接近全国总产量的 70%。

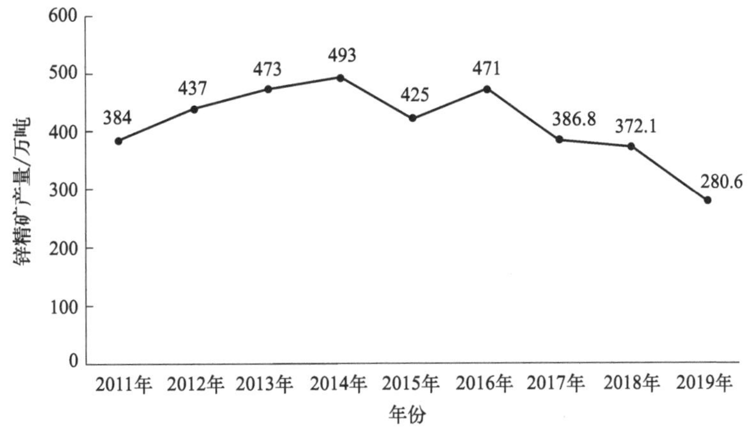

图 14-5　2011～2019 年我国锌精矿产量

资料来源：中国有色金属工业协会（CNIA）及工信部官网数据

2000～2010 年我国经济的发展推动了铅冶炼业不断进步，带动了精铅产量持续增长。2011～2013 年，中国精铅产量增势减缓，年均增长 3.9%。2014 年，精铅产量出现小幅下滑，下滑趋势持续到 2016 年年底，产量年均降低 1.2%。产量下降的原因主要在于原料受环保等原因出现供应紧张，冶炼厂被迫减产。2017 年随着精铅的消费导致价格回升，精铅的产量也出现回暖，产量回升至 2014 年水平。2018 年精铅产量进一步提升。由于国内铅锌矿资源自给率下降，2019 年铅产量为 580 万吨，其中再生铅产量同比增长 5.5%，趋势见图 14-6。河南、湖南、安徽、云南和江苏 5 个省份是全国主要的精铅产区，2018 年上述 5 省的产量占全国总产量的 80%以上。其中河南是中国最大的精铅产地，产量达到全国产量的 30%。

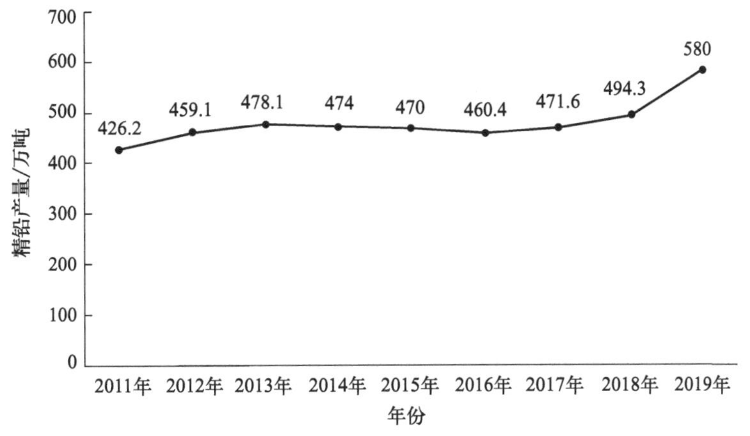

图 14-6　2011～2019 年我国精铅产量

资料来源：中国有色金属工业协会（CNIA）及工信部官网数据

目前，全国已建成铅锌冶炼企业 300 多家。中国原生铅冶炼产能主要分布在河南、湖南和云南三省，2018 年上述三省产能之和占全国的比重接近 70%。再生铅产能主要来自原有再生铅企业产能扩张、电池厂产业链延伸西北、东北等再生铅空白区域的新建产能。安徽、湖北和江苏是我国传统的再生铅生产省份，2018 年三省的产量之和占全国的比重超过 50%。此外，河南省再生铅产能也逐步增大。

我国锌产量变化经历快速扩张、落后产能淘汰、产能优化增速放缓三个阶段：第一阶段为 2005～2010 年的快速扩张阶段，随冶炼厂的新建与扩产，国内的冶炼产能快速增加，并且冶炼厂保持着较高的开工率，产量呈逐年递增的状态，年均增长 11.1%；第二阶段为 2011～2012 年，2012 年工信部公布了锌冶炼行业淘汰落后产能名单，落后产能的淘汰使 2012 年国内锌产量降低至 1983 年水平；第三阶段为 2013～2017 年，由于锌消费的需要和冶炼行业产能优化，近几年锌的产量有所增长，但增长速率逐渐放缓，趋于平衡。2017 年锌产量与 2016 年相比略有下降，为 614.4 万吨（图 14-7）。2018 年继续下降至 560.7 万吨（再生锌占比 10%），2019 年增至 624 万吨。内蒙古、湖南、云南和陕西 4 个省（自治区）是全国主要的锌产区，2018 年 4 地产量占全国总产量的 60%以上。

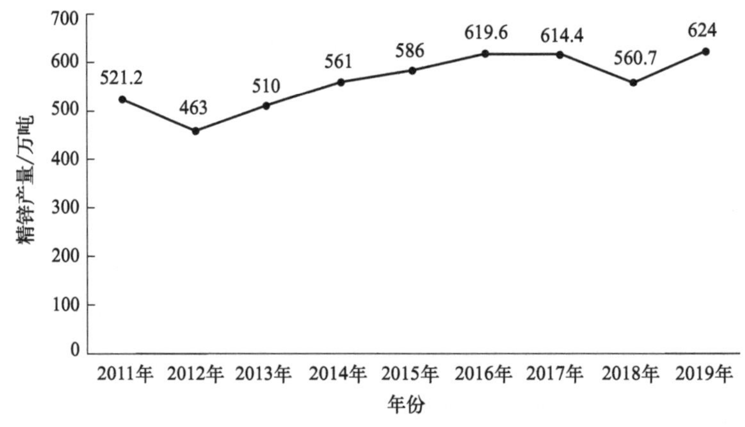

图 14-7　2011～2019 年我国精锌产量

资料来源：中国有色金属工业协会（CNIA）及工信部官网数据

国内锌冶炼大企业开工率充足，统计的 34 家企业锌及锌合金年有效生产能力达 540 万吨，而年产 6 万吨左右及以下的小型冶炼厂基本处于停产、低产状态。根据中国有色金属工业协会数据，2018 年我国电锌冶炼生产能力 594.1 万吨（不含蒸馏锌、精馏锌及锌品），蒸馏锌、精馏锌约占电锌产能的 25%。锌产能主要分布在湖南、云南、陕西和内蒙古 4 地，其锌冶炼能力占全国总产能的 70%。

14.1.2　铜铅锌行业发展趋势

“十四五”期间铜铅锌产业发展趋势总体呈现特点为：a. 国际经济复苏乏力，但新的动力正在生成；b. 国内经济压力犹存，但平稳发展具备基础；c. 产业低位运行，但由于“资源性、材料性、金融性、社会性”的产业特点，决定了未来发展空间很大。随着“中国制造 2025”等重大战略的实施，有色产业将加速向新材料等战略性新兴产业转变和发展；随着“两型社会”建设的纵深推进和绿色发展理念的深植，必将推动有色产业向精深加工、循环利用转型发展。

贯彻国家区域协调发展战略，深入实施主体功能区战略，结合铜铅锌行业布局特征，统筹协调西部、东北、中部、东部四大板块，发挥铜铅锌矿产区域资源的比较优势，推进差异化协同发展，综合考虑能源资源、环境容量、市场空间等因素，促进生产要素有序流动和高效集聚，推动产业有序转移，构建和完善区域良性互动、优势互补、分工合理、特色鲜明的现代化产业发展格局。

① 西部地区包括内蒙古、广西、重庆、四川、贵州、云南、西藏、陕西、甘肃、青海、宁夏、新疆 6 省 5 区 1 市及新疆生产建设兵团，是我国重要的战略资源接续地和产业转移承接地，也是重点生态保护地区，应发挥其有色金属资源富集优势。要大力实施优势资源转化战略，加快沿边开发开放，建设国家重要的资源精深加工基地，以及区域性的高技术产业和先进制造业基地。蒙东经济区重点发展有色金属压延加工等；北部湾经济区重点发展北部湾冶金、有色金属基地等；广西西江经济带重点发展冶金产业等；桂西资源富集区包括百色、崇左、河池 3 市重点发展有色金属等；滇中地区包括昆明、曲靖、玉溪、楚雄 4 州（市）重点发展有色金属加工等产业；陕北经济区包括延安、榆林 2 市重点发展有色金属等；甘肃兰州新区和大兰州经济区包括兰州、兰州新区、兰州高新技术产业开发区、兰州经济技术开发区，白银及其高新技术产业开发区，定西、临夏、甘南重点发展有色金属等。

② 东北地区包括辽宁、吉林、黑龙江 3 省，应积极发展铜等深加工产品。

③ 中部地区包括山西、安徽、江西、河南、湖北、湖南 6 省，应发挥资源优势，打造铜陵铜基新材料、鹰潭铜等有色金属精深加工产业集聚区。

④ 东部地区包括北京、天津、河北、上海、江苏、浙江、福建、山东、广东、海南 7 省 3 市。东部地区区位条件优越，面向国际、辐射中西部，是全国工业经济发展的重要引擎，应全面提升环保和产品质量水平，做优做强有色金属精深加工产业，在珠江三角洲、长江三角洲、环渤海等区域建设绿色化、规模化、高值化再生金属利用示范基地。

14.2 铜铅锌行业场地污染特征与识别方法

14.2.1 铜铅锌生产工艺流程

（1）铜生产工艺流程

① 开采。铜矿床开采分为露天开采和地下开采两种方式。露天矿根据地形和矿床埋深条件，可分为山坡露天矿和凹陷露天矿。露天采矿需移走矿体上的覆盖物，得到所需矿物，是从敞露地表的采矿场采出有用矿物的过程。在敞开的地表采场进行有用矿物的采剥作业称为露天采矿。露天开采作业主要包括穿孔、爆破、采装、运输和排土。与地下开采相比，露天开采具有废石量大、占地面积大、地表植被破坏大、水土流失严重等环境问题，但露天开采的生产能力大、建设速度快、矿石回收率高、采矿成本低、作业比较安全、适合大型高效设备等。

地下开采铜是从地下矿床的矿块里采出矿石的过程，适用于矿体埋藏较深，在经济上和技术上不适宜露天开采的矿床。从地表向地下掘进一系列井巷工程通达矿体，建立完整的提升、运输、通风、排气等生产系统，并进行有用矿物开采工作的称为地下开采。根据矿床地质条件、矿山技术条件和经济因素，以地压管理方法为开采依据，地下采矿法分为空场采矿法、充填采矿法、崩落采矿法三大类。地下开采主要通过矿床开拓、矿块的采准、切割和回采 4 个步骤实现。开采流程包括凿岩爆破、通风、铲装运输等。

② 选矿。铜选矿工艺主要是指将铜矿石中的有用金属矿物通过化学或物理化学方法进行有效的分离和富集，使有用矿物和无用矿物、杂质经济有效地分离，以满足冶炼或者其他用户对下游产品的需要。将有用矿物进行有效分离的过程称选矿工艺。通常选矿工艺流程中可能包括的工序有：破碎、筛分、洗矿、预选、磨矿、重选、浮选、磁电选、化学选矿、细菌选矿等。其中选矿的方法有重选、浮选、磁电选、化学选矿等。

③ 冶炼。铜冶炼工业发展主要表现在原料国际化、企业大型化、铜冶炼工业重心东移、生产成本大幅度降低和环保标准更加严格。目前国外的铜冶炼技术还是以火法冶炼为主，湿法为辅，铜的火法生产量占总产量的 80%左右，湿法冶炼生产的精炼铜占 20%左右。全世界约有 110 座大型火法炼铜厂，其中传统工艺（包括反射炉、鼓风炉、电炉）约占 1/3、闪速熔炼（以奥托昆普炉为主）约占 1/3、熔池熔炼（包括特尼恩特炉、诺兰达炉、三菱炉、艾萨炉、中国白银炉、水口山炉等）约占 1/3。火法炼铜之所以占主导地位，是基于火法冶金的特点：在高温下的反应速度快；能够利用温度变化来改变化学平衡移动方向以达到冶炼目的；金属硫化物在火法冶金过程中充当部分燃料；生产过程中金属富集程度高，设备处理能力大，适应大规模工业生产要求；冰铜或粗铜与熔渣分离比较简单；贵金属富集比和回收率高；炉渣在自然环境下较为稳定，不造成二次污染。

（2）铅锌生产工艺流程

① 开采。我国铅锌矿山以地下开采为主，露天开采为辅。据统计，我国目前地下采矿量占了总采矿量的 90%左右，而露天采矿只占 10%左右。在采矿方法方面，我国地下铅锌矿山以空场法作为主要采矿方法，约占 60%，其次为充填法，约占 20%，小型铅锌矿山规模小、矿体不大，主要采用浅孔留矿法、全面法及房柱法等简单工艺，贫化率和损失率都较高，资源浪费和损失严重。在露天开采技术方面，我国装备水平较高的大中型骨干铅锌露天矿山企业，采用牙轮钻机或潜孔钻机穿孔、电铲装载、汽车运输等先进工艺与设备，但同国外相比仍有不小差距。

② 选矿。铅锌矿的分选仍以浮选为主，目前国内处理铅锌矿的工艺流程有全电位控制浮选、全浮选工艺流程、硫化浮选工艺法、重介质-浮选工艺、改性胺浮选法、螯合捕收剂浮选法、浸（氨浸、酸浸）出-浮选、快速浮选、分支串联浮选、异步混合浮选、部分快速优先浮选、选冶联合等工艺。就单一浮选而言又分先铅后锌的优先浮选，先硫化矿后氧化矿的分段浮选，先浮易浮矿后浮难浮矿等的可浮流程。针对目前国内的中低品位氧化铅锌矿资源，研究重点倾向于选冶联合工艺流程，也就是选矿采用正反浮选的技术方案，生产出符合选冶联合技术要求的氧化铅锌精矿，但不一定是符合国标要求的高品位氧化铅锌精矿。针对矿石中各种矿物嵌布粒度的不均一性，发展了阶段磨矿、阶段选别的工艺流程。为使已单体解离的细粒方铅矿及时分出减少过磨，在磨矿分级回路中加入选别作业以提高选别指标。

③ 冶炼。铅冶炼主要用火法冶炼，湿法炼铅较火法要复杂得多，尚未实现工业化。火法炼铅从最终产品上可分为冶炼和精炼，从冶炼方法上可以分为传统冶炼法和直接冶炼法。传统炼铅法包括烧结-鼓风炉熔炼法、密闭鼓风炉熔炼法（ISP 法）、电炉熔炼法等。近年来，我国建设的铅冶炼项目大多为直接炼铅工艺，一些大中型冶炼企业也多建设直接炼铅系统，

替代了原有的传统冶炼工艺。直接炼铅法包括氧气底吹炼铅法（QSL法）、基夫赛特法、我国自主研发的氧气底吹-鼓风炉炼铅工艺（SKS法）、顶吹旋转转炉法（卡尔多法、TBRC法）、富氧顶吹喷枪熔炼法（ISA或Ausmelt法）、奥托昆普闪速熔炼法、瓦纽可夫法等。粗铅精炼方法有火法和电解法两种，世界上大部分的粗铅采用火法精炼，但我国的粗铅均为电解精炼。我国铅精炼过程中，一般先使用火法除去铜和锡，初步除铜、锡的粗铅浇筑成阳极板进行电解，火法除铜可以用反射炉。

锌冶炼的主要方式有火法和湿法两种：火法冶炼有横罐炼锌、竖罐炼锌、密闭鼓风炉炼锌及电热炉法炼锌；湿法炼锌有传统两段浸出法还有全湿法流程加压氧浸工艺。目前大厂都采用湿法炼锌，该方法产量占世界锌总量的80%以上。传统的湿法炼锌工艺包括焙烧—浸出—溶液净化—电解沉积—阴极锌熔铸五个工序。主要生产设备有精矿干燥窑、流态化焙烧炉，浸出设备、净化设备、电解槽，低频感应电炉或反射炉，浸出渣干燥窑、挥发回转窑或烟化炉，氧化锌多膛焙烧炉等。

14.2.2　主要产排污环节

铜铅锌行业在采矿、选矿及冶炼环节均会产生废气、废水和固体废物。铜铅锌行业在采矿、选矿过程中，因爆破、矿石运输、碎矿筛分磨矿等作业会产生含粉尘的废气，废石场、尾矿库在堆存过程中因风会产生扬尘。由于矿石、尾矿、废石中含有重金属，所以排放的粉尘中会有重金属排放。采选废水主要有矿坑涌水、选矿废水、废石场淋溶水等；矿坑涌水来源于采矿工作面，对于地下采矿工艺来说主要来自地下天然含水层，露天采矿工艺矿坑涌水来源于地下天然含水层或者降雨在矿坑的集聚。选矿废水主要来自选矿过程中随尾矿一起排入尾矿库的选矿废水。废石场淋溶水主要来源于废石堆场径流和渗漏水。采选产生的含重金属固废为废石和尾矿。

14.2.2.1　铜

(1) 铜冶炼废气

铜冶炼废气主要为原料制备工序的含颗粒物废气，冶炼炉窑产生的含颗粒物、二氧化硫、氮氧化物、含重金属烟尘的废气以及湿法冶炼产生的硫酸雾等。主要产排污节点见表14-1。

表 14-1　铜冶炼中产生的大气污染物及来源

火法炼铜		
工序	污染源	主要污染物
干燥	干燥窑烟气	颗粒物(含重金属铜、铅、锌、砷等)、SO_2
	精矿上料、精矿出料、转运	颗粒物(含重金属铜、铅、锌、砷等)
配料	抓斗卸料、定量给料设备、皮带运输设备转运过程中扬尘	颗粒物(含重金属铜、铅、锌、砷等)
熔炼	熔炼炉烟气	颗粒物(含重金属铜、铅、锌、砷等)、SO_2、NO_x
	加料口、锍放出口、渣放出口、喷枪孔、溜槽、包子房等处泄漏	颗粒物(含重金属铜、铅、锌、砷等)、SO_2、NO_x

续表

火法炼铜		
工序	污染源	主要污染物
吹炼	吹炼炉烟气	颗粒物(含重金属铜、铅、锌、砷等)、SO_2、NO_x
	加料口、粗铜放出口、渣放出口、喷枪孔、溜槽、包子房等处泄漏	颗粒物(含重金属铜、铅、锌、砷等)、SO_2、NO_x
精炼	精炼炉烟气	颗粒物(含重金属铜、铅、锌、砷等)、SO_2、NO_x
渣贫化	炉窑烟气	颗粒物(含重金属铜、铅、锌、砷等)、SO_2、NO_x
	加料口、锍放出口、渣放出口、电极孔、溜槽、包子房等处泄漏	颗粒物(含重金属铜、铅、锌、砷等)、SO_2、NO_x
烟气制酸	制酸尾气	SO_2、硫酸雾
电解	电解槽及其他槽	硫酸雾
电积	电积槽及其他槽	硫酸雾
净液	真空蒸发器	硫酸雾
	脱铜电积槽	硫酸雾
湿法炼铜		
工序	污染源	主要污染物
备料	破碎机等	颗粒物
浸出	搅拌浸出槽等	酸雾
	堆浸	酸雾
萃取	萃取槽等	酸雾、萃取剂、溶剂油
电积	电积槽	酸雾

通过废气产排污节点分析，将废气的排放方式分为 3 类，包括排气筒高度在 40m 以上的高架排放源、排气筒高度在 40m 以下的低架排放源和无组织排放源。其中高架源以制酸尾气、环集烟气和阳极炉烟气为主；低架源主要为配料排气筒、物料运输排气筒；无组织排放源主要为精矿库、熔炉车间排放的烟粉尘。

（2）铜冶炼废水

铜冶炼行业产生的废水主要为含重金属的酸性废水。主要产排污节点见表 14-2。

表 14-2 铜冶炼工艺工业废水产生及来源

火法炼铜			
废水来源	排水来源	主要污染物	备注
酸性废水	制酸系统污酸	酸、Zn^{2+}、Cu^{2+}、Pb^{2+}、Cd^{2+}、Ni^{2+}、As^{3+}、Co^{2+}、F^{+}、Hg^{2+}	进污酸处理站
	制酸系统含酸污水	酸、Zn^{2+}、Cu^{2+}、Pb^{2+}、Cd^{2+}、Ni^{2+}、As^{3+}、Co^{2+}、F^{+}、Hg^{2+}	进污水处理站
	硫酸场地初期雨水、生产厂去其场地初期雨水	酸、Zn^{2+}、Cu^{2+}、Pb^{2+}、Cd^{2+}、Ni^{2+}、As^{3+}、Co^{2+}	进污水处理站

续表

火法炼铜			
废水来源	排水来源	主要污染物	备注
冶金炉水套冷却水排污水	工业炉窑汽化水套或水冷水套	盐类	冷却后循环使用，少量排污水可经废水深度处理后回用
余热锅炉排污水、化学水处理车间排污水	余热锅炉房	盐类	锅炉排污水可用于渣缓冷淋水或用于冲渣，含酸碱污水中和后可用于渣缓冷淋水或用于冲渣
金属铸锭或产品熔铸冷却水排水	圆盘浇铸机、直线浇铸机等	固体颗粒物	沉淀、冷却后循环使用
冲渣水和直接冷却水	水淬装置等	固体颗粒物	沉淀、冷却后循环使用
湿式除尘循环水	精矿干燥烟气湿式除尘废水	悬浮物、盐类	沉淀、冷却后循环使用
电解、净液车间排水	电解槽、极板清洗水	酸性废水、Cd^{2+}、Co^{2+}、Cu^{2+}、Zn^{2+}	返回电解系统
	真空蒸发冷凝水	酸	返回工艺系统
	车间地面冲洗水、压滤机滤布清洗水		返回电解系统
湿法炼铜			
废水种类	排水来源	主要污染物	备注
酸性污水	生产厂区场地雨水	酸性废水、Zn^{2+}、Cu^{2+}、Pb^{2+}、Cd^{2+}、Ni^{2+}、As^{3+}、Co^{2+}	进污水处理站
含萃取剂酸性废水	萃取工序	酸、油污	进污水处理站

通过废水产排污节点分析，废水可以分为污酸、酸性废水以及设备冷却清下水 3 类。

(3) 铜冶炼行业固体废物

铜冶炼行业主要产排污节点见表 14-3，从产排污节点分析，产生的固体废物分为危险工业固体废物和一般工业固体废物。

表 14-3　铜冶炼中的主要固体废物及其来源

固体废物名称	固体废物来源	主要污染物	备注
渣选矿尾矿	渣选矿	重金属	一般固体废物
铅滤饼	制酸系统烟气净化工段	Pb	危险固体废物
砷滤饼	污酸处理系统	Cu、As 等重金属	危险固体废物
石膏渣	污酸处理系统	硫酸钙、重金属	危险固废废物
中和渣	污水处理系统	As、Cu 等重金属、F	危险固体废物
脱硫副产物	烟气脱硫系统	Ca、Mg、SO_4^{2-}、SO_3^{2-}	鉴别后判定
浸出渣	湿法炼铜浸出工段	重金属元素和酸根离子	危险固体废物

14.2.2.2 铅

(1) 铅冶炼废气

铅冶炼过程中，烧结、熔炼、粗铅火法精炼、阴极铅精炼铸锭、炉渣处理、各类中间产物(如铜浮渣)的处理、烧结烟尘及熔炉烟尘综合回收等工序均有废气产生。废气主要污染物为二氧化硫、氮氧化物、铅、锌、砷、镉、汞等重金属及其氧化物等。主要产排污节点见表14-4。

表14-4 铅冶炼中产生的大气污染物及来源

污染源类型	废气种类	来源及特征	污染物
点源	原料仓及配料系统除尘废气	铅锌精矿仓中给料、输送、混料等末端处理尾气	颗粒物、重金属(铅、锌、砷、镉、汞)
	铅熔炼烟气	制酸后尾气	SO_2、硫酸雾、NO_x
	鼓风炉烟气	鼓风炉	颗粒物、重金属(铅、锌、砷)、SO_2、NO_x
	密闭鼓风炉烟气	密闭鼓风炉	一氧化碳、颗粒物、重金属(铅、锌、砷)、SO_2、NO_x
	烟化炉烟气	烟化炉	颗粒物、重金属(铅、锌、砷)、SO_2、NO_x
	火法精炼烟气	熔铅锅、电铅锅	颗粒物、重金属(铅)
	浮渣处理烟气	浮渣处理炉窑	颗粒物、重金属(铅、锌、砷、铜)、SO_2、NO_x
	液态高铅渣直接还原烟气	侧吹还原炉、底吹还原炉	颗粒物、重金属(铅、锌、砷、镉、汞)、SO_2、NO_x
	环保烟囱烟气	富氧底吹熔炼炉、鼓风炉、烟化炉、浮渣处理炉窑等处的加料口、出铅口、出渣口以及皮带机受料点等除尘废气	颗粒物、重金属(铅、锌、砷、镉、汞)、SO_2、NO_x
面源	无组织排放	道路扬尘、堆场扬尘、原料堆场、熔炼车间	颗粒物、重金属(铅、锌、砷、镉、汞)
	无组织排放	铅电解车间	酸雾

(2) 铅冶炼废水

铅冶炼行业产生的废水主要为含重金属酸性废水。主要产排污节点见表14-5。

表14-5 铅冶炼工艺工业废水产生及来源

废水种类	来源及特征	污染物
炉窑设备冷却水	冷却冶炼炉窑等设备产生，废水排放量大，约占总水量的40%	基本不含污染物
烟气净化废水	对冶炼、制酸等烟气进行洗涤所产生的废水，废水排放量较大	含有酸、重金属离子(铅、锌、砷、镉、铜、汞等)和非金属化合物
水淬渣水(冲渣水)	对火法冶炼中产生的熔融态炉渣进行水淬冷却时产生的废水	含有炉渣微粒及少量重金属离子等

续表

废水种类	来源及特征	污染物
冲洗废水	对设备、地板、滤料等进行冲洗所产生的废水，包括电解或其他湿法工艺操作中因泄漏而产生的废液	含重金属（铅、锌、砷、镉、铜、汞等）和酸
初期雨水	冶炼厂区前 15mm 雨水	含重金属（铅、锌、砷、镉、铜、汞等）

通过废水产排污节点分析，废水可以分为污酸、酸性废水以及设备冷却清下水 3 类水质。

（3）铅冶炼固体废物

铅冶炼行业主要产排污节点见表 14-6，从产排污节点分析，产生的固体废物分为危险工业固体废物和一般工业固体废物。

表 14-6　铅冶炼中的主要固体废物及来源

序号	名称	固体废物来源
1	水淬渣	还原炉渣烟化炉吹炼或回转窑挥发
2	浮渣处理炉窑炉渣	铜浮渣处理产生炉渣
3	砷滤饼	制酸烟气污酸处理系统
4	脱硫渣	制酸尾气、熔炼炉烟气等烟气脱硫产出渣
5	污水处理渣	冶炼废水处理污泥
6	阳极泥	电解精炼
7	铅还原炉渣	鼓风炉熔炼或还原炉熔炼
8	铜浮渣	初步火法精炼
9	废催化剂	产生于制酸系统转化工序，是废催化剂
10	烟尘	烟气除尘

14.2.2.3　锌

（1）锌冶炼废气

备料工序在原、辅材料和燃料的储存、输送和配料过程会产生含工业粉尘的废气；锌冶炼工艺采用的原料主要为锌精矿，在火法冶炼工艺中，硫化锌精矿在烧结熔炼工序转化为粗锌，在烧结过程产生含 SO_2 和烟尘的冶炼烟气。在湿法冶炼工艺中，如需先经过焙烧，同样会产生含 SO_2 和烟尘的冶炼烟气，其中 SO_2 浓度一般为 8.5%～9.5%，该废气处理方法与上同。氧压浸出工艺则不存在此问题。锌冶炼生产过程中的废气来源及特征情况见表 14-7。

表 14-7　锌冶炼中产生的大气污染物及来源

源型	废气种类	来源及特征	污染物
点源	原料仓及配料系统除尘废气	锌精矿仓中给料、输送、混料等末端处理尾气	颗粒物、重金属（铅、锌、砷、镉、汞）
	浸出渣烟化炉烟气	烟化炉	颗粒物、重金属（铅、锌、砷）、SO_2
	干燥窑烟气	干燥窑	颗粒物、重金属（铅、锌、砷）、SO_2

续表

源型	废气种类	来源及特征	污染物
点源	锌焙烧炉烟气	焙烧炉	颗粒物、重金属(铅、锌、砷、镉、汞)、SO_2，烟气净化后送制酸车间
	浸出渣挥发窑烟气	挥发窑	颗粒物、重金属(铅、锌、砷)、SO_2
	密闭鼓风炉烟气	密闭鼓风炉	颗粒物、重金属(铅、锌、砷)、SO_2
	旋涡炉烟气	旋涡炉	颗粒物、重金属(铅、锌、砷)、SO_2
	锌精馏塔烟气	锌精馏塔	颗粒物、重金属(铅、锌)
	锌熔铸烟气	锌熔铸炉	颗粒物、重金属(锌)
	环保烟囱烟气	焙烧炉、烟化炉等的加料口、出铅口、出渣口以及皮带机受料点等除尘废气	颗粒物、重金属(铅、锌、砷、镉、汞)、SO_2
面源	无组织排放	道路扬尘、堆场扬尘、原料堆场、熔炼车间	颗粒物、重金属(铅、锌、砷、镉、汞)
	无组织排放	电解车间、净液车间	硫酸雾

通过废气产排污节点分析，将废气的排放方式分为 3 类，排气筒高度在 40m 以上的高架排放源、排气筒高度在 40m 以下的低架排放源和无组织排放源。其中高架源以制酸尾气、环集烟气和阳极炉烟气为主；低架源主要为配料排气筒、物料运输排气筒；无组织排放源主要为精矿库、熔炉车间排放的烟粉尘。

(2) 锌冶炼废水

锌冶炼行业产生的废水主要为含重金属酸性废水。主要产排污节点见表 14-8。

表 14-8 锌冶炼工艺工业废水产生及来源

废水种类	来源及特征	污染物
炉窑设备冷却水	冷却冶炼炉窑等设备产生，废水排放量大，约占总水量的 40%	基本不含污染物
烟气净化废水	对冶炼、制酸等烟气进行洗涤所产生的废水，废水排放量较大	含有酸、重金属离子(铅、锌、砷、镉、铜、汞等)和非金属化合物
净液废水	净液工艺中产生的一定量的净液废水	含重金属(铅、锌、砷等)和酸
水淬渣水(冲渣水)	对火法冶炼中产生的熔融态炉渣进行水淬冷却时产生的废水	含有炉渣微粒及少量重金属离子等
冲洗废水	对设备、地板、滤料等进行冲洗所产生的废水，包括电解或其他湿法工艺操作中因泄漏而产生的废液	含重金属(铅、锌、砷、镉、铜、汞等)和酸
初期雨水	冶炼厂区前 15mm 雨水	含重金属(铅、锌、砷、镉、铜、汞等)

(3) 锌冶炼固体废物

锌冶炼过程中的固体废物产生较多，其中的大部分为中间产物，有价元素含量较高，有必要进行回收。生产过程中产生的主要固体废物见表 14-9。

表 14-9　锌冶炼中的主要固体废物及其来源

序号	名称	固体废物来源	去向
1	浸出渣	湿法炼锌的常规浸出	送铅系统或回转窑处理
2	铅银渣	热酸浸出黄钾铁矾法；热酸浸出针铁矿法	送铅系统回收铅银
3	铁矾渣	热酸浸出黄钾铁矾法	专用渣场堆存
4	针铁矿渣	热酸浸出针铁矿法	专用渣场堆存
5	铜镉渣、钴渣	净液工艺中的滤渣	送综合回收
6	熔铸浮渣	锌熔铸时产生的浮渣	送浮渣处理工艺
7	阳极泥	电解提锌	过滤洗涤后回收金银铋等稀贵金属
8	炉渣	鼓风炉熔炼	送渣场堆存
9	蓝粉	鼓风炉炼锌中冷凝废气净化产生	送烧结
10	细浮渣	鼓风炉炼锌中浮渣破碎筛分中产生	送烧结或压团
11	Cd 尘	竖罐炼锌中回转窑二次焙烧	送综合回收系统
12	电尘	竖罐炼锌中烟气电除尘	送综合回收系统

14.2.3　铜铅锌行业主要 POPs 污染物排放情况

有色金属行业产生的 POPs 类型主要包括：多氯二苯并对二噁英/多氯二苯并呋喃（PCDD/PCDFs）、六氯代苯（HCB）和多氯联苯（PCBs）。由于对 HCB 和 PCBs 的监测较少，以往研究主要针对 PCDD/PCDFs 进行分析，其主要排放途径为通过烟尘和飞灰排放至环境中。相比于铅锌行业，铜行业产生 POPs 最多[1]。铜铅锌行业 POPs 的主要来源是再生铜铅锌生产以及铜锌的深度加工过程，在铜冶炼过程中，也会产生一部分的 POPs。POPs 的产生条件为：生产原料中有残存的 POPs 类物质，在燃烧时未完全破坏或分解，导致 POPs 继续存在；满足一定的温度条件（300℃或 700℃），同时具备碳源和氯源，且具有相对较长的停留时间[2-4]。这些过程中涉及的催化物质、抑制物质和氧气浓度均是影响 POPs 的重要因素，如飞灰中的 $CaCl_2$ 会促进 POPs 的生成，钙、镁、硫等物质可能会抑制 POPs 的合成，氧气浓度低于 6%有利于 POPs 的产生。

（1）再生铜铅锌生产

再生铜铅锌生产是铜铅锌行业中产生 PCDD/PCDFs 的重要环节。根据物料来源，铜再生生产工艺主要包括两类：一类是直接利用铜加工过程中产生的新废铜，如在熔炼过程中产生的炉渣和浮渣等，将其熔炼成铜合金等；另一类是间接利用回收的铜材料，如电缆、铸件等，将其火法熔炼成粗铜，而后电解精炼成为电解铜。在这个过程中，虽然会对回收的铜材料进行预处理，除去大部分有机物，但仍有部分残余，为 PCDD/PCDFs 的生成提供了物质来源[5,6]。此外，熔炼过程中会添加一定量的覆盖剂如碱金属氯化物、碎玻璃等，以降低金属的烧损率，该过程也为 PCDD/PCDFs 的生成提供了物质来源。在冶炼过程中温度碳源和氯源在 250～500℃范围内停留时间足够长，就有可能产生 PCDD/PCDFs。同时原料中的铜、铁还会起到催化作用，有助于 PCDD/PCDFs 的生成。当存在较高浓度的氧气且冶炼温度高于 850℃时，PCDD/PCDFs 会被完全氧化，但气体经过冷却系统或尾气处理系统冷却后，可能会从头合成 PCDD/PCDFs[3,6]。

再生铅锌生产工艺主要包括废料预处理、熔炼和精炼三个步骤。铅废料来源主要是蓄电池残片、油管等。锌废料主要包括铜合金生产和电弧炉炼钢中产生的尾尘，以及钢板破碎、电镀过程中产生的废料。废料均包含产生 PCDD/PCDFs 所需的有机碳源和氯源。锌预处理过程主要是针对锌进行除尘、氧化和修整。当进行铅锌熔炼过程时，温度达到生成 PCDD/PCDFs 所需的温度范围为 250～500℃时，会促进其合成，此外，冷却过程也可能会促进 PCDD/PCDFs 的从头合成。

（2）铜锌深加工

除金属再生工艺，金属深度加工也是产生 POPs 的重要过程。铜锌深加工主要目的是实现产品的应用。其中，铜深加工主要包括合金熔炼与铸造、热加工和冷加工，其中，合金熔炼过程由于投料中掺杂油污和涂料等 POPs 物质原料，可能会促使 PCDD/PCDFs 的生成。电池锌材是锌深度加工的重要产品，其生产工艺流程为：熔炼—铸造—剪切—粗轧—中轧—剪切—卷取—预精轧—精轧—精整—检验包装，其中熔炼原料可能含有碳源和氯源，且燃料为重要的碳源，熔炼过程中还需要加入含氯熔剂，在满足一定的氧气浓度和温度条件下，会促进 PCDD/PCDFs 的生成。

此外，在铜冶炼过程中，由于选矿药剂的加入，也会为 POPs 的生成提供一定的物质来源，遇到合适的温度、氧气浓度会促进 PCDD/PCDFs 的合成。

14.2.4 铜铅锌行业场地污染物迁移转化规律

铜铅锌行业场地污染物包括重金属类污染物铜、锌、砷、镉、汞，以及 POPs 类污染物 PCDD/PCDFs。重金属和 POPs 均可能通过工业“三废”的形式迁移至土壤中。生产过程中 PCDD/PCDFs 主要存在于烟尘和飞灰中，如未经妥善处理，则会进入环境中发生迁移转化[1]。

进入环境中的 POPs 一方面可以随大气进行远距离、大范围的迁移扩散[7,8]，也可能因自然降解、地面扬尘等在不同环境介质中迁移和转化，当 POPs 污染物迁移至土壤中可能会发生一系列的反应而实现进一步固定、迁移和转化。

以烟尘和飞灰形式进入环境中的 POPs 主要通过大气干湿沉降和雨水冲洗向土壤中迁移。POPs 还可能通过排放废水向土壤中迁移。废水来源可能是生产工艺过程和冷却水，这些水可能含有悬浮性固体颗粒物、金属化合物以及 POPs 污染物。废水可能通过排入地下水或地表水的方式对土壤造成污染。

此外，铜铅锌行业的副产品和残留物（如炉渣、灰、污泥、阳极泥）通常在冶炼过程中进行回收，进而回收铜和其他有色金属。这些固体废物如果未经妥善处置，其中的灰烬、泥浆和其他污染物就可能进入土壤地下水环境而造成 POPs 污染。

迁移至土壤和地下水中的 POPs，一方面可成为新的污染源对水体和大气产生污染，另一方面由于其亲脂性的特点，会被土壤有机质所吸附，进而发生一系列的物理、化学和生物转化作用。POPs 在土壤中的迁移转化一方面受到土壤自身的物理、化学和生物学性质的影响，另一方面还受到场地的气候条件、水文地质条件、场地特征条件等的影响，因此在分析 POPs 的迁移转化时需结合场地各方面条件进行综合研判。

14.2.5　铜铅锌行业场地污染识别方法

铜铅锌行业的重金属及 POPs 污染，需要对重点污染场地进行识别，识别因子筛选的原则为：优先筛选污染发生概率大、排放源影响大、污染因子毒性大和污染发生后无有效防治措施的区域。识别方法主要是：先对厂区根据功能区的不同进行分类，然后分析各功能区上污染源的类型、污染发生途径，分析判断污染发生的频率；再根据污染发生规律（污染源影响程度和范围的不同），判断污染源对场地影响的程度；结合企业实际运行情况，进一步分析污染发生后常规情况下企业会否采取进一步的措施；通过以上情况的分析，对各指标进行归一化处理、分级、赋值、评分，最终加和得到污染场地的综合分值，根据分值的大小筛选出重点污染区域。

（1）采选行业场地

铜铅锌采选行业厂区基本由生产区、固体废物存储区、废水收集治理区、管线区、道路运输区以及办公生活区几个部分组成，每个部分包含的场地以及场地上的污染源分布及污染类型见表 14-10。

表 14-10　铜铅锌采选行业场地功能分区以及污染源分布

<table>
<tr><th colspan="2">场地功能区</th><th>重点污染源</th><th>场地污染发生途径</th></tr>
<tr><td rowspan="2">生产区</td><td>采矿工业场地</td><td>回风井口采矿废气</td><td>无组织大气沉降</td></tr>
<tr><td>选矿工业场地</td><td>破碎、筛分、转运废气</td><td>低架源大气沉降</td></tr>
<tr><td rowspan="2">废水收集治理区</td><td>废水处理站</td><td>矿井涌水、选矿废水</td><td>废水泄漏垂直入渗</td></tr>
<tr><td>事故池、废水收集池、回水池等</td><td>尾矿库回水事故池、尾砂事故池等废水</td><td>废水泄漏垂直入渗</td></tr>
<tr><td rowspan="4">固体废物存储区</td><td rowspan="2">废石场(包括临时堆场)</td><td>堆场装卸、存储产生的扬尘</td><td>无组织大气沉降</td></tr>
<tr><td>废石场淋溶水</td><td>废水泄漏垂直入渗</td></tr>
<tr><td rowspan="2">尾矿库</td><td>尾矿库堆存产生的扬尘</td><td>无组织大气沉降</td></tr>
<tr><td>尾矿库渗滤液</td><td>废水泄漏垂直入渗</td></tr>
<tr><td rowspan="3">管线区</td><td colspan="2">回水管线</td><td>废水泄漏垂直入渗</td></tr>
<tr><td colspan="2">尾砂输送管线</td><td>废水泄漏垂直入渗</td></tr>
<tr><td colspan="2">物料输送管线</td><td>废水泄漏垂直入渗</td></tr>
<tr><td>道路运输区</td><td colspan="2">物料运输区</td><td>无组织大气沉降</td></tr>
<tr><td>检修区</td><td colspan="2">设备检修场地</td><td>废水垂直入渗</td></tr>
<tr><td rowspan="2">办公生活区</td><td colspan="2">生活污水</td><td>废水垂直入渗</td></tr>
<tr><td colspan="2">生活垃圾</td><td>泄漏</td></tr>
</table>

（2）冶炼行业场地

铜冶炼场地基本由生产区、储存区、固体废物堆存区、废水收集治理区、管线区、道路运输区、检修区以及办公生活区几个部分组成，每个部分包含的场地以及场地上的污染源分布及污染类型见表 14-11。

表 14-11 铜冶炼行业场地功能分区以及污染源分布

场地功能区		重点污染源	场地污染发生途径
生产区	备料区	备料烟囱	低架源大气沉降
		无组织废气	无组织大气沉降
	熔炼区	环集烟囱	高架源大气沉降
		阳极炉烟囱	高架源大气沉降
		无组织废气	无组织大气沉降
	制酸区	制酸烟囱	高架源大气沉降
		污酸收集设施	废水泄漏垂直入渗
	电解区	电解槽	废水泄漏垂直入渗
	渣选矿区	破碎、筛分废气	无组织大气沉降
存储区	原料场	无组织废气	无组织大气沉降
	渣缓冷场	循环废水	废水泄漏垂直入渗
	酸罐区	硫酸	废水泄漏垂直入渗
废水收集治理区	污酸处理站	污酸	废水泄漏垂直入渗
	污水处理站	酸性废水	废水泄漏垂直入渗
	初期雨水处理站	含重金属废水	废水泄漏垂直入渗
	事故池	废水	废水泄漏垂直入渗
固体废物堆存区	中和渣场	堆场装卸、存储产生的扬尘	无组织大气沉降
		淋溶产生的废水	废水泄漏垂直入渗
	渣选尾矿堆场	堆场装卸、存储产生的扬尘	无组织大气沉降
		淋溶产生的废水	废水泄漏垂直入渗
管线区	废酸、废水运输管道	废水	废水泄漏垂直入渗
道路运输区	原料、物料运输道路两侧	粉尘	无组织大气沉降
检修区	设备检修场地	废水	废水泄漏垂直入渗
办公生活区	生活污水处理站	生活污水	废水泄漏垂直入渗
	生活垃圾收集站	生活垃圾	泄漏

铅锌冶炼场地分布基本由生产区、存储区、固体废物堆存区、废水收集治理区、管线区、道路运输区、检修区以及办公生活区几个部分组成，每个部分包含的场地以及场地上的污染源分布及污染类型见表14-12。

表 14-12 铅锌冶炼行业场地功能分区以及污染源分布

场地功能区		重点污染源	场地污染发生途径
生产区	备料区	备料烟囱	低架源大气沉降
		无组织废气	无组织大气沉降
	火法冶炼区	环集烟囱	高架源大气沉降
		还原炉烟气	高架源大气沉降

续表

场地功能区		重点污染源	场地污染发生途径
生产区	火法冶炼区	烟化炉烟囱	高架源大气沉降
		无组织废气	无组织大气沉降
	湿法冶炼区	湿法冶炼区域	废水泄漏垂直入渗
	制酸区	制酸烟囱	高架源大气沉降
		污酸收集设施	废水泄漏垂直入渗
	电解区	电解槽	废水泄漏垂直入渗
存储区	原料场	无组织废气	无组织大气沉降
	烟化炉水淬渣场	循环废水	废水泄漏垂直入渗
	酸罐区	硫酸	废水泄漏垂直入渗
废水收集治理区	污酸处理站	污酸	废水泄漏垂直入渗
	污水处理站	酸性废水	废水泄漏垂直入渗
	初期雨水处理站	含重金属废水	废水泄漏垂直入渗
	事故池	废水	废水泄漏垂直入渗
固体废物堆存区	中和渣场	堆场装卸、存储产生的扬尘	无组织大气沉降
		淋溶产生的废水	废水泄漏垂直入渗
管线区	废酸、废水运输管道	废水	废水泄漏垂直入渗
道路运输区	原料、物料运输道路两侧	粉尘	无组织大气沉降
检修区	设备检修场地	废水	废水泄漏垂直入渗
办公生活区	生活污水处理站	生活污水	废水泄漏垂直入渗
	生活垃圾收集站	生活垃圾	泄漏

14.3
铜铅锌行业场地污染防治对策

14.3.1　完善污染物排放技术政策

完善污染物排放技术政策主要包括完善生产工艺技术政策、“三废”治理技术政策及土壤污染防治技术政策。

(1) 完善生产工艺技术政策

生产工艺技术政策主要针对铜铅锌行业采矿、选矿和冶炼等过程进行设置。

1) 采矿技术政策

采矿技术政策的完善主要包括：

① 对于露天开采的矿山，宜推广剥离-排土-造地-复垦一体化技术；

② 对于水力开采的矿山，宜推广水重复利用率高的开采技术；

③ 推广应用充填采矿工艺技术，提倡废石不出井，利用尾砂、废石充填采空区；

④ 推广减轻地表沉陷的开采技术，如条带开采、分层间隙开采等技术；

⑤ 宜研究推广溶浸采矿工艺技术，集采、选、冶于一体，直接从矿床中获取金属的工艺技术；

⑥ 在不能对基础设施、道路、河流、湖泊、林木等进行拆迁或异地补偿的情况下，在矿山开采中应保留安全矿柱，确保地面塌陷在允许范围内。

2）选矿技术政策

选矿技术政策的完善主要包括：

① 开发推广高效无（低）毒的浮选新药剂产品；

② 在干旱缺水地区，宜推广节水型选矿工艺；

③ 积极研究推广共、伴生矿产资源中有价元素的分离回收技术，为共、伴生矿产资源的深加工创造条件；

④ 采用先进的洗选技术和设备。

3）冶炼技术政策

铜冶炼技术政策的完善主要包括：

① 采用生产效率高、工艺先进、能耗低、环保达标、资源综合利用效果好、安全可靠的闪速熔炼和富氧强化熔池熔炼等先进工艺（如旋浮铜熔炼、合成炉熔炼、富氧底吹、富氧侧吹、富氧顶吹、白银炉熔炼等工艺）；

② 严格淘汰鼓风炉、电炉、反射炉炼铜工艺及设备等落后产能；

③ 鼓励有条件的企业对现有传统转炉吹炼工艺进行升级改造。

铅锌冶炼技术政策的完善主要包括：

① 粗铅冶炼必须采用先进的富氧熔池熔炼-液态高铅渣直接还原或富氧闪速熔炼等炼铅工艺，以及其他生产效率高、能耗低、环保达标、资源综合利用效果好、安全可靠的先进炼铅工艺；

② 鼓励矿铅冶炼企业利用富氧熔池熔炼炉、富氧闪速熔炼炉等先进装备处理铅膏、冶炼渣等含铅二次资源；

③ 锌湿法冶炼工艺必须配套浸出渣无害化处理系统及硫渣处理设施，鼓励锌冶炼企业搭配处理锌氧化矿及含锌二次资源，实现资源综合利用；

④ 铅锌冶炼企业应配套建设有价金属综合利用系统。

（2）完善“三废”治理技术政策

“三废”治理技术政策完善主要针对铜铅锌行业生产过程中产生的废气、废水和固体废物进行完善。

废气污染防控技术主要包括：

① 鼓励高效烟气收集与净化装置的研究与开发；

② 加强无组织排放污染控制技术的研究开发；

③ 鼓励应用陶瓷除尘器、微孔膜复合滤料等新型织物材料的高效布袋除尘器等高性能除尘技术设备的研究、推广；

④ 鼓励开发低浓度 SO_2 烟气制酸和硫回收新技术；研究开发烟气制酸高效触媒及催化剂，提高制酸转化率；研究开发含 SO_2 烟气的高效净化、制酸尾气除雾、洗涤污酸净化循环利用等技术和装备；

⑤ 当烟气中含汞时，宜先脱汞后制酸。烟气脱汞鼓励采用新型汞反应器回收装置。

废水污染防控技术包括：

① 矿区应建立污水处理系统，实现雨污分流、清污分流；

② 尾矿库、排土场等应建有雨水截水沟，淋溶水经处理后回用；

③ 鼓励企业生产废水回用与“零排放”，减少新水用量，提高水循环利用率，减少废水排放量；

④ 逐步实现末端治理向工艺节水-分质回用-末端治理技术集成；

⑤ 加大污酸处置的技术创新，将污酸处置工艺思路从污酸达标排放逐渐向废渣减量化或无害化、回收有价金属和实现综合利用方向发展；

⑥ 结合含铊废水的特点探索联合处理技术，选择合适经济环保的工艺类型，使得出水中的铊浓度实现稳定达标是铅锌冶炼行业含铊污水处理的未来发展方向。

固体废物污染防控技术主要包括：

① 遵循“减量化、再利用、再循环”原则，先循环利用，后综合处理；

② 企业宜开展废石、尾矿中的有用组分回收和尾矿中稀散金属的提取与利用，以及针对废石、尾矿开展回填、筑路、制作建筑材料等资源化利用工作；

③ 鼓励应用以无害水淬渣为原料，生产建材制品、建材原料、路基材料等综合利用技术；

④ 除尘器收集的烟尘，应综合利用、回收金属；

⑤ 铅锌冶炼企业，应配套建设有价金属综合利用系统；

⑥ 锌湿法冶炼工艺必须配套浸出渣无害化处理系统及硫渣处理设施，鼓励锌冶炼企业搭配处理锌氧化矿及含锌二次资源，实现资源综合利用；

⑦ 鼓励开发固体废物中稀贵金属等有价值物质的回收技术和无害化处置技术，鼓励研发利用水淬渣制备高附加值产品的技术；

⑧ 围绕“控砷—脱砷—固砷—无砷”总体思路，建立含砷固体废物无害化与资源化处置的技术体系；

⑨ 开发锌冶炼废渣综合回收镉的先进技术，实施镉消减工程。

(3) 完善土壤污染防治技术政策

土壤污染防治技术政策主要包括无组织排放管控技术、有毒有害物质防渗漏。

1) 无组织排放管控技术

无组织排放管控技术主要包括：

① 爆破后的松散矿堆、岩堆，采用喷淋洒水，保持一定的湿度；

② 排土场的边坡形成后矿山及时对排土场进行复垦，尽量减少排土场的大气扬尘；

③ 尾矿库干滩在大风天气下产生扬尘污染，应及时对干滩区域采取洒水抑尘等措施；

④ 尾矿库堆积子坝应及时采取边坡覆土种草绿化或洒水等抑尘方式；

⑤ 对于正在使用的尾矿库，利用药剂或添加剂与尾矿表面作用，以长时间防止尾矿库粉尘扩散；

⑥ 露天临时堆场扬尘采取洒水抑尘措施等措施；

⑦ 原辅料均采用库房贮存，备料工序产生点设置集气罩，并配备除尘设施；

⑧ 冶炼炉加料口、出料口设置集气罩并保证足够的集气效率，配套设置密闭抽风除尘设施，溜槽设置盖板；

⑨ 在厂区粉状物料运输中均采用密闭措施；

⑩ 在大宗物料转移、输送中采取皮带通廊、封闭式皮带输送机等输送方式；

⑪ 厂区运输道路硬化，并采取洒水、喷雾、移动吸尘等措施；

⑫ 运输车辆驶离厂区冲洗车轮或采取其他控制措施。

2）有毒有害物质防渗漏

有毒有害物质防渗漏主要包括：

① 根据污染控制难易程度、天然包气带防污性能进行分区防渗处理，重点对采选场地堆存一般Ⅱ类固体废物的废石场、尾矿库、事故池、废水收集池、回水池等池子、废水处理站，铜冶炼厂备料区、原料堆场区、熔炼区、废水收集治理、中和渣场，铅锌冶炼厂备料区、原料堆场区、火法冶炼区、湿法冶炼区、废水收集治理区、中和渣场进行分区防渗处理；

② 对于地下储油罐应选用具有二次保护空间的双层储油罐，其二次保护空间应能进行泄漏检测（可根据实际情况选择气体法、液体法或传感器法进行泄漏检测），且在储油罐底还应设计现浇混凝土地坑，以确保储油罐的安全；

③ 厂区内各污水管道下方设置集废水渠道，并采用抗渗混凝土整体浇筑，以防“跑、冒、滴、漏”及管道泄漏等造成的废水渗漏，并将收集到的废水排往废水处理站处理后回用；

④ 成立专门事故小组，小组成员分班每日检查各车间设备及堆渣场等处的运行情况，尤其强调每日检查各车间废水泄漏风险点处的防渗系统的维护情况，确保防渗系统的完好无损，并记录、处理各种非正常情况。

14.3.2 建立企业土壤环境管理制度

主要包括土壤和地下水监测评估制度、土壤污染隐患排查制度、环境应急管理制度、重点设施管理备案制度、风险管控与修复制度和拆除污染防控制度。

（1）土壤和地下水监测评估制度

土壤和地下水监测评估制度主要包括以下几个方面。

① 建设期现状监测：铜铅锌行业在产企业新、改、扩建项目，应当在开展建设项目环境影响评价时，按照国家有关技术规范开展工矿用地土壤和地下水环境现状调查，编制调查报告，并按规定上报环境影响评价基础数据库。

② 运营期动态监测：企业应每年一次开展土壤和地下水自行监测，重点监测存在污染隐患的区域和设施周边的土壤、地下水的动态变化。监测介质包括土壤和地下水，监测因子包括各重点设施涉及的关注污染物。

③ 退役期现状监测：重点单位终止生产经营活动前，应当参照污染场地土壤环境管理有关规定，开展土壤和地下水环境初步调查，编制调查报告，及时上传全国污染场地土壤环境管理信息系统。

④ 信息公开：重点单位应当将以上规定的调查报告主要内容通过其网站等便于公众知晓的方式向社会公开。

（2）土壤污染隐患排查制度

建立土壤污染隐患排查制度是土壤环境保护的基础工作，是企业环境保护管理要素的重要内容。铜铅锌行业在产企业应当建立土壤和地下水污染隐患排查治理制度，定期对重点区域、重点设施开展隐患排查。发现污染隐患的，应当制定整改方案，及时采取技术、管理措施消除隐患。隐患排查、治理情况应当如实记录并建立档案。根据《土壤污染隐患排查技术指南（征求意见稿）》，铜铅锌行业企业原则上应在指南发布后一年内，以厂区为单位开展一次全面、系统的土壤污染隐患排查。之后可针对生产经营活动中涉及有毒有害物质的场所、设施设备，定期开展重点排查，原则上每 2～5 年排查一次。企业可结合行业特点和生产实际，优化调整排查频次和排查范围。对于生产工艺、设施设备等发生变化的场所，或者新、改、扩建区域，应一年内开展补充排查。

（3）环境应急管理制度

铜铅锌行业在产企业的突发环境事件应急预案应当包括防止土壤和地下水污染相关内容。重点单位突发环境事件造成或者可能造成土壤和地下水污染的，应当采取应急措施避免或者减少土壤和地下水污染；应急处置结束后，应当立即组织开展环境影响和损害评估工作，评估认为需要开展治理与修复的，应当制定并落实污染土壤和地下水治理与修复方案。

（4）重点设施管理备案制度

重点单位建设涉及有毒有害物质的生产装置、储罐和管道，或者建设污水处理池、应急池等存在土壤污染风险的设施，应当按照国家有关标准和规范的要求，设计、建设和安装有关防腐蚀、防泄漏设施和泄漏监测装置，防止有毒有害物质污染土壤和地下水。现有地下储罐储存有毒有害物质的，应当在《工矿用地土壤环境管理办法》发布后一年内，将地下储罐的信息报所在地设区的市级生态环境主管部门备案。新、改、扩建项目地下储罐储存有毒有害物质的，应当在项目投入生产或者使用之前，将地下储罐的信息报所在地设区的市级生态环境主管部门备案。

（5）风险管控与修复制度

在隐患排查、监测等活动中发现工矿用地土壤和地下水存在污染迹象的，应当排查污染源，查明污染原因，采取措施防止新增污染，并参照污染场地土壤环境管理有关规定及时开展土壤和地下水环境调查与风险评估，根据调查与风险评估结果采取风险管控或者治理与修复等措施。终止生产经营活动前，土壤和地下水环境初步调查发现重点单位用地污染物含量超过国家或者地方有关建设用地土壤污染风险管控标准的，应当参照污染场地土壤环境管理有关规定开展详细调查、风险评估、风险管控、治理与修复等活动。

（6）拆除污染防控制度

重点单位拆除涉及有毒有害物质的生产设施设备、构筑物和污染治理设施的，应当按照有关规定，事先制定企业拆除活动污染防治方案，并在拆除活动前十五个工作日报所在地县级生态环境、工业和信息化主管部门备案。重点单位拆除活动应当严格按照有关规定实施残留物料和污染物、污染设备和设施的安全处理处置，并做好拆除活动相关记录，防范拆除活动污染土壤和地下水。拆除活动相关记录应当长期保存。

14.3.3　强化污染物监管能力建设

强化污染物监管能力建设主要包括优化产业结构、坚决淘汰落后产能，实现产品生命周期跟踪监控。

（1）优化产业结构

应以国家产业政策为指导，由高耗能、高排放、高污染的粗放式发展向节能、环保、低碳、高效的集约式发展转型，从粗放式经营到精细管理。严格执行国家产业政策和有色金属及相关行业调整振兴规划，将淘汰落后产能任务落实到地方、分解到企业，按期完成。坚决淘汰落后工艺和落后产能，推进涉有色金属冶炼重点行业产业结构、产业技术优化升级，促进产业健康协调发展。

（2）淘汰落后产能

按照《产业结构调整指导目录》，鼓励发展产污强度低、能耗低、清洁生产水平先进的有色冶炼工艺。淘汰装备落后、资源能源消耗高、环保不达标的落后产能，鼓励使用先进生产工艺和治污工艺，促进产业健康协调发展。严格执行行业准入条件，大力推进全行业的清洁生产，实现产业技术升级。

（3）跟踪监控产品生命周期

此外，还应实施实现产品生命周期跟踪监控。企业应建立一套比较完整的重金属污染源监管、监控机制，实施全过程的重金属污染物管理，如对企业原料中的重金属元素特别是有毒有害元素进行分析检测备案，对企业生产、日常环境管理、清洁生产、治理设施运行情况、在线自动监测安装及联网情况、监测数据、污染事故、环境应急预案、环境执法及解决历史遗留问题等情况要列入数据库进行动态管理，实施综合分析、核查监管。

对各种重金属沿“矿石-产品与废物-产品损耗和产品与废物的最终处置”的完整周期进行总量核算和流向记录，确认重点管控的重金属成分的走向和最终处理方式，管理矿石及其有害成分的流向。

14.4 案例分析

针对某铜冶炼企业场地污染地块开展调查，该场地占地面积 1530 亩，场地内历史生产工程包括铜冶炼和铜渣浮选工程。具体生产情况和污染物排放情况见表 14-13。

表 14-13　场地具体生产与污染物排放情况

企业名称	北方某铜冶炼公司
建设时间	2006 年建厂，2019 年 9 月底停产关闭
生产规模	12.5 万吨/年高纯阴极铜、54.7 万吨/年硫酸，炼铜渣综合回收利用 33 万吨/年
生产工艺	以混合铜精矿为原料，采用金峰熔炼炉熔炉-双炉粗铜连续吹炼炉吹炼-阳极炉精炼-电解工艺技术生产阴极铜，制酸采用预转化＋两转两吸制酸工艺。铜渣浮选工程包括吹炼渣生产线浮选和熔炼渣生产线浮选
废气排放源	有组织排放废气主要为转运废气、制酸烟气排放、精炼烟气排放、电积脱砷和蒸发浓缩两个工段随蒸汽挥发出的有组织排放的硫酸雾气体。无组织废气主要有熔炼厂房无组织粉尘排放，电解厂房产生的硫酸雾以及渣选矿厂破碎车间粉尘、渣选矿堆场粉尘、中和渣场粉尘等
废水排放源	酸性废水排至废水处理站采用三级石灰中和＋铁盐法处理工艺处理后全部回用，煤气发生炉产生含酚冷凝废水通过换热器而转成为生产蒸汽，作为煤气炉汽化剂使用，清净下水部分回用于堆场洒水抑尘，部分与经过预处理的生活污水合并通过园区污水管网排入城镇污水处理厂

续表

企业名称	北方某铜冶炼公司
固体废物排放源	最终固体废物为熔炼炉渣、白烟灰、渣选车间尾矿、中和渣、废耐火砖、废触媒、煤气发生炉煤灰渣、煤气发生炉煤焦油等。包括 3 个一般固体废物临时堆场，分别为堆存水淬渣、渣选尾矿及煤渣场，3 个危险废物临时堆场，分别为阳极泥库房、烟灰库及封闭的煤气发生炉煤焦油池，1 个中和渣库(永久堆存)

针对厂区内不同功能区的土壤在 2019 年 9 月 19 日～2020 年 4 月 1 日进行了取样调查，前后采样 4 次，共采集样品 505 个。根据不同功能区场地污染情况，在 0～0.2m、0.2～0.5m、0.5～1.0m、1.0～2.0m、2.0～3.0m、3.0～6.0m 不同深度、不同功能区采样布点，主要针对场地内裸露土壤及重点区域水泥地面以下土壤进行取样调查，主要调查因子为土壤中的重金属砷、汞、镍、铅、镉、铜、锌、铬和六价铬，以及建设用地规定监测的包括 POPs 在内的有机污染物，共计采样 505 个。

监测结果表明：

① 场地内有机物监测结果均满足《土壤环境质量 建设用地土壤污染风险管控标准（试行）》(GB 36600—2018）中建设用地第一类用地标准限制；

② 场地内裸露土壤中砷、铅、镍和铜存在超过《土壤环境质量 建设用地土壤污染风险管控标准（试行）》(GB 36600—2018）中建设用地第一类用地筛选值和管制值标准的现象，砷的超标尤为严重，管制值最大超标倍数为 8.58；

③ 场地内重点区域水泥地面以下土壤中砷存在超过《土壤环境质量 建设用地土壤污染风险管控标准（试行）》(GB 36600—2018）中表 1 建设用地第一类用地筛选值和管制值标准的现象；

④ 场地内及下游地下水中除总硬度、溶解性总固体和硫酸盐外，其他监测因子包括重金属在内均达到《地下水质量标准》(GB/T 14848－2017) Ⅲ类水质的要求。

各调查功能区域内无有机物污染，主要是重金属污染，通过人员走访调查，可知各功能区调查范围内场地使用情况见表 14-14。

表 14-14 各功能区调查范围内场地使用情况

功能分区	名称	调查范围	调查范围内土壤使用情况
办公生活区	办公区、食堂	绿化区土壤	紧邻熔炼厂房
	职工宿舍		
	电解办公区		
	制氧站、仓库		
	电解办公室		
	厂区门口花园		
生产区	化验室	北侧空地	生产期间烟气管道检修
	质检中心	北侧空地	上方有污酸运输管道经过
	熔炼厂房	绿化区土壤	熔炼厂房含重金属烟尘逸散
	制酸车间	南侧空地	紧邻上料车间，上料车间有大量含重金属尘逸散
	原料堆场区	北侧空地	原料堆场的扬尘以及早期危废临时堆场（白烟尘贮存场）扬尘
		南侧空地	—

续表

功能分区	名称	调查范围	调查范围内土壤使用情况
生产区	酸罐区	南侧空地	4 个 $3260m^3$(6000t)的酸罐,2 个 $1200m^3$(2000t)的酸罐,贮存能力 2.8×10^4t
	渣缓冷场	绿化区土壤	存在水淬渣的遗撒现象
	硅白石破碎	东北侧空地	历史上曾堆存部分水淬渣,后期覆土填埋
	水泥搅拌站	周围空地	—
	渣选矿车间	北侧空地	为渣选尾矿的汽车运输区
渣库贮存区	中和渣场	下游空地	堆存中和渣 $3\times10^5m^3$ 左右,中和渣为危险废物,主要污染因子为砷。渣库建设时在库底以及库侧均铺设了土工膜,表面铺设了防尘网,部分已复垦,目前正在实施闭库封场

针对污染进行来源分析，分析结果如下。

① 场地内无组织排放的含重金属烟尘会以大气沉降的方式污染土壤。例如：熔炼车间有较多无组织含重金属烟尘的排放，因此周围绿化带的土壤出现了砷、铅和铜的超标。但是在熔炼车间外除尘区域的硬化区域进行取样调查，并未发现土壤超标的情况。说明地面硬化能较好地阻止土壤的污染。铜冶炼厂原料均进库存放，但是原料运输在进库以及露天堆放时，受周围风的影响，会造成原料的无组织排放，从而造成原料库周围土壤的超标。汽车运输造成的遗撒导致原料、物料运输道路两侧的重金属超标。中和渣场在采取了严格的防渗、防尘措施后，其周围土壤没有重金属污染。但在渣的运输道路上，由于原料逸散，导致土壤超标。

② 场地内废水收集池和废水输送管道下可能以垂直入渗的方式污染土壤。例如：制酸车间污酸积液池在早期建设不规范，可能有水泥地面破损的情况，因此导致水泥地面以下土壤存在砷污染的情况，且超标严重。污酸污水处理站一般会进行地面硬化处理，但根据本次调查结果，硬化地面下的土壤也出现超标现象。这与污酸污水处理站的“跑、冒、滴、漏”和防渗膜破损有很大关系。质检中心北侧空地上方有污酸输送管道，可能是污酸输送管道的“跑、冒、滴、漏”造成下方土壤出现砷超标。

③ 场地内露天堆存的固体废物可能在降水的作用下淋溶出来以垂直入渗的方式污染土壤。例如：设备检修时，特别是烟道清理时的场地位于裸露地面，没有经过水泥硬化处理，根据调查得知，这部分土壤砷超标严重。渣缓冷场裸露地由于早期的裸露，出现原料逸散造成的土壤超标。水淬渣场由于不规范堆放，造成周围土壤超标。而中和渣场因防渗措施严格，没有出现明显的土壤和地下水污染。

针对 POPs 类物质无污染，可能的原因是：

① 该厂区注重工艺流程的改进和监管，如对空气、飞灰进行了处理，提高了炉温等，实现了生产过程的有效控制，减少了 POPs 向环境中的排放；

② 可能存在一定量的 POPs 排放，但 POPs 发生了远距离迁移，并非在该厂区内富集。

参考文献

[1] 金艳．有色金属工业持久性有机污染物风险评价与管理对策研究［D］．长沙：中南大学，2007.

[2] 曹磊，王海舟．冶金过程中有机污染物二噁英的形成机理与监测 [J]. 冶金分析，2004 (05)：26-35.

[3] 曹玉春，严建华，李晓东，等．垃圾焚烧炉中二噁英生成机理的研究进展 [J]. 热力发电，2005 (09)：15-20，14-75.

[4] Stanmore B R. The formation of dioxins in combustion systems [J]. Combustion and Flame，2004，136 (3)：398-427.

[5] 柴立元，王海鹰，胡长平，等．如何实现再生金属工业 POPs 减排 [J]. 环境保护，2010 (23)：19-21.

[6] 徐幼和．再生铜生产过程中 POPs 的产生机理与控制对策 [J]. 有色金属加工，2006 (04)：45-47，54.

[7] Hoff R M，Strachan W M J，Sweet C W，et al. Atmospheric deposition of toxic chemicals to the Great Lakes：A review of data through 1994 [J]. Atmospheric Environment，1996，30 (20)：3505-3527.

[8] Fernandez P，Vilanova R M，Grimalt J O. Sediment fluxes of polycyclic aromatic hydrocarbons in European high altitude mountain lakes [J]. Environmental Science & Technology，1999，33 (21)：3716-3722.

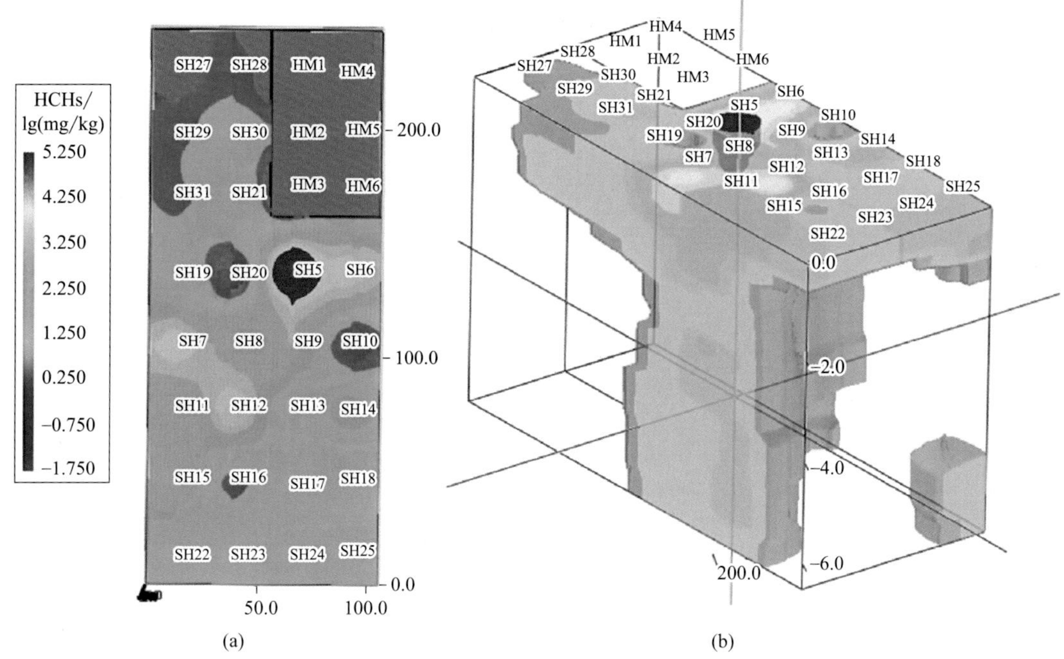

图 3-3　污染场地六六六污染分布（图中 SH 指监测点位，坐标单位为 m）

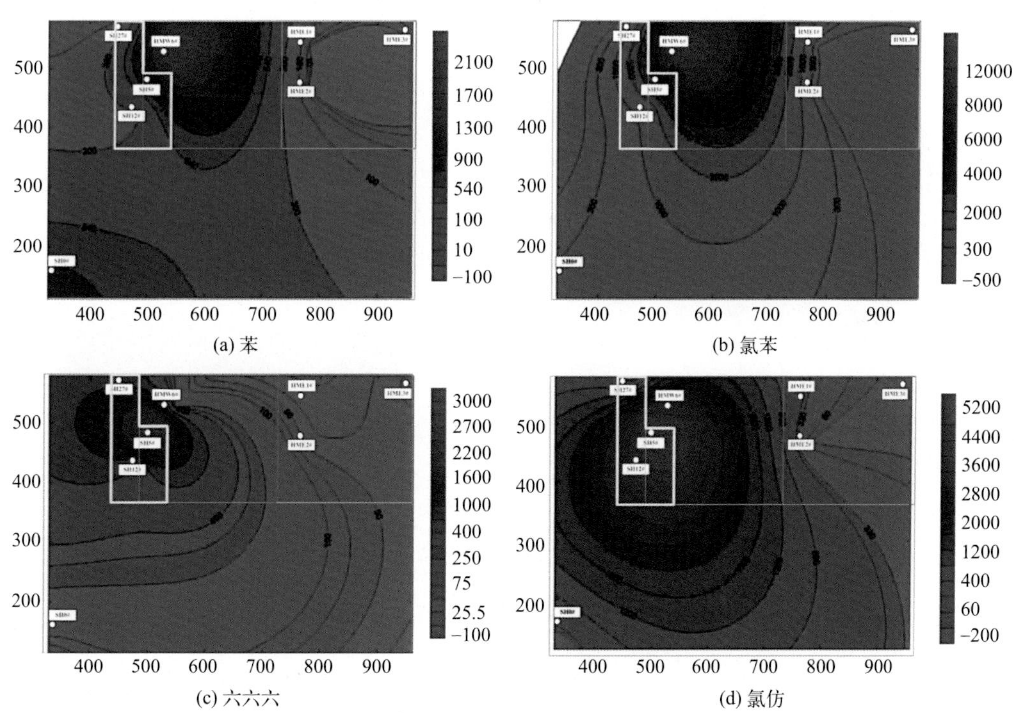

图 3-7　六六六污染场地中地下水中污染物浓度（单位：μg/L）

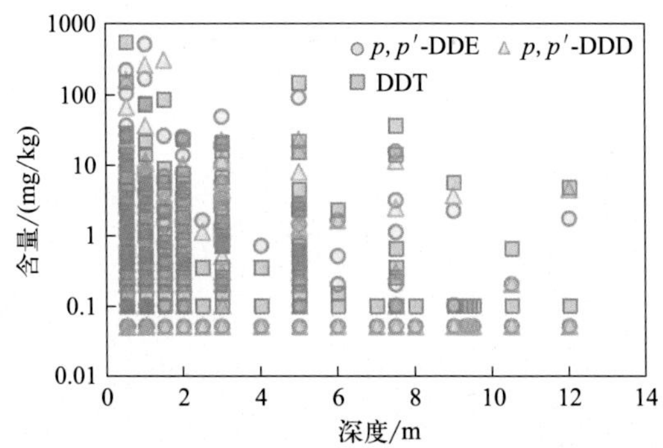

图 3-12　土壤 DDT、DDD、DDE 含量随深度变化

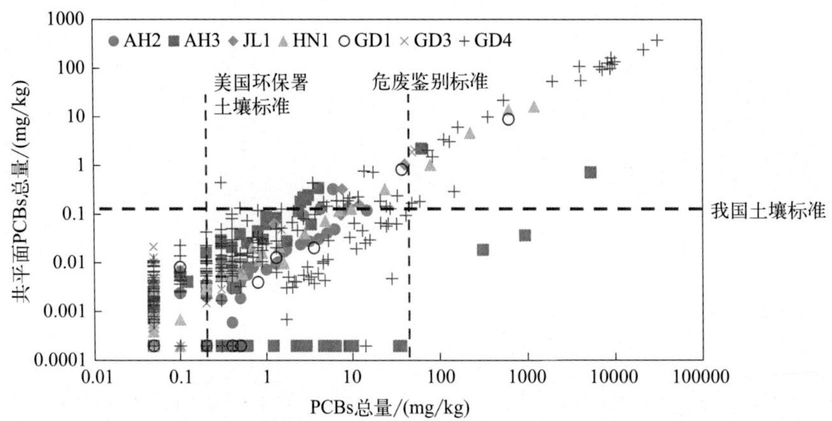

图 3-20　PCBs 地下封存点场地土一壤中 PCBs 总量、12 种共平面 PCBs 总量及相关标准的比较

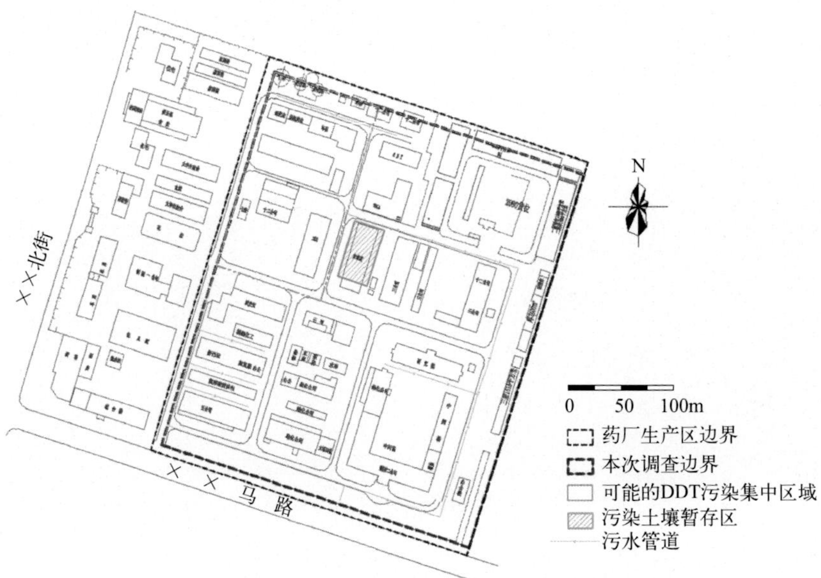

图 3-24　东北某制药集团 POPs 场地平面图

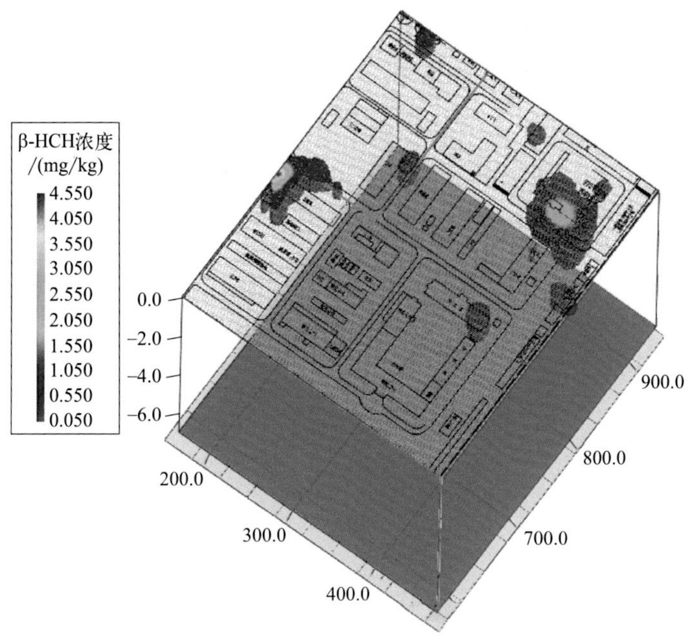

图 3-27 β-六六六在场地中的分布（图中仅显示>0.2mg/kg 的浓度）

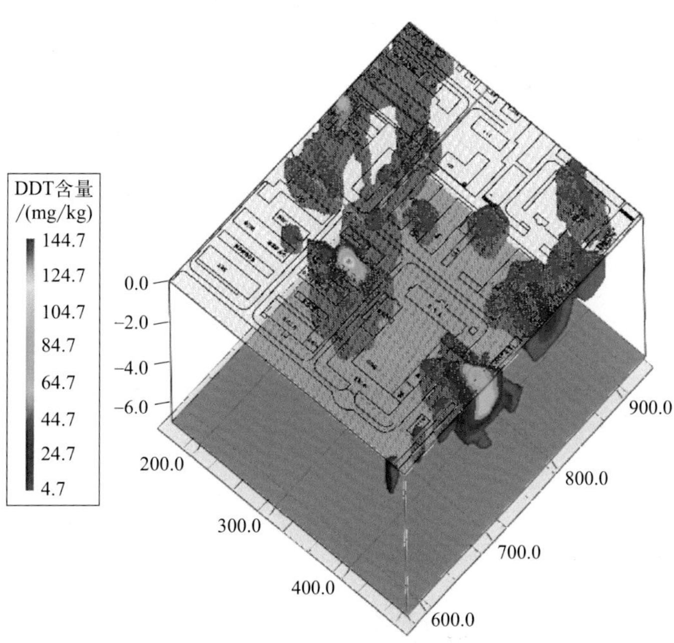

图 3-34 DDT（4,4′-DDT+2,4′-DDT）在场地中的分布（图中仅显示>1.7mg/kg 的含量）

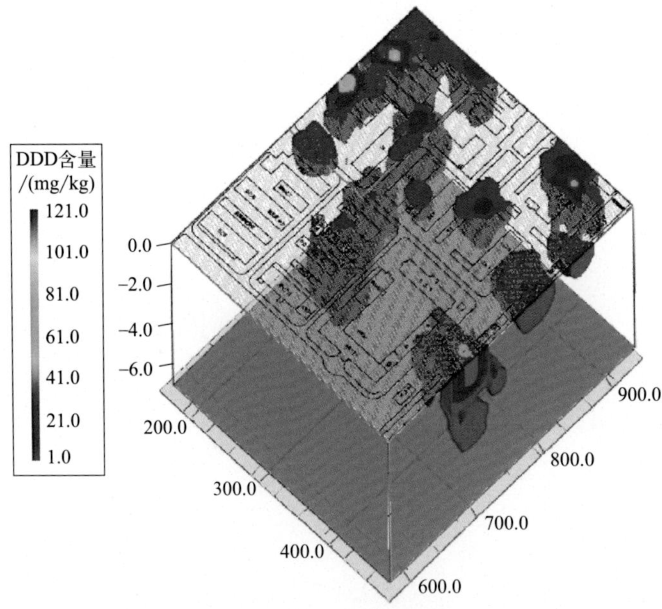

图 3-35　DDD 在场地中的分布（图中仅显示>2mg/kg 的含量）

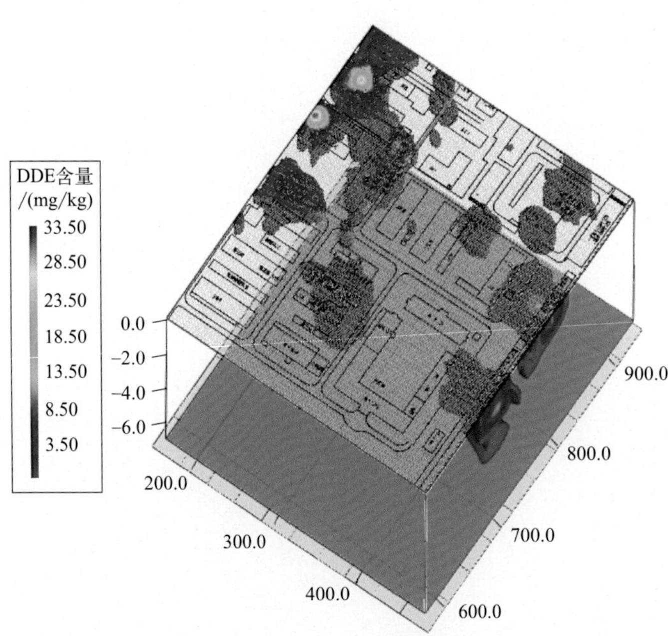

图 3-36　DDE 在场地中的分布（图中仅显示>1. 4mg/kg 的含量）

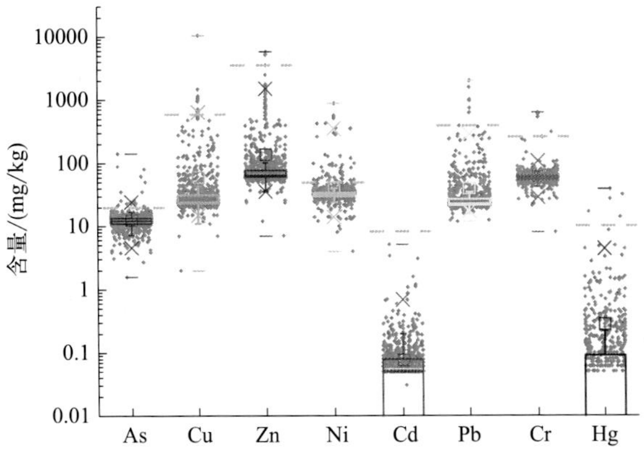

图 3-37 重金属含量统计（虚线为筛选值）

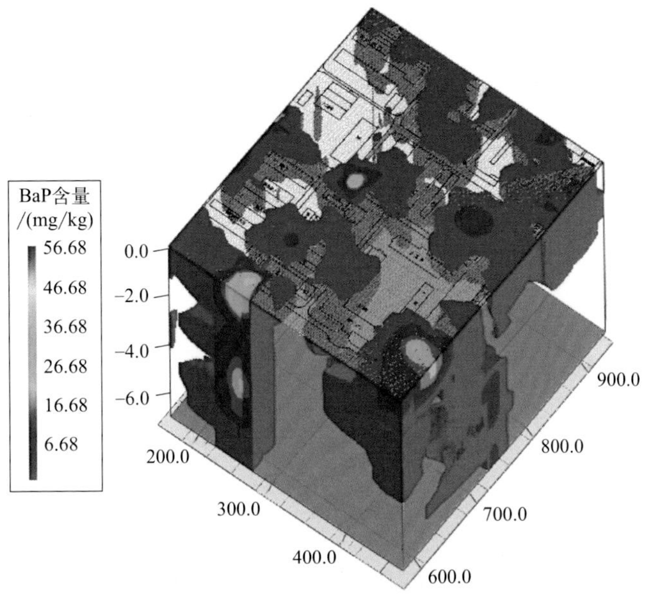

图 3-40 BaP 在场地土壤中的分布（图中仅显示＞0.46mg/kg 的含量）

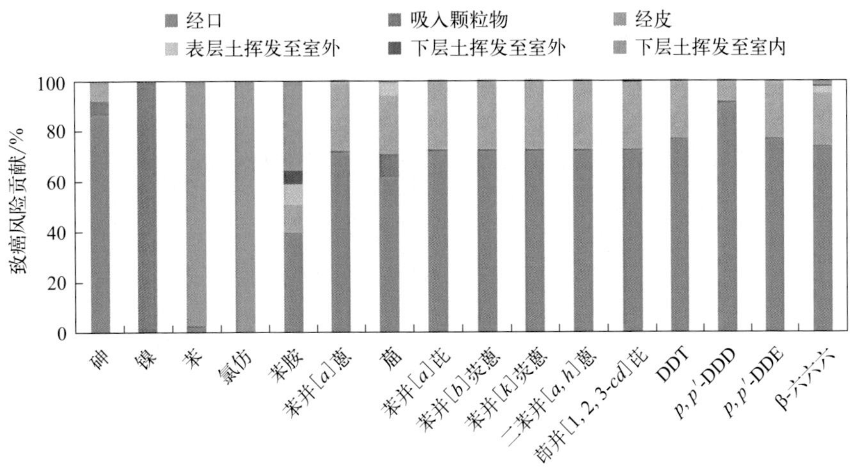

(a) 致癌风险

图 3-41

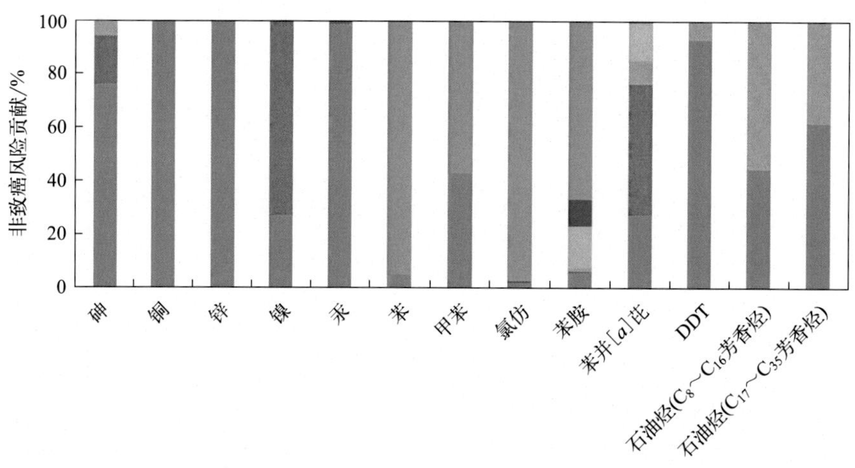

(b) 非致癌风险

图 3-41　致癌风险和非致癌风险不同暴露途径的贡献

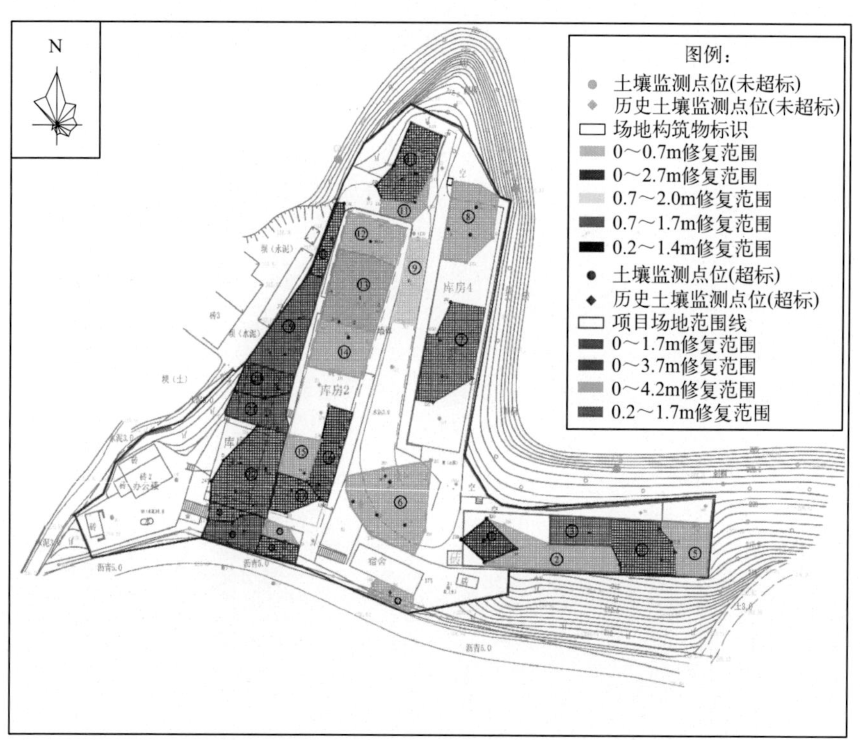

图 5-1　农药仓库原址场地总修复范围图（图中①～㉗为斑块编号）

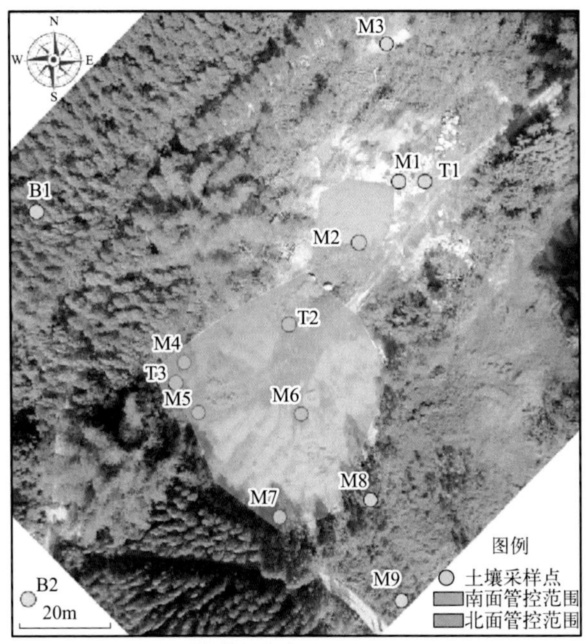

图 5-12　遗留固体废物风险管控范围示意

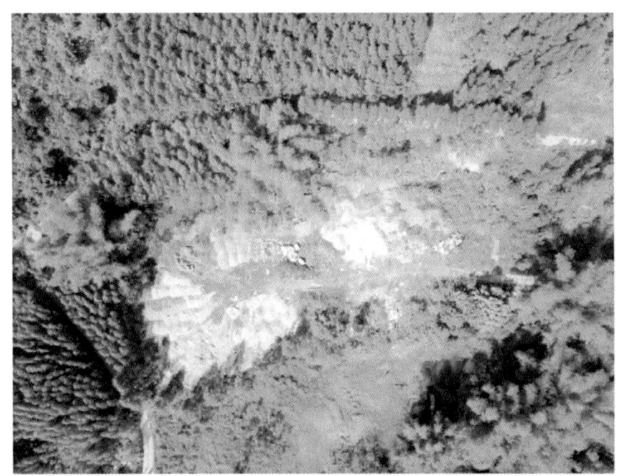

图 5-14　堆体施工前的航拍图

图 5-15　堆体施工后的航拍图

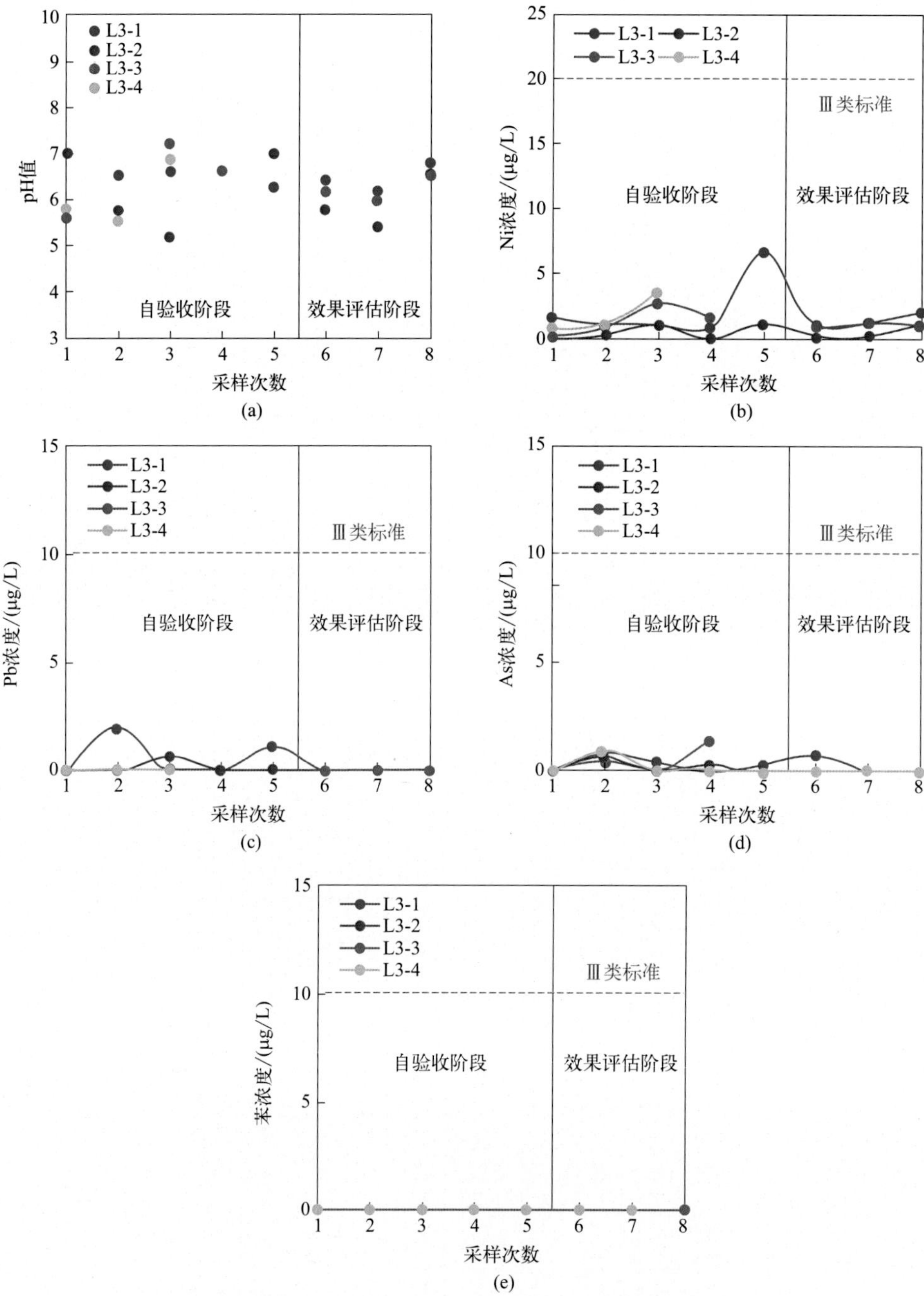

图 5-17　管控工程完成后 L3 目标污染物的变化

表 11-10　土壤污染预警等级对照表

监测点位置	未检出	有检出												
		无毒						有毒						
		无标准趋势降或不变	不超标趋势降或不变	无标准趋势升	不超标趋势升	超标趋势降或不变	超标趋势升	无标准趋势降或不变	不超标趋势降或不变	无标准趋势升	不超标趋势升	超标趋势降或不变	超标趋势升
污染源	绿色	青色	青色	蓝色	蓝色	黄色	红色	蓝色	蓝色	橙色	橙色	红色	砖红
厂区边界	绿色	青色	青色	蓝色	蓝色	黄色	红色	蓝色	蓝色	橙色	橙色	红色	砖红
厂区外园区内	绿色	青色	青色	黄色	黄色	橙色	砖红	黄色	黄色	红色	红色	砖红	砖红
园区边界	绿色	蓝色	蓝色	黄色	黄色	橙色	砖红	黄色	黄色	红色	红色	砖红	砖红

表 11-11　地下水污染预警等级对照表

监测点位置	未检出	有检出											
		无毒						有毒					
		无标准趋势降或不变	不超标趋势降或不变	无标准趋势升	不超标趋势升	超标趋势降或不变	超标趋势升	无标准趋势降或不变	不超标趋势降或不变	无标准趋势升	不超标趋势升	超标趋势降或不变	超标趋势升
污染源	绿色	青色	青色	蓝色	蓝色	黄色	红色	蓝色	蓝色	橙色	橙色	红色	砖红
厂区边界	绿色	青色	青色	蓝色	蓝色	黄色	红色	蓝色	蓝色	橙色	橙色	红色	砖红
厂区外园区内	绿色	青色	青色	黄色	黄色	橙色	砖红	黄色	黄色	红色	红色	砖红	砖红
园区边界	绿色	蓝色	蓝色	黄色	黄色	橙色	砖红	黄色	黄色	红色	红色	砖红	砖红

表 11-12　企业污染状况预警等级对照表

因子预警等级		土壤监测点等级						
		绿色	青色	蓝色	黄色	橙色	红色	砖红
地下水监测点等级	绿色	绿色	青色	蓝色	黄色	橙色	红色	砖红
	青色	青色	蓝色	蓝色	黄色	橙色	红色	砖红
	蓝色	蓝色	蓝色	黄色	黄色	橙色	红色	砖红
	黄色	黄色	黄色	黄色	橙色	橙色	红色	砖红
	橙色	橙色	橙色	橙色	橙色	红色	红色	砖红
	红色	红色	红色	红色	红色	红色	砖红	砖红
	砖红	砖红	砖红	砖红	砖红	砖红	砖红	砖红

表 11-13　园区污染状况初步预警等级 a 对照表

因子特征		园区边界监测点等级						
		绿色	青色	蓝色	黄色	橙色	红色	砖红
监测点等级个数	1～3 个	绿色	蓝色	黄色	橙色	红色		
	4～6 个	绿色	黄色	橙色	红色			
	7 个及以上	绿色	橙色	红色				

表 11-14　园区污染状况初步预警等级 b 计算表

因子预特征	非园区边界监测点等级						
	绿色	青色	蓝色	黄色	橙色	红色	砖红
赋予分值	1	3	5	8	10	15	20
对应的监测点个数	n_1	n_2	n_3	n_4	n_5	n_6	n_7
园区内部分值计算公式	$1n_1+3n_2+5n_3+8n_4+10n_5+15n_6+20n_7$						
园区内部预警度等级	绿色	青色	蓝色	黄色	橙色	红色	
预警度等级对应的分值区间	$S<(20/7N)$	$(20/7N)\leqslant S<(40/7N)$	$(40/7N)\leqslant S<(60/7N)$	$(60/7N)\leqslant S<(80/7N)$	$(80/7N)\leqslant S<(100/7N)$	$(100/7N)\leqslant S<(120/7N)$	$(120/7N)\leqslant S<(20N)$

注：定义园区内监测点总个数为 N，园区内分值区间为 S。

图 13-10　厂界与周边敏感点（A～G 为厂界范围拐点）